普通高等院校材料类专业系列教材

Shengtai Huanjing Cailiaoxue

生态环境材料学

关博文　尹艳平◎主　编
耿九光　熊　锐　牛冬瑜◎副主编

人民交通出版社
北　京

内 容 提 要

本教材主要介绍各种类型生态环境材料的功能原理、基本要求、基本组成、特性及应用等，内容包括：概述，材料产业与生态环境，材料的环境协调性评价，生态设计，环境低负荷措施和清洁生产，无机非金属类生态环境材料，金属类生态环境材料，高分子类生态环境材料，建筑垃圾处理与资源化以及生态型公路路面材料。

本教材力求反映近年来国内外生态环境材料的最新知识和研究成果，注重理论联系实际，紧密结合材料科学与工程的科研、生产实践及其在工程设计、施工、管理等方面的应用，适用范围广泛。

本教材可作为材料、土木、环境、建筑、化工、生物、机械、水利等专业教材，也可供土木工程、交通工程等领域有关设计、科研、施工、管理和生产人员参考。

图书在版编目(CIP)数据

生态环境材料学/关博文，尹艳平主编. —北京：人民交通出版社股份有限公司，2025.8. —ISBN 978-7-114-20293-3

Ⅰ. TB39

中国国家版本馆 CIP 数据核字第 2025GR4278 号

书　　名：生态环境材料学
著 作 者：关博文　尹艳平
责任编辑：李　良
责任校对：龙　雪
责任印制：张　凯
出版发行：人民交通出版社
地　　址：(100011)北京市朝阳区安定门外外馆斜街 3 号
网　　址：http://www.ccpcl.com.cn
销售电话：(010)85285911
总 经 销：人民交通出版社发行部
经　　销：各地新华书店
印　　刷：北京虎彩文化传播有限公司
开　　本：787×1092　1/16
印　　张：16
字　　数：394 千
版　　次：2025 年 8 月　第 1 版
印　　次：2025 年 8 月　第 1 次印刷
书　　号：ISBN 978-7-114-20293-3
定　　价：55.00 元

前言

《生态环境材料》是材料科学与工程、交通运输工程、土木工程等专业重要的专业课教材之一。本教材主要介绍各种类型生态环境材料功能原理、基本要求、基本组成、特性及应用。本教材在编写过程中力求体现高等院校材料类专业最新教学改革成果,着重叙述常用的各种生态环境材料。另外,考虑本专业的实际需要,本教材对交通运输基础设施建设涉及的生态环境材料也作了适当的叙述。

为培养出高层次、高质量且具有较强专业知识的应用型人才,本教材在编写过程中侧重于生态环境材料的技术标准、性能特点及工程应用,即本教材具有实用性与应用性的特点。本教材内容主要包括:概述,材料产业与生态环境,材料的环境协调性评价,生态设计,环境低负荷措施和清洁生产,无机非金属类生态环境材料,金属类生态环境材料,高分子类生态环境材料,建筑垃圾处理与资源化以及生态型公路路面材料。

本教材由长安大学关博文、尹艳平担任主编,参加编写的人员分工如下:长安大学关博文编写了第1、2、8章,长安大学尹艳平编写了第5、6、7章,长安大学耿九光编写了第9章,长安大学熊锐编写了第3章,长安大学牛冬瑜编写了第4章。薛兴杰、邸文锦、田乾、马子宸、操霞芳、侯俊鹏、宗有杰、谢希望、王文昊等研究生完成了本教材的文字录入、编排、修改以及有关图片的制作,在此表示感谢。

本教材力求反映近年来国内外生态环境材料的最新知识和研究成果,注重理论联系实际,紧密结合材料科学与工程的科研、生产实践及其在工程设计、施工、管理等方面的应用,适用范围广泛。本教材可作为材料、土木、环境、建筑、化工、生物、机械、水利等专业教材,也可供土木工程、交通工程等领域有关设计、科研、施工、管理和生产人员参考。

由于生态环境材料的发展迅速,新材料、新品种不断涌现,且各行业的技术标准不统一,加上编者水平有限,书中的疏漏、不妥甚至错误之处恐难避免,欢迎广大教师及读者批评指正。

编　者

2024年12月

目录

第1章 概述

1.1 生态环境材料概述

1.1.1 生态环境材料的定义

1998年,中国科学技术部、国家自然科学基金委员会等单位联合召开了一次生态环境材料研究战略研讨会,就环境材料的称谓、定义进行了详细的讨论。最后,各位与会专家建议将环境材料、环境友好型材料、环境兼容性材料等统一称为"生态环境材料",并给出了一个基本定义,即生态环境材料是指同时具有令人满意的使用性能和优良的环境协调性,或者能够改善自然环境的材料。所谓环境协调性,是指资源和能源消耗少,环境污染小,循环再利用率高。这一定义,实质上包含了对环境材料概念的两种不同解释:一是环境协调性材料,强调其应该具有先进使用性、环境协调性和舒适性;二是环境工程材料,即可用于净化和修复自然环境的功能材料。从外部效果来看,环境协调性材料和环境工程材料均服务于可持续发展目标,但两者在内部逻辑上却没有必然的联系。环境工程材料研究的是现存的特定环境问题,需要相关材料本身具有特定功能,其研究方法仍属传统材料研究的范畴,并没有带来新的具有共性的材料科学问题;而环境协调性材料的基本出发点在于,所有材料的全生命周期都会对自然环境造成影响,因此都存在改善的可能性和必要性。由此可见,环境协调性材料的研究对象可以是任何材料，即便是环境工程材料在其全生命周期中也会出现环境协调性问题，必然包括对相关材料所造成的环境影响的分析，而这正是对传统材料科学内涵的扩展。从工程角度来看，环境工程材料大部分属于末端治理技术范畴，而环境协调性材料则更贴近来源削减技术方式，也就是全过程控制技术、清洁生产技术。

正是由于以上区别，有学者主张环境协调性材料才是严格意义上的环境材料，是可以包含环境工程材料的广义概念，而环境工程材料固然具有重要作用，但它并不能代表环境材料概念中的创新内涵。

生态环境材料的英文是 Ecomaterial，是 Environment Conscious Material 或者 Ecological Material 的缩写，也就是说，生态环境材料是具有环境意识、考虑环境、考虑生态学的材料。生态环境材料在生产过程中对资源和能源的消耗量比较少，废弃后能够回收再生利用的可能性比较大，从其生产使用到回收的全过程对周围生态环境的影响也最小，因而又称为“绿色材料”或者“生态材料”。生态环境材料是指那些具有良好使用性能和优良环境协调性能的材料。优良的环境协调性是指资源、能源消耗少，环境污染小，再生循环利用率高。生态环境材料是人类主动考虑材料对生态环境影响而开发的材料，是充分考虑人类、社会、自然三者相互关系的前提下提出的新概念，如图 1-1 所示。这一概念符合人与自然和谐发展的基本要求，是材料产业可持续发展的必由之路。

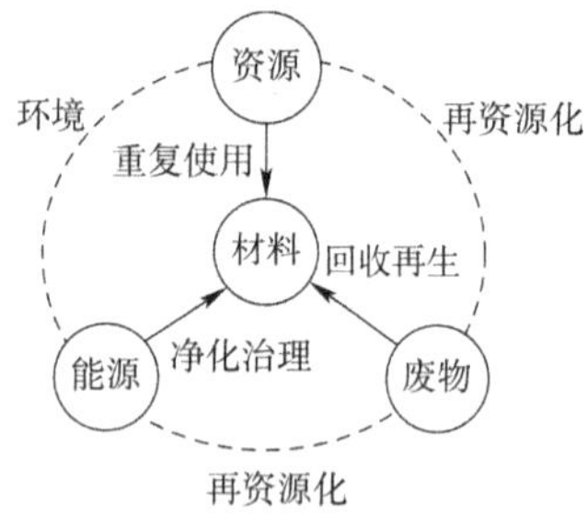

图 1-1　生态环境材料与其考虑的人类、社会、自然的相互关系图

1.1.2　生态环境材料的起源

材料技术所涉及的方面非常广泛，相应的技术也比较复杂。材料技术是基础科学和工程科学的综合产物，在一定程度上体现了两方面科学的相互影响和相互融合。随着科学技术的不断进步，在过去互相没有关联的几种材料或者是相对独立的物质也开始出现相互渗透和结合等现象。也就是说，在某种程度上出现多种学科交叉的现象，高科技的发展、资源的更好利用、通信技术的创新、工业产品质量的不断提高等都和材料有着一定的关系。

环境问题一直都是人们关注的话题，随着时代的发展，人们在追求高品质生活的同时，也更加重视环境质量。环境问题日趋严重，特别是第三世界国家伐林采矿、排放废弃物等都对环境有着巨大的伤害，甚至导致全球变暖、冰山融化等问题，使人类的生存受到了巨大的威胁。导致环境遭受到破坏的主要因素之一是生产材料的肆意开发和不断使用，以及制成材料时排放物所带来的污染等。为了使环境问题得到改善，更合理地开发和利用材料，人们提出了生态环境材料这一概念。

生态环境材料是经济发展的重要基础，能为整个社会带来一定的财富，从而有利于人类社会文明的进步。但是从资源、能源、环境的角度分析可以看出，材料的采集、锻造、生产的过程是一个消耗和破坏人类生活环境的过程。例如，我国钢铁消耗量占总金属消耗量的 11%，其排放的废气、废水等污染物占整个工业排放量的 13%，这也是仅次于化工产业所带来的环境损害。相关的数据显示，我国单位数量生产所消耗的资源比一些发达国家高，而且资源的再生利用能力比较低，其产品的最终社会价值所发挥出来的作用仅仅占有原料投入的 30%，大部分的材料在生产过程中就变成了废料，既浪费了资源，又对环境造成破坏。

我们通常说的生态环境材料，是指其消耗的数量最小化，对环境产生的污染最少，而且产品的再生利用率较高，在报废后可以进行降解的新型绿色材料。从目前的状况来看，传统使用的材料都是把重点放在材料的使用性能上，忽略了其对于环境的后续污染问题。现在常提及的生态环境材料不仅对材料的性能有要求，而且与环境的协调性也应满足相应的条件，可以说，生态环境材料在实质上是对传统材料的革新。生态环境材料学的含义包含两个层面：一是研究材料的开发过程、使用过程、实际使用状况以及报废后的处理问题，是一种较为广泛的综合性学科；二是研究如何从材料入手来解决或减少材料的消耗对环境的污染。

1.1.3 生态环境材料的必要性

我国是一个发展中国家，随着人口增长、资源短缺、环境污染问题的出现，我国必须着力开展生态环境保护。在该形势下，实行可持续发展战略、开发生态环境材料就显得尤为重要，这对推动我国社会进步具有重大意义。

生态环境材料是在可持续发展理念的促进下产生的，对于实现可持续发展具有重大意义。可持续发展观要求我们既要满足当代人的需求，又不损害后代人满足需求的能力。通俗地讲，我们既要生产出对人们有用并且满足大众需求的各种资源，也应该维护人们的长远利益，这无论对于保护人们赖以生存的家园，还是对于推进我国经济建设的发展都具有重要作用。

生态环境材料是实现可持续发展的重要部分。可持续发展大致分为人类与经济的发展、生态环境的发展两部分内容，两者是相互依存的。实现可持续发展这一战略、满足可持续发展的要求，不仅要有效开发和合理利用自然资源，还要选用自身性能高的材料进行开发。因此，可持续发展观下生态环境材料的开发是非常必要的。材料是构成社会基础物质的重要因素之一，可以支撑社会的可持续发展。

生态环境材料是环境保护的一个基础组成部分。因为生态环境材料所包含的内容非常的广泛，在日常生活中也大量使用，所以其生产的各个环节以及使用的方向都和我们的生活有着直接或间接的联系。在此基础上，材料的全生命周期的各个环节（如从材料的采集、选择，到产品的加工制造，甚至到材料的报废、维修等）都在一定程度上与资源、能源、环境有着直接的关系，生态环境材料的适用性一直都影响着人们的日常生产生活。将材料的适用性和自然发展的性质相协调，这样不仅能够改善人们的生活条件，还能促进材料产业的飞速发展，为人们创造更为舒适健康的生存空间。

从目前的状况来看，建筑材料一直是我国较为传统的产业。建筑材料主要包括天然材料和人造材料。天然材料有黏土、砂砾、石材和木材等，人造材料有水泥、钢材、混凝土、玻璃、陶瓷、防水材料和有机装修材料。无论是天然材料，还是人造材料，均需自然的矿物和生物资源。中国的木材资源已经匮乏，不仅结构用木材已经很少，装修用木材也已大量依赖进口。这些现象应该引起人们的深思，加大相应的研究投入和政策支持，尽快找到一条可持续发展道路。在可持续发展理论和应用的推动下，我们不仅要追求材料的良好使用性能，还要深刻认识到自然资源的有限，并尽可能降低废弃物排放量，即在材料的提取、制备、使用直到废弃与再生的整个过程中都尽可能减少对环境的影响。

自改革开放以来我国经济获得了飞速的发展，为了满足当今社会对于材料性能提升和数量提升的双重需求，材料行业面临着许多的压力。我国的建材市场已经成为一个重要的产业，其中很多方面取得的成就都令世界瞩目。以我国的水泥行业为例，1993 年、1994 年、1995 年水泥的年产量分别达到3.7 亿 t、4 亿 t、4.4 亿 t，每年的年增长率甚至达到 9%，而且同期的黏土砖的生产产量甚至达到 5600 亿块。因此，想要保证建筑材料产业的长期发展，就必须走可持续发展道路，在此基础上还要不断地提高生产水平，这样才能进一步去提高资源的使用效率，从而减少废物排放，达到保护环境的目标。

1.1.4 生态环境材料的判据

生态环境材料可以划分为材料的环境协调性评价和具体生态环境材料的设计、研究与开发两大部分。从目前的研究进展来看，生命周期评价（Life Cycle Assessment，LCA）作为一种国际上公认的材料环境负荷评价方法，已被广泛应用于工业部门的环境影响评估（Environment Impact Assessment，EIA）和材料的生命周期评价（Materials Life Cycle Assessment，MLCA）这两个重要方面。新型材料的环境协调性设计与开发则是未来环境材料发展的重要方向，也是材料工业可持续发展的根本出路。传统材料环境化改造则是当前环境材料研究的重要方向之一。

生态环境材料以其优越的使用性能及其与环境的相协调性受到人们的关注，并被广泛应用于各领域。曾经的材料领域忽略了材料对于生态环境的影响，侧重于最大限度地发挥材料的性能。生态环境材料的发展既是材料自身的发展需求，也是生态环境、社会全体、人类生存发展的需求。目前各种无毒的涂料、环境净化材料、生态资源、材料环境修复材料及环境降解材料已经被相继开发。任何材料在经过改造后可达到节约资源且与生态环境相协调，均可视为生态环境材料。

1.1.5 生态环境材料的分类

根据生态环境材料的性质和应用领域的不同，可以将生态环境材料分为以下三大类：

（1）具有环保功能的材料。其设计意图是为了解决日益严峻的环境问题，包括大气污染、水污染以及固体废弃物污染等。

（2）减少环境负荷的材料。这类材料具有较高的资源利用效率以及对生态环境的负荷较小的特点，如各种天然材料、清洁能源、绿色建材及绿色包装材料等，亦或是采用新工艺，以降低加工和使用过程中的环境负荷的材料。

（3）可再生和循环利用的材料。这是降低材料的环境负荷，同时提高资源利用效率的重要手段，其重点是研究各种先进的再生、再循环利用工艺及系统。

1.2 生态环境材料的研究内容与发展趋势

1.2.1 生态环境材料的研究内容

生态环境材料是在人类认识生态环境保护的重要战略意义和世界各国纷纷走可持续发展

道路的背景下提出来的,是国内外材料科学与工程研究发展的必然趋势。一般认为,生态环境材料既具有满意的使用性能,又被赋予优异的环境协调性。生态环境材料的特点是消耗的资源和能源少,对生态和环境污染小,再生利用率高,从材料制造、使用、废弃直到再生循环利用的整个寿命过程都与生态环境相协调。

生态环境材料的研究内容主要包括:生态环境材料的理论研究,改善传统材料对环境造成的污染情况;建立材料环境协调性评价的理论体系,通过具体的数据分析,开发和应用环境友好型材料;提出降低材料环境负荷的新工艺、新技术和新方法,进而改善人类赖以生存的环境。具体如下:

(1)生态环境材料的理论研究可以分为对环境问题的表面治理和根本治理。表面治理也叫作末端治理,即通过治理现阶段已有的污染,恢复环境对污染物的容纳能力和消化吸收功能来改善环境问题。例如,针对工业废水和汽车尾气等问题,开发可以治理废水的新材料及产品,提出治理尾气的技术和要求,这些都属于末端治理的范畴。根本治理也叫作初始端治理,即通过预防污染的产生,减少污染的发生量,以达到生态环保的目的,即在材料设计阶段就考虑减少生产过程对环境造成的影响。例如,改革生产工艺,实行清洁生产技术,从源头控制污染物的产生和排放,这些措施都属于初始端治理的范畴。

(2)建立材料环境协调性评价的理论体系,将生态环境材料评价体系作为一个共性的基础,有助于人们开发和应用环境友好型材料。众多学者将其与材料产品的设计及 LCA 相结合,通过 LCA 选用材料、开发产品,使 LCA 得到更广泛的应用。材料生命周期是指在产品系统中相互联系的阶段,从原材料的获得、产品的产生一直到产品的废弃。由此可见,建立环境协调性评价的理论体系是开发优良生态环境材料的重要内容。

(3)提出降低材料环境负荷的新工艺、新方法,可以从源头上解决传统材料对环境造成危害的问题。根据环境协调性、物理化学性质和功能特性设计、制备新材料,并利用各类材料和产品的设计方法、基础数据库以及制备、加工和评价方法的发展,探索最佳的制备工艺及加工方法。

生态环境材料从理论上总结和反思了人类在社会发展过程中所开发的材料的合理性和科学性,将地球生态环境和材料科学相结合。生态环境材料学集材料的开采、制备、加工、使用和再生过程与生态环境问题于一体,力求两者相互协调、相互促进。未来的生态环境材料将具有可循环再生性等优点,而对废弃材料的有效开发和合理利用也将成为材料发展的热门。另外,材料结构功能一体化也将会成为生态环境材料发展的一个方向。

1.2.2 生态环境材料的发展趋势

生态环境材料是一门新兴的交叉学科,包括物理、化学、生物、医药等学科的综合知识,涉及农业、生物和几乎所有主要工业,如钢铁、非铁金属、石油化工、煤和建筑等。生态环境材料技术能够有效利用有限的资源和能源,尽可能降低环境负荷,这是实现材料产业和人类社会可持续发展的理论和技术基础。

材料的环境性能将成为 21 世纪新材料的一个基本性能,各种环境材料及绿色产品的开发将成为材料产业发展的一个主导方向,过去的材料研究是以追求最大限度地发挥材料的性能和功能为出发点,而对资源、环境问题没有给予足够的重视,如传统的材料科学与工程定义只强调材料的成分、结构、工艺及其性能与用途之间的关系,没有考虑材料的环境性能,没有把材料的环境性能融入所有的新材料设计和生产中。随着人类对生态系统和环境保护认识的逐渐深入而逐步完善,生态环境材料的市场潜力十分巨大。我们只有一个地球,必须提高材料生产过程中的资源效率,减少环境污染,实现材料的可持续发展。

环境治理材料仍是生态环境材料的主要研究内容,环境修复替代材料和废弃物的再资源化研究也将成为环境工程材料产业的另一大热门。鉴于目前大气、水及固体污染对环境造成的极大压力,针对这类环境污染而研究开发的环境治理材料在未来较长的一段时间仍将是环境工程材料的主要研究内容。针对不同的污染物来源和危害性质开发的各种催化净化材料、吸附材料和过滤材料已经步入产业化应用阶段,但是相对于工业的迅猛发展,环境治理材料的不断革新仍刻不容缓。结合节能、减排和降耗的新要求,更高的性能、更长的寿命以及更低的成本成为新型环境治理材料必须具备的性质。这也对材料的设计、合成和集成应用各环节提出了更高的要求。

在全球资源短缺和环境污染严重的今天,如何寻找到可替代资源、更好地利用资源、保护环境成为材料从业者乃至全世界科研工作者的另一个重大责任。随着工业化社会不断发展和资源消耗量的不断增加,对不可再生资源和有毒有害物质的替代材料,以及针对已恶化环境(如沙漠等)的修复材料也必将成为环境工程材料产业的一大热门。

开发环境友好型的新材料及绿色材料制品,是材料工业生态化的重要途径,也是生态环境材料研究的主要内容。从生态观的角度来看,天然材料加工的能耗低,可再生循环利用,易于处理,对天然材料进行高附加值开发,所得材料具有先进的环境协调性能和优良的使用性能。开发超高性能、超长寿命的材料,可以有效降低材料的环境负荷和寿命比,从总体来看,这也是降低材料环境负担性的一个有效途径。例如,开发超高强低合金钢,通过调整成分和热处理工艺即可得到性能在较大范围内明显改善的钢种,能大幅度提高钢的寿命和性能,相应地降低环境负担。由此可见,研究超高性能和超长寿命的水泥是生态环境材料的一个重要发展方向。研究可生物降解的塑料,从根本上解决白色垃圾污染的问题,这仍是生态环境材料面临的一个重大课题。

随着地球上人类生态环境的恶化,保护地球、提倡绿色技术及绿色产品的呼声日益高涨。从事材料科学及环境科学的学者都发现在材料的加工、制备、使用及废弃过程中往往对生态环境造成很大的污染,加重了地球的负担。对材料科学工作者来说,有效利用有限的资源,降低材料对环境的负面影响,在材料的生产、使用和废弃过程中保持资源平衡、能量平衡和环境平衡,实现材料科学与技术的可持续发展,是一项义不容辞的责任。

1.3 道路交通建设与生态环境的关系及影响与改善措施

1.3.1 道路交通建设与生态环境的关系

道路交通建设不仅要不断地满足经济、社会、人民群众生活的需要,而且要充分考虑资源和环境的制约因素,正确处理道路交通发展与人口、资源、环境的关系,切实保护、合理开发和节约使用各种自然资源。加快道路交通基础设施建设和加快道路交通发展步伐固然重要,但重视交通生态文明工作也很重要。如果环境遭到破坏,恢复则需要花费的资金将更多,时间也将更长。不注重环保，会对人类的生存和发展带来负面影响。交通建设决不能走先破坏、后治理的老路，决不能以牺牲环境为代价去换取一时的发展。因此，我们应保护好道路沿线生态环境，实现环境保护与公路建设并举，道路发展与自然环境相和谐。要想处理好道路交通建设和生态环境的关系，务必把握住以下几点：

（1）将生态文明理念融入道路交通事业。公路是国民经济和社会发展重要的基础设施之一，公路基础设施发展滞后目前仍是制约我国经济社会发展的重要因素之一，加快公路建设步伐势在必行，进行公路建设就必然会占用土地资源、使用原材料，影响公路沿线生态环境。在当今这样一个注重生态的大背景下，如何在继续加快公路建设步伐的过程中尽可能少地占用资源，最大限度地保护环境，实现公路建设与自然环境相和谐，是需要研究的重要课题。公路交通事业要实现科学发展，就必须认真处理好建设与环保的关系，用最小的环境代价实现公路建设目标，这一理念必须贯穿公路设计、施工、监理、管理养护等各个环节。

（2）道路交通建设项目的勘察设计应充分考虑项目所处区域的环境状况。加强前期工作中的环保工作，在可行性研究及初步设计中，都应当按照国家及交通行业环境保护设计规范及其他有关技术规范的要求，编制环境保护篇章，提出环境污染防治和生态保护措施，真正做到环境保护措施与建设项目同时设计。因此，我们要贯彻主动治理的环保工作思路，充分考虑沿线灾害和项目范围内的生态治理需要，与建设项目同步设计，纳入预算，一并报批。

（3）创新设计理念，提高公路建设生态水平。设计工作要统筹考虑建设、运营、养护的全过程，系统解决工程结构的耐久性、安全性、维护的可行性、防火减灾的有效性以及环境景观的协调性等问题。合理选用线位资源和技术标准，将土地占用情况作为设计方案比选的重要指标，确定合理的公路路线走廊带、主要控制点和工程技术指标，尽可能避让基本农田，减少耕地占用，充分利用荒山废地，避免设计简单化、格式化和唯标准化。尽力优化设计方案，减少高填深挖，注意填挖平衡，鼓励采取降低路堤填土高度、选择合理的防护工程。公路建设中要充分利用旧路资源，尽量在原有路基上加宽改造，安全利用原有桥隧，避免大改大调或大填大挖，防止植被破坏、水土流失。完善施工临时性用地的复垦制度，合理设置取、弃土场，把施工取土、弃土与改地、造地、复垦等综合措施结合起来，进行土地恢复和改造。要防止地质灾害发生，减少对环境影响。

（4）将环境监理工作落到实处。工程环境监理工作作为建设项目环境保护工作的重要组成部分，是建设项目全过程环境保护管理不可缺少的重要环节。其目的是将国家有关的环境保护法律法规、建设项目环境影响评价报告书等要求贯彻落实到工程的施工管理工作中。工程环境监理工作应作为工程监理的一个重要组成部分，纳入工程监理体系。开展交通工程环境监理工作，加强交通建设项目施工期的环境保护管理和监控，提高环境保护工作力度。

（5）注重公路绿化工作，公路绿化要合理规划，科学实施。充分利用良好的自然生态环境，重视景观和谐，精心维护沿线生态林带。坚持将人工景观和自然景观相结合，优先选择适应当地自然环境的乡土树种，形成各具特色的公路绿化景观，同时降低公路绿化带生态廊道建设和管护成本，充分发挥其生态功能。

（6）加强公路项目竣工环境保护专项验收工作。公路建设单位要根据《建设项目竣工环境保护验收管理办法》的要求，在交工验收时向当地环保部门申请试运行，在竣工验收前配合环保部门开展环境保护专项验收，确保环境保护措施落实到公路建设中。

1.3.2 道路交通建设对生态环境的影响及改善措施

1)对水资源的影响及改善措施

水资源是生态环境中重要的一种资源。目前全世界水资源相当匮乏,水资源的缺乏严重影响到生态系统的平衡。道路交通对水资源的影响尤为严重,尤其是建设过程和运营过程中。在道路交通建设期间,化学药品、生活污水等被随意排放到水沟河道中,导致水体变质,影响周边生态环境。运营期间,汽车发动机排放的无机化合物(铝化合物的细小颗粒),直接进入地面上水并通过道路附近的植物进入到食物链中。同时,路面上的有害物质可能从道路排水系统流入到地表、地下等,污染地表和地下水,造成道路两旁饮用水的污染,影响沿线人们日常生活和野生植物的生长,并逐渐会诱发生物的减少和消失,最终导致生态失衡。

众所周知,由于轮胎磨损、车辆漏油或运输货物中含有的微粒物质、车辆排放废气中的颗粒物质,都会积聚在道路表面,当其与降水混合在一起形成径流后,会对沿线的水源、土壤形成污染。特别值得一提的是,在国内,目前大多数的低等级公路边沟都是和沿线的农业排灌系统合在一起,因而会给农作物带来一定污染。解决这一问题的最好办法就是将路面水与农业排灌系统分开,并在沿线设置一些集水池,把路面水导入集水池后进行净化处理,经处理达标后排入污水收纳系统。由于这一办法造价高,目前国内公路沿线采取这一办法还不实际,但在个别路段(加油站、洗车场、平交路口等经常停车的路段)及服务区采取这种措施是很有必要的。施工过程中,沥青、油料、化学物品等不应堆放在民用水井及河流湖泊附近,并采取隔离措施,防止其被雨水冲刷进入水体。

2)对土地资源的影响及改善措施

土地资源的影响包括土地占用、破坏、污染和流失。土地资源影响着生态系统循环,并支持农业和其他人类活动。道路交通建设占用、破坏大量土地,尤其是耕地,是极其宝贵的自然资源。我国现有耕地约15亿亩(1亩≈666.67m^2),仅为世界总耕地的7%,而人口是世界的25%。据统计,四车道高速公路及一级公路建设,每公里占用土地75亩左右,其中一般耕地占70%~90%;六车道高速公路则占地更多,因此道路交通建设对土地的保持是一个严重的挑战。在公路施工过程中,坡地的稳定性会在建造路堑或路基的过程中受到不同程度的损害。路堑施工中的弃土会破坏原有的植被,并增加土地受侵蚀、坡地不稳定的概率。在道路交通建设过程中,因过度开挖山体边坡,或在坡脚大量采石取土,如果处置不当常常会引起水土流失,使坡脚支持力减弱而引起崩塌。特别是在高挖低填处的坡面及弃土渣场地,山体地面扰动后极易引起塌方、滑坡等。汽车尾气是大气环境中铅的重要来源,由于汽车中加入了烷基铅作抗爆剂,当汽油燃烧时,加入的烷基铅有70%~80%被氧化分解成无机铅,随尾气排出,造成公路边土壤的铅污染。

国家高度重视道路交通建设对土地的占用,未来道路在条件允许时应该采用高架的方式建造,这样不仅能节省大量土地,而且不影响动物的迁徙等活动。在道路交通建设过程中,不准随地倒泄弃土,更不准随意破坏地表的植被。在道路交通建设结束后,应在道路周边种上绿色植被,尽快恢复植被和保护植物。为稳定道路坡地和控制土壤侵蚀,可根据该坡地的形态、坡度及排水状况等,在坡地种植草坪,或者用水泥混凝土加固。

3)对生物资源的影响及改善措施

道路交通建设会对植被和野生动物等生物资源造成极大影响。公路基础设施建设势必影响周边原有植被的生长,导致沿线自然植被覆盖减少。人工护坡措施采取的人工植被会降低物种多样性和植被稳定性,导致原有植物群落的衰退甚至消失。道路交通建设阻断了生物的迁徙及活动的范围。西南地区有多种珍稀濒危的国家级保护动物,当公路建设通过这些珍稀濒危物种的保护区所在地区时,都会或多或少地产生对动物迁徙、栖息、觅食活动和物种交流的影响,造成生境切割。随着道路的增加,生物生存空间被分割,生态系统的结构和功能趋于简化,稳定性下降,生物的环境容量和自我恢复能力变小,难以维持物种合理的种群数量,导致某些生物种群数量下降或消失。

在我国绿色走廊的概念已经开始被人们接受。修建高等级的公路采用了绿色走廊的设计,专为野生动物通过公路提供通道。这就要求在设计桥涵、挡土墙等结构物时,尽可能将人为的痕迹隐藏起来。比如,在设计涵台(桥台)时尽量将台身埋在土中;在选择台身材料时多考虑浆砌块石、片石等,或对混凝土、台身表面做些修饰,使其接近大自然,并且不会对周围生物的环境产生很大影响;在做防冲刷处理时,多采用抛石、铁丝石笼等做法,少用沉排等做法。

4)对气候资源的影响及改善措施

道路交通建设对大气环境的影响是指在道路交通建设过程中产生的扬尘和在道路通车以后车辆排放的污染。在施工期间,道路施工的特点之一是大量开挖土基,少则几十万立方米,多则上百万立方米,造成的环境污染是相当严重的,对沿线居民及农作物都产生了极大的影响。在道路运营期间产生的污染主要来自汽车的尾气。汽车尾气中含有的一氧化碳、氮氧化物、黑烟、碳氢化合物、醛及含铅颗粒物等对动植物的健康有直接的威胁,已经严重污染了人们生存的环境。就小的方面而言,我国各大城市的雾霾天气,绝大部分是由汽车尾气造成的,从大的方面来说,全球气候变暖、冰川消失等现象都受到空气污染的影响。

增加道路两旁的绿化面积,科学选择具有较强吸收能力的树种进行公路绿化,对降低车辆的排气污染、净化空气是很有价值的。道路两旁尽量避免有高层建筑影响道路上汽车尾气的扩散。主要干道的走向要尽量考虑夏季主导风向对机动车尾气污染的扩散作用,以尽快降低近地空气中污染物的浓度。加强道路交通管理,创造有利于机动车有效运转的环境,如减少交通堵塞,保持交通畅通,从而减少尾气的排放。改变能源结构,积极开发推广新能源,使用绿色清洁能源。

大力进行道路绿化,发挥道路绿化的防噪声、抗污染、净化空气、美化景观、保护环境、促进经济发展的作用。坚持绿色通道建设与绿色屏障建设相结合,抓好公路沿线防沙、治沙工作,走社会效益同经济效益相结合、开发与经营相结合的生态建设之路。例如,在公路路基边坡采用植被防护,路肩外缘采用乔灌木或草本花卉相间绿化,路基边坡可选择适宜防风、固沙、易于成活、固定土壤、涵养水源、防止水土流失的树种,路林建设选择杨树、柳树等。在生态环境脆弱及严重沙化区,沿路向两侧一定距离划出区域治理,采取工程措施和生物措施相结合的办法,在公路两侧形成绿色生物屏障。减少公路建设对环境破坏的最经济、最有效的办法就是合理选线。好的线位要远离环境敏感区,重视对自然资源的保护,施工中要制订环保方案,做到公路建设与生态建设同步进行,把生态建设当作重要的战略任务来抓。在公路建设中,应积极推广有益于环境保护的新技术和新材料,如设置公路防噪声屏障、对路面水进行处理、推广土工织物类材料的应用。

1.4 道路工程生态环境材料的新发展

材料作为人类生态文明的重要物质基础，影响着人们的生活和自然环境，但传统的道路工程材料，不仅需要消耗大量的能源、资源，还会带来环境危害，不利于实现人与自然的和谐发展。随着社会经济的快速发展，人们生活水平的提高，对于道路工程材料的追求已不仅仅局限于材料的可用性，更加关注材料的耐用性、实用性、舒适性和环保性，这促使了新型道路工程生态环境材料的出现。随着科学技术的发展，道路工程材料领域也引进了现代的实用高新技术，为新型道路工程生态环境材料的发展提供了技术保障。

1.4.1 道路工程材料向生态环境材料的转变

道路工程材料在国民经济发展中处于重要的地位，与人民生活水平密切相关，随着全球经济加速，可持续发展成为世界上许多国家的发展战略。

道路工程材料是应用最广泛、用量最大的材料，主要包括水泥、混凝土和沥青混合料等。长期以来，道路工程材料主要是依据道路结构物对材料提出的力学性能与功能方面的要求进行开发的。具体来说，传统的道路工程材料主要追求强度高、耐腐蚀和耐久性好等性能，但其在生产过程中不仅会消耗大量的天然资源和能源，还会造成粉尘污染，释放有毒气体，这些都会对环境造成严重危害。随着经济建设的不断发展，对道路工程材料的需求还在增加，如果这些问题不加以解决，造成的环境负荷将会是灾难性的。因此，充分考虑与地球环境的协调性，是今后发展道路工程材料所必须研究的重要课题。

同样，环境问题也会反作用于道路交通工程。例如，目前的环境问题主要是由大气中二氧化碳浓度的增加造成气温上升，这会加速混凝土的碳化过程，从而影响混凝土结构的耐久性，缩短道路结构物的使用寿命。此外，臭氧层的破坏会使波长短的紫外线辐射量增大，这会加速有机道路材料的老化，降低其抗风化能力。因此，在深入认识道路工程材料破坏机理的基础上，对传统的道路工程材料做出进一步改良和创新是非常必要的。

健康型、环保型和安全型的道路工程生态环境材料，是相对于传统道路工程材料而言的一类新型材料，是生态环境材料在道路工程材料领域的延伸。从广义上讲，生态环境材料不是一种单独的道路工程材料的品种，而是对道路工程材料“健康、环保、安全”等属性的一种要求，对原料、生产施工、使用及废弃物处理等环节贯彻环保意识，并实施环保技术，保证社会经济的可持续发展。

1.4.2 道路工程生态环境材料的发展现状

在我国，道路工程行业不仅是第二大能源消费行业，而且是高排放和高污染的重点领域。道路基础设施作为国民经济发展的基础，毫无疑问是资源占用和能源消耗大户，因此道路工程的节能减排情况一直受到各界的高度关注。为了拓展道路工程材料的发展空间，环境协调性好的材料成为重点研究对象。

21 世纪以后，道路工程生态环境材料的发展应具有以下的一些趋势：①研制高性能材料，如研制轻质、高强、高耐久性和多功能的材料，以及充分利用和发挥各种材料的特性，采用复合技术，制造出具有特殊功能的复合材料；②充分利用当地材料，尽可能减少天然资源的使用，大量使用尾矿、废渣、建筑垃圾等废弃物作为生产土木工程材料的资源，以保护自然资源和维护生态环境的平衡；③节约能源，采用低能耗、无环境污染的生产技术，优先开发、生产低能耗的材料以及能降低建筑物使用能耗的节能型材料。产品可循环再生和回收利用，无污染废弃物，以防止二次污染。具体来讲，道路工程材料领域中生态环境材料的发展趋势包括以下几个方面：

(1)道路工程生态环境材料的高性能化，包括高力学性能、高耐久性等特点。例如，高性能混凝土(High Performance Concrete，HPC)不仅具有比较好的密实性和抗渗性，还具有较高的弹性模量，所以不容易受到腐蚀物质的影响，相比于普通的混凝土，HPC 具有更好的耐久性；双重改性的高性能沥青混合料，充分利用 SBS、DTPE-M 两种不同改性材料相互作用，形成立体交联网络的结构优势，不仅有利于提高沥青混合料的抗变形能力，而且能提高沥青路面的抗车辙能力和耐久性；早期高抗压强度的乳化沥青混合料，以早期强度为评价指标，采用不同的集配和乳化沥青用量，最大限度地提高乳化沥青混合料的早期强度和耐久性。

(2)道路工程生态环境材料的功能化，包括排水、防滑和降噪等功能。例如，对于防滑降噪沥青路面，采用密实型沥青混合料作中下面层，用大空隙沥青混合料作表层，可以使渗入面层的雨水通过路拱横坡流出路面结构，提升路面抗滑性能，并可防止水漂、降低噪声；对于半柔塑耐久环保型多功能沥青路面，基于传统路面结构形式改进，结合高黏弹橡胶沥青、温拌剂、融冰雪剂等一系列路面原材料，使沥青路面具有融雪防滑的功能。又如，透水水泥混凝土是一种具有吸声降噪功能的透水铺装材料，通过研究不同孔隙率、孔径和厚度对透水水泥混凝土路面吸声性能的影响，可以提高水泥混凝土路面的排水和降噪能力。

(3)道路工程生态环境材料的智能化，包括自密实、自清洁和自修复等功能。例如，自密实混凝土，也称为高流态混凝土，不需要振捣就能充满模型，包裹钢筋，具有良好的施工性能和填充性能，混凝土硬化后具有良好的力学性能和耐久性。自清洁轻质混凝土，通过研究超疏水材料来实现混凝土的自清洁功能，这一超疏水轻质混凝土排斥灰尘颗粒和液体，包括牛奶、啤酒、咖啡和染色的水，可以浸泡在液体中而不留下任何污渍。此外，自清洁轻质混凝土的多孔结构还能吸收噪声和隔热，充分体现了道路工程生态环境材料的智能化。微胶囊自修复沥青路面，通过将微胶囊引入沥青材料的自修复中，可提高沥青材料的自修复能力并在裂缝产生初期即可自我修复，延长路面使用寿命。与传统的裂缝修补方法相比，微胶囊自修复技术具有节能减排、降低养护成本和防止微裂缝扩展至宏观裂缝等优势。

(4)道路工程生态环境材料的绿色化，通过废旧材料的二次利用，减少资源浪费和环境污染。例如，对于蔗渣纤维沥青混合料路面，蔗渣纤维表面具有凸起和条带状纹理，有利于搭接成三维网络结构，提高沥青的吸附能力，增大沥青的蠕动阻力，防止裂纹的产生，从而提高沥青混合料的路用性能；废旧橡胶粉改性沥青是利用废旧轮胎橡胶粉对沥青进行改性，废旧轮胎橡胶粉的掺入不仅能够提高沥青混凝土的动稳定度和抗车辙变形能力，还能使沥青混凝土的高温稳定性保持在较好的水平；对于再生混凝土路面，将废旧混凝土进行破碎、碾磨、筛分等工序再重新用于新拌混凝土中，在正确把握各阶段施工要点的基础上，保证再生混凝土路面的各项工作性能都能满足规范要求，这种材料不仅能够减少天然集料资源的开采量，而且能够有效解决因废弃混凝土大量堆放而引发的环境污染问题。

目前，道路工程生态环境材料正向着高性能化、功能化、智能化和绿色化高速发展。在道路工程领域，交通运输部于 2016 年印发了《关于实施绿色公路建设的指导意见》，明确了绿色公路的发展思路和建设目标，提出了五大建设任务，决定开展五个专项行动，推动公路建设发展转型升级；在2017年，交通运输部出台了《关于全面深入推进绿色交通发展的意见》等文件，从顶层设计出发对道路工程生态文明建设提出了切实措施。2019年全国交通运输工作会议强调，必须加快推动绿色交通发展，提高公路运输科技创新能力。千古百业兴，先行在交通。道路工程生态环境材料的问世，为人们的生活增添了一道亮丽的风景线，特别是道路材料在满足安全性、舒适性的基础上，朝着功能型、环保型的水平发展，不仅要让城市交通“快起来”，还要让城市环境“绿起来”。

综上所述，道路工程生态环境材料的发展需要一代又一代人的努力，让我们携手共进，引领绿色交通进入全新的时代。

创新成果漫谈

国家科学技术进步二等奖——环保型路面建造技术与工程应用

随着我国城镇化建设与城市发展步伐的加快，交通设施建设和汽车运输规模长足发展，道路交通在方便人们出行的同时，也给人们的生活和工作环境带来诸如尾气污染、交通噪声、热岛效应等负面影响，道路建造技术面临着新的要求和挑战。由长安大学牵头、多家单位产学研协作，通过理论分析、材料研发、实体工程铺筑等方式，实现环保型沥青路面建造技术的研发与工程应用。研发成果主要包括吸收分解汽车尾气的路面材料与施工技术，透水性道路设计、施工与维护技术，低噪声路面结构和降噪设施，道路冰雪自融与防滑技术，低吸热式地面及其铺装技术等在内的环保型道路技术。

1. 主要创新点

(1)提出了透水沥青混合料组成设计方法以及透水沥青路面分类新方法。

(2)开发了矿物负载型和耦合型光催化材料并研制了相应的尾气吸收分解涂料。

(3)研发了基于近场测试原理的轮胎-路面交互作用路面噪声测量车。

(4)建立了基于能量转化的道路融雪系统温-湿耦合瞬态融雪模型，开发了集成太阳能-土壤源热泵的道路融雪系统。

(5)研发了保水乳浆材料、太阳热反射涂料，遴选了热阻矿料，提出了三种低吸热路面的材料组成设计方法。

2. 推广应用前景

透水沥青路面、尾气分解路面、低噪声路面、低吸热路面、融冰雪路面等是目前海绵城市建设中重要的绿色环保路面形式，经济效益、社会效益及环境效益显著，对建设“两型社会”产生了积极影响和示范带动作用。

第2章

材料产业与生态环境

2.1 材料在国民经济中的作用

材料服务于国民经济、社会发展、国防建设和人民生活的各个领域，是国民经济和社会发展的基础和先导，与生物技术和信息技术并列为现代高科技的三大支柱。在历史上，材料曾被作为文明社会进化的标志，如将历史划分为石器时代、陶器时代、青铜器时代、铁器时代等，直至现代的高分子时代等。材料既是一个独立的领域，又与其他几乎所有新兴产业密切相关。

16 世纪以来，人类经历了两次世界范围产业革命，每次产业革命的成功都离不开新材料的开发。第一次产业革命的突破口是推广应用蒸汽机。瓦特发明了蒸汽机，但只有在开发了铁和铜等新材料以后，这种蒸汽机才得以应用并逐步推广。第二次产业革命以石油开采和新能源广泛使用为突破口，大力发展飞机、汽车和其他工业，支持这个时期产业革命的仍然是新材料开发，如合金钢、铝合金以及各种非金属材料的发展。

从世界科技发展史来看，重大的技术革新往往起始于材料的革新。可以说，没有先进的材料，就没有先进的科学技术和现代化的工业。例如，20 世纪 50 年代出现的镍基高温合金，将材料使用温度由原来的 700℃提高到 900℃，从而促成了超音速飞机的问世；而高温陶瓷的发明则促进了表面温度高达 1000℃的航天飞机的发展。近代新技术（如原子能、计算机、集成电路、航天工业等）的发展又促进了新材料的研制。目前已涌现出了各种各样的新材料，以至有人将我们的时代称为精密陶瓷时代、复合材料时代、塑料时代等。

20 世纪 80 年代末，美国曾对航空航天、汽车、化工、电子、通信、能源、金属材料、生物材料 8 个主要工业部门的材料应用做过一个调查。这 8 个工业部门在当时的美国一共涉及 700 万个工作岗位、1.4 万亿美元的工业产值。其中，金属、化工和生物材料既是主要的材料生产者，又是各种材料的消费者。在其他的工业部门中，材料的作用也很广泛并且非常重要。例如，航空航天、汽车、能源等部门大量消耗结构材料，电子和通信部门主要应用功能材料，而生物材料起着双重作用，既是结构材料，又是功能材料。

随着世界经济的快速发展和人类生活水平的提高，对材料及其产品的需求日益增长，对新材料的发展和应用提出更高、更迫切的要求。20 世纪 90 年代以来，随着科学技术的发展，又面世一大批高新材料。例如，信息材料向超高集成电路、超低线宽、器件微型化、多功能化模块集成化发展，结构材料向轻质、高强高韧、耐高温、耐腐蚀、耐磨损、低成本、环境友好、复合化、多功能化发展，功能材料在新型电池材料、稀土永磁材料、生态环境材料、生物医药与仿生材料、超导材料等重点方向取得新突破，纳米技术实用化进程加快。材料设计、制备、加工与综合性能评价新技术使得材料微观结构设计逐步实用化。截至 2000 年，全世界 12 项新兴产业的年销售额已达 10000 亿美元，其中新材料约占 40%。可以说，新材料技术既是当代高技术的重要组成部分，又是发展高技术的重要支柱和突破口。

我国原材料工业从无到有、从小到大、从材料品种单一到品种门类齐全，基本满足了国民经济发展的需要；钢铁、有色金属、化工、建材等主要行业也得到了迅速发展，已经成为支持国民经济发展及国防现代化的基础产业与发展高新技术的支柱和关键。目前我国每年进入经济循环的原材料达 60 亿 t，而且由于我国国民经济持续稳定地发展，在今后较长的时间内，对原材料的需求将继续保持增长趋势。据统计，我国几种主要的原材料（如钢铁、水泥、煤炭、平板玻璃等）的产量已连续几年位列世界第一。可以说，在世界范围内，我国既是一个材料生产大国，又是一个消费大国。表 2-1 是 2016—2018 年我国几种产量较高的主要原材料产量。据统计，我国几种主要的原材料（如钢铁、水泥煤炭、平板玻璃、有色金属、合成树脂、合成纤维等）产量已连续几年位列世界第一，为我国的现代化建设作出了巨大的贡献。

2016—2018 年我国几类产量较高的主要原材料产量 表 2-1

时间（年）	钢（亿 t）	水泥（亿 t）	平板玻璃（亿箱）	有色金属（万 t）	合成树脂（万 t）	合成纤维（万 t）
2016	11.38	24.0	8.04	5345	8226.7	4536.3
2017	10.50	23.2	8.38	5498	8377.8	4480.7
2018	11.06	21.8	8.69	5894	8759.5	4562.7

2.2 材料与资源、能源的关系

一般工业产品的链式生产流程示意图如图 2-1 所示。从物料的流程角度来看，对任何一个有形的物品，其生产过程都是一个原料的投入和产品的产出过程，一般称为链式生产过程。显然，由于生产效率在大多数情况下小于 100%，在生产过程中不可避免地排放副产品或废弃物，会对环境造成影响。同时，生产效率越低，要求的原材料投入就越多，其资源浪费就越大，也即资源利用效率越低。

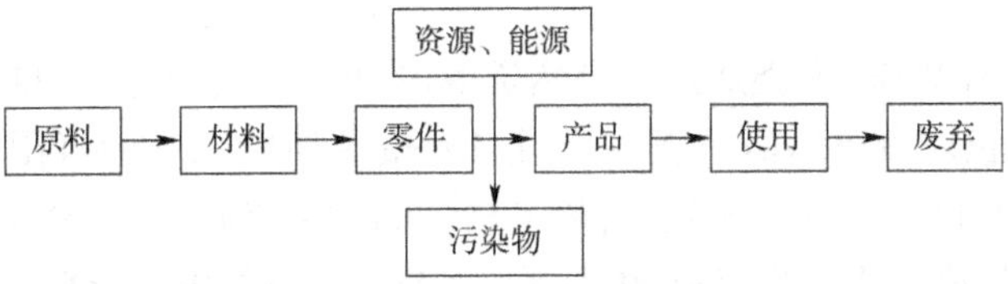

图 2-1 一般工业产品的链式生产流程示意图

从资源和环境的角度分析，在传统材料的采矿、提取、制备、生产加工、运输、使用和废弃的过程中，既推动着社会经济发展和人类文明进步，又耗费着大量的资源和能源。统计表明，从能源、资源消耗和造成环境污染的根源分析，材料及其制品的生产是造成能源短缺、资源过度消耗乃至枯竭的主要责任者之一。在1900—1950年的50年间，全世界金属材料总消耗量约40亿t，平均每10年仅消耗8亿t左右。而1980—1990年全世界金属材料消耗量达58亿t。显然，需加速开采大量的矿产资源，成倍开发各种能源才能满足这种快速增长的原材料消费。

在大量消耗有限矿产资源的同时，这类材料的生产和使用也给人类赖以生存的生态环境带来严重的负担，排放出大量的废气、废水和废渣，污染着人类生存的环境。图2-2为人类面临的资源环境问题示意图。

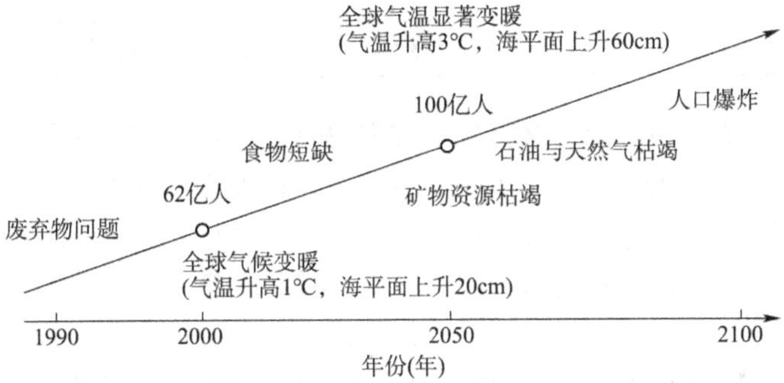

图 2-2 人类面临的资源环境问题示意图

由图2-2可见，最初的资源环境问题主要是局部的污染和废弃物等问题。进入20世纪90年代后，全球气候变暖、沙漠化、臭氧层破坏、食物短缺等危及全人类的生态环境和健康问题日益突显出来。到2050年，地球上的人口将达100亿，许多矿物资源将面临枯竭。到2070年，石油与天然气资源将枯竭，届时人类的能源结构将发生观念性的变革。到2100年，地球上的人口将超出整个地球所能承载的能力。同时，由于气候变暖，海平面将上升。

2.3 材料加工和使用过程中的环境负荷

2.3.1 材料加工和使用过程中的资源和能源消耗

资源是指人类可以直接从自然界获得并用于生产和生活的物质。在材料的生产和使用过程中，每一步都要消耗大量的资源和能源。在某种意义上，材料产业拼的就是资源，也是能源消耗的主要行业。

1）资源和能源现状

自第一次工业革命以来，人类通过对自然资源的开发利用，创造了前所未有的经济繁荣。21世纪以来，人口增长对资源的需求正在超过自然资源所能承载的极限，经济膨胀已造成了全球性的资源危机，非再生资源迅速耗减，越来越多的物种濒临灭绝，淡水资源不足，森林资源持续赤字，水土流失加剧。人类所面临的已是一个资源日益短缺的星球。

在非再生矿产资源方面，截至20世纪90年代初期，全世界发现的矿产近200种。根据对154个国家主要矿产资源的探测，在对43种重要非能源矿产资源统计中，其中静态储量在50年内枯竭的有16种，分别是锰、铜、铅、锌、锡、汞、钒、金、银、硫、金刚石、石棉、石墨、石膏、重晶石、滑石。表2-2给出了全球矿产资源枯竭的预测时间。初步测算，约到2120年，如果人类不能继续发现新的矿产资源，全球经济将由于矿产资源的枯竭而产生重大的影响。显然，资源枯竭作为一个全球问题，是近代工业化对自然资源无节制的过度消耗引起的。对资源的不合理开发和利用导致了日益严重的环境恶化，资源的枯竭使生活贫困化加剧，影响了社会的可持续发展。

全球矿产资源枯竭的预测时间 表2-2

年份（年）	2025	2070	2080	2120
资源	一般矿产资源	金属矿产资源	石油、天然气资源	煤资源

2016年世界一次能源消费前十名及能源结构表见表2-3。在矿物能源方面，我国能源消费居世界第一，化石能源占比偏高。2016年，我国一次能源消费3053百万t油当量，超过美国780百万t油当量，稳居榜首；印度、俄罗斯、日本分别以723.9百万t油当量、673.9百万t油当量、445.3百万t油当量居于第三、第四、第五名。而在能源消费构成中，中国、印度煤炭能源占比高，美国、俄罗斯、日本、加拿大、德国、伊朗均以石油、天然气为主要消费品种，加拿大、巴西也消耗较多水电。从能源清洁度看，俄罗斯、加拿大、伊朗清洁能源消费占比较高，均超过60%，而我国能源结构中清洁能源占比仅仅19.2%，我国今后还需进一步加大清洁能源的发展力度，提高清洁能源的占比。

2016年世界一次能源消费前十名及能源结构表 表2-3

国家	一次能源消费统计（百万t油当量）	分品种能源占比（%）					
		石油	天然气	煤炭	核能	水电	可再生能源
中国	3053	19.0	6.2	61.8	1.6	8.6	2.8
美国	2272.7	38.0	31.5	15.8	8.4	2.6	3.7
印度	723.9	29.4	6.2	56.9	1.2	4.0	2.3
俄罗斯	673.9	22.0	52.2	13.0	6.6	6.3	0.0
日本	445.3	41.4	22.5	26.9	0.9	4.1	4.2
加拿大	329.7	30.6	27.3	5.7	7.0	26.6	2.8
德国	322.5	35.0	22.4	23.3	5.9	1.5	11.8

续上表

国家	一次能源消费统计（百万 t 油当量）	分品种能源占比(%)					
		石油	天然气	煤炭	核能	水电	可再生能源
巴西	297.8	46.6	11.0	5.5	1.2	29.2	6.4
韩国	286.2	42.7	14.3	28.5	12.8	0.2	1.5
伊朗	270.7	31.0	66.8	0.6	0.5	1.1	0.0

数据来源:2017 年《BP 世界能源统计年鉴》。

2)材料生产和使用对环境的影响

从能源、资源消耗和造成环境污染的根源分析,材料及其产品的生产是造成环境污染、能源短缺、资源过度消耗乃至枯竭的主要原因之一。随着世界经济的快速发展,对资源的消耗速度在成倍增长。

在人类社会中大量应用的各类材料(如化工、建材、钢铁、有色金属、煤炭等),在原材料及产品的运输、粉碎及由各种原料制成成品的过程中,都会有大量的污染物排放大气环境中,所排放污染物的种类、数量、组成、性质会因生产工艺、流程、原料及操作条件和管理水平的不同而异。其主要污染物有粉尘、碳氢化合物、含氮化合物及卤素化合物等,这些污染物会对环境造成难以弥补的损害。各种材料用过之后的固体废弃物处理也已经成为世界性难题。

我国是材料生产和消费的大国,但由于我国的资金、技术、管理等原因造成资源的不合理开发和利用,使得资源效率低下,浪费严重。我国几种主要原材料(如钢材、铜、铝、铅、锌等)单位国内生产总值(GDP)的资源消耗率远高于世界平均水平。我国的能源对单位 GDP 的产出率仅为世界平均水平的 17%。对自然资源的不合理开发和利用,不仅进一步加剧了资源的短缺,而且对环境的污染与破坏也与日俱增。

2010—2019 年工业能源消费总量及各类能源消耗所占比重见表 2-4。由表 2-4 可知,工业部门能源消费由 2010 年的 36.06 亿 t 标准煤增加到 2019 年的 48.70 亿 t 标准煤,增加了 1.3 倍以上,年均增长率达到 5%,我国工业能源消费呈逐年上升的态势。我国的能源消费总量整体呈增长趋势,这些数据证实材料产业是我国能源消耗、资源消耗的主要大户。因此,提高材料产业的资源和能源效率会对我国国民经济的可持续发展产生重大影响。

2010—2019 年工业能源消费总量及各类能源消耗所占比重 表 2-4

年份（年）	能源消费总量（亿 t 标准煤）	煤炭消费总量（%）	石油消费总量（%）	天然气消费总量（%）	水电、核电风电消费总量(%)
2019	48.70	57.68	18.90	8.11	15.31
2018	47.19	59.00	18.90	7.60	14.50
2017	45.58	60.60	18.91	6.91	13.58
2016	44.15	62.29	18.71	6.09	12.91
2015	43.41	63.81	18.41	5.81	11.97
2014	42.83	65.80	17.30	5.60	11.30

续上表

年份（年）	能源消费总量（亿t标准煤）	煤炭消费总量（%）	石油消费总量（%）	天然气消费总量（%）	水电、核电风电消费总量(%)
2013	41.69	67.40	17.10	5.30	10.20
2012	40.21	68.52	17.01	4.80	9.67
2011	38.70	70.21	16.80	4.60	8.39
2010	36.06	69.22	17.42	4.00	9.36

3)材料加工和使用过程中的资源消耗

尽管我国是一个材料生产和消费大国,由于矿产资源管理、技术水平、装备等原因造成资源的不合理开发和利用,使资源效率一直较低,资源浪费严重。我国几种原材料的单位GDP资源消耗率与世界平均水平的比较见表2-5。

我国几种原材料的单位GDP资源消耗率与世界平均水平的比较 表2-5

材料	钢材	铜	铝	铅	锌
单位GDP的资源消耗率	4.7	2.5	4.1	4.5	4.4
世界平均水平	1	1	1	1	1

由表2-5可见,中国几种主要原材料(如钢材、铜、铝、铅、锌等)的单位GDP资源消耗率高于世界平均水平。而不合理的开采和浪费,更加剧了资源的短缺。

(1)直接消耗

在材料的生产和使用过程中,资源消耗一般可分为直接消耗和间接消耗两类。直接消耗是指将资源直接用于材料的生产和使用。表2-6给出了几种材料单位产量的资源消耗情况。显然,从资源效率的角度来看,材料的生产和使用对环境造成了很大的影响。甚至常用原材料(如钢铁、水泥等)的生产效率都低于50%,即每生产1t原材料,要向环境排放一半以上的废弃物,给环境带来难以承受的负担,远超出了环境的容纳、消化能力。

几种材料单位产量的资源消耗情况 表2-6

类别	煤	铁	钢	铝	水泥	铑	防水涂料	磷化膜
资源消耗量(t/t)	1.9	7.9	12.1	15.5	1.7	540000	1.27	5330
资源效率(%)	52.6	12.7	8.3	6.45	58.8	1.85×10^{-6}	78.7	1.88×10^{-4}

(2)间接消耗

材料的生产和使用对资源的间接消耗是指在材料的运输、储藏、包装、管理、流通、人工、环境迁移等环节造成的资源消耗。例如,材料的运输需要运输工具,储藏需要占地、建造仓库,材料产品需要包装材料,材料产品的流通需要相应各种辅助设施等。

4)材料加工和使用过程中的能源消耗

材料产业的能源消耗可分为直接消耗和间接消耗两类。

表2-7是2014—2018年我国11种主要原材料工业的能源消耗统计数据。由表2-7可见,2018年,这11种主要原材料工业的能耗占当年工业能源消耗总量的20.93%。其中,黑色金

属冶炼，主要是炼钢炼铁，所消耗的能源占整个工业能耗的7% ~8%；其次是非金属矿物制造，如水泥、瓷砖等，占整个工业能耗的6% ~8%。因此，提高材料产业的资源效率、能源效率对整个国民经济的影响都十分巨大。

2014—2018年我国11种主要原材料工业的能源消耗统计数据 表2-7

行业	综合能源消费量(万t标准煤)				
年份(年)	2018	2017	2016	2015	2014
工业消费总量	397452.00	385723.25	385460.34	397014.07	411613.50
黑色金属矿采选业	222.00	241.23	282.90	377.56	439.84
有色金属矿采选业	137.00	106.87	120.35	199.34	222.64
非金属矿采选业	753.00	678.27	773.76	847.61	1026.75
木材加工及木、竹、藤、棕、草制品业煤炭消费总量	108.00	208.56	325.72	506.94	659.82
造纸及纸制品业	4272.00	4581.20	4602.60	4669.25	4828.83
化学纤维制造业	1330.00	1294.01	1369.53	1090.19	1070.18
橡胶制品业	501.00	658.03	867.65	977.86	1027.03
非金属矿物制品业	24321.00	27466.13	29131.11	31194.78	33014.64
黑色金属冶炼及压延加工业	29308.00	29440.08	30384.39	33512.33	34526.78
有色金属冶炼及压延加工业	21888.00	16730.14	15655.54	14499.44	11483.31
金属制品业	349.00	247.86	398.91	460.08	520.97

2.3.2 材料加工和使用过程中的固、液、气态污染物的排放

除对资源和能源的消耗外，在材料的生产和使用过程中，会不可避免地向环境排放大量的各种污染物。这些污染物主要包括废气、废水和固体污染物，对环境产生很大的影响。

1）*大气污染物*

由于人类活动排放的污染物进入大气所产生的不利于动植物及设施的现象叫作大气污染。大气污染的危害主要包括：影响人类和动物的健康，使植物发生变质并枯萎，引起工业和生活设施老化和腐蚀破坏，影响使用年限。据统计，因大气污染引起的经济损失平均约占工业生产总值的1.2%。

混入大气的各种有害成分叫作大气污染物。表2-8给出了大气污染物的形成和分类。大气污染物的形成可以分为自然源和人工源两类。自然源主要有火山爆发、森林火灾、土壤风化等，一般造成SO_2、CO以及沙尘等污染。人工源主要是由工业、交通运输以及居民生活等几方面的活动造成的。交通运输行业排放的污染物主要是由汽车、飞机、铁路、海船等运输动力机械工作引起的，排放的主要污染物有碳氢化合物、CO、NO_x、Pb以及油类等。其中，飞机排放的大气污染物约占大气污染总量的1% ~2%，而海船仅占0.05%左右。居民生活主要由炊饮、取暖、垃圾等活动过程中产生大气污染，形成的污染物有CO、SO_2、NO_x、碳氢化合物、烟尘等。

大气污染物的形成和分类　　表 2-8

污染源种类		原因	主要大气污染物
自然源		火山爆发、森林火灾、土壤风化	SO_2、CO、沙尘等
人工源	工业	电力、冶金、机械、建材、化工、轻工等	烟尘、SO_2、CO、NO_x 等
	交通运输	汽车、飞机、铁路、海船	碳氢化合物、CO、NO_x、Pb、油类
	居民生活	炊饮、取暖、垃圾	SO_2、CO、NO_x、HC、烟尘

应该说，工业过程排放的废气是形成大气污染的主要原因。人类历史上几次较大的大气污染事故都是因为工业过程废气排放引起的，甚至是材料生产和加工过程直接引起的。其中，最典型的 3 次烟雾事件（包括马斯河谷烟雾事件、多诺拉烟雾事件、伦敦烟雾事件）都对周围的环境产生了严重的影响。一般工业过程排放的大气污染物有烟尘、SO_2、CO、NO 有害化合物等。表 2-9 列举了各类工业向大气排放的主要污染物。由表可见，冶金、建筑、化工是形成大气污染的主要来源，其中化工行业的塑料、橡胶和化学纤维的生产是原材料的直接生产行业。可以说，各种原材料及其加工业是工业大气污染的主要排放源。

各类工业向大气排放的主要污染物　　表 2-9

工业部门	企业类别	排放的主要大气污染物
电力	火力发电厂	烟尘、SO_2、氮氧化物、CO、苯
冶金	钢铁厂	烟尘、SO_2、CO、氧化铁尘、氧化钙尘、锰尘
	有色冶炼厂	SO_2、含各种重金属的粉尘，如铅、锌、镉、铜等
	炼焦厂	烟尘、SO_2、CO、硫化氢、苯、酚、萘、烃类
建筑	水泥厂	水泥尘、烟尘等
机械	机械加工厂	烟尘
化工	石油化工厂	SO_2、硫化氢、烃类，以及各种有机挥发物
	氮肥厂	烟尘、氮氧化物、CO、氨、硫酸气、溶胶
	磷肥厂	烟尘、氟化物、硫酸气溶胶
	硫酸厂	SO_2、氮氧化物、砷、硫酸气溶胶
	氯碱厂	氯气、氯化气
	塑料厂	烟尘、硫化氢、烃类，以及各种有机挥发物
	化学纤维厂	烟尘、硫化氢、氨、二硫化碳、甲醇、丙酮、二氯甲苯
	合成橡胶厂	丁苯二烯、苯乙烯、异乙烯、异戊二烯、丙烯腈、二氯乙烷、乙烯、二氯乙醚、乙硫醇、氯化甲烷
	农药厂	砷、汞、氯、农药
	冰晶石厂	氟化氢
轻工	造纸厂	烟尘、硫醇、硫化氢
	仪表厂	汞、氰化物
	灯泡厂	烟尘、汞

材料在生产和使用过程中要消耗大量的能源。我国原材料行业的能耗约占工业总能耗的40%。而各种化石能源消费过程中排放的大气污染也不容忽视。表2-10为各种化石燃料燃烧引起的大气污染物排放量。相对来说,天然气是最清洁的燃料,每立方米天然气燃烧后仅排放微量的 NO_x、SO_2 以及烟尘等大气有害物。而燃烧1t煤要向大气中排放约30kg SO_2、9kg 烟尘。我国的燃料结构以煤为主,这就是我国大力推广清洁煤燃烧技术的主要原因。

各种化石燃料燃烧引起的大气污染物排放量 表2-10

燃料	CO	碳氢化合物	NO_x	SO_2	烟尘
煤(kg/t)	22.7	0.45	3.62	33.4	9.0
石油(kg/t)	0.24	—	8.57	37.8	1.2
天然气(kg/m³)	0.0000063	—	0.0018432	0.000063	0.000302

2)水体污染物的形成与排放

由于人类活动排放的污染物进入水体造成的变质现象叫作水污染。水污染给环境和人类带来的危害主要包括:影响人类以及动物的身体健康;造成水体植物变质;使渔业枯萎,引起经济损失。尤其值得一提的是,重金属元素以可溶性离子状态溶解在水中,通过人体吸收,会造成人体严重病变。例如,金属镉离子污染会引起人体的骨痛病;汞中毒可以使人中枢神经失灵,并造成永久性病变;铬、锑及其化合物具有致癌作用。

混入水中的各种有害成分叫作水体污染物。水体污染物的形成主要有两个来源:一是生活污水,一般来自居民住宅、医院、学校、商业等生活过程;二是工业废水,主要是由工业生产中一些有害物(如重金属、有机物、酸碱盐、油、放射性废水等)混入工业用水造成的。表2-11为2013—2017年废水及主要污染物排放量,表2-12总结了一些水体污染物的主要来源。由此可见,许多有害物质是由材料的生产和应用过程中引入的,特别是一些重金属污染物,如汞铅、铬、镉、铜、锌、镍、矾、砷、硒,以及一些剧毒化合物,而氰化物、氟化物、硫化物等主要是在钢铁、有色、金属加工和表面处理过程中引入水体,造成水污染。

2013—2017年废水及主要污染物排放量 表2-11

年份(年)	2017	2016	2015	2014	2013
废水排放总量(万t)	6996609.97	7110953.88	7353226.83	7161750.53	69954432.70
化学需氧量排放量(万t)	2143.98	1046.53	2223.50	2294.60	2352.70
氯氮排放量(万t)	96.34	141.78	229.91	238.53	245.66
总氮排放量(万t)	304.14	212.11	461.33	456.14	448.10
总磷排放量(万t)	31.54	13.94	54.68	53.45	48.73
石油类排放量(万t)	7639.29	8838.70	15192.03	16203.64	18385.35
挥发酚排放量(万t)	244.10	381.19	988.21	1378.43	1277.33
铅排放量(kg)	52321.00	52930.47	79429.53	73184.74	76111.97
汞排放量(kg)	2059.00	612.98	1079.97	745.91	916.52

续上表

年份(年)	2017	2016	2015	2014	2013
镉排放量(kg)	8429.00	111219.37	15819.94	17251.10	18435.72
总铬排放量(kg)	76414.00	52877.53	105287.98	132797.43	163117.68
砷排放量(kg)	43297.00	41946.71	112101.29	109729.85	112230.03
六价砷排放量(kg)	24844.46	15535.45	23597.58	34925.33	58291.45

一些水体污染物的主要来源 表 2-12

有害物质	主要来源
苯	化工、橡胶、颜料
硝基苯	染料、炸药生产
酚	煤气制造、焦化、炼油、化工、塑料、染料、木材防腐
吡啶	焦化、煤气制造、制药、化工
氰化物	煤气制造、焦化、炼油、化工、有机玻璃制造、金属处理、电镀
氟化物	磷肥、炼铝、氟矿、烟气净化、玻璃生产、氟塑料生产
硫化物	炼油、造纸、染料、印染、制革、粘胶纤维生产
亚硫酸盐	纸浆生产、粘胶纤维生产
氨	煤气制造、焦化、化工、氮肥厂
聚氯联苯	电器工业、合成橡胶、塑料
氨基化合物	化工厂、染料厂、炸药厂、石油化工厂
油	炼油厂(石油)、机械厂(机油)、选矿厂(煤油)、食品厂(油脂)
酸	化工、矿山、电镀、金属酸洗
碱	造纸、化纤、制碱、印染、制革、电镀、化工
汞	化工、电解食盐、含汞农药、制汞化合物、用汞计量仪表、冶炼
铅	颜料、涂料、铅蓄电池、有色金属矿山与冶炼、印刷厂
铬	电镀、制革、颜料、催化剂、冶炼
镉	锌矿、炼锌、电镀
铜	有色金属矿山与冶炼、电镀、化工(催化剂)
锌	有色金属矿山与冶炼、电镀
镍	电镀、冶金
矾	化工(作催化剂)、染料、冶炼
砷	含砷农药、焦化、磷肥、冶炼
硒	半导体材料、农药、冶炼

3)固态污染物的形成与排放

在生产、生活及其他活动过程中产生的各种固态、半固态和高浓度液态废弃物统称为固体废弃物,因这些固体废弃物对环境造成的污染现象叫作固体废弃物污染。相应地,这些可污染环境的固体废弃物叫作固体污染物。表2-13是一些工业发达国家固体废弃物的产量统计。由表2-13可见，欧洲的一些发达国家其工业固体废弃物排放量较小，而美国的矿业废物排放量相对较大。在英国、法国、德国和意大利等国，尽管其工业比较发达，占其固体废弃物排放量最大的份额是农业废物，表明这些国家的工业固体废弃物和城市生活垃圾处理和再利用水平较高。

一些工业发达国家固体废弃物产量统计(单位：10^6t)　　表2-13

固体废弃物	英国	法国	荷兰	比利时	意大利	瑞典	芬兰	日本	德国	美国
城市垃圾	20.0	12.5	5.2	2.6	21.0	2.5	1.1	35.0	20.0	150.0
工业废弃物	45.0	16.0	2.0	1.0	19.0	2.0	—	—	13.0	60.0
污泥	—	8.0	1.0	—	—	—	—	125.0	7.0	—
有害废弃物	5.0	2.0	1.0	—	—	—	0.4	—	3.0	57.0
炉灰	12.0	—	—	—	—	—	—	—	13.0	—
矿业废弃物	60.0	42.0	—	—	—	—	—	—	80.0	1890.0
建筑废弃物	3.0	—	6.5	—	—	—	0.3	75.0	96.0	—
农业废弃物	250.0	220.0	1.0	—	130.0	32.0	—	44.0	260.0	660.0

表2-14是2013—2018年200个大中城市一般工业固体废弃物产生量情况。由表2-14可见，工业固体废弃物的排放及其处理已成为我国环境治理的一项重要任务。而在工业固体废弃物中，平均约70%是由材料工业产生和排放的。抓好材料行业的固体废弃物污染治理，特别是废弃物再利用和再资源化，对防治我国固体废弃物污染具有重要意义。

2013—2018年200个大中城市一般工业固体废弃物产生量情况(单位：亿t)　　表2-14

年份(年)	2013	2014	2015	2016	2017	2018
工业固体废弃物	23.8	19.2	19.1	14.8	13.1	15.5

表2-15是一些材料生产过程中各种工业窑炉的粉尘排放统计数据。由表2-15可见，无论是钢铁、有色金属生产，还是建材、水泥、化工生产，各种过程都排放大量的粉尘烟雾，其直径大都在微米级，污染环境，危害人体健康。

一些材料生产过程中各种工业窑炉的粉尘排放统计数据　　表2-15

工艺过程	粉尘类别	粉尘粒径(μm)	粉尘含量(g/m^3)
水泥烧结窑	水泥尘	2~4	10~50
石灰窑	石灰尘	0.5~20	21
锌矿焙烧窑	氯氧锌矾飘尘	0.1~10	1~8
炼铁高炉	矿粉、焦粉	0.1~10	7~55
镍铁熔矿炉	硅粉	0.02~0.5	2~10
熔铅炉	铅尘	0.08~10	2~6
炼钢平炉	氧化铁	—	2~14
废铁炼钢平炉	氧化铁、氧化锌	—	1~34

续上表

工艺过程	粉尘类别	粉尘粒径(μm)	粉尘含量(g/m^3)
黄铁矿焙烧炉	矿尘	—	1~40
铝矾土煅烧炉	半烧铝粉尘	—	25~30
煤粉锅炉	飘尘	—	8~30
炭黑工厂	炭尘	1~30	0.5~2.5
煤干馏炉	煤焦油	1~10	5~40
硫酸厂	硫酸雾	5~85	0.6~0.8

固体废弃物危害的主要形式有侵占土地、污染土壤、污染水体、污染大气、影响环境卫生等。我国固体废弃物每年的排放量已超过6亿t。固体废弃物的堆存占地面积已超过100万亩(1亩≈666.6m^2),其中农田25万亩。这些固体废弃物被雨雪淋湿,浸出大量毒物和有害物,使土地毒化、酸化、碱化,污染面积往往超过所占土地数倍。混入土壤中的各种有害成分还会导致水体污染。

在材料生产过程中排放的固体废弃物,对大气造成的污染不容忽视。例如,尾矿和粉煤灰在4级以上风力作用下,可飞扬40~50m,使其周围灰沙弥漫。长期堆放的煤矸石因含硫量高可引起自燃,向大气中散发大量的SO_2气体。

在固体废弃物的危害中,最为严重的是危险废弃物的污染。易燃、易爆、腐蚀性、剧毒性和放射性固体废弃物既易造成即时性危害,又易产生持续性的危害。我国在有色金属冶炼过程中,每年从固体废弃物中约流失上千吨砷、上百吨镉、几十吨汞,其危害无法估计。

固体废弃物的来源可分为工业废弃物、矿业废弃物、城市固体废弃物和放射性废弃物等。工业废弃物主要有冶金钢渣、煤灰、硫铁矿渣、碱渣、含油污泥、木屑以及各种机械加工产生的固体边角料等。矿业废弃物主要来自采、选矿过程中废弃的尾矿。城市固体废弃物主要有生活垃圾、城建渣土以及商业固态废弃物等。放射性废弃物主要有核电站运行排放的废弃核燃料及旧的核电设备等。

2.3.3 材料加工和使用过程中的其他环境影响

1)全球温室效应

全球温室效应(Global Warming Potential,GWP)是指大气层中一些气体吸收了地球表面的红外线能量并将其反射回地球表面,引起地球表面温度上升的现象。大气层中的许多气体,如CO_2、CO、SO_2、氮氧化物以及一些化合物气体(如甲烷、四氟化碳等)都可以吸收由地球表面反射出去的红外光能量,并将其反射回地球表面。其中,对GWP贡献最大的是CO_2。其原因包括:①在大气层中含量最高;②由于人类的能源消费活动,许多化石能源完全燃烧后的产物主要是CO_2;③人类及动物的呼吸排出物也主要是CO_2。因此,大气层中CO_2累积量越来越大,所捕获的能量越来越多,从而引起全球表面的温度上升。这就是为什么通常将CO_2排放量作为温室效应控制指标的主要原因。

由前面介绍可知,在材料生产过程中,需要消耗大量的能源。例如,我国材料产业的平均能耗约占工业总能耗的40%。由此,因材料的制造和使用引起的温室效应也是不可忽视的。在考虑材料对环境的影响时,温室效应是一项必不可少的指标。

表2-16是一次能源的含碳量及其消费过程中气体排放量数据统计结果。由表2-16可见，在煤和重油使用过程中，CO_2、氮氧化物以及硫化物的排放量都较高。我国是一个以煤为主要能源消费形式的国家，控制因使用煤而引起的大气污染和温室效应是一项艰巨的任务。相对来说，天然气是一次能源中最清洁的能源。

一次能源的含碳量及其消费过程中气体排放量数据统计结果 表2-16

种类	含碳量(%)	CO_2排放量(g/kg)	NO_x排放量(g/kg)	SO_2排放量(g/kg)
煤	约70	772	10.26	14.74
重油	约85	782	6.86	31.85
轻油	约90	679	3.86	6.34
天然气	约75	650	0.89	0.75

一般使用温室效应指数(Greenhouse Ability Index,GAI)来评价某一气体的温室效应影响。表2-17给出了某些气体的GAI值。通常将CO_2的GAI设为1，其他气体的GAI主要根据其分子内部的振动和转动能级水平，易于吸收红外光谱的程度，及其在大气中的寿命等因素计算而定。

某些气体的GAI值 表2-17

气体种类	CO_2	CO	NO_x	SO_2	CH_4	CF_4	C_2F_6
GAI	1	2	40	30	11	4500	6200
寿命	120年	<1月	<1月	约5年	约10年	约500年	约500年

由表2-17可见，CO在大气中的寿命较短，除非其排放量很大，一般情况下其温室效应影响可忽略。氮氧化物尽管寿命很短，但其GAI较高，在局部浓集情况下，可能会造成较大的温室效应影响。

通常可用式(2-1)来计算某种物质消耗过程中带来的全球温室效应(GWP)影响，最后是以每千克产生多少克标准二氧化碳气体量来评价其温室效应影响。

$$GWP = \sum (M_i \times GAI_i) \tag{2-1}$$

式中：GWP——全球温室效应，g CO_2；

M_i——第i种物质所消耗的量，kg；

GAI_i——该物质的温室效应指数，g CO_2/kg。

2)区域毒性水平

区域毒性水平(Local Toxic Level,LTL)是材料生产和使用过程中对环境影响的一项重要指标。一般情况下，LTL指某种有毒物质因排放和泄漏后对该地区的生物产生的毒害影响。通常可用式(2-2)来计算某种污染物的LTL：

$$LTL = \frac{W_i}{C_i} \tag{2-2}$$

式中：LTL——区域毒性水平；

W_i——某污染物的实际排放水平，mg/L；

C_i——该污染物的允许排放标准，mg/L。

表2-18给出了某些毒性化合物对人体的有害阈剂量。实际计算某一污染物的LTL时，可根据有关的环保排放标准来设定 C_i 值，而该污染物的排放水平 W_i 值一般要进行实际测量。

某些毒性化合物对人体的有害阈剂量(单位:mg/L)　　表2-18

气体		液体		固体	
污染物	阈浓度	污染物	阈浓度	污染物	阈浓度
丙烯醛	0.3	Hg	0.335	Mo	4
甲醛	5.0	甲基汞	0.2	B	30
Cl_2	40	Pb	3.0	I	30
总悬浮颗粒	0.00015	Cd	0.4	Se	1
NO_2	0.5	HCN	0.9	Pb	76
SO_2	1.0	NH_4^+	35	F	500
CO	50	Sb	1.55	Sr	600
HF	0.0001	Cr	0.0003	Co	30
O_3	0.15	Cu	100	Cu	60
苯并芘(BaP)	0.0000015	Be	0.00001	Mn	3000
H_2S	20	HF	0.1	Zn	70

由于材料的生产和制造过程中会排放大量的固态废弃物，在雨雪的浸出作用下许多有害物将渗入地下，极易造成区域性毒害。表2-19是某些工业固体废弃物浸出毒性标准。表2-19中所列的这些有害固体废弃物几乎都是在材料的生产和使用过程，特别是在有色金属和黑色金属的冶炼和加工过程中产生并排放进入环境的。

某些工业固体废弃物浸出毒性标准(单位:mg/L)　　表2-19

固体废弃物	允许浸出浓度	固体废弃物	允许浸出浓度
汞及其无机化合物(按Hg计)	0.05	铜及其化合物(按Cu计)	50.0
镉及其无机化合物(按Cd计)	0.3	锌及其化合物(按Zn计)	50.0
砷及其无机化合物(按As计)	1.5	镍及其化合物(按Ni计)	25.0
六价铬化合物(按 Cr^{+6} 计)	1.5	铍及其化合物(按Be计)	0.1
铅及其无机化合物(按Pb计)	3.0	氟及其化合物(按F计)	50.0

3)臭氧层破坏

氯氟烃化合物(CFCs)是广泛应用于制冷、空调、电子清洗和化妆品等行业中的一类化工材料。经使用后释放的CFCs最终会上升到大气中的平流层，在阳光中的紫外线照射下分解产生氯原子。这些氯原子与臭氧层中的臭氧发生链式反应，一个氯原子可连续消耗10万个臭氧分子，严重破坏大气臭氧层，造成大气层中的臭氧空洞。

由于臭氧层受到破坏，来自太阳的紫外线过量照射到地球，给人类、动物、植物造成很大的危害。例如，降低人体免疫力，使某些传染病(如疱疹、疟疾等)发病率上升，损伤眼睛、引起白内障，并增加皮肤癌发病率。据估计，由于臭氧层受到破坏，诱发眼疾白内障，导致全世界每年将新增3万失明的人。

为有效保护臭氧层，研究CFCs类臭氧消耗物质对大气环境的影响，在材料生产和使用过程中减少消耗臭氧层类物质的消耗，开发、生产出理想的制冷剂以替代CFCs等破坏臭氧层的物质已是材料科学工作者面临的迫切任务。

4）电磁波污染

由于信息技术的发展，电磁波对人类生存环境的污染越来越受到重视。所谓电磁波污染，是指由电磁波引起的对人体健康的不良影响，不包括电磁波对电子线路、电子设备的干扰。常见的电磁波污染源有计算机设备、微波炉、电视机、移动通信设备等。这些电子器件通过机壳和屏幕向空间发射电磁波，从而污染环境。

据报道，波长在0.3～300GHz的微波辐射以及低频磁场对人体的电磁辐射影响最大。我国早在20世纪80年代就制定了《环境电磁波卫生标准》（GB 9175—1988）[注：已废止，现行《电磁环境控制限值》（GB 8702）]，规定安全区的电磁辐射限值应小于$10\mu W/cm^2$。减小电磁波辐射污染的措施：①在系统电路设计时尽量减小辐射量；②开发有效的屏蔽技术，特别是屏蔽材料的加工制备。

5）噪声污染

科学技术的高速发展，在给人们带来丰富的物质和文化生活的同时，也给人类带来了噪声的污染，引起了各国政府和有关部门对噪声防治的普遍关注。

环境噪声的来源主要包括：由机械振动、摩擦、撞击和气流扰动而产生的工业噪声，由汽车、火车、飞机、拖拉机、摩托车等行驶过程中产生的交通噪声，以及由街道或建筑物内部各种生活设施、人群活动产生的生活噪声等。

在工业噪声中，材料在生产和使用过程中所产生的噪声占主要份额。例如，金属材料、无机材料（如水泥、陶瓷材料的粉碎和研磨等）的生产和加工都产生大量的噪声，影响环境和居民的日常生活。

6）放射性污染

放射性污染主要是指在生产和使用具有放射性物质的过程中由于辐射作用对环境造成的不良影响。放射性污染多与核能使用以及核科学试验有关，如核材料的生产与加工、核设备的制造与使用、核电站运行过程中的核废料排放、废旧核设备的替换与放置等。因此，放射性污染主要是能源和材料加工和使用过程造成的。

除了突发性的放射性物质泄漏引起的放射性污染之外，一般情况下，放射性污染的区域性较强，多与核电站和核科学研究地区有关。由于放射性污染的危害性较大，又与核材料或核燃料的加工和使用密不可分，在材料对环境的影响研究中，放射性污染的影响不可忽略。

7）光污染

除了以上提到的各种环境影响之外，光污染问题近年来也被提到议事日程上。特别是城市建筑中玻璃幕墙，大型建筑的外墙贴装饰性瓷砖，以及金属表面装饰性镀层的反射光污染问题，影响着居民的日常生活，并往往诱发交通事故。使得材料科学工作者在考虑材料对环境影响时，不得不分析因使用材料造成的光污染问题。

以上分析讨论了在材料生产和使用过程中对环境造成的各种影响，包括能源和资源的消耗，排放的废水、废气和固态废弃物，以及其他的环境影响，如GWP、LTL、臭氧层破坏、噪声污染、电磁波污染、放射性污染和光污染等。分析这些环境影响因素主要是为了具体了解因材料的制造和消费对环境有哪些有害作用,从何处入手来定量分析材料对环境的影响水平,以及如何采取有效措施来减少材料对环境的有害影响。

2.4 交通基础设施建设材料对生态环境的影响

筑路材料物化的环境负荷计算以单位材料的能耗量和碳排放量表示。材料清单分析是将单位筑路材料生产过程中所使用的化石燃料及电能分别统计,得出单位材料生产消耗的化石燃料数量和电量,然后根据不同化石燃料的能源热值将其换算为能值。温室气体排放清单则是将单位筑路材料物化过程中各工艺过程的温室气体排放因子,参考统计年鉴及联合国政府间气候变化专门委员会(IPCC)分别统计,按照相应的全球变暖潜值换算成二氧化碳当量,即碳排放量。

2.4.1 沥青

沥青主要含直馏沥青,是石油蒸馏后的残留物或残留物氧化而得到的产品,偶尔也加入大量添加剂。热拌沥青混合料(Hot Mixture Asphalt,HMA)铺筑高速公路使用最为广泛,一般超过 80%,且产生的排放极少。其他类型的铺路材料有稀释沥青和乳化沥青,这两种沥青都是液化沥青。稀释沥青通过与石油溶剂(如重残油、煤油或石油精溶剂等稀释剂)混合而液化,由于稀释剂蒸发而产生相对较高的 CO 和 NMVOC(非甲烷总烃)排放。因此,铺路时的大多数排放起因于稀释沥青的使用。

沥青的生产和使用过程中造成的排放主要包括 NMVOC、CO、SO_2 和颗粒物质,而剩余碳氢化合物的结果储存在产品中(排放小于 1% 的碳)。在工业发达国家,通常有 80% ~90% 的沥青用于生产路面铺料(美国环境保护署 U. S. EPA,2004)。与沥青生产和使用有关的直接温室气体排放(如 CO_2、CH_4)可以忽略,因为在生产商业燃料的提炼期间,大部分轻质碳氢化合物被提取。根据空气污染物排放清单(EMEP/CORINAIR)指南,可以得出结论:源自热混合沥青和稀释沥青的 CH_4 排放以及源自沥青屋顶铺设行业的 CH_4 排放,皆可以忽略。回收再使用的沥青铺筑材料用作新路铺设的聚合物时,产生的温室气体排放也可忽略。若沥青的排放对象为温室气体,沥青的生产和使用过程的温室气体排放也可忽略,即沥青的时效清单分析只考虑沥青全生命周期过程能耗和少量的温室气体排放。

道路沥青通常是提取自高沥青含量的原油生产,在炼油厂的沥青质部分用于沥青的提取生产。其余的轻质组分用于燃料生产。从炼油厂到不同产品能量消耗和排放量的分配,同时考虑到炼油厂的内部过程,基于重量进行分配,沥青占 40%,轻质产品占 60%。

1)沥青冶炼清单分析

原油运输至炼油厂以后,经过常压蒸馏和减压蒸馏等步骤后,就得到了各类产品。与精炼过程相比,沥青二次处理过程的环境影响贡献相对较小,若放在整个生产链中则可以忽略不计。因此,本书不考虑沥青的二次加工过程。Eurobitume(欧洲沥青)研究指出,每吨沥青的原油消耗量是 4.48t,直馏沥青生产所需的能量为 510MJ/t。在此忽略我国和欧洲在沥青生产上的差异,采用欧洲水平代表我国炼厂中的沥青生产情况,结果见表 2-20。在沥青生产过程中,由于重油和炼厂气的燃烧产生环境排放,而冶炼过程中的挥发物一般来自轻质油分,因此不包含在沥青的排放清单之中。从ILCD数据库中分别获取单位重油和炼厂气的燃烧排放清单，见表2-21。

炼油厂生产沥青能耗统计　　表2-20

能源种类	比例(%)	能耗(MJ/t 沥青)	燃油消耗(kg/t 沥青)	电能消耗(kW·h/t 沥青)
重油	19.1	97	2.44	—
炼厂气	79.2	404	8.18	—
电能	1.7	8.7	—	2.41
总计	100	510	—	—

基质沥青冶炼过程直接环境排放　　表2-21

排放物	单位重油排放(g/MJ)	单位炼厂气排放(g/MJ)	排放总量(g/t 沥青)
CO_2	85.318	67.583	35579.370
CO	0.028	0.033	15.8258
SO_2	0.0504	0.027	59.797
NO_x	0.234	0.171	91.868
CH_4	0.089	0.194	86.938
N_2O	0.001	0.000	0.188
NMVOC	0.012	0.022	9.924
PM	0.020	0.003	3.065

2)沥青生产总清单

考虑沥青的整个环境生命周期,即从原油开采到冶炼储存的整个过程,即可得到沥青总的环境负荷清单。需要注意的是,电能作为二次能源,其生产过程本身也伴有一次能源的消耗和环境排放,即上述沥青的冶炼和储存过程环境清单可以进一步向上游追溯。因此,考虑我国不同地区电力结构的差异,以电能生产环境清单调查结果为依据,得到考虑上游环境排放的每个区域的沥青环境负荷清单。全国基质沥青生产环境平均排放水平总清单见表2-22。

全国基质沥青生产环境平均排放水平总清单　　表2-22

排放物	CO_2	CO	SO_2	NO_x	CH_4	N_2O	NMVOC	PM
排放量(g)	141820.7	337.8	650.8	710.9	315.6	0.3455	252.2	101.4

2.4.2 水泥

水泥是一种重要的道路建筑材料,也是高能耗产品之一。2018年水泥产量22.1亿t,同比下滑5.3%;2017年中国水泥产量累计达23.16亿t,同比下降0.2%,为2015年后第二次负增长,水泥需求呈现逐渐下降趋势。单位产品熟料煤耗进一步下降,同比平均下降约2%。水泥部门煤炭消费下降23%左右。

由于我国水泥产量很大，产品单耗高，所以我国水泥工业消耗能源总量也高，已对环境产生巨大的影响。我国水泥工业每年消耗标准煤约6700万t，占全国煤炭总产量的6%以上；我国水泥工业标准煤耗平均为175kg/kJ，比国外先进水平高50%以上，每年多消耗煤约3000万t。道路水泥要求具有较高的抗折强度、较好的耐磨性、抗冻性好、抗冲击性好以及干缩小等性能。

1)水泥原材料消耗清单

水泥生产中消耗的主要原材料有石灰石、砂岩、铁矿石、石膏、水以及一些工业废弃物(如矿渣、粉煤灰等)。本书对工业废弃物不作为资源消耗考虑。水泥采用普通硅酸盐水泥，原料采用石灰石、黏土、铁矿石及石膏。功能单位为1t水泥，不考虑工业废渣的利用，工业废渣本身造成的环境影响由产生这些废弃物的工业工艺过程分担，只考虑由于使用这些工业废弃物所造成的直接环境影响，如运输、粉磨等过程消耗的能量和产生的排放物。1t水泥物化过程原料消耗清单见表2-23。

1t水泥物化过程原料消耗清单(单位:kg)　　表2-23

原料名称	原料用量
石灰石	1300
黏土	300
铁矿石	30
石膏	50

2)水泥生产过程能耗清单

水泥生产过程中各主要工序的能耗分析参考清华大学龚志起的研究成果，运输过程能量消耗按5t柴油汽车公路运输，运距为10km进行计算。1t水泥物化过程能耗清单见表2-24。

1t水泥物化过程能耗清单(单位:kJ/t)　　表2-24

主要工序	电力能耗	热耗	运输能耗
原料开采	87375	—	—
生料制备	107988	—	—
煤粉制备	11932	—	—
熟料烧成	85257	2745617	—
熟料粉磨	119920.5	—	—
矿渣粉磨	20208.5	—	—
石膏制备	2554.8	—	—
合计	435236.8	2745617	46609.92

3)水泥的环境排放清单

CO_2的排放不仅与消耗的能量有关，还与水泥生产本身有关。水泥物化阶段的环境排放主要来源于四个方面：①工艺过程，包括原料开采、生料制备、煤粉制备、熟料烧成、石膏制备、矿渣粉磨、熟料粉磨和水泥包装；②运输过程，包括所有用料的运输；③使用电力造成的与电力生产相关的排放;④使用的燃料煤生产过程造成的环境排放。表2-25和表2-26分别为1t水泥物化过程材料运输清单和碳排放清单。

1t水泥物化过程材料运输清单(单位:kg/t) 表2-25

材料名称	石灰石	砂岩	铁粉	粉煤灰	石膏	矿渣	煤
运输数量	1073.71	69.77	28.59	98.02	54.14	137.55	130.18
合计	1588.96						

1t水泥物化过程碳排放清单(单位:g/t) 表2-26

生产环节	工艺过程	运输过程	电力生产	煤生产
CO_2排放量	729200	679.85	137970	2456
碳排放量合计	870305.85			

综上可得,1t水泥物化过程能耗与碳排放清单见表2-27。

1t水泥物化过程能耗与碳排放清单 表2-27

输入:能量消耗(MJ)				输出:CO_2(kg)			
单元过程	电耗	热耗	运输能耗	工艺过程	运输过程	电力生产	煤生产
数量	435.2368	2745.617	46.60992	729.2	0.67985	137.970	2.456
合计	3227.46372			870.39585			

由表2-27的数据可以看出,热耗是造成水泥生产工艺中能量消耗巨大的主要原因。因此,要降低水泥的生产能耗就要设法降低水泥的燃煤消耗,即通过降低水泥在熟料烧成阶段的燃煤消耗可大大降低水泥生产工艺中的能耗。工艺过程和电力生产是造成CO_2的主要原因,因此要减少这些方面的环境影响,可以改进水泥生产工艺和提高电力生产效率或使用清洁能源。

2.4.3 钢材

钢材是重要的基础工业材料,也是筑路主材之一。2019年,我国钢材消费量出现较大增幅的原因之一是基础设施投资增长较快。2019年,我国钢材消费量约为8.86亿t,同比增长7.3%。2019年1—10月,基础设施投资同比增长4.2%。其中,铁路运输业投资增长5.9%,道路运输业投资增长8.1%。钢铁原料提取、制备、生产、使用和废弃过程消耗大量的资源和能源。同时,排放出大量废气、废水和工为固体废弃物,污染环境,恶化人类赖以生存的空间。

1)钢材原料生产过程能耗清单

钢材物化环境状况分析主要包括:①原材料获取和钢材生产两个阶段产生的直接环境影响;②消耗能源而间接导致的环境影响。研究中只考虑系统边界内各工艺过程、运输过程产生的直接影响以及能源生产产生的间接影响,而不考虑与之相关的诸如基础设施建设、固定资产采购和工人生活等造成的环境影响。

在钢材的生产系统中,共消耗多种原材料,因数据比较缺乏,况且造成的环境影响可能较低,主要考虑消耗量较大的原材料,对于用量较小的原材料在此不予考虑。1t钢材物化过程原材料消耗清单见表2-28。

1t 钢材物化过程原材料消耗清单(单位:kg)　　表2-28

原材料种类	铁矿	锰矿	石灰石	白云石	原煤	萤石
消耗量	2757	51.5	272	305	1808	2.2

2)钢材生产过程能耗清单

钢材生产能量消耗主要是生产工艺过程及其相关的运输活动产生的能耗。钢材生产工艺过程由铁矿石开采及运输、矿石精选、造粒及运输、烧结、高炉炼铁、炼钢以及压力加工等主要工艺过程和制氧、焦化及其他原料的制备等辅助工艺过程组成。炼钢工艺主要考虑转炉炼钢的情况。

辅助原料生产工艺主要包括:①石灰石($CaCO_3$)开采及其石灰(CaO)生产;②为原煤采掘及运输、炼焦。其中,部分原煤经处理后直接用于炼铁高炉,大部分送入炼焦炉,部分焦炭用于烧结过程,部分用于炼铁高炉,而焦炉气则用于炼钢转炉。1t 钢材物化过程能耗清单见表2-29。

1t 钢材物化过程能耗清单(单位:MJ)　　表2-29

燃料	电力	煤	天然气	汽油	柴油	焦炉气	高炉气	重油	其他	合计
能量消耗	2505	1960	76.0	36.8	183.3	4816	4446	5285	5761	24969

3)钢材物化过程环境排放清单

钢材物化过程环境排放主要由工艺过程、运输过程造成的直接排放和因使用能源而间接造成的环境排放共同构成。假设原料运输采用铁路,且运距平均为100km。能源生产造成的间接环境排放由钢材生产过程中消耗的各种能源的量与能源生产造成的环境排放的乘积求得。对其他能源,由于缺乏具体的能源类型,这里假设其全部为电力,因而其他能源的排放由电力生产造成的排放来代替。另外,汽油生产的排放清单也无法获得,这里用柴油生产的环境排放清单替代。1t 钢材的物化过程环境排放清单见表2-30。

1t 钢材的物化过程环境排放清单(单位:g)　　表2-30

过程	CO_2	SO_2	NO_x	CO	CH_4	COD	SS	粉尘	固废
工艺过程	508.1	42.2	16.9	152.2	187	23.4	727.4	102.4	67419
运输过程	164.8	0.13	0.04	0.05	—	—	—	0.16	—
能源生产	2916	4.24	12	7.651	0.30	0.1	0.49	22	1.53
合计	3589	46.6	28.9	160.0	187.3	23.5	727.9	124.6	67420

综上所述,1t 钢材物化过程能耗与碳排放清单见表2-31。

1t 钢材物化过程能耗与碳排放清单　　表2-31

类型	工艺过程	运输过程	燃料生产	其他	合计
能源消耗(MJ)	14547	220.1	4441	5761	24969
CO_2当量(kg)	4435.1	164.8	2922.3	—	7522.3

2.4.4 集料

集料生产工艺流程主要包括石料开采和集料加工两个阶段。首先将岩石进行爆破,然后将爆破后的岩石用货车运输到碎石器处,最后将爆破的石头进行破碎和筛选,成为最终产品即集料。集料生产过程中温室气体的排放主要来自炸药爆破和石料生产线消耗电能。但集料生产的场地建设等准备工作也是有能耗与排放的。若只考虑开采和加工两个环节,分析集料生产温室气体排放和能耗见表2-32和表2-33。

生产1t集料温室气体排放量 表2-32

石料	燃料	用量	CO_2当量(kg)	合计(kg)
玄武岩	炸药	0.20kg	0.04	6.04
	电力	9.13kW·h	5.64	
	柴油	0.137L	0.36	
石灰岩	炸药	0.15kg	0.03	3.72
	电力	5.24kW·h	3.24	
	柴油	0.169L	0.45	

依托改建工程生产1t集料能耗及排放汇总 表2-33

能耗与排放	集料生产	
	玄武岩	石灰岩
标准煤耗[$g/(kW\cdot h)^{-1}$]	1.29	0.86
CO_2当量(kg)	6.04	3.72

2.4.5 水泥混凝土

水泥混凝土是由水泥、砂石集料、水按一定比例配合,适时加入适量的外加剂、粉煤灰等材料配制而成。普通水泥混凝土的制备过程主要包括混凝土原材料运输、混凝土拌和、混凝土运输。各个环节的排放源具体分析如下。

1)原材料运输过程能耗

混凝土拌和所需要的原材料(包括水泥、集料、拌和水、粉煤灰等)需要从原生产地运输到拌和站。运输水泥的设备一般用散装水泥运输车,集料、粉煤灰的运输使用自卸汽车,拌和水一般在混凝土搅拌站直接取水使用。以上运输车辆采用柴油作为燃料。因此,原材料运输过程排放的温室气体来源于柴油燃烧。表2-34为原材料运输过程的温室气体排放源。

原材料运输过程的温室气体排放源 表2-34

排放阶段	排放源	排放气体	排放类型
运输过程	水泥运输车燃油(柴油)	CO_2、NO_x	直接排放
	自卸汽车燃油(柴油)	CO_2、NO_x	
	柴油生产	CO_2、NO_x、CH_4	间接排放

2）混凝土拌和过程能耗

混凝土拌和方法有人工拌和和机械拌和两种。由于人工拌和费时费力，现在大都采用机械拌和，一般在水泥混凝土拌和站进行。混凝土搅拌站（楼）是用于生产混凝土的成套设备由供料、储料、配料、搅拌、出料、控制等系统及结构部件组成。混凝土搅拌机主机按类型可分为自落式混凝土搅拌机和强制式混凝土搅拌机。自落式混凝土搅拌机的搅拌筒容量可以做得很大，适应大集料搅拌。强制式混凝土搅拌机有立轴与卧轴之分。强制式混凝土搅拌机的混凝土质量好，适合搅拌低坍落度和干硬性混凝土。目前，我国常用的混凝土拌和设备类型是HZS系列。HZS系列商品水泥混凝土搅拌站采用国际流行的模块式快速拼装结构，高性能进口搅拌机，双机双控的计算机控制方式，防噪声、防粉尘污染、环保设计，是新一代的水泥混凝土搅拌设备，适用于城市商品预拌混凝土、道桥、水利、机场、港口等大型基础设施建设工程及混凝土需求量大的场所。

拌和过程中物料本身没有发生化学反应，所以没有温室气体排放，只排放少量的粉尘等污染物。因此，拌和过程排放的温室气体来源于机械的能耗排放，可根据搅拌工艺的机械设备确定混凝土拌和过程的温室气体排放源。混凝土拌和过程中温室气体排放源见表2-35。

混凝土拌和过程中温室气体排放源 表2-35

排放阶段	排放源	排放气体	排放类型
拌和过程	装载机燃油	CO_2、NO_x	直接排放
	搅拌主机电耗	CO_2、CH_4、NO_x	间接排放
	物料输送机电耗	CO_2、CH_4、NO_x	
	水泵电耗	CO_2、CH_4、NO_x	
	上料螺旋机电耗	CO_2、CH_4、NO_x	
	电气控制系统电耗	CO_2、CH_4、NO_x	
	空压机电耗	CO_2、CH_4、NO_x	
	柴油生产	CO_2、CH_4、NO_x	

水泥混凝土常用的运输方式有人工、机动翻斗车、混凝土搅拌运输车、自卸汽车、混凝土泵、皮带机、机车等。其中，道路水泥混凝土的运输最常用的是混凝土搅拌运输车，在运量大、运距远的情况下能保证混凝土的质量均匀，是运送混凝土的专用设备。混凝土运输过程的温室气体排放主要来源于运输车的油耗，搅拌运输车大多使用柴油作为燃料。水泥混凝土运输过程中温室气体排放源见表2-36。

水泥混凝土运输过程中温室气体排放源 表2-36

排放阶段	排放类型	排放源	温室气体
混凝土运输	直接排放	混凝土搅拌运输车燃油（柴油）	CO_2、NO_x
	间接排放	柴油生产	CO_2、NO_x、CH_4

根据以上分析的各个过程的温室气体排放源，汇总得到水泥混凝土生产过程中温室气体排放源见表2-37。

水泥混凝土生产过程中温室气体排放源 表 2-37

排放阶段	排放类型	排放源	温室气体
混凝土生产	直接排放	散装水泥运输车燃油(柴油)	CO_2、NO_x
		自卸汽车燃油(柴油)	CO_2、NO_x
		混凝土搅拌运输车燃油(柴油)	CO_2、NO_x
		装载机燃油(柴油)	CO_2、NO_x
	间接排放	混凝土搅拌站电耗	CO_2、NO_x、CH_4
		柴油生产	CO_2、NO_x、CH_4

3)原材料消耗清单

普通混凝土生产中消耗的主要原材料有水泥、砂、碎石、拌和水、外加剂以及一些掺合料(如高炉矿渣、粉煤灰、硅粉等)。通过对某高速公路施工调研得到的数据进行整理,施工采用的混凝土配合比为水灰比0.39,采用普通硅酸盐水泥42.5级,水泥用量为385kg/m^3,水用量为150kg/m^3,砂用量为671kg/m^3,碎石用量为1194kg/m^3,减水剂掺量为0.4%。每立方米水泥混凝土的原材料消耗清单见表2-38。

每立方米水泥混凝土的原材料消耗清单 表 2-38

原料	质量(kg)	原料	质量(kg)
水泥	385	拌和水	150
砂	671	减水剂	9.6
碎石	1194		

4)能源消耗清单

每立方米水泥混凝土生产过程的能源消耗清单见表2-39。

每立方米水泥混凝土生产过程的能源消耗清单 表 2-39

能耗阶段	能耗过程	电耗(kW·h)	油耗(L)
混凝土生产	运输水泥 10km,385kg	—	4.67
	运输砂、碎石 10km,1865kg	—	3.29
	拌和混凝土,1m^3	2	—
	装载砂、碎石	—	0.31
	运输混凝土 30km,1m^3	—	4.38

经计算后得到生产1m^{3}水泥混凝土生产过程中的温室气体排放清单见表2-40。由表2-40可以看出,从混凝土生产排放的三种温室气体总量比较,排放量最高的是CO_2,约占排放总量的99%,其次是NO_x,CH_4的排放量最少。从混凝土生产的环节比较,水泥运输的能耗最多,温室气体排放量也最多,其次是混凝土运输,能源生产的排放量最少。

$1m^3$ 水泥混凝土生产过程中温室气体排放清单 表 2-40

水泥混凝土生产过程	运距 (km)	电耗 (kW·h)	柴油 (L)	CO_2 (kg)	NO_x (kg)	CH_4 (kg)	排放量总计 (kg)
水泥运输	10	0	4.67	12.6973	0.0377	0	12.735
砂、碎石运输	10	0	3.29	8.9452	0.0266	0	8.9718
混凝土拌和	—	2	0	0	0	0	0
装载机	—	0	0.31	0.8428	0.0025	0	0.8453
水泥土运输	10	0	4.38	11.9088	0.0345	0	11.9433
能源生产	电	—	—	1.524	0.0091	0.0046	1.5377
	柴油	—	—	2.783	0.0106	0.0027	2.7963
总计	—	2	12.65	38.7011	0.121	0.0073	38.8294

2.4.6 沥青混合料

1)拌和阶段清单调查

我国沥青混合料的生产主要采用强制间歇式拌和设备。强制间歇式拌和设备包括冷料仓、冷料输送机、烘干加热系统、热料提升机、振动筛、热料仓、矿粉罐以及计量称重装置等,其生产过程需要消耗天然气和电能等能源。其中,天然气用于集料的加热,电能用于整个拌和楼的运行。除此之外,还需要配套沥青储存罐及加热和搅拌装置、沥青泵等。根据拌和站型号的不同,伴有不同的装机功率和不同的生产效率。调查显示,生产沥青混凝土时实际生产效率约为额定效率的 83.4%,生产 SMA(沥青玛瑅脂)时实际生产效率约为额定效率的 62.5%,表 2-41列出了几种常见的沥青混合料拌和站的装机功率和生产效率。

几种常见的沥青混合料拌和站的装机功率与生产效率 表 2-41

序号	装机总功率 (kW)	额定生产效率 (t/h)	混合料种类	实际生产效率 (t/h)	电能消耗 (kW·h/t)
1	810	320	普通/改性 AC	267	3.033
			SMA	200	4.050
2	639	240	普通/改性 AC	200	3.195
			SMA	150	4.260

2)施工阶段清单调查

沥青路面施工阶段包括沥青混合料的运输、摊铺、压实和初期养护等过程。这些过程以柴油为能源,产生的能耗采用定额法进行计算。与此同时,消耗柴油产生的废气排放和沥青混合料本身产生的挥发物共同构成了施工阶段的环境排放。

(1)施工阶段能耗计算

现行《公路工程预算定额》(JTG/T 3832)规定了获取每个过程所需的运输车辆及其他机械设备的类型和台班数量。现行《公路工程机械台班费用定额》(JTG/T 3833)规定了获取每个过程中车辆或者机械的单位台班耗油量。对不同种类型的混合料,其运输过程是相同的,但铺筑过程所需的机械设备是不同的。以定额数据为基础,再结合沥青混合料的运距及混合料类型,就可以计算得到施工阶段的能耗。假设施工阶段混合料的运距为25km,则运输1000m³路面实体沥青混合料所需载重30t以内的运输车台班数为19.24台班,所需柴油质量为1906.684kg。

除沥青混合料的运输外,其他施工机械的数量和所需的柴油质量可以采用相同方式查得。铺筑1000m³路面实体沥青混合料的工程定额见表2-42。以常见的沥青混合料的密度为代表值,则可得到整个施工阶段由于运输和施工单位质量沥青混合料所消耗的柴油量,见表2-43。

铺筑1000m³路面实体沥青混合料的工程定额 表2-42

机械名称	柴油(kg/台班)	沥青混合料拌和设备生产能力(t/h)					
		240以内			320以内		
		粗粒式	中粒式	细粒式	粗粒式	中粒式	细粒式
12.5m以内沥青混合料摊铺机	136.23	1.91	1.92	1.93	1.45	1.46	1.47
15t以内振动压路机(双钢轮)	80.80	5.34	5.38	5.4	6.1	6.14	6.18
16~20t轮胎式压路机	42.40	2.68	2.68	2.7	2.04	2.04	2.06
20~25t轮胎式压路机	50.40	2.56	2.58	2.6	3.9	3.92	3.94
10000L以内洒水汽车	52.80	0.5	0.5	0.5	0.5	0.5	0.5

施工阶段柴油消耗 表2-43

机械名称	沥青混合料拌和设备生产能力(t/h)					
	240以内			320以内		
	粗粒式	中粒式	细粒式	粗粒式	中粒式	细粒式
施工柴油总量	960.73	966.33	971.16	999.87	1005.47	1011.92
运输柴油总量	1906.68	1906.68	1906.68	1906.68	1906.68	1906.68
混合料密度	2500	2420	2350	2500	2420	2350
平均柴油消耗	1.147	1.187	1.225	1.163	1.203	1.242

由表2-42、表2-43可以看出,在相同的生产能力下,沥青混合料的最大颗粒尺寸对其单位能耗的影响很小,单位能耗主要取决于拌和站生产效率和混合料密度。

(2)施工阶段环境排放计算

沥青路面施工过程中的能耗排放主要由两部分组成:一部分是由于施工机械车辆产生的柴油消耗和尾气排放,另一部分是沥青混合料在高温条件下释放出的挥发物。综合由于车辆和机械产生的排放,则可最终得到施工阶段单位质量混合料环境排放见表2-44。

施工阶段单位质量混合料环境排放 表2-44

排放物(g/t)	沥青混合料拌和设备生产能力(t/h)					
	240以内			320以内		
	粗粒式	中粒式	细粒式	粗粒式	中粒式	细粒式
CO_2	3646.250	3774.151	3893.111	3696.020	3825.574	3948.243

续上表

排放物(g/t)	沥青混合料拌和设备生产能力(t/h)					
	240 以内			320 以内		
	粗粒式	中粒式	细粒式	粗粒式	中粒式	细粒式
CO	2.980	3.085	3.182	3.021	3.127	3.227
SO_2	0.023	0.024	0.025	0.023	0.024	0.025
NO_x	1.417	1.467	1.513	1.436	1.487	1.534
N_2O	0.204	0.211	0.218	0.207	0.214	0.221
CH_4	0.002	0.002	0.003	0.002	0.003	0.003
NMVOC	6.192	6.195	6.198	6.193	6.197	6.200
PM	0.014	0.014	0.014	0.014	0.014	0.015

创新成果漫谈

国家科学技术进步二等奖——废旧混凝土再生利用关键技术及工程应用

我国每年生产商品混凝土约 18 亿 m^3,消耗约 32 亿 t 天然砂石和 6.5 亿 t 水泥,造成严重环境破坏;每年产生废旧混凝土至少 2 亿 t,弃置填埋占用污染大量土地。针对这两方面问题,该项目课题组通过近 2500 个试件的试验以及大量计算分析,形成废旧混凝土再生利用关键技术。首次提出废旧混凝土的大尺度再生块体与小尺度再生集料双轨利用思想,从根本上突破了废旧混凝土利用效率偏低的困境,块体尺度(60 ~ 300mm)较传统再生集料(0.075 ~ 31.5mm)提升 1 ~2 个数量级,处理能耗降低 40% ~60%,再生块体混凝土的水泥用量比常规混凝土节省约 30%;率先提出了再生块体混凝土的强化策略,当废旧混凝土强度仅 20MPa 时,可实现再生块体混凝土组合强度 50 ~70MPa,使低强度废旧混凝土的应用范围大幅拓展约 200%;确证了静力及疲劳荷载作用下再生块体混凝土的新、旧界面并非薄弱部位,构建了其不同组合力学参数的预测公式,从而解决了其结构设计中最具共性特征的技术难题。国际土木工程复合材料及结构学会创会主席 Teng 评价为"所提废旧混凝土循环利用方法比传统再生集料更为优越,利用过程极大简化,利用率更高",目前该机构以及一些国家(澳大利亚、美国)和地区(中国香港、内地)十余家单位已基于该思想开展跟踪研究。

该项目课题组系统揭示了再生块体混凝土的拉、压、剪、徐变、疲劳、冻融、尺寸效应等基本性能,研发了包括梁、板、柱、墙、节点在内的再生块体混凝土构件系列,展示了其良好的压、弯、剪力学性能和抗震、耐火性能,提出了相应设计方法;提出了再生块体混凝土竖向构件的交替投放浇筑法和水平构件的一次性堆放浇筑法,确定了块体的单次最大允许堆放高度和优化取代率范围,相比既有方法提高施工效率 1 ~2 倍;主编国际上首部再生块体混凝土结构技术标准。

第3章

材料的环境协调性评价

3.1 常见的环境指标及评价方法

在进行材料的环境影响评价之前，首先要确定用何种指标来衡量材料的环境负担性。关于衡量材料环境影响的定量指标，已提出的表达方法有以下六种。

3.1.1 能源评价法

能源评价法是指在各种材料的生产过程中，用所消耗能源的多少来衡量材料对环境的影响。能源评价法只采用一项指标表述对环境的复杂影响，忽略了全面环境影响评价中的多种因素，因此该方法基本被淘汰。一些材料生产过程的能耗比较见表3-1。

一些材料生产过程的能耗比较(单位:MJ/t)　　表3-1

材料	钢	铝	水泥
能耗	31.8	36.7	142.4

3.1.2 环境影响因子评价法

环境影响因子(Environmental Affect Factor,EAF)评价法是指在生产某种产品时综合考虑对环境因素的各种影响,是对能源评价法的一个补充与修正。环境影响因子评价法与能源评价法相比,考虑了5种因素,把材料的生产和使用过程中原料和能源的投入及废物的产出均考虑在内,更全面、综合。环境影响因子可用式(3-1)表示:

$$EAF=[资源、能源、污染物、生物影响、区域作用] \tag{3-1}$$

式中:EAF——环境影响因子。

3.1.3 环境负荷单位法

环境负荷单位法(Environmental Load Unit,ELU)是一个综合指标,即综合能源、资源、环境污染等因素来评价某一产品、过程或事件对环境的影响,主要由瑞典环境研究所完成,目前在欧美应用较为流行,某些材料及元素的环境负荷单位对比见表3-2。

某些材料及元素的环境负荷单位对比 表3-2

元素	ELU(kg)	元素	ELU(kg)
铁	0.38	锡	4200
锰	21.0	钴	12300
铬	22.1	铂	42000000
钒	42	铑	42000000
铅	363	石油	0.168
镍	700	煤	0.1
钼	4200		

3.1.4 生态指数表示法

生态指数(Environmental Impact,EI)是指在某一过程中或生产某种产品时,根据其污染物产生的量和其他环境作用的大小,综合计算出该产品或过程的生态指数,以判断其对环境的影响程度。

例如,根据计算,玻璃的生态指数为148,而在相同条件下,聚乙烯(PE)的生态指数为220,由此可以认为玻璃的环境影响比PE小。

生态指数表示法是无量纲单位表达方法,计算新产品或新工艺对环境影响的生态指数是一个很复杂的过程,故目前这些表达方法尚未通用。

3.1.5 环境商值评价法

环境商值(Environmental Quotient,EQ)评价法是综合考虑废物的排放量与其在环境中的毒性行为,以此评价各种生产废物对环境的影响。EQ越大,废物对环境污染越严重。

$$EQ=E\times Q \tag{3-2}$$

式中:EQ——废物量/1kg期望产品;

E——废物量/产品质量,又称为环境因子;

Q——废物对环境的毒性(不友好度)。

例如,可将无毒的氯化钠和硫酸铵的 Q 值定义为1,对于有害重金属离子的盐类、有机中间体和含氟化合物等，根据其毒性大小，Q 值取值范围为 100 ~ 1000。因此，可用 EQ 的大小来衡量或选择合理的生产工艺路线，评估不同的生成方法。

3.1.6 生态因子表示法

通过综合考虑材料的适用性和环境性能，提出材料的生态因子（Eco-Indicator，ECOI）表示法。生态因子表示法主要考虑了两部分内容：一部分是材料的环境影响，包括资源、能源的消耗以及排放的废水、废气、废渣等污染物，加上其他环境影响，如噪声、光污染等因素；另一部分是考虑材料的使用和服务性能（Service Performance，SP），如强度、韧性、热膨胀系数、电导率、电极电位等力学、物理和化学性能，一般用式(3-3)表示。

$$\mathrm{EOCI} = \frac{EI}{SP} \tag{3-3}$$

式中：ECOI——材料的生态因子；

EI——生产某产品时对环境的影响量；

SP——该产品使用性能的综合量。

3.2 环境生命周期评价法

环境生命周期评价法是一种评价产品或材料在整个生命周期中所造成环境影响的方法。这种方法已经广泛被国际上的研究机构、企业和政府部门接受，并得到了大量的应用和推广，成为一种重要的产品或材料环境特性的评价方法及企业等进行环境管理的工具。生命周期评价（LCA）又称为环境协调性评价、生命周期评估等。

3.2.1 LCA 的起源

环境协调性评价的思想最早出现于 20 世纪 60 年代末至 70 年代初，当时称为“资源和环境状况分析”（Resources and Environmental Profile Analysis，REPA）。将 LCA 思想首先用于资源、能源和环境影响综合评价的是美国可口可乐公司，LCA 最初应用可追溯到 1969 年美国中西研究所（Midwest Research Institute）开展的一项对饮料包装进行从原材料开采到产品最终废弃的全过程的研究，是公认的 LCA 研究开始的标志。该研究试图从原材料的采掘到最终的废弃处理，进行全过程（从摇篮到坟墓）的跟踪与定量分析，从而揭开了 LCA 的序幕，同时为目前的生命周期清单分析方法奠定了基础。

1970—1974 年，整个 REPA 研究的焦点是包装品废弃物问题。20 世纪 70 年代，由于全球能源危机爆发，很多研究工作将重点从污染物排放转向能源分析与规划。70 年代中期，政府开始积极支持并参与 LCA 的研究。1975 年，美国国家环保局开始放弃对单个产品的分析评价，继而转向如何制订能源保护和固体废弃物减量目标。同时，欧洲经济合作委员会（EEC）也开始关注 LCA 的应用。

进入 20 世纪 80 年代，REPA 发展缓慢，方法论研究逐渐兴起。欧洲和美国的一些研究和咨询机构依据 REPA 的思想相应发展了有关废弃物管理的一系列方法论，更深入地研究环境排放和资源消耗的潜在影响。英国的 BOUSTEAD 咨询公司在对清单分析方法做了大量研究的基础上,逐步形成了一套较为规范化的分析方法,为后来开发 BOUSTEAD 模型打下了坚实的理论基础。1984 年,瑞士联邦材料测试与研究实验室为瑞士环境部开展了一项有关包装材料的研究。该研究首次采用了健康准评估系统,即后来所发展的临界体积法。该研究引起了国际学术界的广泛关注,并被许多研究采用。该实验室据此理论建立了一个详细的清单数据库,包括一些重要工业部门的生产工艺数据与能源利用数据。

20 世纪 80 年代中期至 90 年代初,随着区域性与全球性环境问题日益严重,全球环境保护意识不断加强,以及在可持续发展思想的影响下,LCA 获得了前所未有的发展机遇。发达国家开始推行环境报告制度,要求对产品形成统一的环境影响评价方法和数据;一些环境影响评价技术也不断得到发展,如对温室效应和资源消耗的环境影响定量评价方法。荷兰、瑞士等国家的研究机构从生态平衡和环境评价等角度出发,对 LCA 进行了较为系统的研究,逐渐形成了较为规范的分析方法,这些研究为 LCA 方法学的发展和应用领域的拓展奠定了基础。

国际环境毒理学和化学学会(Society of Environmental Toxicology and Chemistry,SETAC)是第一个认识到 LCA 潜在价值的国际组织。在 20 世纪 90 年代早期,SETAC 成立了一个专门负责 LCA 方法论和应用方面工作的顾问组。1990 年 8 月,在美国 Vermont 召开的 SETAC 研讨会中,与会者就 LCA 的概念和理论框架取得了广泛的一致,并确定使用“Life Cycle Assessment (LCA)”这个术语,从而统一了国际上的 LCA 研究。1993 年,SETAC 出版了《生命周期评价指南:实践准则》(《*Guidelines for Life-cycle Assessment*:*A*“*Code of practice*”》),国际标准化组织(ISO)和欧洲标准化委员会(CEN)达成共识,不仅为 LCA 方法提供了一个基本技术框架,还为 LCA 的规范化提供了重要依据,对 LCA 方法论的发展、完善及应用作出了巨大贡献。

ISO 从 1992 年成立环境战略顾问组 SAGE,开始筹划包括 LCA 标准在内的 ISO 14000 环境管理系列标准的制定,并于 1993 年 6 月正式成立了“环境管理标准技术委员会”,即 TC-207 委员会,负责环境管理工具及体系的国际标准化工作,而其中 SC5 分委员会则专门负责 LCA 标准的制定。TC-207 在 ISO 14000 系列标准(ISO 推出的管理标准)中为 LCA 预留了 10 个标准号,即 ISO 14040 ~ ISO 14049,其中 ISO 14040(原则和框架)、ISO 14041(清单分析)、ISO 14042(影响分析)、ISO 14043(结果解释)、ISO 14048(LCA 评价指标格式)等均已陆续颁布,LCA 将成为 ISO 14000 系列标准中产品评价标准的核心和确定环境标志和产品环境标准的基础,从而有效指导各国 LCA 工作的开展,为确定环境标志和产品环境标准提供统一的标准。

欧洲、美国、日本等国家还制定了一些促进 LCA 的政策和法规,如生态标志计划、生态管理与审计法规、包装及包装废物管理准则等。因此,这一阶段出现了大量 LCA 案例,如日本已完成数十种产品的 LCA,丹麦用 3 年时间对 10 种产品类型进行了 LCA 等。

3.2.2 LCA 的发展

目前,LCA 方法的主要研究方向包括生命周期清单分析方法和生命周期影响评价(Life Cycle Impact Assessment,LCIA)方法。LCA 分析工具的开发则主要包括基础数据库的研究和 LCA 评估软件的开发。大多数国家或组织的 LCA 研究都经历了从个案研究到建立数据库这样一个过程。以日本国家资源和环境研究所的 LCA 研究工作为例,其在 1993—1996 年的主要工作集中在家用电器的 LCA 评估及基础数据收集上;1997 年开始着手建立一个 LCA 公共数据库系统。英国、法国、荷兰等国家的一些公司,也分别开发了 LCA 评估计算机软件和相关的数据库。

完整的LCA通常需要大量时间,因而明显不适用于一些变化速度较快的产品,尤其在产品的设计阶段,相关研究人员开展了许多工作,也提出了各种解决办法,如适用于产品整体设计阶段的近似LCA方法等。如今,国际上已经开发出多种LCA或LCI(生命周期清单)评价工具软件,其中最著名的包括Umberto、TEAM等。

美国环保局(EPA)是美国最早的倡导者和实践者,积极推动和传播LCA方法学研究和应用。联合国环境规划署(UNEP)帮助国家政府、产业界和地方当局制定和实施相关政策、策略和行为准则。

在国内,LCA研究起步较早,发展也非常迅速,已成为学术界关注的焦点。在政府的引导和支持下,国内大量研究人员围绕LCA方法开展了卓有成效的研究工作,包括生命周期清单中的分配方法、环境影响类型分配体系、中国环境影响特征因子和权重因子的确定等。

1998年开始,国家"九五"高技术研究计划(863计划)支持了首项"材料的环境协调性评价研究"项目。该项目对国内几大类主要基础材料进行了全面的材料LCA研究,对我国钢铁、水泥、铝、工程塑料、建筑涂料、陶瓷等七类典型代表性材料进行了LCA研究,初步获得了以上代表性材料的环境负荷基础数据。1999年,国家质量技术监督局发布等同于ISO 14040的国家标准《环境管理　生命周期评价—原则与框架》(GB/T 24040—1999)(已废止);2000年发布等同于ISO 14041的国家标准《环境管理　生命周期评价—目的与范围的确定和清单分析》(GB/T 24041—2000);2002年发布了分别等同于ISO 14042和ISO 14043的国家标准《环境管理　生命周期评价—生命周期影响评价》(GB/T 24042—2002)(已废止)与《环境管理　生命周期评价—生命周期解释》(GB/T 24043—2002)(已废止)。此外,我国一些研究机构利用与国外机构合作的机会进行了一些探索。例如,我国与美国合作,利用LCA进行"中国山西省和其他富煤地区把煤转化成汽车燃料"的研究,利用中欧国际合作项目"工业初级产品生产过程中的生态可持续性研究",进行了一种汽车产品的LCA研究。在大量系统工作的基础上,总结了材料环境负荷分析的方法,创新提出了上述典型材料LCA的新方案和定量方法,构建和设计了材料的环境负荷基础数据框架,并自主开发了数据库管理软件和材料的LCA软件。

中国材料LCA研究取得了很大的进步,已经深入材料工业的各个领域,有望为材料产业的可持续发展和清洁生产的实现提供明确的依据,目前就环境材料研究,同日本、加拿大等国的一些大学和研究机构建立了各种国际合作关系,并已开展大量的学术交流与合作研究。

3.2.3 LCA的定义

生命周期,又称为生命循环或寿命周期,是指产品从自然中来再回到自然中去的全部过程,即从"摇篮到坟墓"的整个生命周期各阶段的总和,具体包括从自然中获取最初的资源、能源,经过开采、原材料加工、产品生产、包装运输、产品销售、产品使用、再使用以及产品废弃处置等过程,从而构成一个完整的物质转化生命周期,如图3-1所示。

目前国际上对LCA有不少定义,其中SETAC和ISO对LCA的定义最具有权威性。同时,因LCA方法本身的复杂性及实施LCA的目的不尽相同,对LCA的概念和方法历来有着不同的理解,在SETAC和ISO发布的文件中,LCA的定义也在被不断修改和变化。

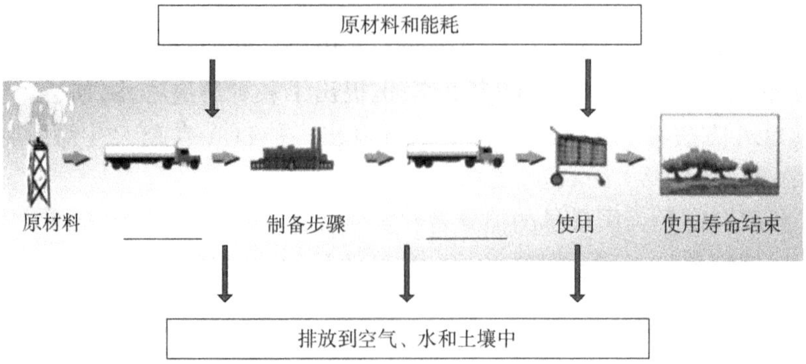

图 3-1　完整的物质转化生命周期

1993 年,SETAC 对 LCA 的定义:LCA 通过确定和量化与评估对象相关的能源消耗、物质消耗和废弃物排放,来评估某一产品、过程或事件的环境负荷;定量评价由于这些能源、物质消耗和废弃物排放所造成的环境影响;辨别和评估改善环境(表现)的机会。评价过程应包括该产品、过程或事件的生命周期全过程,包括原材料的提取、加工、制造、运输、销售、使用、再使用、维持、循环回收,直到最终的废弃。

1997 年,ISO 修订的 LCA 标准(ISO 14040)中也提出了 LCA 和一些相关概念的定义:LCA 是对一个产品系统的生命周期中输入、输出及其潜在环境影响的汇编和评价。这里的产品系统是通过物质和能量联系起来的,具有一种或多种特定功能的单元过程的集合。在 LCA 标准中,"产品"既可以指(一般制造业的)产品系统,也可以指(服务业提供的)服务系统。生命周期是指产品系统中前后衔接的一系列阶段,从原材料的获取或自然资源的生成,直至最终处置。

从 SETAC 和 ISO 对 LCA 定义的阐述中可以看到,在 LCA 的发展过程中,其定义不断得到完善和充实,对定义的描述发生了明显的变化,但基本的思想和方法却都保留了下来。LCA 在我国一般称为环境协调性评价,即对一种产品、过程或活动,从原材料提取、材料制备直至最终废弃的整个生命周期内,因能源和资源消耗以及废物排放对环境所造成的潜在影响进行评价,并提出改善环境性能的建议和措施。

3.2.4　LCA 的特点

LCA 与其他的行政和法律管理手段不同,作为一种环境管理工具,LCA 具有其自身的一些特点:

(1)具有全程性的特点。LCA 的最大优点在于扩展了系统的边界和研究范围,对所在研究系统在整个生命周期内所造成的环境负荷或影响进行评价,而不仅仅是对产生废物的生产过程进行评价,从而有效防止污染从生命周期的某一阶段转嫁到另一阶段的问题。

(2)具有综合性的特点。LCA 不仅考虑废物对环境的影响,而且考虑因资源和能源的消耗而对环境造成的综合影响,其突出优点是以整体的观点来进行评价,从而避免了传统方法因系统中某一过程环境负荷改善而造成另一过程环境负荷加重的污染转嫁问题。

(3)应保证 LCA 方法学的开放性,以便容纳新的科学发现与最新技术发展。

(4)LCA 研究不存在一种统一模式,组织应保持灵活性,按照 ISO 标准提供的原则与框架,并根据具体的应用意图和用户要求予以实施。

3.3 LCA的技术框架及评价过程

3.3.1 LCA的技术框架

1990年,LCA方法的实施框架以SETAC研讨会上确定的三角模型为基础,该模型将LCA定义为一种分阶段的评价方法,主要包括生命周期清单分析、环境影响评价和环境改善评价。随着发展,该模型增加了目的与范围的确定这一阶段。因此,LCA的四个主要实施阶段包括目的与范围的确定、生命周期清单分析、环境影响评价和环境改善评价。如图3-2所示,范围界定、数据收集和评价结果的描述都必须与实现预定的目的相一致。

1997年6月,ISO颁布了ISO 14040(环境管理-LCA-原则和框架)标准,在原来SETAC框架的基础上做了一些改动,ISO 14040将LCA分为互相联系、不断重复进行的四个步骤:目的和范围的确定、清单分析、影响评价和结果解释。其中,目的和范围的确定、生命周期清单分析这两个部分发展相对比较完善,如图3-3所示。

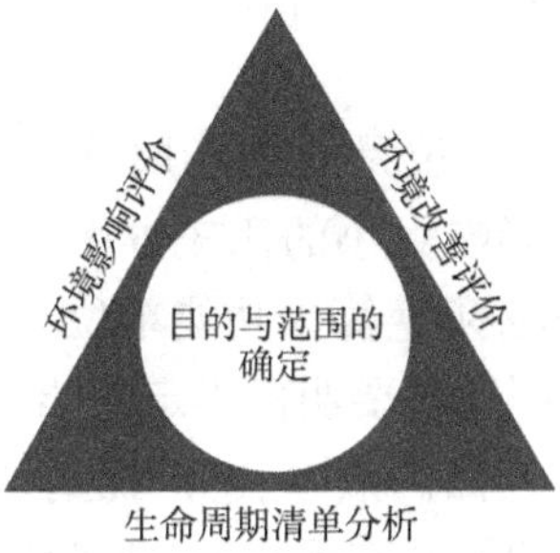

图3-2 SETAC LCA的技术框架

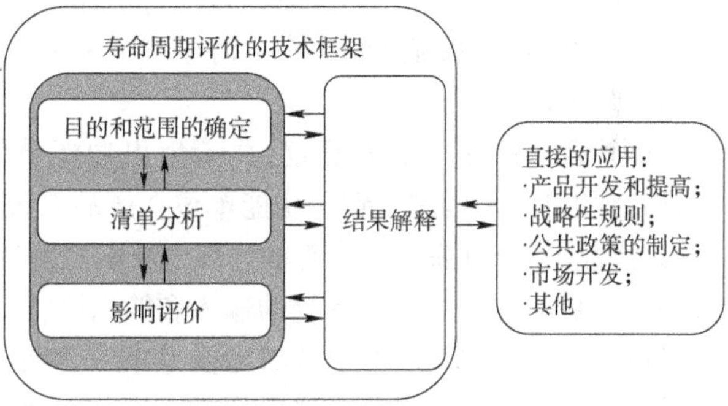

图3-3 ISO LCA的技术框架

ISO对SETAC框架的一个重要改进是去掉了改善评价阶段,ISO认为改善是开展LCA的目的,而不是必需阶段;同时,增加了寿命周期解释环节,对前三个互相联系的步骤进行解释。另外,ISO 14040框架更加细化了LCA的步骤,更有利于指导开展LCA的研究应用。

3.3.2 LCA的评价过程

1)目的和范围的确定

LCA的第一个步骤是确定研究目的与界定研究范围,是清单分析、影响评价、结果解释所依赖的出发点和立足点,决定了后续阶段的进行和LCA的评价结果,直接影响到整个评价工作程序和最终的研究结论。LCA的研究目的应包括一个明确的关于LCA研究的原因说明及未来结果的应用。LCA评价范围的确定取决于研究的目的,范围界定的主要内容包括系统功能、功能单位、系统边界、环境影响类型、数据要求、假设及限制条件等。所确定的研究范围应能足以保证研究的广度、深度和详细程度,从而实现所确定的研究目标。

(1)定义产品系统和系统边界

产品系统是指由特定功能的单元过程按照材料流和能量流联系起来的过程集合。图3-4

为一个产品系统示例。由图3-4可知,产品系统由系统内部与系统环境组成。系统环境既是产品系统原料与能源的源,又是其产品和排放物的汇。产品系统的表述包括单元过程、通过系统边界的基本流和产品流以及系统内部的中间产品流。

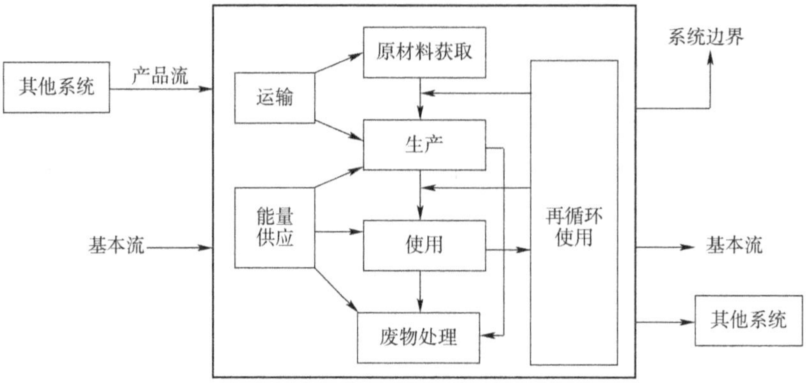

图3-4　产品系统示例

产品系统作为一个整体存在,包括从最初的原材料采掘到最终产品用后的废物处理全过程,但在实践中常常为了研究的简单、易行,将产品系统划分为一系列相互联系的子系统。从生产工序的角度,各子系统之间存在上游子系统和下游子系统的区别。

(2)功能单位

LCA的对象由产品的功能确定,并衍生出功能单位。功能单位是对功能属性的量化描述,应与研究的目的与范围一致。功能单位在产品系统间环境影响大小的比较方面起着重要的作用,是产品LCA的基础。在清单分析中收集的所有数据都必须换算为功能单位。建立功能单位的主要目的在于对产品系统的输入和输出进行标准化,因此需要明确界定功能单位,而且要明确可测度。在定义功能单位时需要考虑三方面因素:①产品的效率;②产品的使用期;③产品质量标准。一旦确定了功能单位,就必须确定实现相应功能的产品数量,此量化结果为基准流。基准流主要用于表征系统的输入与输出。系统间的信息流必须基于同样的功能,以对相同功能单位所对应的基准流的形式加以量化。

①例如,对提供干手功能的“纸巾”和“空气干手机”两个系统的比较研究,首先定义功能单位和基准流。

a. 功能单位:纸巾消耗资源,空气干手机消耗能源,最终结果相同,以相同干手数量作为两个系统共同的功能单位。

b. 基准流:分别为擦干手所需纸巾的平均质量和烘干手所需热空气的平均体积,由此编制出相应的输入和输出清单。

②家庭轿车:传统燃油汽车和新能源汽车。事先明确对应的家庭轿车行驶的里程,确定能源消耗量:

a. 新能源汽车,行驶100km所消耗的电量。

b. 传统燃油汽车,行驶100km所消耗的燃油量。

(3)数据质量

数据质量决定了最终LCA结果的质量。数据质量主要涉及时间跨度、空间范围(局域、区域和全球)和技术层次等。对实测数据和文献数据的来源应给予明确说明。实测数据应具有一定的代表性,应能反映系统中的主要能流和物流。

数据质量考虑的主要因素如下:

①准确性:每种数据类型数值的变异度。

②完整性:在每一个工艺过程中,所获数据占所有潜在可获数据的比例。

③代表性:所采用的数据是否能够比较准确地反映系统的特征。

④相容性:定性评价所采用的方法是否具有一致性。

⑤可重复性:其他 LCA 从业者是否可根据所报告的数据和方法得出相同的研究结果。

(4)假设与限制条件

评价过程中的假设及限制条件必须注明,以确保评价结果的再现性与可靠性。

2)生命周期清单分析

生命周期清单分析是对产品、工艺或活动在其全生命周期阶段的资源、能源消耗和向环境的排放(包括废气、废水、固体废物及其他环境释放物)进行数据量化分析,作为影响评价的依据。生命周期清单分析的核心是建立以产品功能单位表达的产品系统的输入和输出(建立清单)。这种输入和输出是一种相对量,而不是绝对量。图 3-5 为将公路看作一个产品系统,进行生命周期清单分析系统的输入和输出。

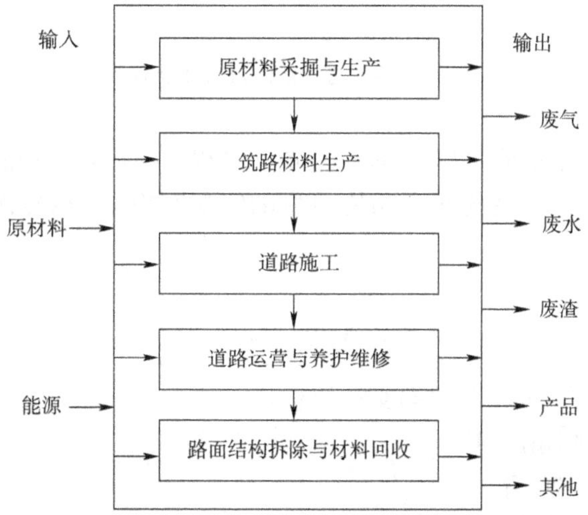

图 3-5 生命周期清单分析系统输入与输出

生命周期清单分析的目的是收集数据。目前,生命周期清单分析方法还没有标准化,即数据的选择标准、分析处理方法都还没有规范。同时,生命周期清单分析是一个反复的过程,当取得一批数据,并对系统有进一步的认识后,可能出现新的数据要求,或者发现原有的局限性,因而要求对数据收集程序做出修改,以适应研究目的。生命周期清单分析的简化程序如图 3-6 所示。

(1)数据收集

LCA 研究首先需要进行数据收集,因为确定研究范围和边界需要数据支持。首先需要识别系统内所有工艺步骤。生命周期清单分析需要大量的工艺数据,每一个工艺步骤的原材料使用、能量消耗、产品和共生产品的比率、环境排放等都必须量化。一般而言,数据收集必须符合工艺过程在一定时间范围内的物质平衡关系。收集的数据代表过程功能的平均值。数据必须以过程单位和功能单位的环境交换量表示。

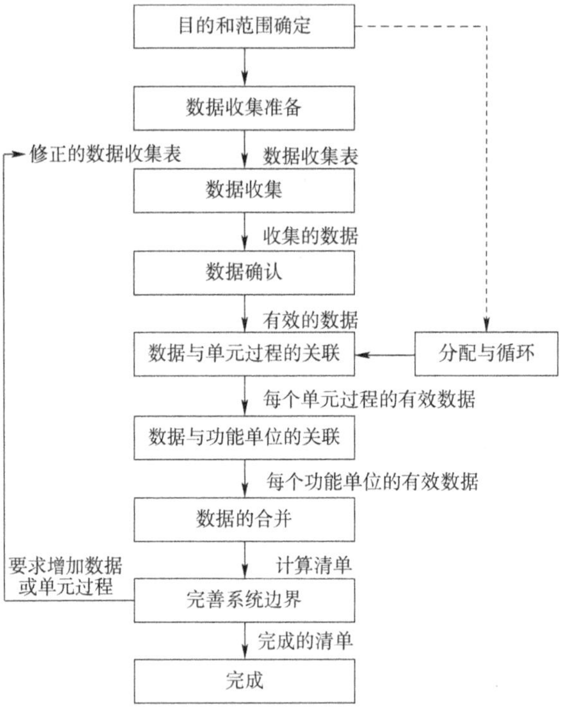

图 3-6　生命周期清单分析的简化程序

(2)计算程序

数据收集针对每一个单元过程,而最终对单元过程的描述采用功能单位。因此,整个产品系统最终的环境交换总是表达为每个功能单位的终端交换量(包括输入和输出),通常采用式(3-4)计算:

$$Q_i = T \times \sum_{\mathrm{up}} Q_{i,\mathrm{up}} + \frac{T \times \sum_{p} Q_{i,p}}{L} \tag{3-4}$$

式中:Q_i——某个功能单位第 i 种终端交换的总和;

T——功能单位的期限,年;

L——产品寿命周期,年;

$Q_{i,\mathrm{up}}$——每年使用过程中(UP)终端交换量;

$Q_{i,p}$——产品系统关键工艺中第 p 个过程单元的第 i 种终端交换量。

所谓终端交换,是指针对自然界而言的产品系统的输入和输出。工艺之间的交换称为非终端交换。因此,数据综合的一个重要任务就是将非终端输入追溯到终端输入,将非终端输出延伸到终端输出。

(3)分配方法

在实际工作中,不可能每个单元过程只有一种原料(产品)输入或输出,而且生产工艺常常通过原料或配件互相连接。当生产工艺过程产出多种产品或提供多种服务时,就会出现产品系统输入和输出如何分配的问题。对产品系统的输入和输出进行分配通常有两种情况:

①共生产品系统,即两种或两种以上产品同时产出于一个工艺过程或多个相互连接的生产工艺;共生产品系统分配的目标就是要找到一个分配参数,以最大限度地反映系统本身的物理行为。通常采用产品的质量、面积、物质的量、体积及能量等物理参数进行分配。

②生产工艺的再循环过程。再循环通常存在两种方式,即闭环再循环和开环再循环。因为闭环再循环过程的所有循环过程都存在于系统内部,所以对系统的输入和输出来讲,不存在分配问题;而对于开环再循环过程,即一个产品系统的副产品、废弃物或产品在消费后被重新收集、处理,然后被另一个产品系统作为原料再进行利用,则会出现分配问题,即在不同产品系统间分配能源、原材料和环境排放物。ISO 14041 规定,开环再循环中如果再循环物质的特性不发生变化,则按闭环再循环处理。因为在这种情况下,采用二次物料取代初级物料,所以不必进行分配。只有当再循环物料的特性发生变化时,才进行分配。

目前,对于生命周期清单分析的分配问题尚没有合适的解决办法。在 1990 年 SETAC 举行的首次 LCA 研讨会上,提出了一种对等分配法,即将产品中原材料生产和产品最终作为废物处理造成的环境负荷由原材料生产和废物处理系统各负担 50%;而再循环过程所造成的环境负荷也由提供再循环材料的系统和接受再循环材料的系统各分担 50%。尽管这种方法常常掩盖了产品系统输入和输出中各种能量流和物质流的相对大小和重要性,但在实践中,由于其他方法经常缺乏足够的数据,而使对等分配法成为目前使用最为普遍的方法。

分配方法是整个生命周期清单分析过程的核心和难点,会直接影响研究的过程和结论。实践中首先应尽可能避免分配问题的出现,可以通过以下措施实现:

①将具体的工艺过程和环境变化与具体产品对应起来,将可以分解的工艺继续分解,以消除虚假的共同工艺,从而避免出现分配问题。

②扩展系统边界,将系统外的输入和输出纳入所研究系统中,从而避免出现分配,但扩展系统边界的做法要和研究目标相一致。

③系统扩展不可行时,通过确定所研究工艺的所有功能单位的环境交换(输入或输出)比例进行分配。

④不能确定技术标准时,可以采用经济价值标准作为分配依据。

(4)清单的数据格式

生命周期清单分析的结果常常列为一种清单表的形式,来展示和说明生命周期清查的重要信息。数据清单是生命周期清单分析中的一项重要内容。数据清单主要有两种,即单元过程数据清单和产品汇总数据清单。

①单元过程数据清单是以研究的单元过程为依据建立起来的,主要内容应包括单元过程的环境输入和输出、环境参数的单位、数据来源、建立的时间等。其中,输入项包括原材料、能量等;输出项包括气体排放、液体排放、固体排放和产品或中间产品。

②产品汇总数据清单应反映单元过程的实际情况。理论上,单元过程清单的输入和输出应满足物质守恒原理,但实际上往往存在较大偏差。目前,制定规范、合理的清单格式是推动 LCA 广泛展开的重要工作。

3)影响评价

生命周期清单分析对产品整个生命周期内的环境交换进行清查,而数据清单表常有大量的数据,很难直观进行解释。为了将 LCA 应用于各种决策过程,就必须对这种环境交换的潜在影响进行评估,说明各环境交换的相对重要性以及每个生产阶段或产品每个组成部分的环境影响大小,这一阶段称为生命周期影响评价。

生命周期影响评价是 LCA 中难度最大、争议最多的部分,相关国际标准尚处于制定阶段。LCA 是将生命周期清单分析阶段输入与输出的物质和能量进行定性分类、定量转化、累加,并给予评价，以最终确定和比较不同产品或工艺的整个生命周期过程对环境和资源的影响大小，将清单信息转化为可以理解的评价结果。根据 ISO 标准，生命周期影响评价的目的在于理解和评价产品系统的潜在环境影响的重要性和意义。与其他环境管理技术不同，是一种基于功能单位的相对评价方法。目前，国际上关于生命周期影响评价尚无统一的方法。SETAC 将生命周期影响评价划分为分类、特征化和评估三个步骤。

(1)分类

分类是将一个生命周期清单分析的结果划分到影响类型的过程。影响类型通常包括资源耗竭、生态影响和人类健康三大类。在每一大类下又有许多亚类。在环境影响类型确定后，把在生命周期清单分析中会造成相应影响的环境负荷或污染排放因素，归类到该环境影响类型下。当生命周期清单分析结果中污染物涉及的环境问题不止一种时，通常采用并联、串联或复合机制将污染物分配至不同环境影响类型。但在实际操作中，对分类并没有特别的要求，可以进行简化处理。目前国际上对温室效应、酸化效应、臭氧层破坏、生态毒性等环境影响类别、类型参数及产生这些影响的相关污染物和作用范围基本上达成了一致，具体内容见表 3-3。但在资源耗竭问题上还存在着较大的争议，需要进一步完善。

环境影响类型及其相关环境负荷项目 表 3-3

环境影响类型	作用范围	相关环境负荷项目
不可再生资源消耗	全球	矿物消耗、化石燃料消耗
可再生资源消耗	区域	生物资源、水
温室效应	全球	CO_2、NO_2、CH_4、CFCs、CH_3Br
臭氧层破坏	全球	CFCs、哈龙(卤代烷)、CH_3Br
人体健康损害	当地	进入空气、土壤和水体的毒性物质
生态毒性影响	当地	进入空气、土壤和水体的毒性物质
光化学烟雾形成	区域	乙烯(C_2H_4)、非甲烷系碳氢化合物(NMHC)
酸化效应	区域	SO_2、NO_x、HCl、HF、NH_4^+
水体富营养化	区域	氨、磷酸盐(PO_4^{3-})、硝酸盐(NO_3^-)

(2)特征化

环境影响类型参数的计算，即特征化。通过对不同环境负荷项目所造成的环境影响进行对比分析和量化，利用不同环境影响类型的参数结果来表现系统生命周期影响评价的特征。其计算采用特征化因子将生命周期清单分析结果转换成相同的形式或相同的量纲并进行合并，得到量化指标结果。例如，SO_2、NO_2 两种气体都可形成酸雨，但同样的气体量所形成的酸雨程度不同，这时就要用特征化将其过程量化；各种温室效应气体的环境影响全部以 CO_2 当量来表示；不同的致癌化学物的致癌性用相对的致癌风险来表示等。表 3-4 为部分污染物的环境影响特征化因子，现已在世界范围内得到广泛应用。

部分污染物的环境影响特征化因子 表 3-4

环境影响类型	环境影响特征化因子
不可再生资源消耗	ADP
可再生资源消耗	BDP

续上表

环境影响类型	环境影响特征化因子
温室效应	GWP
臭氧层破坏	ODP
人体健康损害	HTP
生态毒性影响	ETP
光化学烟雾形成	POCP
水体富营养化	EP

目前国际上常用的特征化模型如下:

①负荷评估模型。

负荷评估模型是指简单地罗列相关资料,根据其潜在影响分类、物理量大小来评价生命周期清单分析提供的数据。其中,各影响特征化因子所造成的环境影响重要性是相同的;依据是否存在影响,用影响大小或“越少越好”来表达。不考虑各影响特征化因子之间的替代效应,无法反映影响因子的浓度或排放量的差异。

②当量评价模型。

当量评价模型的原理是指在质量相同的情况下,利用不同环境压力因子对同一种环境影响类型的贡献量差异,将其中一种压力因子作为基准,影响潜力定为1,将等量的其他污染物与其比较,即可得到各个压力因子相对于基准物的影响潜力大小(当量系数)。根据各压力因子之间的当量关系,汇总得到以基准物质量为单位的影响潜力大小。

使用当量系数来汇总生命周期清单分析提供的数据,其优点是建立在科学研究的基础上,结果不受时间和地理因素的影响。

③毒性、持续性及生物积累性评估模型。

毒性、持续性及生物积累性评估模型是以释放物的化学特征,如毒性、可燃性、致癌性和生物富集性为基础,来汇总生命周期清单分析数据。但使用该模型的前提是这些标准能将分析数据归一化,以评价潜在的环境影响。例如,危险排序法,根据产品在生命周期中排放出的污染物,考察致癌性、生物累积性、生物降解速度及程度,或者根据生物急性毒性、慢性毒性等试验数据,进行定性评估,以其危害性低、中、高加以排序。

④总体暴露效应模型。

总体暴露效应模型是针对一些特殊物质的排放所导致的暴露和效应做一般性的分析,估计其潜在的环境影响。运用面向效应法,是以面向问题的方式,将清单项目中的各种影响因子,根据其可能有的环境影响赋予一单位排放量的影响指数,如臭氧层破坏潜力(Ozone Depletion Potential,ODP)、光化学臭氧形成潜力(Photo-chemical Ozone Creation Potential,POCP)、酸沉降潜力(Acidification Potential,AP)与 GWP。表 3-5 为全球变暖潜力。

全球变暖潜力 表 3-5

气体	20 年 GWP	50 年 GWP	100 年 GWP	200 年 GWP	500 年 GWP
CO_2	1	1	1	1	1
CH_4	35	19	11	7	4
N_2O	260	270	270	240	170

总体暴露效应模型的优点：

a. 对每类环境专题都可以得到总体效应值，简单明了。

b. 对于非专业背景的管理决策者而言，更容易了解产品或活动的环境影响情况。

总体暴露效应模型的缺点：

a. 并非所有类别的环境影响都可得到一般性的暴露效应。

b. 利用现有科学知识所确定的相应指标值，准确性存疑。

c. 环境影响效应值。

d. 需随科学知识的进步不断加以修正。

⑤点源暴露效应模型。

点源暴露效应模型是以点源相关区域或场所的影响信息作为基础，针对某些特殊物质的排放所导致的暴露和效应作为特定位置的分析，来确定产品系统实际的影响。同时，排放物的影响，必须考虑到特定的位置和背景浓度。

(3) 评估

ISO 14042 标准在 SETAC 框架的基础上，进行了必备要素和可选要素的划分，即将分类、特征化、影响类型、类型参数和特征化模型作为必备要素，而将评估列为可选要素，从而进一步将其划分为归一化、分组、加权以及数据分析四个步骤。下面将简要介绍可选因素的四个步骤。

①归一化。基于对所研究产品系统中每一项指标结果相对值的了解，使来自不同影响目录的影响值具有可比性，通常以类型参数计算结果除以选定的基准值加以转换。例如，特定地域范围内总排放量或资源消耗量，这样的地域范围可能是全球、区域、国家或当地，故要进行归一化处理。

②分组。STEAC 建议的分组方式有生态健康（包括生态的功能、结构和歧异度等）、人类健康（急性后果和慢性后果）、资源耗竭（可再生资源和非可再生资源）、社会福利（如环境质量、自然资源生产力的下降等）。其他的分类方式有耗竭性问题（系统输入）、污染性问题（系统输出）、扰动性问题。

③加权。加权评估是确定不同环境影响类型的相对贡献大小或权重。其目的是进一步对环境影响评价的数据进行解释和综合，从而得到总的环境影响水平。加权评估是生命周期影响评价的可选分析过程。加权过程是一个价值判断的过程，不同主体、不同研究目的采用的加权方法不同。

加权方法要求如下：

a. 加权方法的应用与 LCA 中的目的与范围确定保持一致，且完全透明。

b. 不同当事者根据相同的指标结果或标准化指标结果，产生不同的加权结果，尽量使优先选择保持一致。

c. 使用多种不同的加权因子或加权方法，权重因子的选择需结合多属性价值函数理论，结合具体的产品来确定。

④数据分析。数据分析所需技术的需求与选择，与 LCA 中的目的与范围确定所需的准确性与相近程度保持一致。数据分析包含三种分析方法：

a. 重要性分析，用于识别对指标结果有最重要影响的数据统计过程。

b. 不确定性分析，用于判定与量化由于输入的不确定性和数据变动给 LCI 结果带来的不确定性。

c. 敏感性分析,用来估计所选用的方法和数据对研究结果影响的系统化步骤。由于LCA的反复性,数据分析的结果可进一步指导LCA阶段,如修正取舍准则,或收集曾被忽略或排除的数据。

4) 生命周期解释

生命周期解释的目的是根据LCA前几个阶段的研究或清单分析发现,以透明的方式分析结果、形成结论、解释局限性、提出建议并报告生命周期解释的结果,尽可能提供对LCA或LCI研究结果与目的和范围界定相符的易于理解的、完整的和一致的说明。

生命周期解释具有系统性和重复性的特点。基于LCA或LCI研究的发现,运用系统化的程序进行识别、判定、检查、评价和提出结论,以满足研究的目的和范围中所规定的应用要求,而整个解释阶段需要不断重复。

根据ISO 14043的要求,生命周期解释阶段包括三个要素,即识别、评估和报告。其中,识别主要是基于LCA中的LCI和LCIA阶段的结果识别重大问题;评估主要是对整个LCA过程的完整性、敏感性和一致性进行检查;报告主要是形成结论、提出建议。图3-7描述了生命周期解释各要素与LCA其他阶段之间的联系。

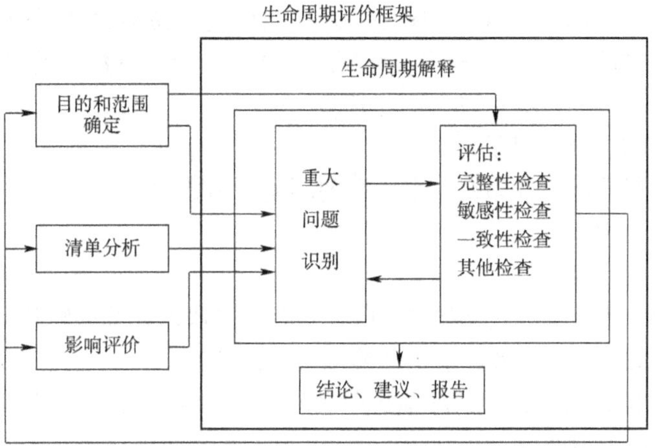

图3-7 生命周期解释各要素与LCA其他阶段之间的联系

3.4 常用的LCA评价模型

在LCA评价过程中,常需要用到一定的数学模型和数学方法,简称LCA方法类型。截至目前,关于LCA评价模型可分为精确方法和近似方法。前者有输入输出法,后者有线性规划法、层次分析法等。

3.4.1 输入输出法

输入输出法是一种最简单且最常用的LCA评价模型。材料生产或使用过程的LCA评价输入输出法框架图如图3-8所示。在LCA评价过程中仅考虑系统的输入量和输出量,从而定量计算出该系统对环境所产生的影响。系统的输入量主要包括完成整个过程所需要的能源和资源的消耗量,如煤、石油、天然气、电力及原料投入等,需要输入定量的数据。系统的输出量,首先是该系统的有效产品,然后是该系统在生产和使用过程中产生的废弃物排放量,也包

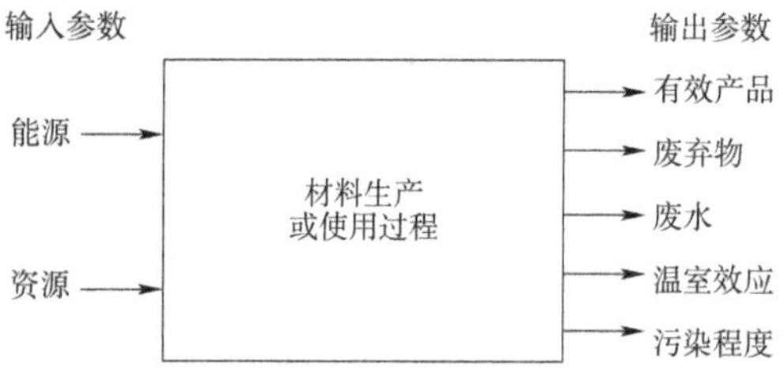

图 3-8　材料生产或使用过程的 LCA 评价输入输出法框架图

括该系统完成过程中对生态环境产生的人体健康影响、温室气体效应、区域毒性影响,以及光、声、电磁污染等影响。一般情况下,输出量也是定量的数据。由于输入输出法数据处理简单,计算也不复杂,各种环境影响的指标定量且具体,在 LCA 模型应用中发展比较成熟。但其缺点是输入输出的指标数据分类较细,不能对环境影响进行综合评价。

3.4.2　线性规划法

线性规划法是一种评价和管理产品系统环境性能的常用方法,不仅可以解决环境负荷的分配问题,而且对环境性能优化也能进行定量的分析。其原理是在一定约束条件下寻求目标函数的极值问题。当约束条件和目标函数都属线性问题时,该系统分析方法称为线性规划法。在环境影响评价过程中,无论是资源和能源消耗,还是污染物排放,以及其他环境影响(如温室效应等),一般情况下都在线性范围内,可以用线性规划法对系统的环境影响进行定量分析。例如,一个系统的环境影响因素用线性规划方法定义为如下数学模型:

$$[\boldsymbol{A}_{i,j}][\boldsymbol{B}_{i,j}]=[\boldsymbol{F}_{i,j}]\quad(i,j=1,2,\cdots,n)\tag{3-5}$$

式中:$\boldsymbol{A}$——环境影响的分类因子;

$\boldsymbol{B}$——各环境影响因子在系统各个阶段的环境影响数据;

$\boldsymbol{F}$——环境影响因素;

i,j——系统各阶段序号。

由式(3-5)可见,环境影响因子和这些因子在各个阶段的环境影响数据组成了一个矩阵序列,通过求解矩阵,最后可得到各因子的环境影响评价结果。

由于 LCA 方法探讨人类行为和环境负荷之间的一些线性关系,线性规划法可以定量地应用于各种领域的环境影响评价。

3.4.3　层次分析法

层次分析法(Analytic Hierachy Process,AHP)是一种实用的多准则决策方法。近年来,层次分析法在 LCA 中获得了广泛的应用。层次分析法的具体过程是根据问题的性质以及要达到的目标,把复杂的环境问题分解为不同的组合因素,并按各因素之间的隶属关系和相互关系程度分组,形成一个不相交的层次,上一层次的全部或部分元素对相邻的下一层次的全部或部分元素起着支配作用,从而形成一个自上而下的逐层支配关系。

层次分析法的结构可分为目标层、准则层和方案层。目标层可作为 LCA 的评价目标并为范围定义服务,相当于环境影响因子;准则层在 LCA 应用中可作为数据层,不同的环境影响因子在系统各个阶段有不同的数据;方案层对应环境影响的评价结果。图 3-9 为一个典型的层次分析法示意图。

随着 ISO 14000 国际环境管理标准在全球的实施,有关 LCA 的数学物理模型和方法一直在不断发展和完善。除以上介绍的几种常用模型外,还有模糊数学分析法、逆矩阵法等在 LCA 分析中也有应用,详细可参阅其他文献资料。

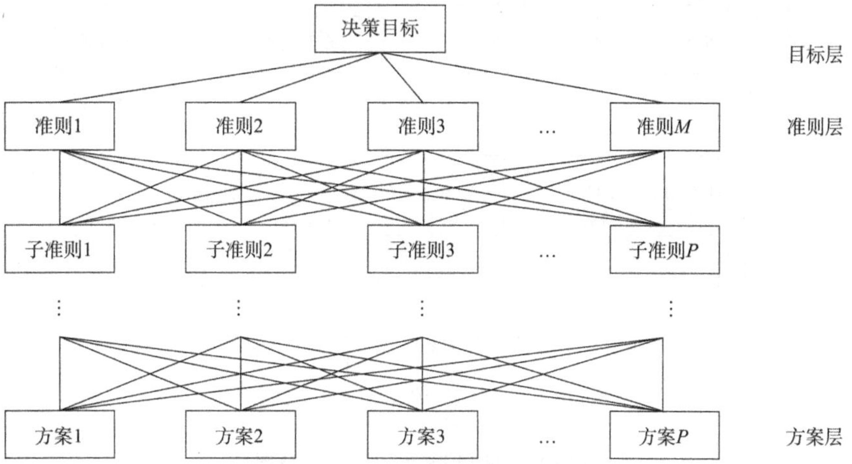

图3-9 一个典型的层次分析法示意图

3.5 LCA应用举例

在过去的十多年中,通过ISO 14000国际环境管理标准的实施,LCA的应用已遍及社会生产、生活各个方面。在材料领域,LCA用于环境影响评价更是日臻完善。截至目前,LCA在钢铁、有色金属材料、玻璃、水泥、塑料、橡胶、铝合金、镁合金等材料方面,在容器、包装、复印机、计算机、汽车、轮船、飞机、洗衣机、其他家用电器等产品方面环境影响评价应用都有报道。下面分类列举一些LCA应用例子。

3.5.1 基于LCA的陶瓷墙地砖分析

该案例采用LCA方法建立陶瓷墙地砖从原材料开采到产品出厂为止的生命周期模型,计算了陶瓷墙地砖的环境影响,并分析了不同阶段对各环境影响的贡献,分析了陶瓷墙地砖对环境的影响。

1)目标与范围定义

研究目标是建立陶瓷墙地砖的生命周期模型,找出主要环境影响类型,并分析主要贡献过程和产生的原因;本案例选取生产1m²陶瓷墙地砖作为功能单位。系统边界定义为原材料及能源生产、产品生产和运输阶段。系统边界包括产品的使用、废弃阶段。图3-10为使用国内开发的LCA软件eBalance建立的陶瓷墙地砖生命周期流程图。

2)生命周期清单分析与建模

(1)陶瓷墙地砖生产过程的清单数据

陶瓷墙地砖生产所需原材料黏土、长石、高岭土和石英砂数据采用某墙地砖企业提供的配方计算得出;公路运输的数据由企业提供的原材料产地进行估算,电耗和重油消耗及新鲜水数据亦由该企业提供;环境排放数据(如SO_2、NO_x、颗粒物、氟化物、矿渣和CO_2等)来自中国陶瓷行业污染源普查统计结果和基于联合国政府间气候变化专门委员会(IPCC)的模型计算得出。陶瓷墙地砖生产过程的清单数据见表3-6。

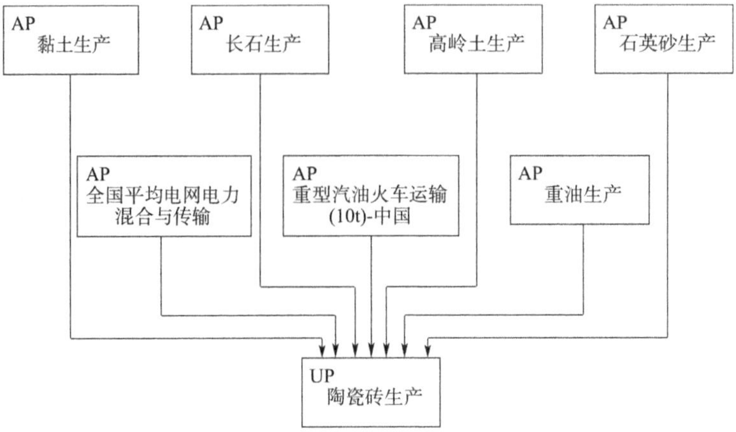

图 3-10　陶瓷墙地砖生命周期流程图

陶瓷墙地砖生产过程的清单数据(单位:kg/m² 墙地砖)　　表 3-6

产品投入	石英砂	4.875
	高岭土	4.875
	黏土	14.630
	长石	6.500
	重油	3.568
	电力	3.360
	公路运输	0.325
	新鲜水	550
环境排放	SO_2	0.084
	NO_2	0.050
	颗粒物	0.031
	氟化物	0.000335
	矿渣	4.400
	CO_2	12.750

注:电力单位为 kW · h/m² 墙地砖;公路运输的单位为 t · km/m²。

(2)上游流程的清单数据

陶瓷墙地砖生产的上游流程包括黏土、高岭土、长石、石英砂等原材料生产及电力生产、重油生产、公路运输等过程。这些过程的生命周期清单分析数据均来自中国生命周期参考数据库(CLCD)。其中部分数据与国外数据库 Ecoinvent 中相同产品数据进行比对和修正,以保证数据的准确性和完整性。

3)建模与生命周期影响评价

利用 eBalance 软件建立陶瓷墙地砖生命周期模型,可计算出每功能单位陶瓷墙地砖的生命周期结果。该案例选择温室效应、酸化效应、富营养化、初级能源消耗、不可再生资源消耗、可吸入无机物、化学需氧量、新鲜水消耗和固体废物 9 类环境影响类型,计算陶瓷墙地砖生命周期的影响类型的特征化、归一化指标，以及各个过程对环境影响类型的贡献率，分别见表3-7、表3-8。

陶瓷墙地砖生命周期影响类型的特征化、归一化指标　　表3-7

指标	初级能源消耗	酸化效应	富营养化	可吸入无机物	温室效应	化学需氧量	固体废物	新鲜水消耗	不可再生资源消耗
特征化指标	7.847kg ce	0.15kg SO_2 eq	0.011kg PO_4^{3-} eq	0.051kg $PM_{2.5}$	19.93kg CO_2eq	0.026kg	5.4kg	3336kg	125.2kg Coal-R eq
归一化指标	5.66×10^{-12}	4.12×10^{-12}	4.58×10^{-12}	2.72×10^{-12}	1.89×10^{-12}	5.32×10^{-13}	7.3×10^{-13}	5.56×10^{-13}	8.1×10^{-12}

注：归一化指标无量纲。

陶瓷墙地砖生命周期过程对环境影响类型的贡献率(单位：%)　　表3-8

生命周期过程	初级能源消耗	酸化效应	富营养化	可吸入无机物	全球暖化	化学需氧量	固体废物	新鲜水消耗	不可再生资源消耗
黏土生产	0.26	0.28	0.69	0.23	0.21	0.69	0.00	0.44	31.21
重油生产	72.34	6.57	12.87	3.02	12.89	92.42	0.98	0.72	17.20
电力生产	17.37	10.56	10.48	9.41	15.97	0.61	11.73	0.32	1.83
陶瓷墙地砖生产	0.00	79.27	59.02	85.85	63.99	0.00	87.30	16.49	0.00
长石生产	1.65	0.51	1.90	0.32	1.11	1.00	0.00	13.44	13.93
高岭土生产	7.53	2.34	13.87	0.92	5.13	3.75	0.00	63.88	14.24
石英砂生产	0.62	0.20	0.47	0.10	0.51	1.19	0.00	4.71	19.10

由表3-7中的归一化指标可以看出，陶瓷墙地砖生命周期主要的环境影响类型为不可再生资源消耗、初级能源消耗、富营养化、酸化效应、可吸入无机物、全球暖化。由表3-8结果分析可知，陶瓷墙地砖生命周期的环境影响主要来自重油生产、陶瓷墙地砖生产、电力生产、黏土生产四个过程，其他过程仅对个别环境影响有贡献。

不可再生资源消耗主要来自黏土生产、石英砂生产、重油生产等过程(67.51%)，这是因为陶瓷墙地砖生产需要很多原材料，这些原材料的生产过程需要大量的资源。初级能源消耗主要来自重油生产和电力生产过程(89.71%)，富营养化主要来自陶瓷墙地砖生产、高岭土生产、重油生产过程(85.76%)，酸化效应主要来自陶瓷墙地砖生产、电力生产过程(89.83%)，可吸入无机物主要来自陶瓷墙地砖生产、电力生产过程(95.26%)，全球暖化主要来自陶瓷墙地砖生产、电力生产和重油生产过程(92.86%)。

3.5.2　水泥混凝土的生命周期环境影响评价

1)目标与范围的确定

本案例通过调研水泥混凝土的生命周期清单，包括水泥混凝土生产过程的资源、能源消耗以及污染物排放，建立了水泥混凝土的LCA模型，定量化计算其环境负荷，对比各阶段对各类环境影响类型的贡献大小，找出环境影响较大的阶段，从而为水泥混凝土的节能减排生产提供数据支持。

水泥混凝土系统边界如图3-11所示。选取$1m^3$水泥混凝土为功能单位,研究范围涉及从原料开采到产品出厂的生命周期分析。

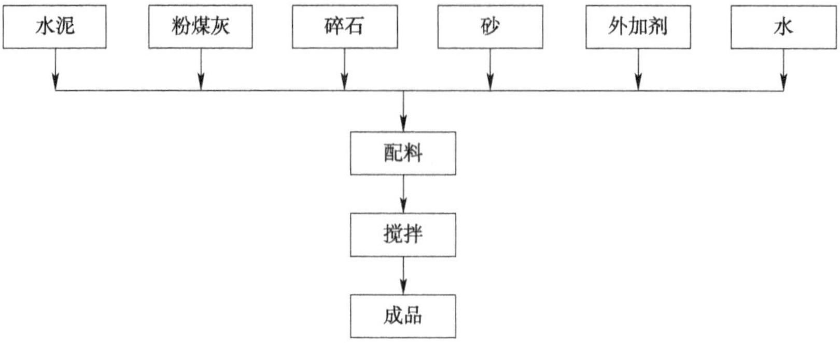

图3-11 水泥混凝土系统边界

2)清单分析

生产$1m^3$水泥混凝土的基础数据见表3-9。

生产$1m^3$水泥混凝土的基础数据 表3-9

环境负荷项目		数值	运输方式	运输里程(km)
资源输入	水泥	378kg	汽运	6
	粉煤灰	75.8kg	汽运	17
	矿粉	47.6kg	汽运	20
	减水剂	9.92kg	场内运输	—
	碎石	950kg	汽运	40
	砂	778kg	汽运	40
	水	180kg	管道	—
能源输入	电	425kW·h	线路	—
	柴油	2.29kg	汽运	23

3)特征化

$1m^3$水泥混凝土的环境影响特征化结果见表3-10。

$1m^3$水泥混凝土的环境影响特征化结果 表3-10

环境影响类别	数量
全球变暖 $kgCO_2$ eq	3.20×10^{2}
臭氧层破坏 kgCFC-11 eq	1.07×10^{-5}
电离辐射 kBqCo-60 eq	3.93
颗粒物形成 $kgPM_{2.5}$ eq	2.88×10^{-1}
陆地生态系统酸化 $kgSO_2$ eq	4.84×10^{-1}
淡水富营养化 kgP eq	1.41×10^{-3}

续上表

环境影响类别	数量
海洋富营养化 kgN eq	8.43×10^{-5}
陆地生态系统毒性 kg1,4-DB eq	1.92×10^{-5}
淡水生态系统毒性 kg1,4-DB eq	59.0
海洋生态系统毒性 kg1,4-DB eq	1.94×10^{-2}
人类致癌毒性 kg1,4-DB eq	4.24×10^{-1}
人类非致癌毒性 kg1,4-DB eq	1.75
土地利用 m^2a	5.90×10^{-1}
矿产资源耗竭 kgCu eq	8.94
化石资源耗竭 kg oil eq	31.7
水资源耗竭 m^3	56.5

由表3-10可以看出，每生产1m^3水泥混凝土，会对部分环境影响类别产生较大的潜在影响，如对全球变暖潜在影响是320kgCO_2 eq，矿产资源耗竭的潜在影响是8.94kgCu eq，化石资源耗竭的潜在影响是31.7kg oil eq。水泥混凝土的生产会产生大量导致温室效应的气体，主要来自混凝土生产过程中能源的使用过程，如化石燃料的燃烧，所以对化石资源的耗竭存在较大的潜在影响；同时，在生产过程中还会消耗大量的原材料（如水泥、碎石等），因此对资源耗竭存在巨大的潜在影响。

矿粉和砂属于细集料，碎石属于粗集料。水泥混凝土的生产生命周期各阶段对环境影响类型的贡献率，结果见表3-11。

水泥混凝土的生产生命周期各阶段对环境影响类型的贡献率（单位：%）　　表3-11

环境影响类型	现场贡献	水泥生产	细集料生产	粗集料生产	供电	原料运输	柴油生产	供水
全球变暖	0	92.21	0.59	0.84	1.11	4.81	0.42	0.02
臭氧层破坏	0	0	41.55	57.91	0	0	0	0.55
人体毒性	0	60.86	9.47	15.46	9.68	2.47	1.42	0.64
光化学氧化形成	0	77.80	1.64	2.11	1.77	16.14	0.52	0.01
颗粒物形成	0.46	72.02	2.29	3.13	3.71	17.35	1.01	0.03
辐射	0	0	35.39	63.82	0	0	0	0.79
陆地生态系统酸化	0	92.21	0.59	0.84	1.11	4.81	0.42	0.02
淡水富营养化	0	73.42	1.78	2.48	4.78	16.35	1.15	0.03
海洋富营养化	0	0	36.25	60.55	0	0	0	3.20
陆地生态系统毒性	0	2.45	28.91	43.52	16.84	4.29	2.46	1.53
淡水生态系统毒性	0	0.04	36.62	60.00	0.12	0.03	0.02	3.19
海洋生态系统毒性	0	2.74	34.68	55.89	3.21	0.82	0.47	2.19
农业土地占用	0	0	38.17	57.77	0	0	0	4.06

续上表

环境影响类型	现场贡献	水泥生产	细集料生产	粗集料生产	供电	原料运输	柴油生产	供水
城市陆地占用	0	0	44.71	54.94	0	0	0	0.35
自然土地转化	0	0.00	40.11	59.76	0	0	0	0.12
金属矿产资源耗竭	0	0.00	38.48	61.15	0	0	0	0.37
化石能源耗竭	0	64.59	1.73	2.43	2.67	18.14	10.41	0.04

图3-12所示为水泥混凝土的生产生命周期各阶段对各类环境影响的贡献率。由图3-12中可以看出，原料相对于其他过程对环境影响贡献率较高，其环境负荷也随之增加；在原材料（如水泥等）加工过程会消耗大量资源能源，造成较大污染，因此对全球变暖、金属矿产资源耗竭、化石能源耗竭的环境影响贡献率最大。

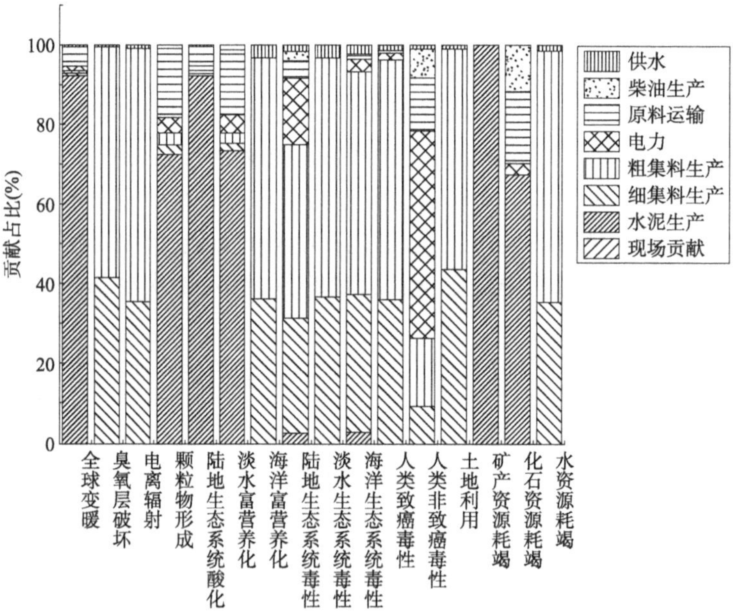

图3-12　水泥混凝土的生产生命周期各阶段对各类环境影响的贡献率

4）组群化并加权

采用中间点模型计算得到水泥混凝土的环境影响特征化结果以后，进而采用终点模型组群化为3类损害指标，分别为人体健康损害、生态系统损害、资源损害，3类损害指标值再加权得到综合指标值。表3-12为$1m^3$水泥混凝土的环境负荷加权结果。

$1m^3$ 水泥混凝土的环境负荷加权结果　　表3-12

损害类别	总计	现场	水泥生产	细集料生产	粗集料生产	供电	原料运输	柴油生产	供水
人体健康损害	10.24	0.01	9.14	0.09	0.13	0.16	0.66	0.05	0
生态系统损害	5.86	0.00	5.32	0.07	0.10	0.06	0.28	0.02	0
资源损害	4.30	0.00	2.78	0.07	0.10	0.11	0.66	0.45	0

由表3-12可以看出，$1m^3$ 水泥混凝土在生产过程中，造成了人体健康损害、生态系统损害和资源损害。其中，水泥生产均占比最大，分别达到89.26%、90.78%和64.65%。由此可知，在水泥混凝土的生产过程中，可以通过合理使用水泥、减少原材料浪费及寻找水泥等高能耗材料的替代品来降低水泥混凝土对环境的影响。

5）结果解释

加权结果体现的是生产中各个过程环境负荷的相对大小，便于辨识关键阶段。图3-13为功能单位水泥混凝土生产生命周期各阶段的加权结果。

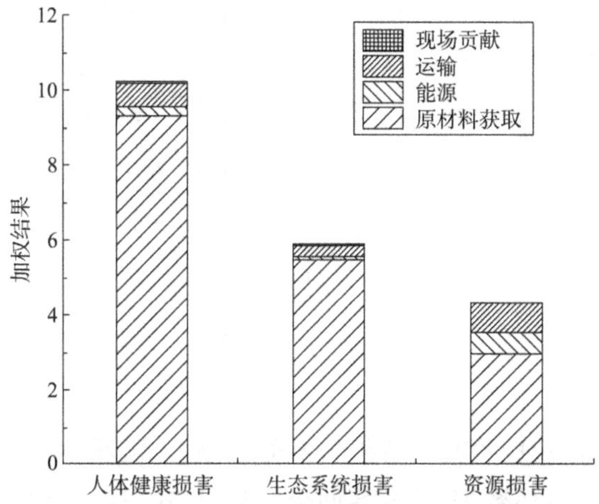

图3-13 功能单位水泥混凝土生产生命周期各阶段的加权结果

由图3-13可知，功能单位水泥混凝土的生命周期各阶段中，3类损害指标的相对大小为资源损害＜生态系统损害＜人体健康损害。结合表3-12可知，水泥混凝土生产对人体健康损害影响最大，由于水泥混凝土生产会伴随着大量的煤粉、水泥粉尘以及毒害人身体健康的物质；对生态系统损害影响较大，是因为水泥混凝土在生产过程中消耗大量资源能源，产生较大的环境污染，严重破坏生态系统；对资源损害也是最大的，因为水泥混凝土生产是高耗能高耗材的过程，会消耗大量的自然资源。

因此，在水泥混凝土生产过程中，应该尽可能减少原料的浪费，节约资源，寻找水泥等高耗能耗材的替代品，并合理调整能源结构，生产尽量使用清洁能源。

3.5.3 用层次分析法评价一般材料的影响

这里介绍采用层次分析法评价铁、铝和高密度聚乙烯（High-Density Polyethylene，HDPE）等三种常用材料在使用过程中的环境影响。

前面已介绍过层次分析法的基本原理。定义环境指数为LCA的评价目标，见式（3-6）。评价范围界定为材料的使用过程对环境的影响。

$$\text{环境指数} = \frac{\text{环境影响}}{\text{材料性能}} \tag{3-6}$$

将目标层、准则层及方案层构造完毕后，按照LCA原理，可以进行环境影响评价的编目分析。除考虑被评价材料的主要环境因素（如总能耗、资源消耗、温室效应、人体健康影响、排放的废气、废水及固态废弃物等）外，还应考虑材料的使用性能（如拉伸强度、线膨胀系数、热容、电导率及电极电位等)，如图3-14所示。图3-14中目标层为环境指数，准则层为环境影响及材料性能，方案层为具体的各种指标。

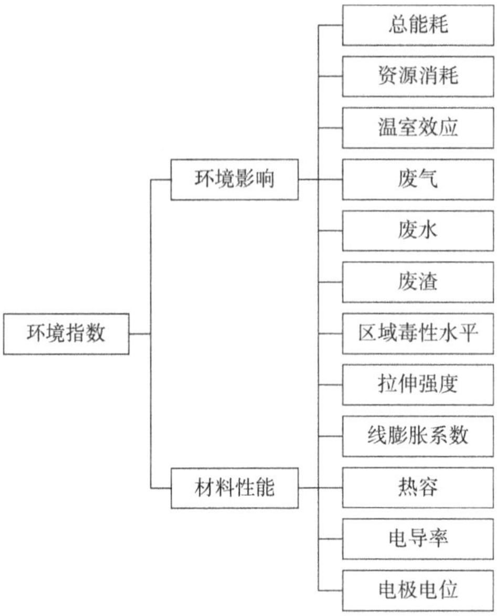

图3-14 层次分析法常用材料环境影响的编目分析示意图

收集编目分析的各种具体数据，可构造两个矩阵，见式(3-7)及式(3-8)。

$$S^{*}=\begin{bmatrix}\mathrm{Fe}\\ \mathrm{Al}\\ \mathrm{HDPE}\end{bmatrix}\begin{bmatrix}21.2 & 1.18 & 8.70 & 0.11 & 0.44\\ 6.4 & 2.36 & 2.66 & 0.22 & 1.66\\ 3.6 & 12.0 & 0 & 0.51 & 0\end{bmatrix} \tag{3-7}$$

$$E^{*}=\begin{bmatrix}\mathrm{Fe}\\ \mathrm{Al}\\ \mathrm{HDPE}\end{bmatrix}\begin{bmatrix}53260 & 12.1 & 22004 & 1.95 & 16304 & 33.2 & 1.17\\ 2100000 & 15.5 & 31000 & 2.06 & 1200000 & 1300 & 5.40\\ 43000 & 1.67 & 11800 & 1.72 & 48000 & 16.0 & 0.09\end{bmatrix} \tag{3-8}$$

式中：S^{*}——材料性能指标；

E^{*}——环境影响指标。

求解上述矩阵后，得到3种材料环境影响及性能指标的HDPE分析结果，见表3-13。显然，通过环境指数，在使用过程中，HDPE的环境影响最小，铁的环境影响较小，铝的环境影响最大。

3种材料环境影响及性能指标的HDPE分析结果 表3-13

项目	Fe	Al	HDPE
环境影响	2.0276	59.9513	1.9384
材料性能	1.1116	1.3031	2.9910
环境指数	1.8240	46.0067	0.6481

综上，LCA对评价材料的环境影响是一种有效且定量的方法、工具及手段。尽管LCA方法不具有行政和法律管理手段的强制性，但是有关研究和应用仍风靡全球，主要原因有两个：①由于其在环境影响评价中的重要作用；②环境保护思想深入发展的结果。另外，LCA评价

建立在整个生命循环的概念和环境编目数据的基础上,即“从摇篮到坟墓地”全程分析,可以系统、充分地阐述与系统相关的环境影响,进而寻找环境改善的时机和途径,体现了环境保护由简单粗放向复杂精细发展的趋势。

在开发和生产环境友好型产品的过程中,LCA 方法是一种有效的环境评价方法和管理工具。许多跨国公司都认为,出于市场和成本的考虑,使用 LCA 方法来评价和管理企业及其产品的环境影响,有助于公司适应日益激烈的竞争和今后的发展。

创新成果漫谈

国家科学技术进步二等奖——高铝粉煤灰提取氧化铝多联产技术开发与产业示范

本项目属于工业固废资源化利用与循环经济领域。我国是世界第一燃煤及铝生产大国,粉煤灰排放量巨大,而铝土矿资源短缺,因此粉煤灰提取氧化铝是关系到我国粉煤灰高值化利用与保障铝资源安全的重大问题。2003 年,大唐国际托克托电厂因烟气净化发现了我国特有的高铝粉煤灰资源(Al_2O_3占比 >45%),进一步追溯其燃烧煤种,查明了鄂尔多斯盆地晚古生代煤田煤铝镓共生的资源特性,其中蕴藏铝资源量相当于我国铝土矿的 3 倍以上,具有十分广阔的开发利用前景。

研究发现,高铝粉煤灰的物相组成以莫来石和非晶态氧化硅为主,据此特点开发了预脱硅—碱石灰烧结法高铝粉煤灰提取氧化铝联产硅产品的工艺技术,历经实验室研究(2004—2006 年)、半工业化试验(2007—2008 年)与工程示范(2009—2011 年),在内蒙古托克托工业园区建设的高铝粉煤灰年产 20t 氧化铝示范生产线,2012 年已实现连续稳定运行,主要经济技术指标达到或超过设计值,成为国内外首条商业化运行的粉煤灰提取氧化铝生产线,开创了我国粉煤灰提取氧化铝的产业路径。

本项目主要技术创新点如下:

(1)发明了化学预脱硅技术,开发了套管加热预脱硅、翻盘过滤脱硅灰等关键工艺设备,利用 NaOH 溶液首先脱除高铝粉煤灰中 40% 左右的氧化硅,将粉煤灰的铝硅比提高 1 倍以上,并显著提高粉煤灰的化学活性。

(2)发明了利用预脱硅产物制备新型非晶多孔材料——活性硅酸钙,并实现碱回收的工艺技术和装备,开发了活性硅酸钙生产高填料文化用纸与功能塑料母粒等产品的应用技术。

(3)发明了适用于脱硅粉煤灰烧结熟料提取氧化铝工艺技术,开发了生料浆两段配制、低铝硅比烧成工艺、回转窑自动看火、熟料筒形溶出器 + 棒磨机两段溶出等关键工艺与设备。

(4)发明了剩余硅钙渣与粉煤灰和脱硫石膏协同技术,可用于道路建设和生产绿色建材,解决了传统铝土矿生产氧化铝赤泥大量堆存的问题。

第4章

生态设计、环境低负荷措施和清洁生产

4.1 生态设计概论

4.1.1 生态设计的基本概念

生态设计(Eco-design,ED)是指在材料和产品的设计中将保护生态、人类健康和安全的意识有机融入其中的设计方法,又称为生命周期工程设计(Le Cycle Engineering Design,LCED)、绿色设计(Green Design,GD)或为环境而设计(Design for Environment,DFE)。

生态设计的基本思想从产品的孕育阶段就开始自觉地运用生态学原理,使产品生产进行物质合理转换和能量合理流动,使产品生命周期的各个环节结合成有机的整体。生态设计的基本原则和方法不但适用于新材料和新产品的开发,而且适用于传统材料和传统产品的改进设计。

在材料生产和使用过程中,生态设计目标主要考虑4个要素,即先进性、经济性、协调性和舒适性。

(1)先进性是指要充分发挥材料的优异性能,满足各行各业对材料产品的要求。

(2)经济性即考虑材料产品的成本,能够保证制造商的利润,维持经济活动的正常运转。

(3)协调性就是要保证在材料的生产和使用过程中与环境尽可能协调,维持生物圈循环过程的平衡。

(4)舒适性是指材料产品能提高生活质量,使人类生活环境更加舒适。

4.1.2 生态设计的基本原则

生态设计就是“设计＋全生命周期(LCA)”,这是日本学者山本良一教授提出的概念。生态设计的概念如图4-1所示。可以说,随着ISO 14000和环境标志在世界范围内的推行,材料、产品的设计和开发不引入LCA方法将是不可能的。生态设计的目标是降低各个过程综合环境负荷指标和降低总影响评价值。

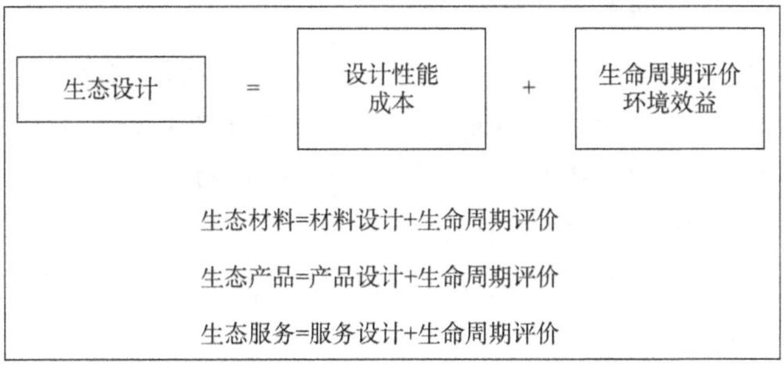

图4-1 生态设计的概念

要理解生态设计,必须以产品的生命周期为中心,认识产品的三个要素:

(1)成本(Cost,C),包括原料成本、制造成本、运输成本、循环再生成本、处理成本等生命周期全程的费用。所谓成本,是指要计算生命周期中各种成本权重之总和。

(2)环境影响(Impact,I),包括地球温室效应、臭氧层破坏、资源枯竭等给地球造成的影响。所谓环境影响,是指要计算生命周期中各种环境影响权重之总和。

(3)性能(Performance,P),包括安全性、是否方便实用、是否符合审美观、施工难易程度等产品性能。所谓性能,是指要对产品各种性能分别取权重再累加,即性能可定义为产品性能权重的总和。

也就是说,产品价值、经济价值和环境价值的总和为生态设计产品的综合价值指标。

由上述关系可知,生态设计产品的综合价值指标可用P/IC表示。因此,设法使P趋于最大、I与C趋于最小,就可以实现生态设计。

在这种情况下,成本是一个必须慎重考虑的问题。成本由市场需求与供给间的关系决定。这里所述的成本中并不包括对环境破坏的修复成本。也就是说,环境成本并未被全面地包含在市场成本里边。

那么,排除成本因素C,用PI来衡量产品的综合价值指标。P/I即产品性能除以环境影响,相当于社会财富和福利(Welfare)除以自然资源的消费(Use of Nature),所以可将其称为环境效率。反之,排除环境影响I只去考虑P/C,即追求产品的性能最好、成本最低。

这正是基于传统经济价值的方法。我们必须摆脱传统经济价值观,要设法使P/C趋于最大,这就是生态设计的基础。

生态设计必须在使用资源丰富的材料的同时,要有效利用可再生资源;要认识到存在隐含于资源中的物质流问题,不仅要尽量设法选用物质集约度(Material Intensity, MI)更低的物品,而且要选用材料综合环境影响值(Ecoindicator)更低的物品。一般而言,再生材料的环境影响值要比新鲜材料的小。产品再利用与将构成产品的材料循环再生后再制成产品,在这两种情况下所造成的环境影响从总体上来说前者要比后者小。由于循环再生要耗能,要排放出造成环境负荷的物质,因此希望产品具有长寿命。

对于在使用状态下环境负荷大的产品,尤其像家电、汽车、建筑物等,必须采取节能、省资源等一切可以减轻环境负荷的措施,力求彻底降低其环境负荷;尽可能不使用有毒物质或者采取替代措施,不得已使用时必须做到完全循环再生。对于那些尚不清楚的人工化学物质,要做到在科学上尚未查明、解除疑团之前不使用,要彻底贯彻以预防为主的原则。

4.1.3 生态设计的准则与目标

生态设计是将 LCA 方法应用到工业产品设计过程中产生的新概念,其实质是在产品设计时就要充分兼顾其性能、质量、成本与环境协调性。作为生态环境材料设计,则是将传统的材料设计方法与 LCA 方法相结合,从环境协调性的角度对材料设计提出指标和建议。关于生态设计,目前仍然处于研究阶段,相关的理论尚不成熟。

生态设计从原材料的选择与制造、装配、销售、使用、维修、报废整个生命周期的各个阶段进行分析和生命周期成本评估。

生态设计的准则与目标如下。

1)减少拆卸工作量

尽量将各元素结合成模块,减少使用材料的种类,采用兼容材料,将有害材料组成子装配体,使其更易于接近有害、有价值和可重复使用的零件产品。

2)可预见性

(1)避免易老化及腐蚀材料的连接,避免零部件被污染和腐蚀,易于拆卸。

(2)易于接近液体排放点。

(3)连接结构应易于去除或被破坏(破坏性拆卸)。

(4)减少紧固件数量,尽量采用相同的紧固方法。

(5)易接近拆卸点或破坏性切断点,尽量避免零部件拆卸方向和移动的复杂性。

(6)在基础部件上设置中心元素,避免在塑料部件中嵌入金属件。

3)易于处理

表面易于抓取,尽量避免非刚性零部件,将有毒物质密封起来。

4)易于分离

尽量避免二次处理(如用油漆、涂层、电镀等方法进行处理),对不同材料进行标识或用颜色加以识别,避免零部件或材料损坏机器(如压碎机)。

5)减少多样性

利用标准零部件,最大限度地减少紧固件类型。

4.1.4 生态设计的分类与方法

1)生态设计的分类

生态设计是传统设计的发展,其基础依然是传统设计。

(1)按时间分类

①初步设计(概念设计)。

②详细设计(基本设计)。

③生产设计。

(2)按空间分类

①材料设计。

②功能设计。

③外观设计。

空间轴向设计要贯穿在整个时间轴向设计。两个轴向设计的框架都要考虑环境性能和经济因素,并受其制约。

(3)按不同要求分类

①现有材料生态化的再设计。现有材料生态化的再设计是以降低资源、能源消耗,降低环境负荷,通过环境标志标准等为主要目的设计。目前产品更新换代较快,以现有产品为基础的绿色产品、环境标志产品不断涌现,所以大量的设计需求是生态化的再设计。这一类设计已占有相当多的信息资源,有明确的设计依据,一般较容易实现。

②新型生态材料的生态设计。新型生态环境材料的生态设计目前尚处于研究发展阶段,还缺乏充分的数据和知识,需要有材料的组成、结构及加工方法与材料环境负荷的内在规律数据的积累。新型生态材料的生态设计需要建立和完善材料生态设计的数据库和知识库,以人工智能、模式识别、计算机模拟等技术为设计支撑体系。初期是以试验—设计—LCA 的反馈来达到生态设计的目标值。

2)生态设计的方法

生态设计应是以系统工程和并行工程的思想为指导,以 LCA 为手段,集现代工程设计方法为一体化、系统化和集成化的设计方法。

生态设计涉及众多学科领域的知识,这些知识不是简单地叠加或组合,而是有机地融合。由于设计数据和知识多呈现出一定的动态性和不确定性,使用常规的设计方法已不适应,所以生态设计必须有相应的设计工具作支持。目前多采用计算机辅助设计系统。

目前的生态设计方法主要有系统设计、模块化设计、公理化设计、虚拟拆卸设计、长寿命设计及再生设计等。

(1)系统设计

生态设计要求设计人员在产品开发设计过程中要有系统的观点,充分掌握设计的全盘性、相互联系及制约的细节。其设计思想应体现整体性、综合性和最优化。其特点是采用物料和功能循环的思想,扩大了产品的寿命周期,有利于维护生态系统平衡,提高资源效率,减少废弃物数量,降低处理成本。

(2)模块化设计

模块化设计是指对一定范围内的不同功能、不同性能、不同规格的产品进行分析,划分并设计出一系列功能模块。通过模块的选择和组合可以组装成不同产品,以满足市场需求。同时,模块化设计有利于产品使用后的拆卸,继续利用一些可用的模块。其特点主要体现在拆卸技术和回收技术等方面。目前,模块化设计已广泛应用于汽车、家电、计算机行业。

(3)公理化设计

利用公理化设计,可以使设计者明晰产品需求、功能需求、设计参数和工艺变量之间的关系。通过对这些变量及其下属子变量的公式化，可以逐步满足最终的设计要求。因此，可将公理化设计实际应用于绿色设计中，以解决产品的多种环境要求。

(4)虚拟拆卸设计

虚拟拆卸采用虚拟制造技术，在虚拟环境中生成产品原对各种设计方案进行评估。

(5)长寿命设计

按照 LCA 理论，产品的寿命越长，其环境负担越小。因此，长寿命设计目前在工业产品设计中比较流行。特别是对一些影响到人身安全的产品，长寿命设计更是首选的设计原则，以确保产品能够长周期安全使用。

(6)再生设计

在设计材料时，必须从材料资源(资源容量)、材料成分、工艺、结构和性能、循环使用、生态平衡(环境容量)等环节进行综合考虑。从材料的设计阶段一开始，就把材料的使用性能与保护环境充分结合起来，使所设计的材料具有优异性能，同时充分考虑资源的有限性和环境容量的有限性。另外，由于材料的生产过程每一步都有大量废弃物产生，在材料的环境协调性设计中，一个重要的内容是有关废弃物的再生设计。将环境协调性设计的思想贯穿始终，即在从采矿开始，到材料的冶炼、加工、使用、废弃，一直到再生利用等诸环节，使材料的服务性能和环境性能相协调。

材料再生设计的要点一般包括把上一个过程的废弃物作为下一个过程的原料，建立利用废弃物作为资源的理念。在技术可能的条件下，考虑最经济的再生循环利用率。减少一次污染，把污染物尽量在过程内部消化，控制循环过程以外的排出污染物总量。对那些不得不在循环过程以外的污染物，应设计污染处理流程，对污染物进行治理，努力避免二次污染等。

从生产和使用的角度来看，有关材料再生设计的内容主要包括以下四个方面：

①对某种废弃物的直接再利用。直接再利用是指将某种不用的物品或材料不进行再加工或处理，直接作为产品使用。最常见的例子是建筑物拆卸时砖瓦的重新利用，以及钢铁构件拆卸时的结构材料再利用等。

②对某些零部件的回收再利用。零部件的回收再利用要点是将废弃物中的一部分零件取出，在其他系统上继续发挥其结构或功能的作用。典型的例子是施乐复印机公司的“再造”战略，即将所有的复印机设计成可装配机器，一台复印机坏了，其许多零部件可以装配到其他复印机上去再重新利用。自 1995 年开始，施乐复印机公司每年靠这种“再造”战略创造了上亿美元的利润。

③将某种废弃物作为原料再利用。在再生设计中，将废弃物作为原料再利用是较成熟的一种废物再利用思想。一般来说，材料每循环利用一次，其性能会有所下降，这种现象称为材料的循环性能损耗行为，其主要原因是在再生利用过程中引入了大量的杂质。去除这些杂质需要增加成本，从经济性角度考虑，一般采取降级使用的设计技术，即高级别材料回收后，作为低一级材料设计和使用。

④有关材料生产过程中的能源回收再利用。在材料的生产过程中，关于能源回收再利用的技术也是环境协调性设计要考虑的方面。特别是在钢铁、水泥等高能耗的材料加工行业，能源回收再利用的意义尤其重要和明显。

4.1.5 生态设计的技术与评价

生态设计的技术有LCA(环境协调性评价)、编目表/产品评价法、DFECAD法、MPS(每单位服务的物质集约度)最小化法、回顾(Back Casting)法、宏观逼近(Macro approach)法等。

随着生态设计的技术进步,如何评价其进步程度的问题也就越来越为重要。一种提案是采用环境效率之比来评判生态设计的进步程度。例如,将1990年作为比较年度时,则以1990年产品的环境效率为基准,那么当年的环境效率与1990年的环境效率之比(倍数)可作为判定生态设计进步的程度。一般可用“因子X”(Factor X)来表示。环境效率为2倍时因子取为2,环境效率为10倍时因子取为10,环境效率为20倍时因子取为20等。因子X是评价产品和整个社会生态设计进步的参数。

与此相应,也有采用环境经营进行判定的方法。例如,一家工厂、一家公司、一个地区的废弃物接近零排放(Permission)的程度如何或者所生产的产品在废弃物后其中有多少又返回到原材料和零部件中(Inverse Manufacturing,逆向工厂)。通过测定这些量,都可以进行评价。但其关键还是整个社会的资源效率这个问题。

采用零排放、逆向制造(逆向工厂)评价生态设计的进步程度,属于间接测定的宏观评价方法。然而,因子X更易于直接了解技术进步的程度。从因子X的结论看,到2050年整个社会至少应达到10(因子10)。然而,与1990年相比较,为了把产业经济活动给地球造成的环境影响减少一半,因子X需达到20左右。要实现这一目标,必须有巨大的超环境革新(Super Eco-Innovation)才行。

4.2 环境低负荷措施

人类社会正努力使以“大量生产,大量消费和大量废弃”为基本特征的传统经济社会,向“最优生产、最优消费和最少废弃”的现代可持续发展的“生态循环型经济社会”转变。建立生态循环型的经济社会,有4项技术最为重要:①尽可能减少破坏环境的物质排出量的技术;②最大限度地减少资源和能源投入量的技术;③能够长期使用的产品的制造技术;④材料循环利用技术。

对于材料产业,为了遏制污染,减轻材料带来的环境负担,应着重发展材料的环境友好加工和制备技术。这些工艺技术包括:①为避免环境污染而采取的避害趋利技术;②对不得不排放污染物的某些工艺过程,为尽量减少环境污染而采取的污染控制技术;③对已造成污染的生产过程而采取的环境补救和修复技术;④以及污染物未排放到环境以前的再循环利用技术等。

4.2.1 避害技术

在某些工业生产过程中,由于原料或工艺的要求,需引入一些对环境和人体有毒有害的物质,在这种情况下,为减轻环境污染,一般可采取趋利避害技术,即通过改变生产方式、技术更新和工艺置换来减少有害物的产生,改善环境,减少污染。其目标是将污染控制在生产过程内部,尽量减少这些有害物向外部环境的排放。

在材料生产过程中,由于原料或工艺要求,许多过程都不可避免地引入一些有害物质。该过程不但在生产过程中造成污染，恶化劳动条件，而且其转化为产品后还对人体健康和环境都将造成长期的影响。因此，在材料生产中使用各种原料和辅料时，也应尽量以无害、低害代替有害、高害，减少有害物质的产生。表4-1列出了一些常见的毒性较大的化学品。一般情况下，这些物质都具有剧毒、不易降解或易产生生物积累等特点。例如，卤代烃广泛应用于塑料、电绝缘体、农药、木材防腐剂等多种产品中。而许多卤代烃的化学性质极端稳定和脂溶性高，水溶性低。化学性质极端稳定意味着这类物质几乎永不消失，脂溶性高意味着这类物质易被有机体吸收，水溶性低意味着这类物质难以排出，特别容易产生生物积累。此外，重金属离子也是非常有害的一类化工原料，由于重金属离子极易与蛋白质分子结合，破坏蛋白质与其他金属离子如铁、锌类离子的平衡，使某些蛋白质如酶类、DNA等失去活性，导致生物体中毒。

一些常见的毒性较大的化学品 表4-1

苯类	甲苯类	氯仿	镉及其化合物
二氯甲烷	二甲苯类	甲基酮类	铬及其化合物
四氯乙烯	三氯乙烷	镍及其化合物	铅及其化合物
四氯化碳	三氯乙烯	氰及其化合物	汞及其化合物

需要注意的是，避害技术不是将产生的废物重新利用，而是通过无害原料替代原有的有害原料，或者通过工艺优化革新将有害物留在生产过程内部进行处理，或者将有害物质在进入环境之前转化为无害物质，在排放到环境以前进行消化，从而达到减少或避免污染环境的一类技术。目前材料的生产、加工行业都已研究出不少较为成熟的有害物质替代和避害技术，包括用无害原材料代替有害原材料，以及用环境友好的生产工艺代替污染较严重的生产工艺等。

1）用无害材料替代有害材料

一般来说，原材料是产品生产的第一步，原料路线的选择与生产过程中污染物的产生密切相关。目前还有不少产品采用了高污染的原料路线，如中小型聚氯乙烯（PVC）生产采用电石（乙炔）为原料，产生大量电石渣废料，不仅对环境造成威胁，而且为末端治理留下沉重的负担。生产一种产品采用什么样的原料路线是由很多因素决定的，包括资源、技术、经济等。但以牺牲环境为代价，或者需要很高的废物处理费用来弥补原料路线的不足，是不适宜的。通过技术更新，可以用对环境无害的原料代替对环境有害的原料，从而减少对环境的污染。

在材料的表面处理中，无氰电镀是较典型的环境避害技术。在镀锌、铜、镉、锡、银等电镀工艺中，都要用到氰化物作为络合剂。氰化物是剧毒物质，且用量又大，在镀槽表面易散发出剧毒的氰化氢气体，危害人体健康并污染环境。经过技术研究，现在电镀中已广泛采用无氰电镀技术，用对环境和人体无害的物质代替氰化氢作为络合剂，从而消除了氰化物的危害。

涂料起到材料表面保护和装饰的重要作用。近年来，为防止铅及其化合物对人体的危害，在涂料行业中已广泛使用无铅涂料，即用锌钡白或钛白粉代替铅白粉作为表面涂料的白色添加剂，用氧化铁红代替铅丹用于防锈底漆，等等。

类似的以无毒材料代替有毒材料例子很多。例如，在印刷行业中，用无铅合金或塑料代替印刷字模用的含铅合金；用玻璃纤维、泡沫PE代替石棉，作为隔热材料。再如，在化学工业中，用二氯苯代替苯作为合成偶氮染料的原料；用不含铬的溶液代替含铬的溶液，对铝合金进行化学浸洗；等等。

2)用环境友好的生产工艺代替污染较严重生产工艺

原料确定后,所采用的生产工艺技术路线就成为决定有害物产生的重要因素。

在材料的生产加工中,应尽量选择那些不产生有害物质或在生产过程中能将有害物质消灭或回收利用的工艺路线。通过改变生产方式,主要采取技术更新和工艺置换,采用环境友好的生产过程,保护环境,实现避害。避害技术处理示意图如图 4-2 所示。

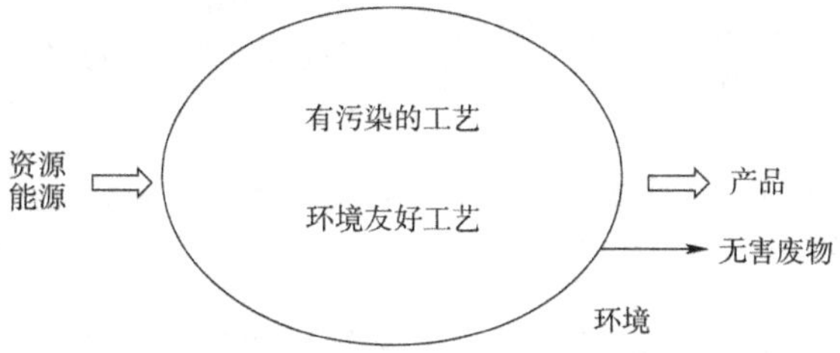

图 4-2 避害技术处理示意图

技术更新是应用不同的原理设计新的生产工艺,代替传统的污染严重的工艺。由于人类对环境问题的重视,近 20 年来涌现出许多新工艺、新技术来改善环境、减少污染。例如,以前苯胺的生产主要采用铁粉还原硝基苯的工艺路线,生产过程产生大量铁泥废渣及废水,其中含有对人体危害极大的硝基苯和氨基苯。现在则采用流态化技术,改用氢气催化还原,使生产过程连续化,大大减少了生产中有害物对人及环境的污染。不过一般来说,工艺的改动对技术的依赖程度较大,更新的生产工艺,往往需要很长的时间,也需要投入大量的人力和物力,才能开发完成。

除改变整个生产工艺的方式外,也可以对一个生产工艺中的一个工序或生产设备进行技术改造,或工艺置换也可以改善环境,减少污染物的产生。实践中多采用改动设备,或改变作业方法,或改变生产工序等,以达到不产生或少产生有害物。例如,在金属制造及表面涂装行业中,经常要对工件进行表面化学清洗处理,而化学清洗过程往往会产生酸碱废液,以及重金属离子等有害物。因此,对不同金属和生产工艺,可以采取不同的环境友好表面处理工艺,以减少直至避免污染物的产生。比如,对黄铜材料,可采用内装玻璃磨料或钢球的震动装置,代替硝酸酸洗的工艺;对钛及其合金,可采用机械刮膜的方法,代替化学清洗去除钛的表面氧化层;采用丝和碳化物的机械抛光方法,代替碱洗处理;等等。

4.2.2 污染控制技术

当工业过程中产生的废弃物既不能重新再生循环利用,不能通过工艺更新减少有害物的产生,也不能在该工艺过程内部进行消化处理时,为了维持生产过程的继续进行,不得不向环境排放一定量的污染物。所谓污染控制技术,是指对向环境排放的污染物,在排放到环境以前进行处理的工艺过程和技术,一般包括减少有害物排放的分离处理、无害化转化处理,以及有害物收集储存等。污染物排放控制原理示意图如图 4-3 所示。其核心是将有害物在进入环境之前转化为无害物,尽可

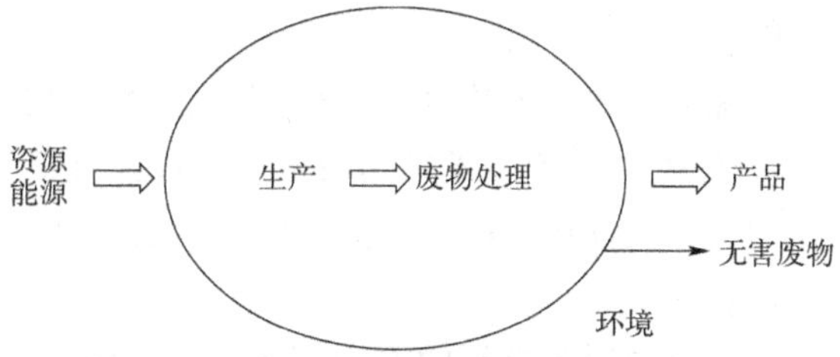

图 4-3 污染物排放控制原理示意图

能减小对环境的损害。

一些材料生产过程对环境的影响见表4-2。

一些材料生产过程对环境的影响 表4-2

材料	气体	水	土壤
纸、纸浆	排放含SO_2、NO_2、CH_4、CO_2、CO、H_2S、硫醇、氯化物、二噁英等废气	(1)水资源消耗； (2)排放悬浮性固体物、有机物、有机氯、二噁英	
水泥、玻璃、陶瓷	排放含砷、钒、铅、铬、硅、碱、氟化物粉尘，以及NO_2、CO_2、SO_2、CO等废气	排放含油和重金属离子的废水	(1)矿物资源及土地消耗； (2)排放固体废弃物
金属及矿物开采	排放各种粉尘及有害气体	排放含金属离子及有毒化学品的废水	(1)矿物资源及土地消耗； (2)土地退化
钢铁	(1)排放含铅、砷、镉、铬、铜、汞、镍、硒、锌等的颗粒物和粉尘，以及含有机物、酸雾、H_2S、碳氢化合物等废气； (2)紫外线辐射	(1)水资源消耗； (2)排放含无机物、有机物油、悬浮性固体物、金属离子的废水	(1)矿物资源及土地消耗； (2)排放固体废弃物
有色金属	排放含铝、砷、镉、铜、锌、汞、镍、铅、镁、锰、炭黑、气溶胶、SiO_2等颗粒和粉尘，以及含SO_2、NO_2、CO、H_2S、氯化物、氟化物、有机物等废气	排放含重金属离子及有害化学品废水	(1)排放固体废弃物； (2)土地退化

由表4-2可知，工业废弃物对环境的影响主要是消耗资源，有毒、有害物质的排放，以及土地占用和退化，特别是工业废弃物中的有毒、有害物质，如果直接被排放进入环境，会对环境造成极大的破坏。为了防止环境污染和保护人群健康及生态平衡，各国制定了大气、水及土壤环境质量标准和废气、废水、废渣“三废”的排放标准。工业“三废”在进入环境之前，必须进行处理，以达标排放。

减少有害物质排放的分离处理方法是将生产过程中产生的废弃物进行分离，将有害物和无害物分开，回收利用有用成分，直接排放无害物，对有害成分进行处理后再排放。典型的污染物分离处理方法是成分分离处理工艺，特别是单相多组分共存体系，可按其不同成分的离子或分子进行分离。例如，采用电磁快速加热法回收金属-塑料复合体系，利用交变磁场中金属部件产生的热，使金属与高分子聚合物之间的黏合剂失去作用，达到分别回收金属和废塑料的目的。

除成分分离方法外，相分离工艺技术也被用于减少有害物的体积或资源回收。在镀铬生产工艺中，可将雾化的镀铬废液进行收集并液化处理，经过滤后，再用隔膜电解或脱水，即可再作为镀铬液使用。沉淀铬渣中的Cr^{6+}为有害物，经处理可制成带磁的FeO和CrO，可作电磁块的原料。

环保中通常提到的“三废”包括气、液、固三种形态废弃物，它们是可以相互转化的。例如，废气中的NO_x、SO_x上升到大气中，经转化并溶于雨水降落形成液态的酸雨；废水中的溶解态物质，经沉淀处理后分离出的污泥又成为固态废渣；废渣中的可溶性成分被雨水淋滤进入局部蓄水区致使该区域水质变为废水。三种形态废弃物如此循环转换。因此，控制治理时要综合考虑，确保将有害物在进入环境之前彻底转化为无害物。

无害化转化处理是指对一些污染物进行物理转化处理或化学转化处理，使有害物变成无害物再向环境排放，消除有害物对环境的影响。物理转化除上述的分离处理外，还包括沉淀、过滤、吸附、吸收等处理技术。化学转化则主要包括氧化、还原、催化及生物处理等。

有害物收集储存处理，目前在工业"三废"处理中应用较普遍。工业废气排放前，应先进行除尘，将固体颗粒物收集脱除；再根据废气成分及环保要求进行其他处理。废水、废渣处理前，应先进行清污分流减量化和回收有用组分等预处理，然后用化学或生物方法将有害物转化为无害物。

为防止有害物质未经处理就进入环境，关键在于工艺生产流程的密封程度，包括设备本身的密闭状况，以及保证投料、出料、物料输送等过程中有害物不能逸出。例如，橡胶加工中的塑炼和混炼，是在开炼机和密炼机中进行的，如不密闭，则散发出大量有毒气体和烟尘。一些生产设备，如破碎机、电镀机、清洗槽等，均可采用密闭的方法。此外，加强防范意识，杜绝生产过程中的"跑、冒、滴、漏"现象，也是很重要的方面。

4.2.3 再循环利用技术

对于材料加工过程，再循环利用技术努力使生产中产生的废料在未排放到环境以前尽量重新利用。其技术途径包括资源再生化技术、废物回收再利用技术以及能源回收再利用技术等。其中，最重要的途径是资源再生化技术，使废弃物重新变为资源，对替代不可再生的一次性矿物资源具有重要意义。

传统的工业基本上是一个非封闭系统，即在输入端输入原材料和能量，经过工业加工，在输出端输出产品，同时产生气、液、固态废弃物。而再循环利用技术追求工业生产的输出端尽量输出成品，工业废料则在某个适当层次返回输入端，整个过程不产生废物，实现资源的最大化利用，且对环境的影响最小。其目标在于解决自然资源的合理利用和环境保护问题。再循环利用技术是把产品的生产过程和消费过程看成一个整体，其原理示意图如图4-4所示。就环境而言，再循环利用技术的原理则是尽量增加废弃产品的再循环利用率，减少污染物对环境的排放，即把从原料-工业生产-使用-废弃物这一传统的开环模式变为原料工业生产-使用-废弃物-一次资源或原料-工业生产-产品-废品-二次资源这种闭环系统，使原料资源在生产、消费过程中多次循环。在图4-4中，粗箭头所示的过程都有回收利用资源的必要。

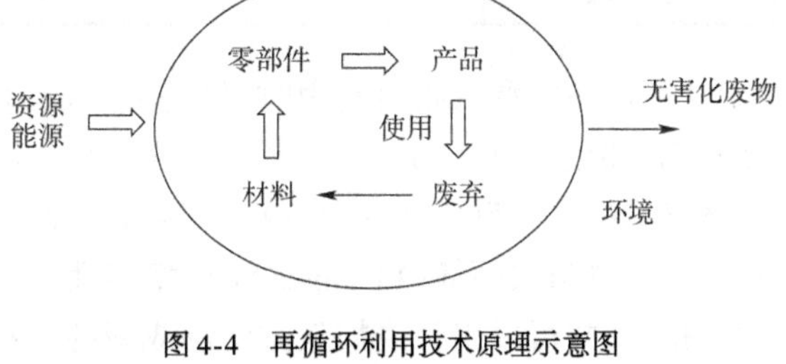

图4-4 再循环利用技术原理示意图

废弃物的再循环利用可在工业、社会等不同层次进行。例如，对一个具体的工业生产过程，可以在同一工艺流程内进行，即现场循环，如溶剂的回收利用、钢渣的重熔等。同时，再循环利用也可以在不同的生产部门之间进行，即将一个生产部门的废料作为另一生产部门的资源，如利用尾矿制造墙体材料，用炼钢高炉的余热发电等。社会层次上的再循环利用意味着可以在社会生产的大范围内进行废弃物的重新利用，如将各种报废的工业产品重新变为工业原料,也可以将消费领域的废弃物转入生产领域进行再利用。

1)资源再生回收利用

资源再生化技术既包括将废弃物的直接回收利用、废弃物的再生加工使用等。而资源回收技术一般指将某种废弃物不经过加工过程,直接进行再生利用。从经济成本的角度来看,对生产过程中每一步工艺过程产生的废弃物,应该首先考虑在该工艺过程内部进行回收和循环利用,即现场循环,既提高资源利用率,又能减轻末端治理的负担。

对废弃物进行再生利用,从资源意义上理解,其实是发展"第二矿业",因生产材料的原料通常直接取自各种矿物,而许多矿物资源是不可再生的。目前,发达国家已将再生资源的开发利用视为第二矿业,掀起了"二次物料工业革命"的热潮,形成了一个新兴的工业体系。废弃物的再利用不仅要求不同部门、不同行业的合作,还要求开发新的工艺过程,以适应新的原料形式,提高利用效率。以高分子材料为例,有硫化橡胶的固相剪切挤出法、带涂层材料的多层夹心注塑法、热裂解和催化裂解等回收加工技术。

在废弃物循环再利用过程中,还有一个在循环利用时保持产品性能的问题。众所周知,影响材料性能主要有材料的成分和加工工艺两方面。当材料中含有一些不需要的杂质时,往往会影响材料的性能。特别是利用回收到的废弃物生产材料,在循环利用时其材料产品的性能就会退化。传统工业中,产品设计往往只从经济和使用性能出发,而没有考虑产品的回收利用问题。这给废品的回收利用带来很大困难。表4-3是一些产品含金属元素的示例。由表4-3可见,利用再生原料生产材料时,如果无法分离出可重新用于加工的较纯的原料,如何保持材料产品具有满意的性能是需要考虑的一个问题。

一些产品含金属元素的示例 表4-3

产品	金属元素
汽车	Ni、Cr、W、Mo、Mn、V、Sr、Sb、Pd、Ti、Be、In、Te、Ba
液晶电视	Ni、Cr、Mn、Nb、Sr、Sb、Ta、Ge、Ga、B、In、Ba、Bi、Re
电器	Ni、Cr、Sr、Sb、Ta、Pb、Ti、Be、Ga、B、In、Ba、Re、Bi
光学仪器	Nb、Sr、Ta、Ge、Ga、Be、Rb、Zr、Te、Cs

所以,在资源回收再利用时,材料生产技术的开发和革新起着举足轻重的作用。例如,对废旧汽车保险杠材料的回收利用,日本采用一种特殊的改性剂与废旧汽车保险杠碎粒在双螺杆挤出机中进行反应性共混,改性剂可破坏涂料分子醚键,使涂料的三维结构变成线性结构,并增加涂料与聚丙烯(PP)的黏性和相容性。用这种方法回收的塑料保险杠材料的性能与新材料相当,并可以用常规加工方法制成新的汽车保险杠。

当再生材料用于原用途的处理代价过高或技术不成熟时,可根据废弃物材料的性质和需求开发其他利用途径,如作为另一种产品的原材料降级使用。例如,制造汽车所用的钢板必须用杂质极低的钢材,从废旧汽车回收的钢铁经电炉重熔后,可用于生产建筑用的钢筋材料。目前在日本,钢铁工业中电炉炼钢的废铁配比已达95%,转炉炼钢的废铁配比仅约5%主要原因是转炉炼钢过程中杂质去除比较困难。

建筑材料是国民经济中量大面广的材料之一。利用各种固体废弃物(如尾矿、钢渣、燃料灰渣等)生产建材是资源回收利用的一个主要方面。例如,占工业固体废弃物一大类的粉煤灰,十年来已研究成功综合利用技术200多项。既可用于生产水泥和各种新型墙体材料,也可用于生产高质量保温耐火材料,特别是高等级公路和建筑工程的粉煤灰综合利用技术取得了重大突破。

对一些有机废料,可用于制备化学助剂。例如,将废塑料进行预处理后,粉碎为直径40m左右的颗粒,可以代替煤炭作为炼铁的还原剂。在氮气中于600℃将废弃的酚醛树脂碳化,所得产物可作为热塑性塑料的填料使用。炼锌的副产品镉,可用作PVC的稳定剂或生产建筑用门窗材料。镉是一种有毒元素,但在这种形态下使用相当稳定,不会危害环境。另外,还有一种资源回收利用技术是将有机废弃物还原为原材料进行加工使用。例如,将有机废弃材料通过水解、热分解或解聚等化学反应,分解成原始材料的单体或还原到石油状态,以便再生利用;将塑料包装材料的混合物放在煤的分馏装置中热分解,可得到制造塑料的原料。

复合材料是兼具钢铁、陶瓷和高分子特性的一种新型材料,可以在广泛领域中代替木材、钢铁、塑料、陶瓷等。在过去的十年里,关于复合材料的回收利用,一直是环境材料研究的一个重点。解决复合材料废弃物的回收利用,可根据尾矿渣、煤矸石、粉煤灰、废橡胶、废塑料和非金属等废弃物资源的不同特性,通过不同废弃物之间复合机理和复合工艺的研究,开发废弃物聚合物基、硅酸盐基和金属基复合材料系列产品。这样,不仅可以大幅度地消耗不同类型废弃物,而且拥有很强的市场竞争力。

2)能源回收利用

对生产过程中产生的余热进行综合利用,一直是工业界的一个重要任务。回收能源不仅可以得到直接经济效益,而且可以减少煤耗和燃烧煤炭引起的二氧化硫污染,是增效减污的重要举措。表4-4是一些工业部门的能源回收利用示例。

一些工业部门能源回收利用示例 表4-4

工业部门	可利用能源	用途举例
钢铁工业	高炉焦炉煤气	发电、供暖
	高炉余压余热	发电、供暖
电力工业	冷却水余热	养鱼、塑料大棚、供暖
化学工业	炭黑厂尾气	发电、供暖
石油工	炭黑厂尾气	发电、供暖

能源回收利用的一个重要途径是垃圾焚烧发电技术。从废弃物中分拣出可燃性废弃物,经破碎以增大比表面积后,再进行焚烧处理并回收能量。焚烧是有机物的深度氧化过程,回收的热能可用于供热或发电。新建的垃圾焚化厂类似火力发电厂,集焚烧、发电、公害防治等于一体。

对有机废弃物进行化学处理,从中提取油分。燃气的使用也是一种能源回收利用技术。由于塑料填埋时不能降解,有些塑料燃烧时其中的氮、硫、磷、卤素等可燃物也会因氧化而造成新的环境污染问题。这时可将废旧塑料在密闭条件下加热进行气化生产出煤气,或分馏为油品回收。为了提高废塑料油化的反应效率和油的回收率,目前世界上正在开发一种超临界水油化工艺,利用高温高压的超临界水将塑料分解为油分、煤气,从而实现无污染回收利用。

4.2.4 补救修复技术

对一个具体的工艺生产过程,前文介绍了避免有害物产生的避害技术、污染物控制技术以及废弃物再生循环利用技术，这些技术都是希望将污染控制在该生产过程内部。当某生产过程经过上述处理后，仍有一些污染物不得不向环境排放，在这种情况下只有对污染的环境采取补救修复技术。广义上对环境的补救修复包括对由于过去污染物排放的积累造成的环境污染的补救修复，和由于正在进行的生产过程对环境造成的污染的补救修复处理。后一种情况相当于把污染控制过程移至生产过程外面进行，这样可对几个生产工艺过程用一种污染处理工艺进行同时处理，相当于一个独立的环境污染处理系统。环境污染的补救修复处理示意图如图 4-5 所示。显然，污染物的产生和排放有时难以避免，需要对其进行必要的处置和处理，使其对环境的危害降至最低。

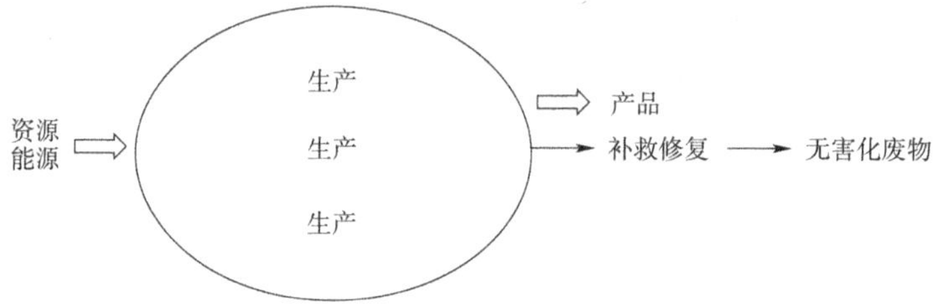

图 4-5　环境污染的补救修复处理示意图

例如，核工业产生的废水、废气、废渣及受到放射性污染的各类废弃物，经过充分的缩减后，所剩的放射性物质仍很难通过化学或生物的方法稳定下来。一旦生成，会对环境产生影响。为了尽量减少放射性物质对人类和自然界的危害，一般将其固化后深埋，与环境隔离。随着核分离技术和反应堆技术的发展，从高放射性废液中分离出长寿命的放射性元素并通过反应堆，使其转变为其他无危害或危害小的放射性元素的技术日趋成熟。

针对积累下来的生态环境问题，如全球气候变暖、臭氧层耗竭、大面积的酸雨污染、淡水资源的枯竭及污染、生物多样性锐减、土壤退化及沙漠化加速、森林锐减等，都与人类社会工业化进程关系紧密。恢复这些失衡的生态系统，改善环境条件，需要大量的新技术支持和长期细致的工作，因为这些环境问题的实质在于，人类经济活动索取资源的速度超过资源本身及其替代品的再生速度，并且向环境排放废弃物的数量超过环境自净能力。所以，一方面，我们需对现有的环境污染进行治理，将已进入环境的有害物转化为无害物，恢复失衡的生态系统；另一方面，我们需对正在运行的生产过程进行控制，既包括对系统内的污染物进行总量控制，也包括对排放出来的污染物进行治理。

对材料行业，可采取的环境补救修复措施包括：①对生产过程推行清洁生产，节能降耗，减少排污量和污染物的毒性；②建立一种高效生产和污染源削减，并使废物循环回收利用的生产闭合圈，实现可持续发展，同时开发固体废弃物的综合利用技术，降低材料的环境负担性；③开发环境净化材料、环境修复材料等功能材料，改善地球的生态环境。

4.3 清洁生产

在环境友好型加工技术中，清洁生产是一个重要内容。清洁生产是一种提高资源效率、减少环境污染的工业生产模式，是一种环境保护和可持续发展的概念，是一种对生产过程与产品采取整体预防和组织管理的环境策略。清洁生产的出现是人类工业生产迅速发展的历史必然,是一个迅速发展中的新生事物,是人类对工业化大生产所制造出有损于自然生态和人类自身污染这种负面作用逐渐认识所做出的反应和行动。20 世纪 70 年代末期以来,不少发达国家的政府和各大企业集团(公司)都纷纷研究开发和采用清洁工艺,开辟污染预防的新途径,大力推行清洁产品,把推行清洁生产作为经济和环境协调发展的一项战略措施。欧洲许多国家甚至把清洁生产作为一项基本国策。联合国环境规划署于 1992 年 10 月召开了巴黎清洁生产部长级会议和高级研讨会议,指出清洁生产是实现持续发展的关键因素,不仅能避免排放废物带来的风险和处理、处置费用的增长,还会因为提高资源利用率、降低产品成本而获得巨大的经济效益。因此,会议制定并通过了推行清洁生产的计划与行动措施。

4.3.1 清洁生产的定义

清洁生产(Cleaner production)在不同的发展阶段或者不同的国家有不同的叫法,如废物减量化、无废工艺、污染预防等。但其基本内涵是一致的,即通过产品设计、原料选择、工艺改革、生产过程管理和物料内部循环利用等环节的科学化与合理化,使工业生产最终产生的污染物最少的一种工业生产方法和管理思路。

联合国环境规划署工业与环境规划中心(UNEPIE/PAC)对清洁生产给出的定义是,清洁生产是一种新的创造性的思想,该思想将整体预防的环境战略持续应用于生产过程、产品和服务中,以增加生态效率和减少人类及环境的风险。其中,对生产过程,要求节约原材料与能源,淘汰有毒原材料,减少所有废弃物的数量与降低毒性;对产品,要求减少从原材料提炼到产品最终处置的全生命周期的不利影响;对服务,要求将环境因素纳入设计与所提供的服务中。美国国家环境保护局给出的定义是,清洁生产最大限度地减少生产场地所产生的废物量,包括通过源削减、提高能源效率,在生产中重复使用投入的原料以及降低水消耗量来合理利用资源。

1992 年联合国环境与发展大会通过的《中国 21 世纪议程》对清洁生产的定义是,清洁生产是指既可满足人们的需要又可合理使用自然资源和能源并保护环境的实用生产方法和措施,其实质是一种物料和能耗最少的人类生产活动的规划和管理,将废物减量化、资源化和无害化,或消灭于生产过程之中。

综上,清洁生产包括清洁的生产过程和清洁的产品两方面内容,即不仅要实现生产过程的无污染或少污染,而且生产出来的产品在使用和最终报废处理过程中也不对环境造成损害。

从方法的角度来理解,清洁生产是最大限度地减少生产过程所产生的废物量,包括提高能源效率、合理利用资源、改进生产工艺、更新产品设计、替代原材料、促进生产的科学管理、维护、培训及仓储控制等。但清洁生产不包括废弃物的场外再生利用、有害毒性处理和转移等末端处理过程。

从管理的角度来理解,清洁生产是指将综合预防的环境管理策略持续地应用于生产过程、产品和服务中,以提高生产效率和降低对人类及环境的危害。就其生产过程而言,清洁生产包括节约材料和能源,淘汰有毒原材料,减少废物排放并避免其有害毒性。就产品而言,清洁生产旨在降低产品在整个生命周期中,即降低从原材料的开采到产品的最终处置对人类及环境的有害影响。就服务而言,清洁生产指将预防性环境管理战略结合到服务的设计和提供活动中,减少产品最终报废处理过程对环境的影响。

从概念的角度来理解，清洁生产是指既可满足人类的需要，又可合理使用自然资源和能源，并保护环境的一种生产方法和措施。其实质是一种物料和能耗最少的人类生产活动规划和管理，将废弃物减量化、资源化和无害化，或消灭于生产过程之中，是一种对人类和环境无害的可持续发展的生产活动。

因此，清洁生产的中心思想是用减少或避免产生污染等始端防止技术代替传统的末端治理污染的技术，节约原材料和能源，淘汰有害材料，减少污染物和废弃物的排放，避免废弃物排放对人类和环境的有害性。

应该指出，在清洁生产的概念中不但包括技术方面的可行性，还包括经济方面的可盈利性和社会方面的可持续发展性。在环境方面可直接表现出减少或消除污染。

在经济方面可表现出节约资源能源降低生产成本、提高产品质量、增加产品的市场竞争力。在技术方面，所谓的清洁生产过程和产品是和现有的工业和产品相比较而言的，推行清洁生产本身就是一个不断完善的过程，始终需要新技术的支持，不断开发新技术，改进新工艺，提出更新的目标，达到更高的水平。

4.3.2 清洁生产的理论基础

围绕提高资源效率，减少环境污染，有关清洁生产的理论基础主要包括废物与资源转化理论、生产过程最优化理论以及社会化大生产理论等。

1）清洁生产的废物与资源转化理论

清洁生产的废物与资源转化理论是以物质不灭定律和能量守恒定律为基础的在生产过程中，所有的物料都遵循物质平衡原则。生产过程中产生的废物越多，则原料（资源）消耗越大。也就是说，所有的废物都是由原料转化而来的。清洁生产可使废物产生量最小化，也就等于使原料得到最有效的利用。所以，提高资源效率是清洁生产的一个重要内容。此外，资源和废物是一个相对的概念，一个生产过程所产生的废物可作为另一个生产过程的原料，使废物再生循环利用，从另一方面体现了废物与资源转化理论。

2）清洁生产的生产过程最优化理论

由废物与资源转化理论可引出生产过程最优化理论。当目标锁定在提高资源效率时，将废物转化为另一个生产过程的资源是一条途径。在该生产过程内部使物料消耗最少，产品产出率最高是更积极的选择，即投入原料最少，而使产品的产出率达到最大，这就是生产过程最优化理论的核心。这个理论与前面介绍的资源效率理论追求的目标是一致的。根据最优化生产理论，在很多情况下，废物产生量最小化可表示为目标函数，求其在约束条件下的最优解。具体的应用可根据具体的生产过程的要求、工艺路线、原料和产品的物理化学性质、废物排放的环境标准等因素进行数学量化处理和求解。

3）清洁生产的社会化大生产理论

清洁生产的社会化大生产理论是根据马克思主义的经济学原理建立的。社会化大生产理论的核心是用最少的劳动消耗，生产出最多的满足社会需要的产品，这也是经济活动的最高准则。当今世界的社会化、集约化的大生产和科学进步，为清洁生产提供了必要条件。因此，有利于社会化大生产和科学进步的工业政策，特别是有利于经济增长方式由粗放型向集约型转变的技术经济政策等，都能为推行清洁生产提供发展的条件。

自清洁生产推行20年来，全球范围的成功案例表明，上述清洁生产的理论基础起到了重要作用。如关于清洁生产的废物与资源转化理论,目前已普遍发展为资源效率理论,建立了4倍因子增长理论、10倍因子增长理论等新概念、新理论。关于清洁生产的社会化大生产理论的应用,近几年全球范围内跨国公司的兼并潮流证明了马克思100多年前建立的经济学理论具有杰出的远见和指导意义。随着科学技术和社会的不断发展和进步关于清洁生产的理论将会得到不断的完善和发展。

4.3.3 清洁生产的主要内容

按照清洁生产的定义,围绕清洁生产的实施目标,清洁生产的内容主要包括清洁能源和清洁资源、清洁工艺、清洁设备、清洁产品、清洁服务、清洁管理及清洁审计等。图4-6为清洁生产内容框架示意图。

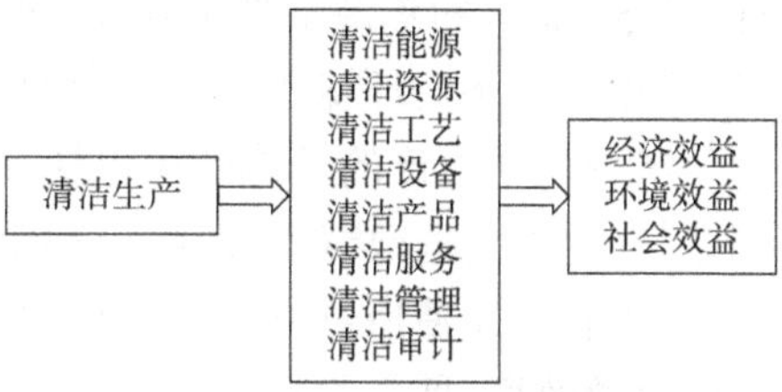

图4-6 清洁生产内容框架示意图

清洁能源指在生产过程中实现最少的能量消耗。清洁能源的要求:对化石能源要实现清洁燃烧;开发低污染的新能源(如核能、可控聚变能)或再生能源(如太阳能、水能、风能、地热等);有关能源的有效利用技术与节能措施等。从能源利用的途径使生产的驱动过程对环境影响较小。

清洁资源的要求:在生产等过程中实现最少的原材料消耗;用无毒材料代替有毒材料,减少有害物料的投放;从源头控制,避免最终对环境的毒性影响。同时,优化原材料的使用,提高材料的使用效率也是一项重要内容。

清洁工艺是清洁生产思想产生的初动力之一。要求:在原料加工、使用废弃等过程中无污染或少污染,少排放或无排放;尽量实现物料自循环,以及高效率的安全生产过程;生产过程中实施无毒排放或无毒副产品。

清洁设备最主要的是良好的密闭生产系统,消除生产过程中的"跑、冒、滴、漏"等。要求:改进生产设备,优先采用不产生或少产生废物和污染的设备,提高设备效率,改进设备的运行条件等;生产过程中不产生对环境有害的噪声也要靠设备条件来满足与维持。

清洁产品包括调整产品结构,发展清洁产品,用对环境和人体无害的产品取代有毒有害的产品。要求:产品具有令人满意的使用性能、可接受的经济成本和适当的寿命;对人无毒,对环境无害、易回收再生等性能。

清洁服务指在产品的售后服务过程中建立环境意识,通过维护、保修、更换等系列环节减少对环境的影响。同时,建立废品回收系统,发展回收、提纯工艺,提高废物回收利用率等也是清洁服务的内容。

清洁管理包括实施现代化管理,提高生产效率,优化生产组织,控制原料消耗,岗位技术培训,培养环境意识,监督规范执行情况等,从而加强生产全过程管理,通过管理途径保障生产效率和环境保护各项措施的实现。

清洁审计是环境影响评价和分析的一种方法,主要通过对一个生产过程的检查评价,了解该生产过程的工艺条件,特别是有毒有害物料及其他废弃物的产生和排放情况,经过对技术、经济和环境的可行性分析,判断现有生产工艺对环境的影响以及筛选新的生产工艺,提供环境影响定量的数据。

但不管怎样,由图4-6可见,清洁生产的所有内容都围绕一个核心,即在工艺过程中减少环境污染,创造经济效益、环境效益和社会效益的统一,最后实现可持续发展的工业生产。

4.3.4 实现清洁生产的途径

清洁生产从本质上来说,就是对生产过程与产品采取整体预防的环境策略,减少或者消除其对人类及环境的可能危害,同时充分满足人类需要,使社会经济效益最大化的一种生产模式。环境问题的产生,不仅仅是生产末端的污染排放问题,实际上在整个生产过程及其各个环节中都有产生环境污染的可能。因此,只对生产末端进行污染控制远不能解决现有的环境问题。只有发展清洁生产技术,生产绿色产品,推行生产全过程的清洁控制,才能建立节能、降耗、节水、节地的资源节约型经济,实现生产方式的变革,加速可持续发展生产模式的全面转换,以尽可能小的环境代价和最少的能源、资源消耗,获得最大的经济发展效益。

实现清洁生产的具体措施包括:①不断改进设计,使用清洁的能源和原料;②采用先进的工艺技术与设备,改善管理,综合利用,从源头削减污染,提高资源利用效率,减少或者避免生产、服务和产品使用过程中污染物的产生和排放等。总结起来有两个要点:①提高物料转化过程的资源效率,即从原料投放到废弃物排出整个过程的有效产出;②组织生产过程的环境意识,即从产品开发到市场售后服务,都要关注产品的生产和使用对环境的影响。

在生产过程中,开发清洁生产新工艺,减少直至消除废物和污染的产生与排放,促进工业产品的生产与消费过程与环境过程相容等,减少整个工业活动对人类和环境的危害,对实现清洁生产具有重要意义。具体内容包括:①减少废弃物排放;采用无废、低废的清洁工艺;②通过工艺技术改革、设备改进和优化工艺操作控制,对工艺过程的污染源进行削减;③实现污染排放的过程控制等。

开发先进材料与先进生产工艺流程是节约资源与减少环境污染的一种主要途径。研究及开发环境友好产品和工艺,进行落后产品的变更和替代,对量大面广的传统材料产业的生产等过程进行环境协调性改造,从根本上提高资源、能源效率,减少和消除污染(零排放工程和绿色工程),这是材料产业环境协调性发展的治本之道,是实现清洁生产最主要的途径。以优化过的煤的综合利用过程为例,其综合利用流程示意图如图 4-7 所示。

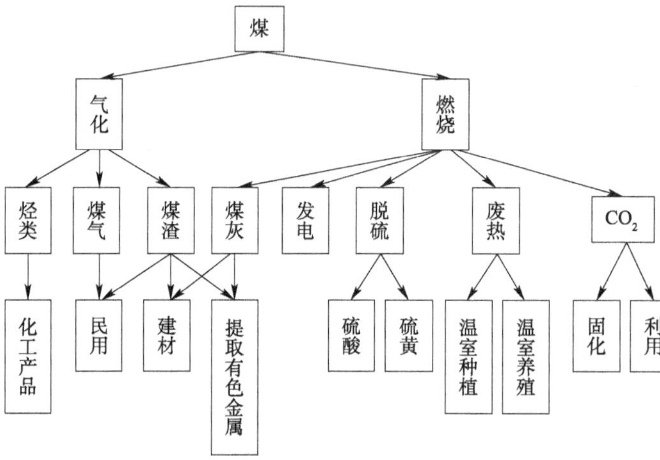

图 4-7 煤燃烧过程中的综合利用流程示意图

由图4-7可以看出，该综合利用流程有效地利用自然资源，将废弃物中有价值资源再生回收，并在生产流程内部得到循环利用，是提高资源效率、实现清洁生产的一个重要途径。将煤使用过程中的物质和能量转化过程结合起来考虑，使生产过程中的动力过程和各种工艺过程结合成一个一体化的工业过程，从而有效提高了煤炭燃烧过程中的资源效率。此外，开发和应用能替代有毒原材料的新技术，以减少有害废物的毒性和数量的资源综合利用，短缺资源的代用，以及节能、省料、节水等，都是实现清洁生产的重要手段。

长期以来，我国传统的经济增长方式以粗放型外延发展为主，通过高投入、高消耗、高污染实现了经济的较高增长，导致经济效益低，原材料及能源消耗大，环境污染越来越严重，制约了经济的良性发展，影响了人民群众的身体健康。而且，主要技术经济指标大大落后于发达国家，据估计，我国总能源利用率只有33%左右，矿产资源利用率仅40%～50%，社会最终产品的产出效率仅占原料投入量的20%～30%。我国每年缺水约500亿m^3，但工业单位产品用水量却高出发达国家5～10倍。这种状况，对于人均资源占有量远低于世界水平的我国来说，更是值得重视的问题。

要解决我国工业生产中存在的问题，既实现经济的持续增长，又与环境保持和谐，唯一的出路就是在工业生产过程中推行清洁生产，特别是要采取一些有效的措施，包括如下：

(1)进一步增强全民的清洁生产意识。充分发挥宣传媒介的作用，采取多种方式，广泛开展宣传，使企业、政府各部门及社会各界对清洁生产有更深刻的认识。企业作为清洁生产的主体，必须不断增强经济与环境持续发展的环境意识，树立生产全过程中污染预防的积极思想。

(2)加快清洁生产法规建设。从世界范围来看，在国家层次上采取措施推行清洁生产，立法是其中一项重要措施。联合国环境规划署工业与环境规划中心，在第三次国际清洁生产高级研讨会的总结报告中指出，各国政府在提供必要的框架和刺激工业界对清洁生产的需求方面能发挥战略作用。特别是根据本国情况采取的各种政策手段，如适当的立法、有效的执法、经济刺激、自愿协议、示范项目及信息与促进计划等，可为推行清洁生产提供积极的实施途径。加强清洁生产立法，对完善我国的环境保护法制，实现经济效益、社会效益和环境效益的统一，保障经济和社会的可持续发展具有十分重大的意义，同时是我国推行清洁生产的时代要求。

(3)资金支持是推行清洁生产的一个重要措施。一方面，企业需要将清洁生产纳入自有资金使用安排决策中，树立长期发展的观念，逐步形成资金使用的良性循环；另一方面，在国家宏观调控下，需要制定银行金融等部门对清洁生产费款的优惠政策，以及税收、电力等相关部门的配套优惠政策，切实为企业清洁生产提供坚强后盾。

(4)建立企业内外部监督机制，改变目前部分企业领导只顾自己在任期间的短期功绩的意识，从而真正避免"吃祖宗饭，断子孙路"的行为，实现可持续发展的先进生产方式。

(5)实施产品环境标志认证工作，引导全社会树立可持续消费观念，鼓励企业实行清洁生产。

(6)积极开展清洁技术和装备方面的研究，并提供清洁生产技术、信息的咨询服务，促进企业的清洁生产走上依靠科技进步的轨道。

(7)积极开展国际交流与合作，利用国外的先进技术和工艺，推进我国清洁生产。

4.4 生态设计及清洁生产应用案例

4.4.1 水泥生产的环境负荷

水泥主要由硅酸盐矿物组成,具有同地球环境和大气圈亲和共融的属性。但是,传统水泥工业由于工艺、设备落后,天然资源和能源消耗量大,利用率低,所排放粉尘及有害气体污染环境。特别是我国水泥工业在产业结构上相当落后,多年来以立窑生产为主。虽然我国水泥产量已连续18年居世界之首,但是水泥工业仍沿用大量消耗资源、能源和粗放型生产的传统发展战略,结果造成资源的极大浪费和环境的严重破坏。可以说,我国水泥工业是以资源、能源的过度消耗和环境的严重污染为代价的。若我国水泥产业仍按目前的速度和模式继续发展下去,生态环境必然不能承受其污染负荷之重。

1)水泥生产对能源的负荷

通用水泥生产的基本过程包括生料制备、熟料煅烧及水泥磨制三个阶段。水泥生产需要消耗大量的能源。水泥工业是以煤为燃料的,而粉磨工艺需要消耗大量的电能。因为我国是以火力发电为主的国家,电力能源主要为煤炭资源的二次能源转化,所以水泥生产对能源的负荷集中体现在对煤炭的巨大消耗。因此,水泥行业也被戏称为"煤老虎"。2020年全国规模以上企业水泥产量23.77亿t,其中水泥熟料产量达到15.79亿t,水泥熟料煤耗约为130kg标准煤/吨熟料,约耗用2.05亿t标准煤;水泥综合电耗约114kW·h/t,约耗电2710亿kW·h。

近年来,我国大部分地区的煤炭市场货紧价高,其中华南、华东部分地区的煤炭供应已出现供不应求的局面。所以,从水泥工业的可持续发展角度出发,不断降低能耗,开发新的替代燃料意义重大。

(1)燃料消耗

近年全国水泥工业煤耗约占全国标准煤生产总量的6%。我国水泥熟料煤耗约为130kg标准煤/吨熟料,而国外平均先进水平约114kg标准煤/吨熟料。可见,降低燃料消耗潜力很大。

(2)电力消耗

我国水泥生产综合电耗约114kW·h/t,也高于国际先进水平,水泥工业节能潜力仍相当大。采用节能工艺与设备,如在生料粉磨和水泥粉磨工艺中采用立磨、辊压机等高效节能粉磨设备,以减少能耗,提高能源利用效率。在采用节约热能的新工艺、新技术的同时,大力回收余热,建立余热发电站或用其烘干物料。

2)水泥生产对资源的负荷

水泥工业由于产量巨大,每年要耗用大量的资源,包括石灰石、黏土和煤等,这些大部分是不可再生资源。2020年,全国水泥工业约23.77亿t。每吨熟料耗用1.3t石灰石,每吨水泥耗用石灰石0.95~0.98t。石灰石是水泥工业的最重要资源,我国石灰岩储量丰富,但石灰岩资源分布不平衡,如渤海湾、江苏沿海、广东东南、陕北等地资源短缺,且石灰岩又属于不可再生资源,因此应珍惜和综合利用。另外,当不用其他原料代替黏土时,还需耗用大量黏土。

3)水泥生产所产生的废弃物

(1)粉尘水泥生产的特点是粉状物料处理量大。生料、熟料的传送环节多,在原料破碎、烘干、粉磨、煅烧、冷却、成品输送、包装等处理过程中都会产生和排放大量的粉尘。其中,水泥窑烟气的尘称为烟尘。烟尘会成为固体颗粒悬浮于空中。粉尘飞扬不仅会浪费资源,还会影响水泥厂工作人员及附近居民的健康,并对附近的农作物产生不良影响。粉尘污染是水泥行业最突出的环境问题,粉尘污染治理的好坏,反映了其污染治理水平的高低。

(2)废气水泥生产中会产生大量的废气,主要有 CO_2、SO_2、NO_x 和氟化物。2020 年,全国水泥行业的 NO_x、SO_2、颗粒物的排放量在我国总排放量中占比约分别为 9.8%、6.0% 和 5.0%。

①CO_2。

CO_2的危害主要是温室效应,引起全球变暖、冰川融化、海面上升,破坏地球总体生态平衡。水泥生产中主要消耗的能量是由原材料烘干及熟料燃烧所需的热量以及原料、燃料运输堆存和生料水泥粉磨所需的动力消耗组成的。水泥生产中 CO_2的排放由两部分组成:

a. 水泥熟料煅烧、原料烘干、生料及水泥粉磨所需的总能耗折算成每吨标准煤燃烧产生的 CO_2。

b. 水泥生产工艺工程中,熟料燃烧时原料中石灰石加热分解时产生的 CO_2。

目前,每生产 1t 水泥熟料约排放 1t CO_2。若按此推算,现在世界上水泥的年产量近 41 亿 t,每年就生产 41 亿 t 的 CO_2。减少熟料中 C_3S 及降低熟料烧成煤耗可减少水泥工业 CO_2的排放量。

②SO_2。

水泥工业废气中 SO_2 的生成来源于原燃料中所含的硫化物。在水泥熟料煅烧过程中,虽有一部分硫被吸收进入熟料,但仍有一部分作为废气排出。如果选用低硫燃料或废气排出前采取脱硫措施,可以降低 SO_2 排放量。

从 20 世纪 80 年代开始,我国酸雨区迅速扩大。据环保专家估计,每年中国内地的酸雨和 SO_2 两种污染物造成的损失已达 1100 亿元。SO_2 还对人体健康产生巨大的威胁。

③NO_x。

在水泥工业熟料烧成过程中,NO_x 的形成分“高温 NO”及“燃料 ZO”两个部分。前者是空气中的 N_2在高温状态下与 O_2在挥发分燃烧的低温状态下化合生成的,因此同燃料发火喷射流中 O_2的浓度有关。新型干法水泥生产中由于大部分燃料从分解炉加入,低温燃烧,同时有的窑型在分解炉下部设置低 ZO_x喷嘴,使部分燃烧在还原气氛下进行,有利于还原窑内飞起的 NO_x。同时,由于新型多通道燃烧器的应用,也有利于降低 NO_x 的生成量。

④氟化物。

萤石矿化剂广泛应用于立窑的水泥生产,相当部分氟化物会随废气排放出来。

(3)工业废水排放。

水泥工业废水排放量较少。水泥工业废水主要为冷却用水,工业废水中污染物含量较少,区别于化工、石油、造纸等行业,水泥工业的环境负荷值最大的因素首先是燃料、电力、石灰石等资源、能源负荷;其次是二氧化硫、粉尘、氮氧化合物排放污染源负荷;至于工业固体废弃物、危险废弃物及废水排放负荷,其权重则是很小的。

4.4.2 水泥清洁生产指标

我国正制定《水泥行业清洁生产标准(征求意见稿)》,水泥清洁生产指标见表4-5。

水泥清洁生产指标　　表4-5

清洁生产指标等级	一级	二级	三级
一、生产工艺与设备要求			
1. 煅烧熟料工艺	窑外分解窑	悬浮预热窑	其他
2. 熟料生产能力 N(t/d)	≥4000	$2000 < N < 4000$	≤2000
3. 产品散装率 W_1(%)	≥60	$40 < W_1 < 60$	≤40
4. 物料皮带运率 W_2(%)	≥80	$40 < W_2 < 80$	≤40
5. 物料堆存方式	全封闭	半封闭	露天
二、资源利用指标			
1. 主要原料供应量 Q(%)	≥80 自备	$50 < Q < 80$ 自备	≤50 自备
2. 用水量 M_1(m^3/t 熟料)	≤0.3	$0.3 < M_1 < 0.6$	≥0.6
3. 循环水利用率 W_3(%)	≥90	$85 < W_3 < 90$	≤85
三、能源消耗指标			
1. 熟料热耗 K(kJ/kg)	≤3000	$3000 < K < 3200$	≥3200
2. 熟料综合电耗 V(kW·h/t)	≤58	$58 < V < 70$	≥70
3. 窑尾废气利用率 W_4(%)	≥70	$50 < W_4 < 70$	≤50
4. 水泥综合电耗(kW·h/t)	≤40	≤105	≤1.5
四、窑尾主要污染物t产品排放量(kg/t)			
1. 颗粒物t产品排放量 G_1	≤0.08	$0.08 < G_1 < 0.22$	≥0.22
2. SO_2 t产品排放量 G_2	≤0.08	$0.08 < G_2 < 0.32$	≥0.32
3. NO_2 t产品排放量 G_3	≤0.8	$0.8 < G_3 < 2.0$	≥2.0
4. 氧化物t产品排放量 G_4	≤0.003	$0.003 < G_4 < 0.007$	≥0.007
五、与环境的相容性			
1. 环境空气环境敏感点	无影响	轻微	有影响
2. 地表水环境	无影响	轻微	有影响
3. 环境敏感电声环境	无影响	轻微	有影响
4. 环境采漏对生态环境影响	轻微	轻微~中度	中度
六、矿山			
1. 生态恢复	等量面积恢复	70%恢复	50%恢复
2. 废土石综合利用(%)	100	95	85
七、环境管理要求	建立完善的环境管理体系与机构,按照ISO 14000国际环境管理标准进行日常管理,清洁生产水平做到持续提高		

4.4.3 水泥生产节约资源能源及利用废弃物

水泥生产节约资源包括节约天然资源和利用工业废弃物。节约天然资源包括节约石灰石资源,利用低品位石灰石,采用代用黏土等。利用工业废弃物包括:大量使用矿渣、粉煤灰,使用可燃废弃物,开发城市垃圾焚烧灰配料的水泥等。

1)城市垃圾焚烧灰的化学组成

城市垃圾主要为无机物类和有机物类。无机物的主要物质是灰渣、砖瓦、金属,有机物的主要物质是塑料、植物、草木等。对城市垃圾进行组成分析,可见其主要由挥发分和不可挥发分组成。其中,挥发分可用于燃烧回收热量,而不可挥发分适合水泥熟料的煅烧。

城市垃圾在焚烧炉或回转窑中烧成灰以后,其化学成分包括 SO_2、Al_2O_3、Fe_2O_3和 CaO。这些垃圾烧成灰中含有普通水泥原料石灰石、黏土以及硅砂等成分。因此,利用这些垃圾烧成灰代替水泥原料,生产水泥是可行的。但是垃圾烧成灰中,还含有氯离子和重金属。因此,在生产生态水泥时必须将烧成灰中的重金属分离出来,并把氯离子吸收入水泥矿物的骨架中。城市垃圾焚烧灰的化学成分见表4-6。

城市垃圾焚烧灰的化学成分 表4-6

化学成分	范围(%)	平均值(%)	微量元素	范围($\times10^{-6}$)	平均值($\times10^{-6}$)
SiO_2	13.7~29.1	22.9	V	1~200	67
Al_2O_3	16.4~24.9	19.7	Cr	22~2000	538
CaO	24.3~39.8	30.4	Mn	80~2500	438
MgO	2.2~12.1	4.8	Co	1~400	33
SO_2	1.4~2.4	2.1	Ni	20~500	345
Na_2O	2.4~3.9	3.3	As	1~90	55
K_2O	2.0~2.9	2.6	Cd	1~30	11
TiO_2	0.87~1.0	0.9	Hg	0.1~70	3
P_2O_5	0.88~2.3	1.8	Pb	100~9200	311
ZnO	0.55~0.66	0.6	F	0~250	120
CuO	0.12~1.20	0.6	CN	—	ND
Cl	5.02~10.6	8.5	PBC	—	ND

2)水泥窑焚烧垃圾的技术优势

目前,城市垃圾焚烧灰主要是通过焚烧炉来完成的。为了达到安全处置固体废弃物的目的,焚烧炉必须具备两个条件:①要求焚烧温度高,焚烧完全,废气停留时间长;②从环保的角度考虑,要求焚烧产生的有毒、有害气体不能逸出,除尘效率高,防止含有重金属等有害成分的粉尘进入大气,处理后废渣不得排放形成二次污染。但测试结果表明,由于焚烧炉焚烧温度低(850~1200℃),物料在高温下停留时间一般为1~3s,固体废弃物很难完全分解,可能产生不完全燃烧产物和某些有害气体(如 HCl、SO_2 等)排入大气,炉渣还要深埋或处理,对环境产生二次污染。目前已经进入利用水泥回转窑处理废弃物的阶段。与焚烧炉相比,水泥回转窑处置废弃物恰恰具备完全焚烧废弃物的温度、时间和空气量及湍流程度三个基本条件,即"3T 原则”(3T 是指足够高的温度、充足过量的氧气量以及足够长的高温反应时间)。水泥回转窑与焚烧炉的参数比较见表 4-7。

水泥回转窑与焚烧炉的参数比较　　表 4-7

参数	窑内温度(℃)	物料温度(℃)	气体停留时间(s)	物料停留时间(min)	回转窑转速(r/min)
焚烧炉	1200	850	2	由性质决定	0.2～0.3
水泥回转窑	1200	1450	≥4	30～35	2.8～3.2

由表 4-7 中可以看出,水泥回转窑具有更加理想的焚烧条件:焚烧温度更高,气体和物料的停留时间更长,水泥窑内高温气体湍流强烈,使废弃物焚烧更彻底。在环保方面,水泥回转窑全系统在负压下进行,有毒、有害气体不能溢出,除尘效率高;水泥熟料煅烧是在碱性条件下进行的,使有毒、有害废弃物中的氯、硫和氟等窑内碱性物质大部分被中和吸收,变成无毒的氯化钙、硫酸钙、氟化钙等,既便于其废气的净化处理,又可以与水泥工艺过程并行;焚烧废物的残渣进入水泥熟料,大部分重金属元素固定在熟料中,对水泥质量一般无不良影响,做到了彻底焚烧而无二次污染;可燃性废弃物还可以代替部分燃煤和燃油,或利用城市废弃物代替部分原料,既处置了废料,又节约了能源,并减少了 CO_2 排放量,一举多得。

水泥回转窑既是燃烧炉又是反应炉。物料在窑内经过从低温到高温的物理、化学变化,完成熟料的煅烧。通过对窑内温度测定可知,物料最高温度达 1450℃,气体最高温度达 1700℃,并且垃圾中的无机物(如 SiO_2、Al_2O_3、CaO 等)可直接与水泥熟料进行化合生成水泥熟料矿物,但是,利用水泥窑焚烧垃圾必须注意 Hg、Pb、Cd 等重金属的污染问题。

4.4.4　水泥生产的粉尘及有害气体污染防治

1)水泥生产的粉尘防治

在水泥生产过程中,由于其固体物料储存及输送环节多,几乎每个环节都有粉尘的产生和排放。在现代大型的水泥生产企业中,原料破碎、粉磨、输送及成品储存、包装等环节,都广泛设有收尘器,其中,熟料烧成系统(窑头、窑尾)的废气排放量最大,约占水泥收尘系统总废气量的 70%～80%;烧成系统中又以窑尾粉尘排放量为最严重,其排放量约占烧成系统的总排放量的 80%。因此,评价一个厂的环保状况,首先看其水泥窑系统的收尘,特别是要看其窑尾收尘器的配置及效果。也就是说,窑尾收尘器的配置及管理对于水泥厂粉尘治理水平的影响是至关重要的。

目前国内用于回转窑系统废气(窑头、窑尾)的收尘基本采用电收尘器或袋收尘器两种方式。

(1)电收尘器

电收尘器的工作原理是利用气体中粉尘在高压电场内被电离,进而被吸附后除去。因此,电收尘器的工作效率的高低决定于粉尘的导电性,而粉尘导电性大小与气体的温度和湿度有关。对于电收尘器来说,烟气的浓度和露点是必须保证的前提,否则就很难保证收尘效果。正是由于电收尘器的这个特点,在确保粉尘低浓度排放方面,电收尘器有难度,且对于北方缺水地区的使用也有一定的局限性;另外,电收尘器容易产生事故排放。电收尘器以往由于其投资和运行费用低、操作方便而大量被采用,但其收尘效率有一定的局限性。

(2)袋收尘器

袋收尘器是通过过滤而阻挡粉尘,其功能和原理与粉尘的条件无关,因此收尘效率更有保证。在袋收尘器使用得当的情况下,出口处气体的含尘浓度可控制在$20mg/m^3$以下。因此,袋收尘器对于滤袋的要求较高。袋收尘器抗高温的能力较差,如果进收尘器的温度过高,则需要采取冷却措施。

2)水泥生产的有害气体治理

水泥在其生产过程中会产生废气,如SO_2、NO_x、CO_2和氟化物等。其中,CO_2的产生主要与水泥工艺本身特点有关:①煤燃烧过程生成CO_2;②煅烧过程中碳酸钙分解生成CaO和CO_2。所以减少CO_2排放的根本途径在于,扩大水泥混合材料的掺量和种类,并使用其他代用燃料。而SO_2、NO_x废气产生量的多少则与水泥窑的类型有关。表4-8列出了不同类型水泥窑尾废气SO_2及NO_x浓度与排放量。

不同类型水泥窑尾废气SO_2及NO_x浓度与排放量 表4-8

编号	窑型	NO_x浓度(mg/m^3)	NO_x排放量(kg/h)	SO_2浓度(mg/m^3)	SO_2排放量(kg/h)
1	预分解窑	617.00	423.00	198.00	136.00
2	预分解窑	572.00	239.00	42.00	17.38
3	湿法旋窑	264.00	44.86	1258.40	56.40
4	湿法旋窑	300.84	33.75	561.96	63.05
5	湿磨干烧预分解窑	445.58	27.84	107.26	6.70
6	机立窑	25.60	0.50	156.18	3.04
7	机立窑	140.74	5.06	388.93	13.99
8	机立窑	47.88	1.38	130.46	3.76

下面将结合表4-8简要说明水泥生产的废气治理。

(1)SO_2的治理

由表4-8可知,新型干法生产的预分解窑排放的废气中SO_2的浓度最低,其原因包括:①新型干法窑对原燃料的硫、碱等组分,特别是硫碱比有严格的限制;②预分解窑熟料的烧成热耗低。当煤的含硫量相同,则燃料所带入的硫就较少。预分解窑相当部分燃料在分解炉内燃烧,分解炉的温度一般为800~930℃,其生料中大部分碳酸钙分解为氧化钙,在此温度下氧化钙有较强的吸硫作用。即使有部分预分解窑的窑尾废气不经分解炉而进入悬浮预热器系统,由于气、固两相充分接触,固相中还有相当数量的氧化钙,使废气中的SO_2大多能被吸收。不少新型干法窑设置了增湿塔或在进入收尘系统前喷水,这两种方法均有助于降低废气中SO_2的含量。湿法回转窑料浆含水率高,蒸发水分需消耗能量,热耗较高。在煤含硫量相同的情况下,其燃料所带入的硫量就较多。另外,湿法回转窑内物料主要呈堆积状态,回转窑内烟气与物料接触不充分,吸收SO_2的作用也相对较弱。从工艺操作来看,应确保燃料的完全燃烧,避免还原气氛,有利于减少SO_2逸放。

国外有的水泥厂采用循环流化床法脱硫，$Ca(OH)_2$和生料从下部加入流化床，含 SO_2 的废气也从流化床下部进入。在流化床中，SO_2 被 $Ca(OH)_2$和生料吸收。

(2)氟化物

目前，机立窑水泥生产普遍采用了氟硫复合矿化剂，包括萤石石膏矿化剂、萤石重晶石矿化剂、萤石硫石矿矿化剂、萤石铅锌尾矿（主要含 FeS)矿化剂等。氟硫矿化剂对提高水泥生产质量及节能有积极贡献，但对环境污染的作用却未能引起足够的重视。尽管不同的水泥厂其硫及氟的逸放率有差别，但对于同一个水泥窑，在操作工艺相同的条件下，物料中硫及氟的含量越高，所逸出系统的硫及氟也越多。因此，尽可能减少硫、氟的掺入量，并开发环境型水泥熟料矿化剂，对防治硫、氟污染有着很重要的意义。

将含微量镧系元素的黏土和工业废渣作为烧制硅酸盐水泥熟料的原料，现在已成功应用于生产，取得了好的效益。这些含钢系元素氧化物仅 0.02% ~0.06% 的黏土或工业废渣可取代氟硫矿化剂，当熟料中钢系元素氧化物的含量为 0.002% ~0.008% 时，即可改善生料易烧性，降低熟料中游离氧化钙的含量。增加熟料中 C_3A 的含量，有利于熟料矿物的形成。

(3)NO_2的治理

新型干法预分解窑或湿磨干烧预分解窑，其废气氮氧物浓度都相当高，而机立窑废气的 NO_x 却相当低。煤燃烧过程中生成的氮氧物（包括 NO 和 NO_2）按生成机理分为热力 NO_2、燃料 NO_x 和激发 NO_x 三种，其中主要是前两种。热力 NO_x 是由大气中的氮在高温条件下与氧反应生成的，形成速度在很大程度上取决于温度、氮在该温度的滞留时间及局部氧浓度。燃料 NO_2是由燃料中固有的氮经化学反应转化而成的，其数量取决于燃料中的炭及挥发性氮的含量。激发 NO 是由烃基与大气中氮结合而成的。对于水泥窑废气 NO_2污染来说，主要是回转窑废气的 NO_2的防治。

降低水泥窑 NO_x 的方法：注入氨，将引入分解炉的燃料分级燃烧；采用窑自动控制降低 NO_x 排放，使用第一次风燃烧器以及分解炉采用高温燃烧等。氨注入法主要适用于预分解窑。其原理是把氨溶于水，注入预分解窑，其温度为 900 ~ 1000℃；在燃烧过程中，氨首先被 OH 基活化，形成 NH_2基，使氧化氮分解形成氨气和水。此方法需严格控制氨注入区域温度为 900 ~ 1000℃，且会使废气 CO 排放量稍有增加。将引入分解炉的燃料分级燃烧：一部分三次风送入分解炉下部，以形成还原区，确保温度为 900 ~ 1000℃，以保证反应进行；另一部分三次风送入分解炉上部，形成确保燃料完全燃烧的氧化区。为控制还原区的温度，还特将倒数第二级风筒来的物料分别送入还原区和氧化区。

采用窑自动控制是降低 NO_x 排放量的一个办法。通过窑自动控制可使过剩空气量降至最低，并自动消除 NO_x 的峰值。此方法适用于各类回转窑，尤其是一些只在窑头燃烧的水泥回转窑（如湿法回转窑及悬浮预热器窑等）应用此方法效果较明显。提高燃烧器喷嘴的风速可降低一次用风量，形成一个初始的贫含氧区域，减少 NO_2形成；进而分解炉的热生料设置一个分料阀，使热生料分别从分解炉的上部和下部进入，以创造一个高温区。这样一方面有利于燃料的燃尽，另一方面有利于减少 NO_x 的生成。因在分解炉的温度范围内，燃料氮化物中的氮与氧生成 NO 的反应速度不如燃料氮与 NO 生成 N_2与氧的反应速度随温度提高而增加快，从而有利于减少 NO_2。

4.4.5 水泥生产的重金属污染防治

化学上一般把密度大于或等于 4.5g/cm^{3}的金属统称为重金属。许多重金属属于人体必需的微量元素,一旦缺少就会对人体健康造成影响。但是俗语有云:"物极必反。"即使是人体必需的元素也要有一定的限度,超过这个限度后就会对人体健康造成危害。而一些具有毒性的重金属(如 Hg、Pb、Cd 等),即使是微量也会对人体健康造成很大的危害,甚至会导致死亡。

在水泥生产过程中,利用废弃物(如尾矿、工业废渣及城市污泥等)作为煅烧水泥熟料的原燃料,使废弃物资源化,可节约资源,降低消耗,具有十分重要的意义。这是 21 世纪水泥工业可持续发展的重要方向。但是随着废弃物越来越广泛地被应用于水泥生产中,较多的重金属(如 Pb、Cd、Zn、Cu、Hg 等组分)也随之被引入,会对环境造成污染。例如,萤石铅锌尾矿废渣矿化剂多年来被推广应用,此类矿化剂确实有提高水泥熟料质量的效果,但其所造成的 Pb 等重金属的污染问题却被忽视了。

国外许多发达国家对处理利用固体废弃物生产水泥等建筑材料所产生的重金属污染问题非常重视,进行了许多研究,并制定了相关的法规和条例。

德国水泥研究所以带悬浮预热器和炉箅式加热机的回转窑系统为研究对象,研究了有关微量重金属元素的挥发性,把这些微量元素按其挥发性分为不挥发、难挥发、易挥发、高挥发四个等级:属于不挥发类的重金属元素有 Zn、V、Be、As、Co、Ni、Cr、Cu、Mn、Sb、Sn;属于难挥发类的重金属元素有 Cd、Pb;属于易挥发类的重金属元素有 Tl;属于高挥发类的重金属元素有 Hg。

欧盟于 2000 年 12 月 28 日公布了《2000/76/EC 水泥回转窑排放极限规程》,对粉尘、二氧化硫、氮氧化物、氟化物及重金属等污染物的排放限值做出了相应的规定,具体见表 4-9。

《2000/76/EC 水泥回转窑排放极限规程》污染物排放限值 表 4-9

物质	极限值(标况)
粉尘	$30mg/m^3$
NO_x	$800mg/m^3$(老设备)
	$500mg/m^3$(新设备)
SO_2	$50mg/m^3$
TOC	$10mg/m^3$
HCl	$10mg/m^3$
HF	$1mg/m^3$
二噁英/呋喃	$0.1ngl\ TRQ/m^3$
Cd + Tl	$0.5mg/m^3$
Sb + As + Pb + Cr + Co + Cu + Mn + Ni + V	$0.5mg/m^3$
Hg	$0.05mg/m^3$

德国利用水泥回转窑掺烧废弃物时均必须遵守"17. BImSch V"中的排放极限规定,即其《联邦污染防护法》第 17 条例中的规定。其中,17. BImSch V 中规定的部分重金属的排放极限见表 4-10。德国还对所使用的废弃物中重金属的含量做出了一些规定。例如,德国巴伐利亚州对用于水泥生产的废弃物的 Hg 含量做出了规定:废弃物 Hg 含量需低于 0.5mg/kg;只有在特定的条件下,能确保在持续生产中有更高的 Hg 吸收率,才允许提高废弃物中的 Hg 含量,放宽到 1mg/kg。

17. BImSch V 中规定的部分重金属的排放极限(单位:mg/m^3)　　表 4-10

排放极限	Hg	Tl	Cd	Pb	As
17. BImSch	0.05	0.02	0.03	0.2	0.025

对重金属随烟气排放污染环境的研究至今仍存在着比较多的问题,特别是对固体废物中有害 Hg、Pb、Cd 在水泥生产过程中化学反应及其排放机理仍缺乏系统深入的研究。国外主要是以带悬浮预热器的回转窑系统为研究对象。苏达根等对水泥窑重金属污染防治进行了研究,以立窑或湿法回转窑煅烧水泥熟料,其 Pb、Cd 的逸放率较高,不宜统称为难挥发类元素;而 Zn 和 Cu 也具有相当的挥发性,把 Zn、Cu 与 W 等一并称为不挥发类元素更是不恰当的。水泥窑的 Pb、Cd、Zn 和 Cu 等的逸放污染不容忽视。我国在相当长的时间内主要仍以立窑生产水泥,重金属在不同类型的水泥窑中的排放率差别很大;此外,我国含重金属的工业废弃物与国外相比也有相当大的差别。

4.4.6 水泥装运、储存的生态设计

水泥产品的特点是粉状物料,其用量大、使用面广,在“装、卸、储、运、用”过程中易引起扬尘,存放日久易受潮变质,所以水泥工业中一直存在着存储和装运的难题。

初始时由于产量及用量少,直接以散装方式出厂、运输、储存和使用。散装水泥是指不用纸袋等包装,直接通过专用器具进行出厂、运输、储存和使用的水泥。随着生产量和使用量的增多,为了方便流通储存,逐步改用木桶、铁桶、麻袋、布袋、纸袋、塑编袋、复合袋、覆膜袋等包装。水泥的这种桶装、袋装方式与“原始散装”相比,固然有其优越性,但也存在能源资源的巨大浪费,环境污染,劳动生产率低,影响产品和工程质量,影响劳动者身心健康,难以适应现代化施工作业等诸多弊端。于是,作为先进生产方式的现代水泥散装方式受到世人青睐。美国率先于 20 世纪 30 年代发展散装水泥;截至 1949 年,其散装水泥占水泥总产量的比例(简称“散装率”)就达到 49.5%,1970 年其散装率达到 90.8%。德国、日本、英国、法国、苏联等国家一般经过 20 年左右的时间,即到 1970 年左右完成了传统袋装到“现代散装”的改革,平均水泥散装率达到 70% 以上;美国、德国、日本、俄罗斯等国家水泥散装率至今保持在 90% 以上,其水泥的供应使用实现了完全的散装化。中国水泥也逐渐从袋装向散装转化,截至 2002 年,全国平均水泥散装率仅为 24.26%;截至 2020 年,全国平均水泥散装率达到 65%。

1)散装水泥与可持续发展

每万吨水泥因袋装而增加消耗资源、能源的种类及数额见表 4-11。

资源、能源消耗的种类及数额　　表 4-11

木材(m^3)	水(t)	煤炭(t)	电力(kW·h)	烧碱(t)	棉纱(t)	油墨(t)	水泥损耗(t)
330	1.2×10^3	78	7.2×10^3	22×10^3	0.4	0.054	450

传统袋装水泥耗费大量资源、能源。无论是顺应全球经济社会发展的大环境,还是适应我国现状及未来发展;无论是为实现全社会可持续发展,还是推进水泥行业本身可持续发展,中国加快发展散装水泥势在必行,刻不容缓。

2)发展散装水泥带来广泛的环境效益

与传统的水泥袋装水泥相比,发挥散装水泥广泛的环境效益,对维护生态平衡、提高环境

质量有着极其重要的意义，具体如下：

(1)节约包装袋带来的环境效益。水泥从传统纸袋包装改为现代散装，不仅可节约大量优质木材，进而保护森林资源，涵养水土，减少 CO_2 排放；还可节约造纸过程中所消耗的大量水、电、煤、烧碱等资源。出厂水泥若改用塑编袋或复合袋包装的缺点包括：水泥袋装易受潮变质、破包损耗，影响劳动者身心健康等；造成更为严重的“白色污染”；没有及时回收的袋子进入环境后，影响城市景观；进入土地后，由于很难降解，不利于农作物或其他植物的生长。

水泥包装物大多为一次性使用，形成了大量的固体废弃物，改为现代散装可大大缓解或消除固体废弃物对环境造成的压力。

(2)减少粉尘排放，有利于净化大气环境。据北京市环境科学研究院与北京市散装水泥办公室联合研究测定，每使用1t袋装水泥排放粉尘448kg，其中，水泥粉尘0.13kg，非水泥粉尘0.15kg。在使用量相同的情况下，袋装水泥的总粉尘、水泥粉尘排放量及非水泥粉尘排放量是散装水泥的16倍、30倍和3倍。由此可见，改用散装水泥，对改善大气环境质量能起到巨大的作用。

(3)改善施工现场环境。施工现场搅拌混凝土要堆放大量的砂石、袋装水泥等原材料，原材料堆放现场肮脏凌乱，有的还占用人行道和公路，阻塞城市交通。搅拌机工作时，尘土飞扬，噪声震耳，现场附近污水横流，下水道堵塞，既影响城市居民的正常生产和休息，又严重影响城市环境卫生。使用散装水泥有利于推广商品混凝土和砂浆，能彻底改变上述状况，使建筑工地面目一新，工区环境干净、整齐。

(4)因运输量减少带来的环境效益。由于现场搅拌混凝土是将水泥、砂石等原材料运到施工工地，运输车辆的增加无疑会加剧城市交通的压力，且常用运输车尾气超标排放严重，经常出现沿途漏撒原材料现象。而目前使用的混凝土搅拌车污染物总含量比较低。因此，使用散装水泥和预拌混凝土，可在一定程度上缓解城市机动车尾气污染。

综上所述，水泥由传统的袋装改为现代散装，有利于节约资源，保护环境，其社会效益、经济效益和环境效益显著，必须大力发展、加快发展。

创新成果漫谈

国家科学技术进步二等奖——煤矸石山自燃污染控制与生态修复关键技术及应用

煤矸石的堆放不仅占用大量的土地，破坏区域生态平衡，而且富含硫的煤矸石自燃会释放 SO_2、H_2S、CO_2、粉尘等大气污染物，是亟须解决的环境保护难题。矸石山自燃污染物无组织排放，尚未纳入环境统计的范畴。据不完全统计，晋、陕、蒙、宁、新等中西部矿区年产煤矸石约3.3亿t，实际综合利用率不到20%，约1200余座矸石山易自燃，治理后的复燃率高达80%以上，其中乌海、乌鲁木齐、石河子等地雾霾污染严重，必将成为“一带一路”建设中能源开发的环境瓶颈。煤矸石山自燃污染控制与生态修复已经成为矿区大气污染防治的重要内容。本项目针对这一难题和环境管理需求，在国家“863计划”、自然基金等支持下，基于“自燃监测-灭火防火-植被恢复"的思路，历经十余年的研究与实践，形成了集材料、工法、装备一体化的综合治理技术，填补了多项技术空白。

本项目目前已取得如下创新成果：

(1)研发了自燃监测诊断技术。针对煤矸石山自燃位置监测中温度信息与空间信息耦合难、内部自燃位置点无法确定的问题，发明了热红外与近景摄影测量、三维激光扫描等相耦合的表面自燃位置监测定位技术，构建了基于表面自燃温度和修正热传导模型的内部自燃位置点解算模型，在国内外首次实现矸石山自燃立体监测定位及预警，表面自燃位置定位精度为0.15cm，温度偏差±3℃，内部自燃位置点预计偏差0.15~0.5m，解决了煤矸石山自燃的精准定位难题。

(2)发明了煤矸石山浅层喷浆与钻孔注浆相结合的灭火技术、材料及大流量可变压力专用装备。针对煤矸石山灭火难的问题，发明了一机双泵的远距离(30~50m)、大流量($80m^3/h$)浅层喷浆快速控火技术和变浓度、变流量($1\sim15m^3/h$)的间隔交替式防爆阻燃型深部注浆灭火技术，配套发明了以阻燃剂为核心、混配灵活、入渗封闭性强、持久控火的阻燃材料和变流量、变浓度的多功能控火阻燃设备，灭火效率提高近3倍，解决了控火阻燃、防爆炸的难题。

(3)创立了煤矸石山抑制氧化和隔氧防火技术。针对缺乏有效防火措施、复燃率高的难题，发明了杀菌剂和还原菌耦合的抑制氧化防火技术与专用材料，以及粉煤灰与黄土混合覆盖碾压隔氧防火材料及技术，形成了抑氧隔氧耦合防火技术，并将该技术应用于新排矸石山，形成了分层碾压、燃区隔离、格室堆储的防止自燃的新排矸石山堆放新方法。

(4)研发了生态防燃型植被恢复技术及材料。针对煤矸石山缺土的问题，发明了以植物胶黏合剂为核心的喷播植被生长基质，发明了防火层与植被根系相共生的土工格室结构、三维网结构等植被恢复方法。植被恢复后覆盖率在90%以上，养护工作量减少30%。

第5章

无机非金属类生态环境材料

无机非金属材料，一般是指除金属材料、高分子材料之外的所有材料的总称。无机非金属材料与金属材料和高分子材料并列成为国民经济和国防建设中必不可少的三大基础材料。无机非金属材料品种和名目极其繁多，用途各异，通常可将其分为传统的(普通的)无机非金属材料和先进的(新型的)无机非金属材料两大类。

传统的无机非金属材料是工业和基本建设以及人民生活所必需的基础材料，包括水泥、耐火材料、各种规格的平板玻璃、日用玻璃、仪器玻璃、普通的光学玻璃，以及日用陶瓷、卫生陶瓷、化工陶瓷和电瓷等。其产量大，用途广泛。其他产品，如搪瓷、碳素材料、非金属矿物材料也都属于传统的无机非金属材料。

先进的无机非金属材料是指20世纪中期以后发展起来的，具有特殊性能和用途的材料，主要包括先进陶瓷、新型非晶态材料、人工晶体、无机涂层、无机纤维等。先进的无机非金属材料是现代新技术、新兴产业和传统工业技术改造的物质基础，也是发展现代国防和生物医学所不可缺少的。

无机非金属材料是以某些元素的氧化物、碳化物、氮化物、卤素化合物、硼化物，以及硅酸盐、铝酸盐、磷酸盐、硼酸盐等物质组成的材料。在晶体结构上，无机非金属材料的元素结合力主要为离子键、共价键或离子共价混合键，具有高的键能、键强，因而赋予这一大类材料以化学稳定性高、电绝缘性好、高熔点、高强度、高硬度、韧性差、耐腐蚀、耐磨损、耐高温和良好的抗氧化性等基本属性，以及宽广的电导性、铁磁性和压电性、铁电、磁致伸缩、光电、电光、透红外、生物相容等性能。

无机非金属材料的显著共同点为量大面广，原料来源广泛，生产过程需粉磨、高温烧结或熔融，能耗高，废气排放量大，且难以再生利用（除玻璃外），很难为环境所消纳、降解等。不难看出，对这些材料的生态化改造对生态环境保护和可持续发展具有极为重要的意义。

5.1 无机非金属材料的环境负荷

5.1.1 无机非金属材料生产过程及特点

1）原料特性

制备无机非金属材料的原料种类繁多，主要有天然矿物原料与人工合成原料两大类。无机非金属材料的大宗产品（如水泥、玻璃、砖瓦、陶瓷、耐火材料等）的原料大多来自储量丰富的非金属矿物，如石英砂、黏土、长石、铝矾土、石灰石、白云石、硅灰石等。据统计，氧、硅、铝三者的总量占地壳中元素总量的90%。地壳中硅酸盐和铝硅酸盐占明显优势，和其他一些氧化物矿物是制备无机非金属材料的最主要原料。除天然砂和软质黏土外，其他都是比较坚硬的岩石。因此，无机非金属材料原料蕴藏量十分巨大。

传统的无机非金属材料原料大多直接取自天然矿物，原料的环境负荷低。新型无机非金属材料或采用严格精选的天然原料，或者采用人工合成原料，势必会加重环境负荷。

2）生产工艺、技术特性

传统的无机非金属材料的生产工艺通常要经过以下工序：粉料制备、成形、高温烧成和后处理。对所有原料而言，高温烧成仍是最重要的工序。在此之前，各种原料只经受较简单的物理变化（粉碎、配料、混合和造型）。在高温烧成过程中，物料一般要在1400～1600℃或更高的温度下发生一系列复杂的物理化学变化，使之转变成为所需性能的多晶态（如陶瓷、耐火材料、水泥等）或非晶态（如玻璃、珐琅等）。后处理则视产品而定，如陶瓷的上釉、彩饰，水泥的粉磨，玻璃的退火，等等。

先进的无机非金属材料的生产工艺过程基本上和普通材料类似，但生产条件的控制要精细严格得多，如原料多采用高纯、超细、成分固定的人工合成原料。成型方法视产品的形状而定。以陶瓷为例，成型方法有干压、挤压、注浆、热压注、等静压、轧模、流延、注射或蒸镀等。高温烧成除了炉温有时会达到1800℃或更高，炉内环境也可由空气、燃气改为真空、氮、氢、氩气等，压力由负压至几个大气压、几十个大气压乃至上百个大气压，热源由液体、气体燃料发展为电热、微波和激光、等离子。后处理则发展为各种热处理、化学处理、表面处理和精细的机械加工等。

3）产业特点

传统的无机非金属材料由于品种繁多，决定了其生产企业不集中，规模差异大，技术水平悬殊，资源消耗巨大，能耗大，环境问题严重。这些都是无机非金属材料生态化改造的重点。

先进的无机非金属材料大多应用于严酷环境和特殊领域，对性能的要求苛刻。由于对原料的要求高，工艺复杂，因而单位能耗高、污染严重。

5.1.2 传统的无机非金属材料面临的主要生态环境问题

1）使用性能与环境协调性的矛盾是主要生态环境问题

正如很多研究指出，材料使用性能与环境协调性是一对矛盾。由于无机非金属材料成分复杂、工艺多样、微观结构千变万化,上述矛盾更加突出。例如,普通陶瓷以黏土、石英砂等天然矿物为原料,这些原料只需简单处理即可使用,烧结温度也较低,因此环境协调性较好。但其性能差,不能够作为结构材料用于机械工程领域。相反,先进陶瓷采用超细、高纯的原料,有时还采用化学成原料,成型、烧结、加工工艺复杂,排出有害物质多,因此,环境协调性较差。但性能优良,可广泛用于机械、化工、冶金等领域。

2)土地资源占用和消耗量大、破坏严重

通常无机非金属材料对土地资源的占用和消耗巨大,对地表造成了严重破坏。例如,我国黏土砖、水泥等几大项材料的生产企业有 10 万多家,占地 40 万 hm^2 以上,破坏绿色土地 5 万 hm^2,消耗原料 50 亿 t,其中石灰石 10 亿 t 消耗的黏土相当于 100 万亩土地。对土地资源的累积破坏严重、消耗巨大、产出量低是这一类材料的主要环境问题,并且产品性能低,服役能耗高,综合效益差。

3)制备过程中能耗高

无机非金属材料生产中都要经过高温煅烧(烧结)过程,能耗高。我国无机非金属材料产业单位能耗一般是发达国家的 2 倍左右。高的单位能耗不仅消耗能源,而且是污染物高排放的最直接原因。

4)不易再循环利用

由于无机非金属材料的自身特点,其废弃物很难破碎。即使能够粉碎再利用,其能耗也要比直接使用矿物原料高得多,带来大的二次污染,同时性能大大下降。

5)固体废弃物难处理

无机非金属材料固体废弃物数量特别巨大,再循环利用很困难,因此,目前很多固体废弃物堆积如山,占用大量耕地,少量可再利用的也多是低附加值产品,如用于道路建设。由于当时浇筑的混凝土强度等级低,耐久性差,无法再生利用,造成废弃混凝土大量在城市周围堆积、占地并且无法消纳,污染土壤和地下水源。今后几十年废旧混凝土的量还会继续增大。我国废玻璃、建筑陶瓷、日用陶瓷、工业陶瓷等废弃物量非常大,基本不能回收再利用。而且电子玻璃、电子陶瓷成分复杂,回收困难,并且污染严重,已在世界范围造成严重的环境问题。

6)有毒有害添加剂和排放物问题

陶瓷、玻璃和耐火材料及一些先进陶瓷材料,采用了大量铅、氮、锅、铭、碑等有毒化合物,以废水、废气形式污染环境,对人体健康造成危害。有些混凝土、砖、石材等含放射性元素,在其衰变过程中释放出氧气并伴有放射性污染,严重威胁人体健康。例如,石棉材料对人体有强烈的刺激作用和致癌倾向。由于大多数无机非金属材料在制造的某个阶段以粉末形式存在,因此,带来的粉尘污染很严重。例如,仅 2024 年我国水泥行业的 NO_x 排放量、SO_2 排放量、PM 排放量在我国总排放量中占比约 9.8%、6.0% 与 5.0%。

5.1.3 无机非金属类材料生态化改造的基本原则和对策

无机非金属类材料生态化改造的基本原则是从设计、制造(生产)、使用到退役、废弃、循环再生都必须与环境有优良的协调性。具体对策包括如下:

(1)环境协调设计。对于无机非金属材料(除水泥外),由于加工的困难性,通常其材料和产品是同时完成的,材料即产品,产品即材料,二者不可分割。材料设计贯穿产品的整个生产中，材料工作者直接面向最终产品，对最终用户负责。因此，无机非金属材料的设计、生产模式不同于金属材料或高分子材料。无机非金属材料的基本设计思路：首先，根据材料的实际服役条件，开展失效分析，找出产品早期失效或损伤的主要因素，即材料的主要抗力指标（性能指标）；然后，针对如何提高该性能指标，进行材料工艺设计与材料制备，并进行性能评价；最后，材料已优化，达到性能要求后再进行产品设计、制造与使用考核，若达不到理想要求，可以再重复上述过程，直至成功。上述设计思想尽管是从陶瓷材料实践中得出的，但由于无机非金属材料所具有的共性，因此其基本设计思路对于大多数无机非金属材料具有普遍意义。无机非金属类生态材料的设计，除了要考虑上述设计思想以外，还应将环境协调性评价和材料、工艺的生态化设计、优化加入其中，形成一个设计"双环"。

（2）用高新技术提升改造传统材料产业，提高产品品质、节能降耗、提高效益、减少或消除排放。传统的无机非金属材料产业，如水泥、玻璃、陶瓷、混凝土等，尤其是水泥与混凝土，量大面广，但是技术、工艺水平落后，企业不集中，规模小，资源、能源消耗高，污染严重，环境负荷高。近年来，发达国家发展了许多高新技术，成功解决了这些问题，而我国这方面的问题依然很严重。

对于水泥工业，可以用新型干法（窑外分解技术）对传统的立窑、机立窑及旋窑、湿法窑进行改造，并运用系统配套新技术（如收尘技术等），可使燃料消耗、电耗大幅下降（分别可达40%和30%），粉尘等排放大大降低，达到德国等先进国家标准（$10mg/m^3$）。同时，质量、产量、资源效率均有所提高，CO_2、NO 排放也有所降低。配合脱硫技术等，SO_2 等排放会大幅下降。可采用超塑化剂和超细粉技术生产 HPC，使传统混凝土向绿色材料迈进。目前我国使用添加剂的混凝土不到 30%，日本、美国、德国等发达国家高达 70%。使用添加剂的混凝土性能提高，寿命大大延长，水泥用量少，混凝土用量也下降，由此资源消耗下降，排污下降，环境负荷大大降低。同时，用工业废渣如石灰石、矿渣、粉煤灰制造混凝土细掺和料，可替代水泥高达60%～80%，而且性能非常优异。例如，活性粉末混凝土（RPC），强度高达 $2000 \sim 8000kg/cm^2$。这两项技术的广泛应用，可实现用 3.5 亿 t 水泥达到相当于 5 亿 t 水泥的效果。

为了减少环境负荷，在陶瓷生产中采用单位能耗最小（4.19MJ/kg）的辊道窑，淘汰高能耗的间歇式烧结方式，从而大大降低能耗，减少排放。应大力发展近终型成型技术、低温快烧技术和"软溶液工艺"（如水热-电化学），即采用环境负荷最小的水溶液类工艺制取陶瓷和复合材料等高功能材料。

1996 年 4 月，美国能源部和玻璃工业的有关人士经过讨论论证，提出了玻璃工业发展的一些关键目标：

①生产成本与 1995 年相比降低 20%。

②与 1995 年相比，能耗降低 50%，逼近理论能耗。

③减少废气、水的排放量，比普通环境要求低 20%。

④100% 回收废玻璃和用于再生产。

在对平板、瓶罐、电视玻璃等大型池窑的生产进行分析时，其废气主要分为三类：

①带出的粉尘。它不仅与生产所采用原料的状况有关，还与生产所采用的工艺有关。各国对它的要求不同，以荷兰要求最严（$25mg/m^3$），而意大利最松（$150mg/m^3$）。

②重金属的排放。它与原料、添加剂、燃料等多种因素有关，现在的要求是总量控制在$30mg/m^3$以下，其各分量受相应法规的限制。例如，众所周知的 Pb，有人测出目前重金属排放量高达 $500 \sim 800mg/m^3$。解决的方案甚至包括调节小炉布局、对数，以影响燃烧过程，或采用

全电池窑等手段防止重金属的溢出。

③废气的主体,按组成分为 SO、NO、HF 和 HCl,都是燃烧过程的产物,因而与燃烧工艺紧密相关。

(3)充分利用工业废渣、城市垃圾、尾矿改变原料体系,减轻对地表的破坏。

到目前为止,实心黏土砖、水泥、玻璃、陶瓷、混凝土及水泥制品依然大量采用天然矿物原料,如黏土、石灰石、硅砂、砂石等,造成地表大面积破坏,形成了严重的生态问题。工业废渣的主要成分类似这些矿物,国外的工业实践已证实工业废渣等能为这些材料生产所用。例如,粉煤灰、高炉矿渣、煤矸石、尾矿、城市垃圾、建筑垃圾等可用于生产水泥、混凝土、水泥制品以及陶瓷墙地砖等。实际上,绝大部分废渣可以制造墙体(如空心砖)材料和混凝土,按现在的工业条件可使利用率达到45% ~50%。工业废渣、尾矿、煤矸石等也可作为陶瓷墙地砖及屋面瓦等的原料,以及开发利用粉煤灰微珠作吸波材料等高新技术材料。

(4)循环再生利用(闭路循环),零排放零废弃。

正如前面所述,无机非金属材料很难循环再生利用,结果造成大量固体废弃物,且无法降解,无法被环境所消纳。无机非金属材料生态化改造,应努力改变这种状况。美国、日本等国家广泛开展了利用废弃陶瓷、玻璃及混凝土破碎代替砂石作混凝土集料。目前我国刚刚起步开展此方面研究,应加大投入,尽快在大中城市实施。玻璃回收利用相对较易,可重新熔化做玻璃,主要注意有害元素的富集。陶瓷再生利用较难,一般只能作混凝土或墙体材料的集料,无法再用作陶瓷原料。混凝土解体后,若强度等级过低,则很难再利用。因为一般要降低强度等级使用,所以以前的低强度等级混凝土(普遍情况)只能考虑作为水泥、烧砖的原料。

(5)发展替代材料,淘汰环境负荷重、对人体有毒害的材料。

实心黏土砖对环境的破坏太大,必须快速用新型墙体材料全面替代。尤其是在中心城市及发达地区,今后5年内有望实现新型墙体材料(如水泥空心砌块、加气混凝土砌块与条板、石膏块,空心砖等)达80%以上,全国达到50%。石棉等材料已被证明对人体极为有害。应发展抗碱玻璃增强低碱水泥(GRC)以及其他无石棉纤维(高模量维纶纤维、纤维素纤维、高密度高模量 PE 纤维、钢纤维等)水泥板替代石棉水泥板,消除公害。

5.2 典型无机非金属类生态环境材料

5.2.1 建筑玻璃

1)*建筑玻璃的环境负荷*

建筑玻璃的环境负荷评价要综合考虑以下几个方面。

(1)建筑玻璃的资源与能源消耗

一般平板玻璃生产消耗的主要原材料有砂岩、白云石、石灰石、长石、纯碱和芒硝,辅助用料有锡液。由于我国玻璃硅质原料的储量比较丰富,玻璃硅质原料的消耗在资源消耗中不是很明显。在建筑玻璃的资源消耗中,煤炭资源的消耗最明显,约占总资源消耗的44%;其次为石油资源的消耗,约占总资源消耗的32.7%。

影响浮法玻璃生产玻璃液热耗的因素包括熔窑结构设计、保温措施、燃料燃烧效率、工艺操作技术、配合料的成分和状态等。

(2)建筑玻璃对环境的影响

①建筑玻璃生产对环境的影响

建筑玻璃生产过程中的主要环境排放环节为原材料获取阶段和工艺。熔制工艺造成较大排放是由燃料在熔窑中燃烧造成的。建筑玻璃生产对环境的影响主要是 SO_2、NO_x 以及粉尘的排放。

②建筑玻璃使用对环境的影响

建筑玻璃在选材和使用不当的情况下会对环境和健康产生有害影响,其归纳为光污染、色污染、热污染、视觉污染和采光障碍。热反射玻璃的可见光反射率过高,造成炫目的阳光反射,应控制可见光反射率在20以下。很多品种的建筑玻璃是有色的,无论是本体着色还是深加工着色都会造成室内的滤色光环境。热污染与光污染相伴发生,应减少或避免反射光对人群和其他建筑的照射。玻璃幕墙产生的映像畸变称为视觉污染,尤其是主要街道和繁华地区的映像扭曲会造成视觉不安定。

2)建筑玻璃的生态化

(1)玻璃与建筑节能

以前对建筑玻璃的功能要求主要为透光、挡风、挡雨。随着窗户面积的不断扩大,建筑能耗不断增加,建筑节能尤为重要。据统计,夏季通过玻璃窗入射的热量占制冷机最大负荷的20%~30%,冬季通过玻璃窗的热损失一般占供热负荷的30%~50%。因此,人们深化了对窗户玻璃的认识,提出了节能、舒适、安全的新要求。

不同的玻璃其性能相差甚远。评价某种玻璃是否节能,需考虑适用于何类地区及何类建筑。其中,传热系数和遮阳系数是建筑玻璃重要的热性能参数。

传热系数是重要的热工设计参数之一,中国国家标准用 K 表示,美国标准及欧洲标准用 U 表示。K 值是指在一定条件下热量通过玻璃在单位面积、单位温差、单位时间内所传递的焦耳数。K 值的单位通常是 $W/(m^2 \cdot K)$。K 值是玻璃的传导热、对流热和辐射热的函数,是3种热传方式的综合体现。玻璃的 K 值越大,隔热能力就越差,通过玻璃的能量损失就越多。我国自20世纪80年代引进国外镀膜玻璃生产技术后,又引进了其参数测试的标准体系。传热系数 U 值反映玻璃的温差传热特性,体现的是玻璃的保温性能。在相同的室内外温差下 U 值低,意味着玻璃因温差传热而传递的热能少,玻璃的保温性能好。复合玻璃产品的 U 值与玻璃的表面辐射率 E 及玻璃组合结构有关。

遮阳系数 S_c 直接反映玻璃对阳光的遮蔽效果,体现的是玻璃的隔热性能。S_c 高意味着透过玻璃进入室内的太阳辐射热多,玻璃的隔热性能差。

(2)分类

①单片透明玻璃。

单片透明玻璃的遮阳系数 $S_c=0.99$,意味着其对阳光辐射阻挡能力很差,绝大部分的太阳辐射热能透过玻璃进入室内,夏季白天进入室内的太阳辐射热能远大于玻璃向外辐射散发的热能,因此使室内温度升高。其传热系数 $U=5.58W/(m^2 \cdot K)$,若室内外温差为25℃,则因对流传导而透过每平方米玻璃的热能就达140W。冬季夜间和阴雨天气,由于没有阳光,玻璃吸收室内热辐射后向外散热成为主流,因此使室内温度降低。即使在冬季的阳光天气,虽然阳光辐射的透过率相当高,但由于室内外温差大,对流传导散热仍是主流,室内大量的热能会透过玻璃传递向室外。

单片透明玻璃的保温、隔热性能确实很差，不宜直接用于设有暖通或空调设施的建筑物。

②单片着色玻璃。

单片着色玻璃的遮阳系数 S_c 低于单片透明玻璃。通过吸收太阳能而减弱其进入室内，其隔热性能优于透明玻璃而劣于大多数热反射镜膜玻璃。这种玻璃属于吸热玻璃，其吸收率偏高，因此在阳光照射下极易吸热升温，夏季用手触摸玻璃可感觉到烫手。尽管其降低了玻璃的遮阳系数 S_c 并限制了阳光的直接透过，但向室内的温差传热董也因此而升高，所以是以部分损失温差传热特性为代价来降低太阳能直接透过。

着色玻璃主要有绿色、灰色、蓝色、茶色等品种。就采光和隔热性而言，绿色玻璃远优于灰色玻璃，当绿色玻璃的透光率为73%时，其遮阳系数 S_c 仅为0.65，而当灰色玻璃的透光率低至43%时，其遮阳系数 S_c 却高达0.69，因此选择灰色玻璃时应考虑到这一点。

单片着色玻璃可用于夏季空调能耗为主的南方地区，优于单片透明玻璃；其夏季的隔热性能比单片透明玻璃提高了约30%。在北方寒冷地区不宜使用单片着色玻璃，因为其不能限制温差传热的损失。

③透明中空玻璃。

透明中空玻璃由两片或更多片平板玻璃组成，在两层玻璃之间用金属框架隔开，周边密封形成封闭空间，并在内部充入干燥的空气或其他惰性气体。与单片玻璃相比，透明中空玻璃的传热系数 U 显著降低，通过温差传热而损失的热能至少降低了约40%，明显改善了对冬季暖气的阻挡效果。由于这种玻璃表面没有镶膜，遮阳系数 S_c 改善不大，即不能限制太阳直接照射透过的热能，这一点在夏季显得尤为重要，因而综合节能作用是有限的。透明中空玻璃适用于以暖气能耗为主的北方寒冷地区的民用住宅，而不适用于采用中央暖通空调系统的公共建筑。因此，民用住宅多在夜晚使用，而公共建筑多在白天使用。透明中空玻璃用于民用住宅上正好扬长避短，而用于公共建筑上则扬其所短避其所长，夏季白天无法解决遮阳的问题。

在夏热冬暖的南方地区，使用透明中空玻璃不是最好的选择。因为在这类地区的全年能耗中，温差传热能耗只占约15%的份额，另外约85%的能耗来自太阳辐射传热，而透明中空玻璃恰恰不能限制这部分传热。

④着色中空玻璃。

着色中空玻璃将着色玻璃的隔热性和中空玻璃的保温性融为一体，隔热性能优于透明中空玻璃和单片着色玻璃，但保温性能与透明中空玻璃相差无几。这种产品尽管节能性不是最好的，但考虑到价格适中，因此适合于民用住宅使用。需要注意的是，着色中空玻璃的吸热性极强，在温差大的地区使用时，应采取措施防止其因局部受热不均而导致的热应力破裂，例如，可将其加工成钢化玻璃或半钢化玻璃使用。

⑤单片热反射镜膜玻璃。

单片热反射镜膜玻璃由于镀膜具有镜面效果，周围景观及天空中的云彩出现在玻璃上，构成一幅美丽的图画。除具有亮丽的外观装饰效果外，可限制太阳热辐射直接进入室内，明显降低冷气设备的运行费用。在夏季白天和光照强的地区，热反射镜膜玻璃的隔热作用十分明显，能有效限制进入室内的太阳热能。但单片热反射镜膜玻璃的保温性与单片透明玻璃相差无几，北方寒冷地区采用这种玻璃仅为装饰性。另外，这种玻璃在限制阳光热辐射的同时，也限制了进入室内的可见光，这会影响室内的自然采光。

⑥热反射镜膜中空玻璃。

热反射镜膜中空玻璃集镀膜与中空两种优点于一身。在玻璃内表面涂一层透明热反射薄膜,可大大降低导热性能,提高隔热性能,不仅对太阳直接辐射有所控制,还更有效限制了温差传热损失。综合节能效果高于着色中空玻璃15%以上。这种玻璃结构是一种较为理想的配置,适用于我国的几乎所有地区。热反射镜膜中空玻璃的综合节能性优于上述的所有玻璃,但劣于Low-E中空玻璃。需要说明的是,在极寒冷的地区使用热反射镜膜中空玻璃,尽管其能有效阻挡暖气的热损耗,但也会限制进入室内采暖的阳光。

⑦Low-E中空玻璃。

Low-E膜层的作用包括:①反射远红外热辐射,有效降低玻璃的传热系数U值;②反射太阳中的热辐射,有选择地降低遮阳系数S_c。Low-E中空玻璃具有更低的传热系数U值,更大的遮阳系数S_c选择范围(0.20~0.70)。因此其功能覆盖了热反射镜膜玻璃。与热反射镜膜玻璃相比,Low-E中空玻璃阻挡同样数量的太阳热能时并不过多限制可见光透过,太阳光经Low-E中空玻璃过滤后成为"冷光源",这对建筑物采光极为重要。

a. 传统型Low-E中空玻璃具有较高的透光率($T_r > 60\%$)和遮阳系数($S_c > 0.5$),因而更适用于北方寒冷地区,冬季可使更多的阳光热能进入室内以利于采暖;但夏季也必然有更多的阳光热能进入室内而影响制冷,因制冷能耗所占的比重小,综合节能效果仍然明显。

b. 遮阳型Low-E中空玻璃具有较低的遮阳系数($S_c < 0.5$)和透光率($T_r < 60\%$),适用于我国绝大部分地区,冬季可有效阻止室内暖气泄向室外,夏季可有效地阻挡太阳热能及其他热辐射能进入室内。对于只用空调而不用暖气的极热地区的建筑,选择更低遮阳系数的Low-E中空玻璃是最合适的。

c. 双银Low-E玻璃(Double Low-E)不仅具有较高透光率,还具有更低的遮阳系数,将透光率和遮阳系数的差距拉至最大,类似于光学器件窄带滤光器,仅允许可见光透过而屏蔽掉红外线。在保证高透光效果的前提下,可比任何其他同等透光率的玻璃具有更低的遮阳系数或更少的太阳热辐射透过。

Low-E中空玻璃适用于夏热冬冷、夏热冬暖地区的高通透设计风格的建筑,解决了这类建筑在高透光的情况下伴随着大量太阳热辐射透过的矛盾。通俗地说,可获得更高光亮度、更低含热量的"冷光源"。

⑧主动性节能玻璃。

目前使用的玻璃幕墙材料属于被动性节能材料,尚无法根据人们的需要改变幕墙的性能,因此发达国家都在努力开发主动性建筑窗户节能材料。其中,比较著名的是光致变色玻璃,它是可根据太阳光的强度自动调节透光率的一种调光玻璃。

例如,日常生活中常见的变色眼镜,在光线强时颜色变深,降低透光率,而当光线较弱时又完全恢复透明的状态,达到最大透光率。此外,还有电致变色、热致变色等主动性节能玻璃。其特点为当某一外界能量(如光、电或热等)作用于窗户时,其透过率、反射率或发射率将会产生变化,如撤去外界能量时,则恢复到原来的状态。目前这种材料由于价格过高,在建筑上大量应用为时尚早。

3)建筑玻璃的多功能化

(1)调光玻璃

调光玻璃主要分为电致色调玻璃和液晶调光玻璃两种。

①电致色调玻璃属于透过率可变式,其结构为两片相对透明的电玻璃,一片涂有还原状态变色的 WO_3层,另一片为涂有氧化状态下变色的普鲁士蓝层;两层同时着色、消色,通过改变电流方向可自由调节光的透过率,调节范围为15% ~75%。

②液晶调光玻璃属于透视性可变型,其结构为在两片相对透明的玻璃之间夹有一层分散有液晶的聚合物,通常聚合物中的液晶分子处于无序状态,入射光被折射,玻璃不透明,加上电场后,液晶分子按电场方向排布,结果得到透明的视野。

(2)隔音玻璃

隔音玻璃是在将隔热玻璃夹层中的空气换成氮、氪或六氮化硫等气体,并用不同厚度的玻璃制成,在很宽的频率范围内有优异的隔音性能。

(3)电磁屏蔽玻璃

电磁屏蔽玻璃是在导电膜反射电磁波的性能上再加上电解质膜的干扰效应,在可见光透过率为50%,频率为1GHz的条件下,屏蔽性能为35 ~60dB。

(4)抗菌自洁玻璃

抗菌自洁玻璃采用目前成熟的镀膜玻璃技术(如磁控浇注、溶胶-凝胶法等),在玻璃表面涂盖一层二氧化钛薄膜。这层二氧化钛薄膜在阳光下,特别是在紫外线照射下,能自行分解出自由移动的电子,同时留下带正电荷的空穴。空穴能将空气中的氧激活成活性氧,这种活性氧能把大多数病菌和病毒杀死,同时能把许多有害物质及油污等有机物分解成氢气和二氧化碳,从而实现消毒和玻璃表面的自洁作用。

4)废碎玻璃的综合利用

废碎玻璃除了作为玻璃生产的原料之外,成分较复杂的有色废碎玻璃和混合废碎玻璃还可用于以下几个方面:

(1)集料。废碎玻璃可作为集料用于路面工程,或用于制砖,可发挥碎玻璃的活性,提高砖的强度。

(2)有毒废物玻璃化。由废碎玻璃生产的玻璃固封受污染的无机材料,再进行填埋,避免污染。

(3)瓦。在制瓦过程中掺入废碎玻璃粉可以节能,提高瓦的耐风化能力。

(4)泡沫玻璃。利用废碎玻璃生产的泡沫玻璃块,不仅是有密度低、热性能良好、强度大、易于处置等特点,而且可以容易用手锯切割。

(5)装饰性产品。使用废碎玻璃生产一系列家具,如桌、椅等,可以产生混色斑点、闪闪发亮的视觉效果。

5.2.2 陶瓷

1)陶瓷材料的环境负荷

随着工业的迅速发展,建筑陶瓷、卫生陶瓷、日用陶瓷等普通陶瓷生产总量越来越庞大,陶瓷废弃量也同步增加,成为城市垃圾重要组成部分。陶瓷从生产粉料到混合、成型、烧结等工艺过程,都要消耗大量能源,排放大量 CO_2。由于能源结构问题,还可能排放硫氧化物、氮氧化物。陶瓷原料采掘是地表作业,导致土地和植被的破坏,造成水土流失。因此,陶瓷材料产生的环境问题也不可忽视。

(1)粉尘

粉尘飞扬是整个陶瓷行业的通病。粉尘来源首先是原料本身,但主要原因为生产的开放式作业。粉尘飞扬造成的直接后果包括:①危害人的身体健康;②积附在设备上,潮解后腐蚀、损害设施;③污染周围环境,对个别岗位操作,操作人员必须戴上防尘面罩。

(2)污水

污水是湿法生产的主要缺点。污水的产生来自粉料制备前期泥浆输送时的溢漏及各个生产环节的冲淋清洗。泥浆本身具有较强的腐蚀性,对设备尤其是对一些薄壁管道的损害极为严重。

(3)噪声

噪声的主要来源是一些大型设备,如大吨位球磨机、喷塔等。噪声直接危害操作人员的心理健康,导致操作人员心情烦躁焦虑;同时影响操作人员的正常操作和故障判断能力。

陶瓷类材料与其他材料相比,烧成阶段能耗要大得多。传统的陶瓷能耗低于精细陶瓷,如建筑陶瓷制造能耗为1.681kcal/kg。对现代陶瓷来说,若考察其整个生命周期,则其使用阶段能耗要低于一般材料。例如,汽车应用现代陶瓷,其运行阶段的能耗和二氧化碳排放量将"抵消"生产阶段的能耗与排放。过去我国陶瓷行业是国家的耗能大户,尤其是特种陶瓷。陶瓷类材料和一般材料制造阶段的能耗及 CO_2 排放量见表5-1。

陶瓷类材料和一般材料制造阶段的能耗及 CO_2 排放量 表5-1

材料种类		能耗(10^3kcal/kg)	CO_2 排放量(kg/kg)
陶瓷	氮化硅	928	214
	碳化硅	987	213
	堇青石	40	8.8
	二氧化硅	250	49
一般材料	冷轧钢板	1.8	0.47
	电解铜	3.3	0.94
	塑料	15	4.1
	铝锭	44	9.3

2)陶瓷烧成阶段的节能

陶瓷生产节能一直是以降低陶瓷工业的成本、减少环境污染为主要目标。其中,烧成是耗能的主要工序。间歇式窑是高耗能烧成方式,只用在各种特种陶瓷制品。表5-2为烧成陶瓷不同连续式窑型的对比。

烧成陶瓷不同连续式窑型的对比 表5-2

窑型	燃料	烧成方式	烧成时间(h)	生产能力(件/车)	单位热耗(MJ/kg)
旧式隧道窑	煤	明燃装烧	72	10	111.37
隔焰隧道窑	重油	隔焰裸烧	21	25	19.81
新型宽体隧道窑	燃气	明燃裸烧	12	60	6.28
辊道窑	天然气	明燃裸烧	8	36	4.19

由表5-2可知,辊道窑是热效率最高的一种窑型,目前在向高温、宽截面、大型化方向发展。通过窑炉改革的辊道化、煤气化、自动化和大型化,可极大降低能源消耗。由于辊道窑具

有产量大、质量好、能耗低、自动化程度高、操作方便、劳动强度低、占地面积小等优点，在我国的建筑卫生陶瓷和日用陶瓷业得到普遍推广。

3)陶瓷材料长寿命设计

陶瓷材料的长寿命化是减轻环境负载的有效措施。传统陶瓷材料作为日常用品除具有脆性和不耐冲击外基本上是长寿命材料。现代陶瓷具有更高的理化性能，被广泛应用在要求长寿命的设备和部件中。与金属、高分子材料相比，陶瓷的化学性质很稳定，即使在高温和腐蚀极限环境中也可以保证部件的长寿命。

以高温结构陶瓷长寿命为目标的材料设计，其第一阶段是搞清楚控制材料性能的因素。陶瓷的力学性能受抗氧化性、晶界滑移和气孔、断裂韧性等因素的影响。陶瓷材料长寿命设计主要考虑性能设计和结构设计两个方面。

(1)性能设计

以服役条件和失效分析为依据，将成分设计与结构设计相结合。

①高温性能设计

很大一部分陶瓷材料应用于高温领域，也正是在高温领域，陶瓷材料显示出其他材料难以替代的优势。

a. 高温强度、抗蠕变性能

在高温、应力条件下，多晶体由于晶界迁移而产生空洞。随着晶界迁移，在三叉晶界处发生应力集中，由此产生空洞的核心。空洞的连接会导致微裂纹生长，而主裂纹与裂纹前沿的微裂纹的连接导致裂纹进一步扩展。

陶瓷在高温、高压下的缓慢破断，可以用内部裂纹的缓慢生长来说明。裂纹扩展速度(v)和应力强度因子(K_1)间有如下关系：

$$v = AK_1^n \tag{5-1}$$

式中：n——指数。

当达到产生裂纹的临界裂纹长度时，将发生断裂。断裂所需要的时间可以通过式(5-1)计算，因此可以进行部件的寿命预测。另外，一般认为在更高温度、低应力下的破坏受空洞产生的内损伤积累的控制，而内在裂纹的扩展则是相对次要的原因。

在少数以断裂为寿命终止条件的情况下，如要求不高的高温窑具材料，尽量高的断裂应变将有利于材料寿命的提高。在多数情况下，临界应变在没有达到断裂应变时材料已经不能够有效服役，寿命已经终止。如陶瓷发动机部件，临界应变受制于部件之间必要的间隙配合，这种情况下只有降低材料的蠕变速率，才能有效提高使用寿命。

最近在超细微粒陶瓷中发现的超塑性现象，在认识陶瓷的高温断裂和变形机制方面带来了新的观点。在超塑性状态下，由于伴随晶界迁移导致的孔洞形成和裂纹扩展被抑制了，因此，超塑性陶瓷才有可能产生达百分之几百的变形而不发生断裂。

由于原料中含有微量氧化硅和金属杂质，所以在多数陶瓷的晶界上存在厚度约1nm的玻璃相。例如，将氮化硅作为烧结助剂添加金属氧化物时，工艺过程中残留的玻璃相将聚集于三叉晶界处。陶瓷的高温力学性能与时间有关并受玻璃相的黏度控制，而玻璃相的黏度随玻璃相的化学组成和结构发生显著变化。作为烧结助剂添加的稀土元素离子半径越小，则氮化硅的高温强度越高，这一点已经被人们所认识。之所以如此，是因为玻璃相中的稀土元素离子和氧离子的结合强度与离子周围的电场梯度有关，从而提高玻璃相的耐热性能。另外，通过热处理使晶界玻璃相品化，是提高陶瓷高温强度的有效方法。

b. 热震抗力设计

很多无机非金属材料服役于冷热骤变的条件下，此时决定材料寿命的关键因素是热震损伤抗力。就材料寿命而言，控制因素是热震损伤抗力。研究表明，热震损伤力参数 R^{IV} 可用下式表示：

$$R^{IV} = \frac{1}{1-v}\left(\frac{K_{IC}}{\sigma_f}\right)^2 \tag{5-2}$$

式中：K_{IC} ——断裂韧性；

v ——泊松比；

σ_f——断裂强度。

可见，对提高热震损伤寿命而言，较低的断裂强度和高的断裂韧性是有利的。

c. 抗氧化设计

固体的热力学稳定性（蒸发和分解）决定物质的极限使用温度。例如，ZrO_2的临界温度是2500℃，Al_2O_3的临界温度是2072℃。非氧化物无机非金属材料在空气中高温使用时，不可避免地面临氧化问题。在氮化硅晶界上有一层薄的氮氧化物-玻璃相，其是氧化反应时向烧结体内部扩散氧的通道，并且，玻璃相自身蒸发会引起沿晶界的龟裂。如果能通过控制组分提高氮氧化物-玻璃相的抗氧化能力，那么，预计氮化硅的理论耐热临界温度可达到1500℃的水平。碳化硅由于氧化，在表面形成一层 SiO_2 薄膜，起到阻止进一步氧化的保护膜的作用。但在1600℃以上时，由于发生释放 CO 气体的氧化反应，导致 SiO_2膜发泡而使保护层破坏，从而加速氧化过程的进行。1500℃几乎是所有非氧化物无机非金属材料使用的温度上限，其原因主要在于氧化。氧化问题也阻碍了强韧性极佳的碳纤维、碳化硅纤维增强陶瓷基复合材料在更高温度的使用。通常氧化是一个渐进的过程，最终导致材料完全失效。因此，提高抗氧化能力在许多情况下是延长使用寿命的关键。

就致密材料而言，抗氧化性对结构不敏感，通常采取的抗氧化手段是在材料表面自生或涂敷抗氧化膜，阻挡内部材料的氧化。

②强度、韧性、抗疲劳性能设计

韧性差、脆性是陶瓷材料在使用过程中的缺陷。断裂韧性是决定陶瓷材料长寿命的关键因素。作为工业材料的结构陶瓷，其最大的课题是提高陶瓷室温断裂韧性。与陶瓷同样存在脆性问题的金属间化合物，通过添加微量元素控制晶界的电子结构以克服晶界脆性，改善其室温延性。提高陶瓷断裂韧性的实际方法是通过控制多晶体的界面结合力以追求强韧性。

如果无机非金属材料服役中承受连续冲击荷载、周期性荷载，或工作于腐蚀性介质中，则会发生裂纹的慢速生长过程，从而导致材料延迟断裂（疲劳）。这种现象在玻璃类材料、氧化陶瓷、晶界含有玻璃相的碳化物、氮化物陶瓷中特别明显。陶瓷材料的疲劳寿命可以用下式近似描述：

$$f_f \propto \left(\frac{\sigma_a}{\sigma_f}\right)^{-n} \propto \left(\frac{K_1}{K_{IC}}\right)^{-n} \tag{5-3}$$

式中：σ_a ——外加应力；

σ_f ——材料断裂强度；

K_1 ——外加应力强度因子；

K_{IC}——材料断裂韧性；

n——应力腐蚀指数(疲劳指数)。

式(5-3)表明，较高的强度、韧性或较大的应力腐蚀指数，可以获得较长的使用寿命。

n 的大小反映了材料对疲劳的敏感性，n 值越小越易发生疲劳破坏。无机非金属材料应力腐蚀指数变化范围很宽，可以从玻璃类材料的 10～20 增加到非氧物陶瓷的 100 以上。需要特别指出的是，与强度、断裂韧性不同，应力强度因子并不能完全看作材料的性能常数，除了材料自身成分、结构以外，还对环境介质、荷载形式很敏感。此外，研究表明，某些对增加材料强度、韧性很明显的手段，如相变增韧、微观结构增韧、第二相增韧，对应力腐蚀指数的改变不明显。由于应力腐蚀指数的影响是指数关系，因此，这些手段不能够像增强、增韧那样显著地改变材料的抗疲劳破坏能力，这在提高无机非金属材料疲劳寿命的研究中是应该充分重视的。

③耐腐蚀、耐磨损性能设计

在石油、冶金、化工等领域应用的无机非金属材料，很多情况下其寿命决定于材料的耐腐蚀、磨损性能。尽管从总体上讲，无机非金属材料的耐腐蚀、磨损性能很优异，但在腐蚀、冲刷、磨损、高温等严酷条件的联合作用下。这种破坏常常对材料寿命带来关键的影响。耐磨损性能主要取决于材料的力学性能。耐腐蚀性能则比较复杂，既与材料化学组成有关，也与材料的微观结构，特别是晶界结构有关。

(2)结构设计

①晶粒设计

a. 晶粒尺寸设计

无机非金属材料的许多力学性能与晶粒尺寸关系密切，晶粒越细强度越高。晶粒尺寸对传统材料(包括耐火材料、传统陶瓷材料等)断裂韧性的影响较为复杂，但对致密精细陶瓷而言，影响与强度类似，晶粒越细韧性越好。因此，在多数情况下，晶粒越细的材料室温下使用寿命越长。晶粒尺寸对材料高温力学行为的影响与室温不同。

b. 晶粒形状设计

从形态上讲，无机非金属材料的晶粒大致分为：等轴晶、柱状晶和片状晶三类。具有柱状晶和片状晶的材料通常断裂面更加曲折，产生更多的裂纹偏转、桥架等增韧作用，使材料的室温力学性能得到提高。此外，柱状晶和片状晶阻碍晶粒的转动，降低材料高温晶界滑移蠕变速率。因此，不规则晶粒和大的长径比有利于获得较高的材料室温和高温使用寿命。使长柱 β-氮化硅晶粒在氮化硅基体中长大的自生复合材料，其强度和断裂韧性都比原来的材料成倍增加。

②晶界设计

无机非金属材料晶界上总是或多或少存在着第二相。这些第二相经常以玻璃相形式存在，对材料的性能，特别是高温强度、蠕变性能和耐腐蚀性能影响很大。与晶粒内部相比，晶界玻璃相不耐腐蚀，是腐蚀的薄弱环节，特别当玻璃相多且呈连续分布时更为严重。总体而言，晶界玻璃相的存在对于提高材料的性能和使用寿命是不利的，但也有例外。有时适量玻璃相的存在可以提高材料的抗氧化能力，特殊设计的玻璃相成分可能对材料的某些物理性能是关键的，如电导率。另外，出于降低烧结温度的考虑，有时还需要人为添加适量的玻璃相成分。所以，研究传统无机非金属材料生态化改造时，对晶界玻璃相的问题需要全面分析。

③多相复合设计

通过工艺控制因素，既可生长出较大长径比的晶粒，起到类似晶须增强的作用，又可以形成两(多)相复合材料。研究表明,陶瓷材料优良的性能来源于复相结构的组织约束作用显著阻碍了裂纹扩展。

采用纳米/微米复合结构。由于基体对纳米粒子的约束和隔离,使其烧结时不易长大。纳米复合材料性能优异,特别是由于纳米粒子对基体晶粒滑移、转动的阻碍,使得这种材料性能可以保持到很高的温度。纳米复合结构是提高无机非金属材料力学性能、延长使用寿命的有效结构设计手段。

纤维、晶须复合结构是最经典的复合材料制备手段,材料的力学性能优异,断裂韧性是几种复合结构中最高的。作为进一步提高韧性的途径,长纤维强化复合材料是很有应用价值的。人们期待开发出以氮化硅、碳化硅为基体,性能更加优异的长纤维强化复合材料。

发展智能自修复结构,其属于机敏材料中的一类。例如,用装有修复液体的空心纤维增强混凝土复合材料和碳纤维检测混凝土,当混凝土局部开裂时,纤维中的液体流出,侵入裂纹缝隙并凝固,达到修复作用,延长材料使用寿命或给出混凝土结构信息。这种材料已应用于混凝土大坝及桥梁等大型结构。

(3)宏观结构设计

合理的宏观结构设计,能够充分发挥材料作用,延长使用寿命;在选材和结构设计方面要注意合理性,以节约、够用为原则。传统的无机非金属材料脆性大、可靠性低,因此目前多用富余强度和大的安全系数来进行宏观结构设计。当缺乏对破坏机理的深刻认识时,大的安全系数不一定安全,如材料的疲劳破坏和低应力蠕变断裂。相反,通过对破坏机理和失效原因的分析,找到影响寿命的关键控制因素,再结合合理的宏观结构设计,则可能以尽可能少的材料获得足够的安全性。根据联合强度理论和力学状态图以及陶瓷材料上述强度特性,可以知道在工程中应当如何合理使用陶瓷材料。选取典型的金属材料(一般正断抗力 $S_k \gg$ 切断抗力 τ_k)和陶瓷材料($\tau_k \gg S_k$)为例。在较硬的应力状态下,如拉伸或缺口拉伸(多向拉伸)的情况下,由于金属的正断抗力(S_{km})远大于陶瓷的切断抗力(S_{kc}),所以此时金属材料优于陶瓷材料。在软应力状态下,如单向压缩或多向压缩的情况下,在陶瓷材料尚未发生塑性变形前,金属材料早已发生塑性变形或剪切断裂,这说明此时陶瓷材料优于金属材料。因此,为了充分发挥陶瓷材料的潜力,陶瓷尽可能在软应力状态下服役;另外,在开发新的陶瓷材料时,应当着眼于提高材料的正断抗力。

根据上述联合强度理论,对陶瓷材料进行强度设计时应注意以下几点:

a. 陶瓷材料应当尽可能避免用于较硬的应力状态(如单向拉伸、多向拉伸或缺口拉伸等)。当结构设计中孔槽等截面过渡不可避免时,应当尽可能设法降低结构设计中的应力集中,如加大圆角过渡及避免三向拉应力状态等。

b. 采用组合式结构,将拉应力状态尽可能转化为较软的应力状态。

4)新型陶瓷生态材料

陶瓷生态材料是通过改变陶瓷的化学成分和微观结构,使之成为具有高性能、高功能的材料,用以取代能耗高、寿命短等环境负载高的材料。新型陶瓷生态材料是基于现代陶瓷基础上的材料,突破原有天然矿物原料和制备工艺的范围,开发、拓展出一系列新功能。现代陶瓷的功能扩大,使陶瓷具有长寿命、节约能源、治理环境污染、保证人类身体健康等改善和保护生态环境的功能,成为建立和发展新技术产业、改造传统工业、降低环境负载、发展新能源所不可缺少的物质条件。

(1)现代结构陶瓷

现代结构陶瓷具有耐高温、耐腐蚀、耐磨损、高硬度、低膨胀系数、高导热性和质轻等优点,被广泛应用在能源、石油化工、空间技术等领域。现代结构陶瓷主要包括以下两类。

①提高能源效率和节约能源的材料

氮化硅陶瓷、碳化硅陶瓷、赛隆(Sialon)陶瓷、陶瓷纤维增强合金以及陶瓷颗粒弥散增强合金,具有导热系数低、耐高温性能,可提高能源利用率,减少大气污染,是可以承担氧化物陶瓷和金属材料无法胜任的条件下使用的材料。其中,氮化硅陶瓷已用于柴油发动机中,可明显提高燃烧效率。氮化硅陶瓷制造的涡轮增压器转子,能以 5×10^4r/min 工作 2000h,工作温度达 1200℃,使能量转换效率大幅度提高。对 300kW 发电规模气体涡轮机的热效率和 CO_2 排放量分析,表明采用金属制涡轮机热效率为 20%,而陶瓷涡轮机叶的涡轮机耐高温,入口温度可达到 1350℃,所以热效率可提高到 42%,CO_2 排放量可减少 50% 以上。

美国主要集中研究轿车用陶瓷燃气轮机和重型卡车用陶瓷低散热柴油机。陶瓷发动机的优点是不需要冷却水系统,因而重量轻,体积小,故障率低。耐热陶瓷还可以用在高温发热炉、高温反应器、核反应堆吸收热中子控制棒,高导热性陶瓷可用作大规模和超大规模集成电路的散热片。

②纳米陶瓷材料

纳米陶瓷从根本上改变了材料的结构和制造技术,有望能够清洁生产,产品具有高生态性能。例如,使用寿命长、降低能源消耗及能够净化和修复环境。陶瓷固有的缺点是性脆,即短寿命,而纳米 TiO_2 陶瓷在常温下就可以发生塑性形变,180℃下塑性形变可达到 100%。纳米陶瓷材料具有巨大表面和尺寸效应,纳米微粒构成的陶瓷烧结体密度只有原矿物的 1/10,可用于制造环境修复和净化的陶瓷材料。

陶瓷是高能耗产业,纳米陶瓷粉体的比表面巨大,烧结时的扩散速度大,烧结速度加快,缩短烧结时间,节省能源。例如,用粒径为 10 ~ 20nm 的含钇二氧化锆粉体制取的坯体,烧结仅需 7min。

(2)反应硬化型免烧陶瓷和电沉积陶瓷膜

贝壳、骨骼和牙齿等一些以 Ca 亏损磷灰为基的生物陶瓷材料,可以在室温形成和固化,并具有良好的力学性能。模仿这一生物化学过程,就可能在没有高温过程的情况下达到无机非金属材料的固结致密化,从而实现最好的环境协调性。下面以反应硬化型免烧陶瓷和电沉积陶瓷膜为例进行介绍。

①反应硬化型陶瓷-磷灰石水泥

反应硬化型陶瓷是指可在较低温度下使粉末粒子间相互反应结合的陶瓷。它与高温下使粉末粒子之间烧结类型的陶瓷不同,这是一种"化学结合型"陶瓷。磷灰石水泥与过去的高温烧结型磷灰石陶瓷不同,其可以生成与生物磷灰石类似的 Ca 亏损磷灰石硬化体,所以有希望作为自然融合型的新材料而得到应用。一般认为,硬化是水泥粉末通过粒子表面的水合作用生成 Ca 亏损磷灰石微晶而相互结合的过程。目前正在探讨作为仿生水泥应用方面的问题。作为磷灰石水泥,最初发现的是 α-$Ca_3(PO_4)_2$的水合硬化特性,之后开发出多种基本粉末成分系。

②电沉积陶瓷膜

电沉积陶瓷膜可发挥磷酸钙的生物亲和性,在力学性能优良的金属或陶瓷表面锁一层磷酸钙薄膜的研究很引人注目。传统的镀膜技术处理温度过高,会造成磷灰石分解或产生部分玻璃化组织,从而导致生物相容性降低。采用电化学方法从磷酸钙水溶液中把 Ca 亏损磷灰石沉积于阴极表面,反应条件缓和,环境负荷小。

5)陶瓷材料再生循环利用

长期以来,陶瓷废弃物并未被人们重视,被认为是无毒、无味、密度大,与天然成分相近,等同于山间的石块。另外,陶瓷废弃物的实际利用也存在困难:粉碎要消耗能源;以再生原料生产产品质量低,只能降级利用;制取低级产品,经济效益较低,所以再利用率很低。

无机非金属工业中废弃玻璃的回收利用较早,可以作为原料重新熔融再利用。但陶瓷不能溶解和熔融再回收,必须经过粉碎再利用。陶瓷生产过程产生的废弃物主要是烧成废品。生产过程中任何一个工序的缺陷都将在烧成品上表现出来,如开裂、变形、起泡、毛孔、斑点、生烧和过烧等。废品率高就意味着能源浪费、单位成品污染物排放量高。因此,提高成品率是从源头开始降低环境负载的主要措施。

(1)烧成废品的再利用

精陶、炻器、瓷器的吸水率不同,其再生用途也不同。精陶吸水率较高,在 10% ~22% 范围内,炻器在 6% 以下,瓷器 1% 以下。根据粉碎细度分类的再生品用途广泛。以烧成废品的再利用为例,其用途主要包括如下:

①吸音材料。废料粉体、熟料和助熔剂混合,成形和烧成,生成多孔吸音材料。根据粉碎粒度和性能调节气孔和孔径,达到要求的吸音性能。

②吸附材料。利用熟料的吸附能力,可吸附放射性废弃物中的放射性离子。烧成熟料对放射性离子有隐蔽能力。

③透水材料。制造方法和吸音材料相同,可以制作地砖等。

④过滤材料。与有机过滤材料相比,具有耐药品性、耐热、长寿命等优点。

⑤作为原料。再利用的废陶瓷微细粉体,在坏料配制中加入 5% ~10% 作为原料使用。作原料用废陶瓷,要求洁净、分类保管。

⑥用作助熔剂。废陶瓷微细粉体用作耐火性能相对高的建材和低级耐火材料的助熔剂。

⑦用作集材。将耐火高的(1500℃)湿法瓷器熟料用作集料。湿法成型坯料使用集材可以减少烧成收缩率和干燥收缩率,保证集料尺寸稳定性。

⑧用作农药载体。将不吸水的瓷器熟料粉碎,用作农药载体。

(2)污泥、未烧成废料的再利用

一般陶瓷工厂的污泥中,60% ~70% 是含釉料的污泥,其他则是原料污泥。釉料在生产过程中损失达 20% ~30% 。釉料价格高,又不利于污泥的再利用,因此首先应减少釉料的损失,可以从粉碎机的选型、粉碎机的洗涤方法、施釉方法、保管方法等方面采取措施。污泥主要包含陶瓷原料长石、硅石等,黏稠,难处理,废弃时对环境的破坏大。现在对污泥还没有有效的处理方法。一般可以经干燥处理再使用或分级、磁选作斑点材料或热水处理作建材。另外,还可以利用污泥作原料制取人工砂、下水管、缸砖、耐酸砖、红砖、釉瓦等。未烧成废料是陶瓷原料组成,可以返回到坯料中,也可以用作建材原料。

5.2.3 水泥混凝土

1)水泥混凝土的环境负荷

水泥混凝土是目前用量最大的土木工程材料。水泥混凝土是通过水泥等胶凝材料将砂、石等黏结而成的具有多种力学性能的坚硬固体。

(1)胶凝材料

混凝土所用的胶凝材料包括水泥及掺和料。首先,所使用的水泥必须为绿色水泥;其次,最大限度地节约水泥。水泥给环境带来相当大的负荷,减少水泥用量,更多地利用经加工处理的废渣作为掺和料,如磨细矿渣、粉煤灰、硅灰和稻壳灰等,既节约水泥,减少水泥生产中排放的 CO_2等气体,又可以改善混凝土的耐久性。

(2)砂石

混凝土体积的70% ~80%为砂石集料。为取得这些原材料,需要开山或挖取河床,破坏自然景观,改变河床位置及形状,造成水土流失或河流改道等严重后果。广东就发生过采砂危及堤坝安全的事件,现已对河道采砂做出严格的限制。砂石集料的开采应有序,不破坏环境。

(3)模板

混凝土浇筑使用的模板还有相当大部分采用木模板。木模板消耗了大量的森林资源,并影响了野生动物的生存环境和生态平衡。目前已有不同特点的模板替代,主要有 CD 胶合板模、钢模、胎模等。

①CD 胶合板模

优点:质量轻,表面平整,吸水后变形小,使用周期比一般模板高1 ~2倍。

缺点:成本较高,使用量比过去多。

②钢模

优点:周转次数高,施工质量好,经济效果好,现在使用广泛。

缺点:隔热、保温性能差,不利于冬季施工。

③胎模

优点:有利于就地取材,能适应构件的各种形状,当地材料模成本低。

缺点:工程量较大。胎模在中小型水利工程中使用较多。

(4)混凝土的制备、运输与施工

在混凝土的制备、运输与施工过程中,除了要消耗大量的能源之外,还产生振动和噪声,是城市公害的主要来源。据调查,城市噪声的1/3来自建筑施工,其中混凝土的振动为主要噪声源之一。集中搅拌混凝土,不仅消除现场搅拌混凝土所产生的振动和噪声,还有利于废料、废水的循环使用,减小废料、粉尘和废水排放。

(5)混凝土的性能

提高混凝土的性能有重要意义,主要体现为以下几点:

①提高强度,可减小结构截面面积或结构体体积,减少混凝土用量。

②通过改善施工性能,可降低施工噪声。

③通过提高混凝土耐久性,延长结构体的使用寿命,进一步节约维修和重建费用,减少自然资源使用量。

(6)循环利用

废弃混凝土废弃后,可再次作为水泥生产原料、再生集料等全部用于制造新的混凝土材料。如此循环往复,多次使用,实现混凝土材料的自身循环利用,最大限度地实现对自然资源的利用。

2)HPC 技术

HPC 技术作为一种材料或一种产业,节约资源、能源也是为了本身能够持续存在和发展。水泥混凝土作为最大宗的人造材料,对资源、能源的需求和对环境的影响十分巨大。2000 年世界水泥产量超过 15 亿 t,混凝土超过 50 亿 m^3(120 亿 t),混凝土能否长期维持作为最主要的建筑结构材料,关键在于其能否成为绿色材料,因此提出了“绿色高性能混凝土”(GHPC)的设计理念。

HPC 是在大幅度提高普通混凝土性能的基础上采用现代混凝土技术制作的混凝土。HPC 以耐久性为设计的主要指标。针对不同用途要求,对下列性能有重点地予以保证:耐久性、施工性、适用性、强度、体积稳定性、经济性。

为此,HPC 在配制上的特点是低水胶比,选用优质原材料,除水泥、水、集料外,还必须掺加足够数量的矿物细掺料(如粉煤灰、矿渣等)和高效外加剂。

目前国际上已广泛认识到,HPC 由于具有高耐久性、高施工性和高强度等特性,用 HPC 更换陈旧的混凝土结构物和建设在严酷环境中的特殊结构,具有显著的经济效益。HPC 至今已在不少重要工程中采用,并在高层建筑、长跨桥梁、海上平台、漂浮结构等工程中显示出其独特的优越性,在工程安全使用期、经济合理性、环境条件的适应性等方面也有明显的效益,因此被各国学者和工程界所接受,并认为 HPC 是今后混凝土技术的发展方向。HPC 是新型的高技术的混凝土,在性能上对传统混凝土有很大突破,在节约资源、能源,改善劳动条件,经济合理等方面,尤其在保护环境方面,有着十分重大的意义,因此 HPC 是一种可持续发展的绿色材料。

HPC 还具有其他一些特性:延长了混凝土结构安全使用寿命,尽量减少造成修补或拆除的浪费或建筑垃圾;为满足混凝土性能需求,科学地利用大量工业副产品和废弃物,减少对增加水泥熟料产量的需求,减少自然资源和能源的消耗,减少对环境的污染;大量利用粉煤灰、矿渣及其他工业废料,而有利于环境保护。HPC 具有优异的施工性能,便于施工,可节省劳力,减少振捣用电,降低环境噪声等。因此,HPC 是混凝土可持续发展的出路。

HPC 在 100 ~ 300 年以至更长时期内,不应出现材质的劣化,按照耐久性要求设计,具有优异的施工性能,体积稳定,能满足不同等级强度的要求,主要体现在以下三个方面:

(1)更多地节约熟料水泥,减少环境污染。作为混凝土主要原料的波特兰水泥,目前来说是一种不可持续发展的产品。水泥厂是污染源,排出大量粉尘和有害气体,各国已规定其排放限量。水泥工业的发展必将受到限制,必须积极改变品种和工艺,以降低能耗;必须改进应用技术。在 HPC 的胶凝材料中,工业废渣为主的细掺料将节约替代大量熟料,最多可达 60% ~ 80%。

(2)更多地掺加工业废渣为主的细掺料。以工业废渣为主的细掺料不仅可以节约替代熟料,而且可以改善环境,减少二次污染。国内外已有不少相关研究成果与工程实践,如使用水淬矿渣、优质粉煤灰、复合细掺料与复合外加剂。复合掺料以及复合外加剂能够提高掺加效率,不仅能“多掺多代”,节能节料,达到减少 CO_2 排放量与改善环境的目的,还具有提高工作性、体积稳定性、耐久性、降低温升等效果。这种因复合化带来的超叠加效应,值得加倍重视。

(3)更好地发挥高性能的优势,减少水泥与混凝土用量。利用高强度减小结构截面面积、减轻自重,在高层和大跨结构中已有不少例子;提高耐久性,保证或延长安全使用期,可获得更大的经济效益。

近十多年来,超高强水泥基复合材料(如 MDF、DSP、CBC 等)成果已为 HPC 进一步发展提供了基础。超高性能混凝土(UHPC)技术可以显著地节约水泥与混凝土用量;充分利用超高性能,可创造新的结构和构件来开辟新用途,如可制成型材,也可与金属、聚合物复合(叠合)共同作用。现在混凝土表面层的抗裂、抗渗透、抗磨耐蚀等性能较弱,利用 UHPC 的超高性能作为镶面材料,可提高混凝土的表面性能,将大大增加 GHPC 的应用范围。利用 UHPC 的突出的强度与耐久性优势,能够减轻结构物自重 1/2 ~2/3,能够节省大量砼与钢筋,将水泥与集料的环境代价减到很小。UHPC 比普通混凝土可减少混凝土量 74%,减少水泥量 32%,减少集料量 74%。

3)环保型混凝土的设计

(1)植被混凝土

植被混凝土是以多孔混凝土为基础,通过在多孔混凝土内部的孔隙加入各种有机、无机的养料来为植物提供营养,并且加入各种添加剂来改善混凝土内部性质,使得混凝土内部的环境更适合植物生长;另外,还在混凝土表面铺了一层混有种子的客土,提供种子早期的营养。日本的前田先端技术研究所在 2001 年发布了关于护岸用植被混凝土的专利公报。近年来,国内相关研究机构对植被混凝土开展了系列研究,并且已经取得了一定的成果。吉林省水利科学研究院、水土保持研究院、水利实业公司等研究单位于 1998 年开始,根据水利防护工程的特点,提出了复合随机多孔型绿化混凝土结构。其特点是:周边采用高强度混凝土保护框兼作模具、中间填筑无砂混凝土一体成型,解决了随机多孔型绿化混凝土生长基的实用构件化、边缘强度低、有效绿化面积小等问题,这种制作方法已获得国家发明专利。与日本技术不同的是,我国提出了采用普通硅酸盐水泥的理论和系列方法,提出在孔隙中存在盐碱转换并共同对植物构成威胁,是动态的盐碱性水环境,而非单纯的碱性水环境;同时,相应提出了对盐碱性水环境改造的理论及用化学、物理、土壤化学、生物化学、结构、农艺、植物生理 7 类 14 种改造方法,打破了日本有关机构提出的应采用低碱性高炉 B、C 型水泥的局限,扫除了绿化混凝土应用的障碍;采用某些农业废弃材料,通过用混凝土孔隙内残存的弱碱性分解角蛋白纤维产生氨基酸,并进一步缓慢分解为钾盐供植物吸收的方式为植物提供缓释肥。

(2)光催化混凝土

光催化混凝土是绿色建材中的一种,通过 TiO_2 的催化作用,氧化多数的有机和无机的污染物,尤其是工业燃烧和汽车尾气排放的 NO_x 气体,使其降解为 CO_2 和 H_2O 等无害物质,起净化空气、美化环境的作用。

①光催化 NO_x 的原理。

传统的治理 NO_x 的技术存在着明显的缺点,如设备投资及运行费用高、产生二次污染(如氨)等,这些方法并不适合大气中 NO_x 的脱除。

近年来,半导体光催化剂在环境污染物降解中的研究已经受到人们的广泛关注,特别是 TiO_2 光催化剂在环境污染物治理方面显示出良好的应用前景,并将逐渐成为实用的工业化技术。

a. 半导体光催化剂及其光催化原理。与金属相比,半导体能带是不连续的,在填满电子的低能价带和空的高能价带之间存在一个禁带。用作光催化剂的半导体大多是金属的氧化物和硫化物,一般具有较大的禁带宽度。

目前研究较多的光催化材料有 TiO_2、CdS、WO_3、ZnO、Fe_2O_3 等。与其他 N 型半导体相比,TiO_2 具有化学稳定性好、反应活性大等特点。在 pH = 1 时,其带隙为 3. 2eV,相当于波长为 400nm 的光的能量。在波长小于 400nm 的光照射下,能吸收波长小于其禁带宽度的光的辐射，产生电子跃迁，价带电子被激发到导带，形成空穴-电子对，并吸附在其表面的 H_2O 和 O_2；由于能量传递，形成活性很强的自由基和超氧离子等活性氧，诱发光化学反应，产生光催化作用。

b. TiO_2光催化脱除 NO_x。

lbusuki 等首先报道了 TiO_2对大气污染物特别是光催化脱除 NO_x 方面的研究；Takami 等将 TiO_2制成光催化涂料用于城市大气中 NO_x 净化；徐安武等通过研究 TiO_2光催化氧化脱除 NO_x，考察了对 NO_x 光催化净化效率的影响因素，并对 NO_x 吸附、反应动力学及机理进行了研究。

一般认为，O_2是半导体导带光致电子的俘获剂，可有效阻止电子与空穴的复合；同时，O_2通过俘获电子产生的各种活性自由基 O_2^-、·OH、H_2O_2在光催化反应过程中起着一定作用。

在光催化反应过程中，水分子提供可俘获光生空穴的经基，进而产生氧化性非常高的轻基自由基·OH。但若含水率超过某一界限，则有可能影响光催化剂的活性。实验表明，当相对湿度小于 80% 时，NO_x 光催化降解率几乎保持不变；当相对湿度大于 80% 时，则随着水蒸气含量的增加，光催化活性逐渐降低。

②光催化混凝土的制备。

光催化混凝土采用 TiO_2为光催化剂。光催化混凝土的制备有以下两种方法：

a. TiO_2 微粉掺入法。在透水性多孔混凝土制作过程中，通过距离砌块表面 7 ~ 8mm 深度范围内掺加二氧化钛微粉，使其掺入量控制在 50% 以下，可制作成具有良好的除氮氧化物功能的光催化混凝土。TiO_2 微粉选用锐钛矿型结构的微粉，其制备方法有以下三种：

(a)硫酸法。将钛铁矿干燥、破碎、除铁，加入浓硫酸，生成硫酸氧钛溶液，然后经水解、加热、分解可制得二氧化钛微粉。

(b)四氯化钛草酸或氨沉淀热分解法。在四氯化钛稀盐酸溶液中加草酸或氨水，经沉淀、分离、洗涤、加热、分解制得二氧化钛微粉。

(c)钛醇盐水解法。将钛醇盐水解、沉淀、干燥、焙烧，可制得二氧化钛微粉。

对于用 TiO_2 微粉掺入法制备的光催化混凝土，测试了其去除氮氧化物的功能，结果表明，在以 1.5L/min 的速度将 NO_x 含量为 1×10^{-6}的空气注入密闭容器中，以一定强度的紫外线进行照射，NO_x 的去除率可达 80%。这种砌块若运用于公路的铺设，去除汽车排出尾气中所含的 NO_x，可以使空气质量得到改善。

b. 光催化载体法。光催化载体法是对混凝土中的部分集料被覆一层 TiO_2 薄膜，这些集料相当于光催化剂的载体，然后把这部分集料放置于混凝土砌块表面，使被覆 TiO_2 薄膜的集料部分显露出来，从而制得具有光催化功能的混凝土。这种光催化混凝土也能够有效去除 NO_x 和其他有害气体。

TiO_2 薄膜被覆方法有以下两种：

(a)溶胶凝胶法。以钛酸丁酯为前驱体，乙醇为溶剂，盐酸或乙酰丙酮为催化剂，按适当比例分批次进行混合，边搅拌边加热，得到溶胶，将此溶胶涂覆于集料的表面上，经热处理可得到 TiO_2 薄膜涂层。

(b)聚合钛热喷法。首先将需涂覆的材料加热到 500 ~ 600℃，将双异丙氧基双辛烯乙酸酰钛溶解在适当的有机溶剂中，经喷枪喷涂在材料表面上，得到 TiO_2 薄膜涂层。

③光催化混凝土材料的应用。

将光催化技术应用于水泥混凝土材料中，开发出环境友好、能广泛应用的建筑混凝土材料，通过自然条件（如太阳光、空气及雨雪等）的作用净化环境，已经成为绿色混凝土领域的研究热点。通过在建筑表面直接喷涂 TiO_2材料或掺有 TiO_2的水泥，可以使 TiO_2牢固地黏结在建筑物的表面；或者制作混凝土砌块，使 TiO_2附着于其表面，就制成光催化混凝土材料。通过光催化混凝土的光催化作用，可以使污染物氧化成碳酸、硝酸和硫酸等随雨水排掉，达到净化空气的目的。目前，不少光催化混凝土材料已得到应用。

a. 建筑外墙材料。将 TiO_2 微粉加入水泥中，拌和制成混凝土或砂浆材料，或者将含有 TiO_2微粉的浆体喷射在混凝土外墙的表面，空气中的有害气体被吸附在其表面后，通过太阳光中的紫外线催化氧化作用使之去除，达到净化空气的功能。近年来，日本科研人员研制了一种新型的光催化涂料，只要将其涂在道路的隔音墙和建筑物的外墙上，就能有效吸附汽车等所排放出的氮氧化物。该涂料是由光催化物质氧化钛与活性炭及硅胶搅拌加工而成的 TiO_2 混合物。一旦与紫外线相遇，就会产生易引起化学反应的活性氧，使空气中的 NO_x 氧化，生成无机酸。而加入烧氧基硅烧类的硅胶，可延长 TiO_2的光催化有效时间。

b. 路面材料。将 TiO_2微粉掺入道路水泥中，制作路面的面层材料。汽车排放的尾气最先与路面材料接触，通过太阳光的照射，潮湿的水泥混凝土路面将吸附的有害气体氧化，从而净化空气。

c. 屋顶材料。由于温室效应，城市的气温比郊区和农村高 2～3℃，称为热岛现象。日本学者提出，有关消除“热岛现象”的城市建设计划之一就是在市中心的建筑物的顶部储存雨水，而其表面覆盖含有 TiO_2涂层的屋顶材料，由于 TiO_2的超亲水性，墙壁面的雨水流下后再蒸发，循环作用，不但有净化空气的作用，而且可以降低建筑物的温度，因此，可以减少酷暑时为降温产生的电力消耗。

d. 混凝土砌块。在透水的多孔混凝土砌块表面 7～8mm 深度掺入 50% 以下的 TiO_2微粉，这种砌块具有很好去除氮氧化物等有害气体的功能，可用于公路建设的路边材料或建筑物的墙体材料，去除汽车燃烧设备排放的 NO_x，使空气质量改善。日本科研人员用粉煤灰合成的粒状人工沸石集料制作多孔质的吸音混凝土，用水泥与沸石混合加入 TiO_2粉末制作面层材料。多孔质混凝土可以吸音，其范围为 400～2000Hz，用残音室法测试吸音率在 80% 以上，同时可以吸收有害气体。在强光照射下通过 TiO_2的光催化作用，把 NO 氧化成 NO_2，在水泥-沸石面层具有优异的吸附作用，可除去 70% 的 NO。

④光催化混凝土应用中存在的问题。

由于光催化反应过程中 NO_x 氧化后生成的产物 HNO_3吸附于混凝土材料的表面。因此，需要经常加以清除，才能保证 TiO_2 的光催化效应。因此，这种混凝土材料只适用于多雨地区。

光催化剂对紫外线的依赖性很强。由于光催化混凝土所采用的光催化剂为 TiO_2，禁带宽度较大，只能被 400nm 以下的紫外线激发，太阳光中紫外线只占 3%～4%，光催化剂的利用效率较低。如何提高光催化效率，开发能被可见光激发的光催化剂，是目前此领域研究的重点。

混凝土中 TiO_2微粉的长久作用如何，特别是 TiO_2微粉催化失去活性后如何活化的问题，尚未得到很好的解决。

尽管近年来光催化技术发展很快，各国相继开发了光催化产品，但是光催化混凝土及其制品的标准化研究滞后。虽然作为光催化技术的发源地日本已开始制定光催化产品的评价方法和产品规格，但尚不完善。

目前对 NO_x 催化氧化最为有效的光催化材料是 TiO_2及其复合材料。资源和价格也限制了光催化混凝土的推广应用。

4)水泥混凝土的资源化利用

废弃混凝土的资源化利用是把废弃后的混凝土作为制造混凝土材料的原材料进行利用。

(1)用废弃混凝土制备再生水泥

用再生水泥制造的普通强度混凝土及高强度混凝土与用普通水泥制造的混凝土性能基本相同,在同样的外加剂用量时,混凝土的工作性能相同,28d 抗压强度也很接近,表明用混凝土作为水泥原料制造的再生水泥性能良好。

(2)用废弃混凝土制造混凝土再生集料

混凝土结构废弃后,将混凝土块体进行破碎、筛分、干燥等工艺处理,然后用套筛将废弃混凝土碎块粒径控制在 5 ~ 20mm 范围内,用作再生集料代替部分或全部天然集料。

用废弃混凝土制备的再生集料取代天然集料配制混凝土,并测定混凝土的坍落度和硬化混凝土的强度,检查不同再生集料比例对混凝土性能的影响。用再生集料制备的再生集料混凝土硬化到一定时间后,再次破碎制造再生集料,再用于制造混凝土的集料,如此反复使用。

有关研究结果表明,当再生集料掺量低于 50% 时,对再生集料混凝土的 28d 抗压强度并无明显不利影响;但随着再生集料掺量的增加,再生集料混凝土的坍落度和表观密度略有降低。实际使用时,坍落度降低可以用掺加减水剂的方法或调整配合比的方法解决。

5.3 无机固体废弃物的资源化利用案例

5.3.1 粉煤灰的组成与基本性质

1)粉煤灰的组成

粉煤灰是燃烧煤颗粒物中所含矿物质经历了一系列变化而形成的。这些矿物质主要是硅酸盐矿物(如黏土、岩盐、长石等)和石英等,经高温晶格(除少量石英外)受到破坏而熔融,在表面张力和外部压力作用下变成液滴,逸出锅炉后急骤降温,凝固成硅酸盐玻璃态微珠(如漂珠、磁珠、沉珠等)。这些微混合物夹杂少量单体碳和石英,由烟囱排出形成粉煤灰。

燃料煤由有机物及无机物共同组成。有机物可分为挥发分及固定碳两种。有机物主要成分为碳、氢及氧。无机物的主要组成为高岭石、方解石及黄铁矿。无机物经燃烧后成为灰渣,主要成分为硅、铝、铁氧化物以及一定量的钙、镁、硫氧化物。

粉煤灰来自煤中无机组分。迄今为止,煤中发现的矿物已超过 125 种,伴生元素达 84 种以上。火力发电厂首先将原煤磨细成煤粉,煤粉与热空气一起喷入炉膛中燃烧。锅炉中煤粉的燃烧可分为两个阶段:第一个阶段是挥发分的析出、着火与燃烧,这一过程仅需 30 ~ 100ms;第二个阶段是固定炭、残焦的着火与燃烧,这一过程约需 1s。

按燃烧方式,燃煤锅炉可分为层燃炉、煤粉炉、循环流化床炉和旋风炉等类型。

我国早期建设的采用链条锅炉的电厂锅炉,这种锅炉排出的飞灰含碳量很高,目前正被循环流化床锅炉所替代。流化床锅炉对燃料的适应性很强,可以使用煤矸石、煤泥等劣质燃料。在燃烧时,燃料由燃烧室下部(上部)给入,一次风从布风板下部送入,二次风由燃烧室中部送入,燃烧室内的运行风速为 5 ~ 10m/s,并在炉内悬浮段形成强烈的扰动,燃料呈沸腾状,在炉膛内的停留时间较长,锅炉要求燃料粒度一般小于10mm,矸石经过破碎筛分即可燃烧,沸腾炉与煤粉炉相比,工作温度比较低,通常为800~900℃。

2)粉煤灰的基本性质

粉煤灰的主要化学成分是SiO_2和Al_2O_3,属铁铝硅酸盐,占支配地位的元素有Si、Al、Fe、Ca、K、Na、Mg、S和未燃尽的碳。有些粉煤灰还可能富集了铂、镓、铀、镍、铅等稀有元素。粉煤灰中的初级矿物主要有石英、玻璃、多铝红柱石,少量矿物组分有石膏、石灰、赤铁矿、方镁石等,除硅酸盐外,还有硫酸盐、碳酸盐、氧化物和硫化物。

对粉煤灰的化学成分,电厂及用户都很关心。电厂通常将烧失量作为燃烧是否完全的标志。商品粉煤灰厂及工程应用部门则将有关化学成分作为粉煤灰品质分类、分级的依据之一。例如,粉煤灰分类与氧化钙含量有关,烧失量与粉煤灰等级有关等。

我国36个粉煤灰的主要化学组成及平均值列于表5-3。

我国36个粉煤灰的主要化学组成 表5-3

成分	SiO_2	Al_2O_3	Fe_2O_3	CaO	MgO	SO_3	R_2O	烧失量
平均值	50.6	27.2	7.0	2.8	1.2	0.3	1.6	8.2

由表5-3可见,粉煤灰的主要成分为SiO_2、Al_2O_3、Fe_2O_3,其总量约占粉煤灰的85%。氧化钙含量普遍较低,基本上都无自硬性;SO_3、MgO的含量也较低,都未超过有关粉煤灰的标准。烧失量的波动范围较大,平均值也偏高,这可能与我国锅炉容量总体上偏小,燃烧不太完全有关。

我国不同厂的粉煤灰物理性能波动较大。有资料统计了68个典型粉煤灰的筛余量,80μm筛余量平均值为22.2%,波动范围为0.6%~77.8%;45μm筛余量平均值为59.8%,粒径在1~100μm范围内。粉煤灰的比表面积一般为260~500m^2/kg,因此具有较高的吸附活性。粉煤灰颗粒大小为0.5~300μm,密度为2.1~2.6g/cm^3。

综上所述,粉煤灰颗粒基本上可由低铁玻璃珠、高铁玻璃珠、多孔玻璃体及炭粒组成。燃烧程度完全的粉煤灰基本上都由玻璃珠组成,燃烧不完全时多孔玻璃体、多孔炭粒及焦炭含量较高。粉煤灰的品质主要取决于这些粒径、形貌不一的各种颗粒成分的组合比例。

5.3.2 粉煤灰的分类

根据《用于水泥和混凝土中的粉煤灰》(GB/T 1596—2017)的规定,粉煤灰按煤种可分为F类粉煤灰和C类粉煤灰。

F类粉煤灰通常是由燃烧无烟煤或烟煤所得的,并能符合这一类技术条件的粉煤灰。

C类粉煤灰通常是由燃烧褐煤或次烟煤所得的,并能符合这一类技术条件的粉煤灰,其氧化钙含量一般高于10%。

也有一些学者提出,既然粉煤灰的主要性能与其氧化钙含量有关,粉煤灰的分类方法理应基于其氧化钙含量。氧化钙含量<10%称为低钙灰;氧化钙含量>20%称为高钙灰;其余氧化钙含量称为中钙灰。

5.3.3 粉煤灰效应

粉煤灰作为一种水泥取代材料或者说活性混合材料,在世界上积累了半个多世纪的科学技术知识和各种规模的工程建设实际经验。但是，长期以来，工程界只是简单把粉煤灰按照传统的火山灰质材料来使用，在初期使用中发现，低钙粉煤灰与天然火山灰、凝灰岩、硅藻土、烧黏土等火山灰质混合材料相比，其火山灰活性的测定值远远低于这些火山灰质材料。所以在有些国家20世纪60年代的标准中，把粉煤灰列为低活性混合材料；有些专家认为粉煤灰是介于活性混合材料和惰性混凝材料之间的材料，其价值不如活性混合材料；甚至有些先进工业国家的标准为稳妥起见，规定粉煤灰只能用作填充性混合性材料。

直到20世纪70年代末，粉煤灰混凝土技术的发展，特别是粉煤灰在混凝土中应用的工程效益越来越明显，粉煤灰混凝土的应用技术终于突破了粉煤灰局限于火山灰质混合材料的传统观点。

20世纪80年代初，沈旦申等通过粉煤灰混凝土应用技术基础研究，提出了"粉煤灰效应"的假说。之后，随着我国粉煤灰混凝土技术的进步，粉煤灰效应的概念得到了进一步充实。"粉煤灰效应"的假说把粉煤灰对混凝土可能发生的效应归结为三项基本效应，即形态效应、活性效应和微集料效应。

1）形态效应

形态效应泛指粉煤灰颗粒形貌、粗细、表面粗糙度、级配、内外结构等几何特征以及色度、密度等特征在混凝土中产生的效应。一般来说，粉煤灰形态效应就是物理效应，或者说粉煤灰物理性状的作用对混凝土质量发生影响的效应。粉煤灰形态效应的主要影响在于改变新拌混凝土的需水量和流变性质。在新拌混凝土中，水泥的水化作用处于潜伏期，在这个阶段里，粉煤灰的活性效应很微弱，其物理性质是起主导作用的。

在粉煤灰形态效应中，主要的是粉煤灰玻璃微珠颗粒所特有的物理性状，能使水泥颗粒的絮凝结构解絮和颗粒扩散，同时使混凝土内部结构黏度和颗粒之间的摩擦力降低。即使粉煤灰等量取代水泥，粉煤灰玻璃微珠除少量的富铁微珠外，密度均小于水泥颗粒，能使混凝土中浆体的体积增加，明显增加润滑作用，改善混凝土的工作性。现代专家发现，优质的低碳细灰是矿物型减水剂，不仅具有类似普通化学减水剂（如木质素磺酸钙）的减水作用，而且与表面活性化学减水剂相比，优质粉煤灰的扩散和减水作用比较稳定。

粉煤灰形态效应还能改善新拌混凝土的均匀性和稳定性，这对奠定硬化混凝土的初始结构具有重要意义。此外，用粉煤灰取代部分水泥，水泥用量减少，水化热降低，这是形态效应和微集料效应的伴生效应。

粉煤灰形态效应的负面影响也很明显，如果在混凝土中应用相当数量的形态不良、疏松多孔的颗粒占优势的高碳粗灰，则不但丧失形态效应的种种优越性，而且导致混凝土质量的下降。例如，循环流化床粉煤灰颗粒大多是非圆球状的，表面圆滑程度较差，其形态效应的负面影响较为明显。

因为粉煤灰在用作水泥活性混合材料的矿物质粉体材料中，首先是以形态取胜的，而且主要起奠定硬化混凝土初始结构的作用，所以应将形态效应列为粉煤灰效应中的第一个基本效应。

2）活性效应

粉煤灰中活性成分越多，其火山灰反应能力越好。对粉煤灰活性效应狭义的理解是指粉煤灰中的活性成分。对低钙粉煤灰来说，主要是玻璃体中的活性氧化硅、氧化铝与石灰或水泥熟料水化产生的氢氧化钙发生化学反应，生成具有胶凝性能的水化铝硅酸钙。这样的化学反应就是石灰-火山灰反应，也叫作硅酸盐化学反应。火山灰质混合材料都具有这种化学反应能力，粉煤灰若与天然火山灰、凝灰岩、硅藻土、烧黏土等火山灰质混合材料相比，活性效应显然很低。但这不等同于粉煤灰的强度要差于火山灰质混合材料。按照《用于水泥和混凝土中的粉煤灰》(GB/T 1596—2017)中的水泥活性混合材料用粉煤灰技术要求规定，其强度活性指数不小于70%。这不仅仅取决于活性效应，因火山灰反应主要取决于粉煤灰颗粒表面化学的和物理的特性，在很大程度上受到形态效应的支配，也包括微集料效应的影响。

近年来的研究还指出，粉煤灰中起活性作用的玻璃微珠，在混凝土硬化初期，其表面吸附一层水膜，直接影响粉煤灰的火山灰反应以及粉煤灰混凝土的强度。此外，粉煤灰中游离氧化钙、有效碱(氧化钾、氧化钠)、硫酸盐等化学成分对活性效应有较大的影响，都可以成为粉煤灰活性反应的激发剂，所生成的水化产物中还包括钙矾石(硫铝酸钙)结晶。如果是高钙粉煤灰，还含有一些自硬性的矿物，这样更增加了火山灰活性反应过程的复杂性。粉煤灰活性效应还受到养护环境和条件的重要影响。

在粉煤灰效应的层次分析中，活性效应列在形态效应的后面是比较适当的。需要指出的是，对一般用途的粉煤灰混凝土来说，粉煤灰的活性效应只是在水泥水化过程中起辅助胶凝物质的作用。

3)*微集料效应*

粉煤灰微集料效应是指粉煤灰的微细颗粒均匀分布于水泥浆体的基相之中，就像微细的集料。最初的"微集料"是指硬化的水泥浆体中水泥颗粒尚未水化的粒芯。因为研究发现，未水化的水泥粒芯，不但其强度比水泥水化产物C-S-H凝胶的强度要高，而且其与凝胶的结合也好，所以我们认为微集料的存在有利于增加混凝土的强度。可是，用未水化熟料作为微集料代价太高，而在混凝土中掺入部分微细的矿物质粉料，也能起到微集料的作用，这样既节省了水泥，又节省了能源。粉煤灰的特征和特性集中了许多微集料作用的优点，主要包括如下：

(1)粉煤灰玻璃微珠的形态特征和特性适宜于用作微集料，特别是粒径为10μm以下的微珠，有利于浆体流动，可起到矿物减水剂的作用。粉煤灰实心和厚壁空心微珠本身的强度很高，据测试结果，厚壁空心微珠的抗压强度在700MPa以上，能起到增强水泥浆体的效果。

(2)粉煤灰玻璃微珠颗粒分散于硬化水泥浆体中，与水泥浆体的结合养护时间越长越密实，形成强度较高的界面。有关粉煤灰和水泥浆体界面处的显微硬度试验表明，在界面处粉煤灰玻璃微珠所形成的水化凝胶的显微硬度大于水泥凝胶的显微硬度。当然，这有一个养护时间发展的过程，在硬化早期，甚至28d龄期，由于粉煤灰微珠表面有水膜存在，与水泥浆体的黏结力不够强。水膜层随养护时间的增长，当水化产物的网络逐渐填充致密时，黏结力得到加强。

(3)从掺粉煤灰的水泥浆体的基相整体来看，毛细孔隙细化和致密，水化产物中$Ca(OH)_2$浓度下降，这不仅有利于粉煤灰混凝土的强度增长，而且对提高混凝土的耐久性具有重要意义。

长期以来，上述粉煤灰微集料的作用并未受到工程界的足够重视，直到20世纪80年代在对冷凝硅雾尘的研究和开发过程中才加深了对微集料作用的认识。

粉煤灰微集料效应的存在不容忽视，宜作为粉煤灰的第三基本效应，特别是在改善混凝土耐久性的配合比设计中，应当考虑和运用粉煤灰微集料效应。

总体而言，粉煤灰的三个基本效应是相互联系的。

5.3.4 粉煤灰技术要求

拌制水泥混凝土和砂浆时，作为掺和料的粉煤灰成品应满足《用于水泥和混凝土中的粉煤灰》(GB/T 1596—2017)要求，具体见表5-4。

拌制混凝土和砂浆用粉煤灰技术要求　　表5-4

项目		技术要求		
		Ⅰ	Ⅱ	Ⅲ
细度(0.045mm方孔筛筛余)，不大于(%)	F类粉煤灰	12.0	30.0	45.0
	C类粉煤灰			
需水量比，不大于(%)	F类粉煤灰	95	105	115
	C类粉煤灰			
烧失量，不大于(%)	F类粉煤灰	5.0	8.0	10.0
	C类粉煤灰			
含水率，不大于(%)	F类粉煤灰	1.0		
	C类粉煤灰			
三氧化硫，不大于(%)	F类粉煤灰	3.0		
	C类粉煤灰			
游离氧化钙，不大于(%)	F类粉煤灰	1.0		
	C类粉煤灰	4.0		
安定性　雷氏夹沸煮后增加距离，不大于(mm)	C类粉煤灰	5.0		

5.3.5 粉煤灰对混凝土性能的影响

1)粉煤灰对混凝土拌合物性能的影响

(1)工作性和用水量。优质粉煤灰可改善混凝土的工作性。在粉煤灰混凝土与基准混凝土工作性相等的条件下，粉煤灰混凝土单位用水量有可能降低，使用粗粉煤灰会导致用水量增加。

(2)坍落度和坍落度损失。用坍落度试验控制新拌粉煤灰混凝土的工作性，大量实践证明还是比较合适的，对新拌粉煤灰混凝土工作性变异的反应也比较敏感；劣质粉煤灰的负效应也会导致坍落度的减小。国内外经验证明，混凝土中掺加粉煤灰在热天可以显著降低新拌混凝土的坍落度损失率。

(3)泌水性。泌水现象是由于新拌混凝土的组分中固体颗粒下沉而水分上升而产生的。泌水影响混凝土上层表面的质量，损害混凝土耐久性。粉煤灰在混凝土中可以弥补混凝土中水泥用量和细集料中细粉部分的不足，有利于保水性和堵截泌水的通道。矿渣水泥中掺加部分粉煤灰也能改善矿渣硅酸盐水泥的泌水性。

(4)凝结时间。与基准混凝土对比，一般掺加粉煤灰能延缓新拌混凝土的凝结时间。凡掺量大的都要比掺量少的混凝土凝结时间要长些。这对热天施工以及一些要求缓凝的混凝土工程粉煤灰来说,延缓凝结时间反而成为优点。

(5)易泵性。一般粉煤灰混凝土的易泵性可得到改善。

(6)抹面性能。粉煤灰混凝土容易抹面。但是这种效果只有在采用优质粉煤灰时才比较明显。在国内曾发现在使用质量较差的粉煤灰的情况下,新拌混凝土保水性差,面层浮浆、浮灰、浮炭粒,装饰性不良,有损混凝土质量。

(7)水化热。用粉煤灰取代部分水泥,水泥用量降低,水化热量减少,不仅能使顶峰温度下降到能避免发生裂缝的温升限值之下,还能缓解放热速率。

2)粉煤灰对硬化混凝土性能的影响

(1)早期强度。粉煤灰混凝土的早期强度降低,其原因是部分水泥为粉煤灰所取代,早期硬化混凝土中水化产物数量减少,粉煤灰颗粒活性组分的化学反应迟缓,颗粒周围的水膜层间隙尚未填实,较大的孔隙和敞开的毛细孔较多,结构密实性较差等。这个缺点会引起拆模时间延迟,工期延长,影响施工进度等。

(2)养护温度和湿度。工程实践证明,当养护温度超过20℃时,有利于发挥粉煤灰的活性效应,因此在温度较高的地区推广粉煤灰混凝土比较有利。粉煤灰早期的潮湿养护十分重要,只有在保证有足够水分的条件下,才能使水泥进行水化反应,以及氢氧化钙与粉煤灰进行二次反应。

(3)28d龄期强度与后期强度。28d龄期等强度的粉煤灰混凝土的其他性能基本上也与同龄期的基准混凝土接近。但是,这种28d龄期等强度的粉煤灰混凝土毕竟仍处于充分成熟期,其潜力是相当可观的。粉煤灰混凝土90~180d龄期的后期强度还可增加20%~30%,180~360d龄期的强度可能增加50%~70%。如果按后期强度设计粉煤灰混凝土,可节约水泥用量。粉煤灰混凝土28d龄期抗拉强度和抗弯强度,比等强度普通水泥基准混凝土的略高。

(4)徐变。影响混凝土徐变的因素很多。如果粉煤灰混凝土因长期强度提高,徐变有所减小。由于粉煤灰的活性效应和微集料效应,可减少水泥浆体中氢氧化钙结晶的形成。增强混凝土的结构密实度以及水泥浆体、粉煤灰、集料之间的界面结合强度,能使徐变值明显减小。

(5)收缩性。混凝土的收缩性在新拌混凝土塑性阶段就已开始,以后随着混凝土内部水分散失继续收缩。混凝土的收缩性主要取决于混凝土单位用水量、混凝土内胶凝材料浆体的体积、水泥种类和用量、集料种类。如在用水量相同的情况下,粉煤灰使胶凝材料浆体体积有所增加,则收缩性略有增大。

(6)抗渗性。粉煤灰混凝土的抗渗性能够显著提高的原因,主要是粉煤灰效应使混凝土的结构密实度提高。粉煤灰可改善混凝土的和易性,使之容易浇捣密实。

(7)抗化学侵蚀性能。粉煤灰混凝土的抗化学侵蚀性能包括抗海水侵蚀、抗硫酸盐侵蚀等。

①海水对混凝土的化学侵蚀主要是镁、氯和硫酸根离子的共同作用。粉煤灰混凝土可明显降低海水的侵蚀作用:因较致密,提高了抗渗性,且混凝土中$Ca(OH)_2$含量较低,水化硅酸钙的钙硅比也较低,这些都有利于提高抗海水侵蚀。

②硫酸盐侵蚀也是混凝土化学侵蚀的常见形式。硫酸盐侵蚀主要包括两个作用:

a.可溶性氢氧化钙与硫酸盐作用生成硫酸钙,引起石膏膨胀。

b.水泥矿物中的铝酸三钙与石膏反应生成钙矾石(水化硫铝酸钙),引起膨胀破坏。

低钙粉煤灰能提高混凝土的抗硫酸盐侵蚀能力。由于粉煤灰的三个基本效应,不仅使混凝土更致密,而且降低了混凝土中的 $Ca(OH)_2$ 含量,从而提高了抗硫酸盐侵蚀的能力。但高钙粉煤灰不具备此特性。

总体而言,粉煤灰混凝土一般比普通混凝土有更好的抗化学侵蚀性能。

(8)抗冻性。混凝土的抗冻性取决于其引气量、集料的稳定性、水泥的水化程度及混凝土的含水率等。粉煤灰混凝土早期强度发展较慢,因此其早期抗冻性能较差。粉煤灰抗冻性的研究结果差别较大,有的优于普通混凝土,也有的粉煤灰混凝土抗冻性试验表明,有时会出现抗冻性低于基准混凝土的情况,其原因除了所用的粉煤灰质量差、变异大、养护不良等原因外,还因为掺加低钙粉煤灰的混凝土强度发展迟缓,28d 龄期强度偏低。

(9)碱-集料反应。粉煤灰能有效抑制碱-集料反应,主要是依靠粉煤灰效应的发挥来拦截与活性集料反应的碱。与此同时,混凝土细孔中的碱溶液为激化粉煤灰效应提供了良好的环境。需要说明的是,粉煤灰的品质对抑制碱-集料反应有相当大的影响。若粉煤灰中碱含量高则不利,而氧化硅含量越高越有利;粉煤灰中晶体成分有利于抑制碱集料反应,而对定形矿物则不利。

(10)耐磨性。有些欧美国家较早采用了粉煤灰混凝土路面,包括用于表面的磨耗层。道路工程多年实际经验表明,粉煤灰混凝土能胜任路面混凝土要求较高的耐久性和耐磨性。近年发展的粉煤灰碾压混凝土以及高掺量粉煤灰路面混凝土的实际工程已证明,其耐磨性是良好的。

(11)抗碳化性能。粉煤灰混凝土抗碳化性能差于普通混凝土。粉煤灰降低了混凝土中 $Ca(OH)_2$ 的含量,这有利于抗硫酸盐腐蚀及海水侵蚀,但对抗碳化是不利的。此问题已引起人们的高度关注。

3)不同燃煤锅炉粉煤灰对水泥性能的影响

苏达根等研究了煤粉燃烧锅炉的原状粉煤灰与循环流化床锅炉原状粉煤灰的形貌等差异,研究了其对水泥性能的影响,主要包括如下:

(1)不同类型的燃煤锅炉粉煤灰的组成及形貌差别较大。循环流化床锅炉粉煤灰的玻璃相含量较低,且颗粒的圆滑程度明显差于煤粉燃烧锅炉原状粉煤灰。煤粉燃烧锅炉原状粉煤灰颗粒多数呈圆珠状;循环流化床锅炉粉煤灰圆珠状颗粒甚少,多数为形状不规则、表面粗糙的颗粒。

(2)部分循环流化床锅炉粉煤灰的烧失量低于 8%,既能用作水泥混合材料,又能用作拌制混凝土和砂浆;还有相当部分粉煤灰烧失量在 8% ~15% 范围内,不能用作水泥混合材料,仅能用作混凝土和砂浆掺和料。

(3)循环流化床原状粉煤灰的需水量比一般大于煤粉燃烧锅炉原状粉煤灰,甚至大于 115%,未能达到用于拌制混凝土和砂浆的技术要求。比表面积相近的循环流化床磨细粉煤灰的需水量比依然大于煤粉燃烧锅炉磨细粉煤灰,但可达到用于拌制水泥混凝土和砂浆掺和料粉煤灰需水量比的技术要求。

(4)煤粉燃烧锅炉原状粉煤灰的强度活性指数高于循环流化床原状粉煤灰,且后者的强度活性指数普遍较低,相当部分还低于 70.0%,未能达到水泥活性混合材料用粉煤灰的技术要求;比表面积相近的煤粉燃烧锅炉磨细粉煤灰的强度活性指数依然高于循环流化床磨细粉煤灰,但后者可满足水泥活性混合材料用粉煤灰的技术要求。

(5)煤粉燃烧锅炉原状粉煤灰对水泥与萘系和聚羧酸系高效减水剂相容性的影响效果远优于循环流化床锅炉原状粉煤灰;两类粉煤灰经粉磨至相近比表面积,煤粉燃烧锅炉磨细粉煤灰对水泥与萘系和聚羧酸系高效减水剂相容性仍优于循环流化床锅炉磨细粉煤灰。

5.3.6 利用粉煤灰生产砌体材料

1)蒸压加气混凝土砌块

(1)蒸压加气混凝土砌块的分类和技术要求

以粉煤灰、石灰及少量石膏、水银、铝粉等为原料可生产蒸压加气混凝土砌块。根据《蒸压加气混凝土砌块》(GB/T 11968—2020)规定,砌块按外观质量、体积密度和抗压强度分为优等品(A)、一等品(B)、合格品(C)三个等级。砌块按抗压强度分5个强度级别,即A1.0、A2.0、A2.5、A3.5、A5.0。

(2)蒸压加气混凝土砌块的特性

蒸压加气混凝土砌块的特性包括如下:

①多孔轻质。一般加气混凝土砌块的孔隙达70%~80%,平均孔径约为1mm。其热导率为0.14~0.28W·m/K,只有黏土砖的1/5,保温隔热性能好。用作墙体可降低建筑物采暖、制冷等使用能耗。加气混凝土砌块的表观密度小,一般为黏土砖的1/3。

②有一定的耐热和良好的耐火性能。加气混凝土属于不燃材料,在受热至80~100℃以上时会出现收缩和裂缝,但是在700℃以前不会损失强度,具有一定的耐热性能。

③有一定的吸声能力,但隔声性能较差。加气混凝土的吸声系数为0.2~0.3。由于其孔结构大部分并非通孔,吸声效果受到一定的限制。轻质墙体的隔声性能都较差,加气混凝土也不例外。这是由于墙体隔声受“质量定律”支配,即单位面积墙体重量越轻,隔声能力越差。用加气混凝土砌块筑的150mm厚的加双面抹灰墙体,对100~3150Hz平均隔声量为43dB。

④干燥收缩大。与其他材料一样,加气混凝土也会干燥收缩,吸湿膨胀。在建筑应用过程中,如果干燥收缩过大,在有约束阻止变形时,收缩形成的应力超过制品的抗拉强度或黏结强度,制品或接缝处就会出现裂缝。为避免墙体出现裂缝,必须在结构和建筑上采取一定的措施,而严格控制制品上墙时的含水率也是极其重要的,最好控制上墙含水率在20%以下。

⑤吸水导湿缓慢。由于加气混凝土砌块的气孔大部分是“墨水瓶”结构的气孔,只有少部分是水分蒸发形成的毛细孔。所以,孔肚大口小,毛细管作用较差,导致砌块吸水导湿缓慢。加气混凝土砌块体积吸水率和黏土砖相近,而吸水速度却缓慢得多。加气混凝土的这个特性对砌筑和抹灰有很大影响。在抹灰前如果采用与黏土砖同样方式往墙上浇水,黏土砖易吸足水量,而加气混凝土表面看来浇水不少,实则吸水不多。抹灰后砖墙壁上的抹灰层可以保持湿润,而加气混凝土砌块墙抹灰层反被砌块吸去水分而容易产生干裂。

需要说明的是,加气混凝土砌块应用于外墙时,应进行饰面处理或憎水处理。因为风化和冻融会影响加气混凝土砌块的寿命。长期暴露在大气中,日晒雨淋,干湿交替,加气混凝土会风化而产生开裂破坏。在局部受潮时,冬季有时会产生局部冻融破坏。

加气混凝土砌块广泛用于一般建筑物墙体,多用于非承重墙,也可用于多层建筑物的承重墙。体积密度级别低的砌块常用于屋面保温。

2)粉煤灰砖

粉煤灰砖是以粉煤灰、石灰为主要原料,掺加适量石膏和集料经坯料制备、压制成型(高压或常压)、蒸汽养护而成的实心粉煤灰砖。粉煤灰砖根据抗压强度和抗折强度将产品强度级别分为四级,即20、15、10、7.5;根据外观质量、强度、抗冻性和干燥收缩分为优等品(A)、一等品(B)、合格品(C)。

5.3.7 粉煤灰在农业方面的应用

1)粉煤灰改良土壤

从20世纪60年代开始,就有利用粉煤灰改良土壤的试验,美国、英国、苏联、日本、联邦德国等国家先后开展研究并取得了较好效果。

以不同类型土壤试验的结果,施用适量粉煤灰,小麦、玉米、水稻、黄豆、谷子、山宇、棉花、蔬菜等也有一定的增产效果。

2)粉煤灰对土壤理化性质的影响

(1)降低黏土中黏粒含量,改良土质。据山西、天津试验,每亩施粉煤灰1万~10万kg,黏土中黏粒含量可减少5%~8.9%,而且黏粒含量是随施粉煤灰量的增加而递减的,有显著的直线负相关性。

(2)减少黏土堆积密度。

创新成果漫谈

环境保护科学技术奖一等奖——利用燃煤电厂脱硫石膏改良盐碱地关键技术研究与应用

随着我国对燃煤火电厂的排放要求越来越严格,所有电厂都要安装脱硫装置。一方面,目前我国每年电厂脱硫石膏的产量已经超过了7000万t;另一方面,我国的盐碱地总面积超过5亿亩。利用燃煤电厂的烟气脱硫石膏改良盐碱地,不仅可以解决大量脱硫石膏的资源化利用问题,而且可以改善盐碱地区的生态环境,增加耕地面积,提高作物产量。归纳该技术的应用领域有电力行业、环保行业、土壤改良、农业生产。

技术原理及性能指标:利用脱硫石膏进行盐碱土壤的改良,脱硫石膏中的钙离子会置换土壤胶体上的代换性钠,从而可以改善土壤结构,降低土壤的碱化度和pH值,实现盐碱土壤的改良。本项目可实现盐碱地春改春种,当年就可以使不能种植作物的重度盐碱地改良为可以种植的农田,改良效果十分显著。改良当年可种植玉米、向日葵、水稻、棉花、甜菜、苜蓿、糜子、燕麦等常规作物,出苗率、保苗率和产量可达到当地中产田以上水平;改良3年后,可达到当地良田水平,部分地块可种植西红柿、萝卜、土豆、油麦菜等蔬菜作物。

技术的创造性与先进性:在国外,利用脱硫石膏改良土壤的研究始于20世纪90年代,但主要用于改良酸性土壤、矿山的修复和复垦等方面,而用于改良盐碱土壤的研究是在2007年之后才开始的。在国内,1995年,本项目团队的先驱徐旭常院士和陈昌和教授就提出了脱硫石膏可以用于盐碱土壤改良的设想,并着手进行理论和实验研究。与国内外同类技术相比,本技术处于领先水平。

本项目在理论、方法和实践方面均取得了重要突破,成果创新性和先进性主要包括如下:

(1)构建了脱硫石膏改良盐碱土壤技术的生态风险评价体系。该体系包括评价指标、评价内容、评价方法、评价标准、风险等级。根据生态风险评价体系对脱硫石膏、土壤、地下水、植物体的重金属含量进行了长期、多点监测,结果表明:利用脱硫石膏改良盐碱地后,土壤、水体及植物体中的重金属含量符合国家相关标准要求,明确了脱硫石膏改良盐碱地的生态安全性,为脱硫石膏在盐碱地改良上的应用奠定了基础。

(2)验证了脱硫石膏改良盐碱土壤的技术理论。其技术原理可借鉴石膏改良盐碱土壤,即利用石膏中的钙离子置换土壤胶体上的交换性钠、镁离子,改变土壤盐基离子组成;将碳酸盐、氯化盐等对植物生长危害性较大的盐类转化为危害较小的硫酸盐,降低离子毒害;降低土壤 pH 和碱化度,改善土壤理化特性和团粒结构,加速土壤脱盐;补充植物生长所需的钙、硫等营养元素,促进植物生长。但与天然石膏相比,脱硫石膏因其粒径相对较小,更容易与土壤发生化学和物理反应,提升了土壤改良效果,有利于突破天然石膏在土壤改良应用的瓶颈。

(3)研发了基于脱硫石膏的盐碱土壤改良系列核心技术并进行了工程化实施。首次提出了基于脱硫石膏改良盐碱地技术的测土配方改良的新思路和新方法;以脱硫石膏为主要成分,通过添加有机和无机促进剂,研发了复合型高效土壤改良剂;研发了改良剂专用抛撒机,实现了改良剂的均匀撒施。根据盐碱地特点分区分类制定了利用脱硫石膏及其复合高效型土壤改良剂改良盐碱地的技术方案,针对性地制定了改良技术路线和工程化改良流程,并在我国东北、西北、华北内陆盐碱地区进行了工程化实施。

第6章

金属类生态环境材料

6.1 金属材料的环境负荷

我国目前有一些单位通过LCA方法进行铸铁件生产的环境协调性评价、转炉炼钢的环境负荷评价、钢铁生产的环境污染及系统评价。国内在LCA定量化评价方法学的研究方面，兰州大学和重庆大学为LCA的定量化开创了一定的基础。

6.1.1 纯金属环境负荷的计算评价

1)金属材料生产过程的输入输出参数

刘江龙提出了如何确定金属材料生产过程的输入输出参数，计算金属材料生产中的环境负荷值，根据金属材料生产的工艺流程，确定具体的资源、能源、废弃物量的计算方法。

(1)环境负荷的资源因子

材料生产所需的各种资源的总量称为资源因子。不同资源在生产过程中对环境的影响是不同的。自然资源(原始资源)是人类目前消耗得最多的资源，其消耗过程是不可逆的。因此，自然资源在材料的生产中有较大的作用和地位。由于不同资源的特征各异，导致不同的资源在生产中对环境具有不同程度的影响。分别考虑不同影响的程度和作用，将材料的生产过程划分为若干级。

①一级材料生产。

一级材料生产中的资源(或原料)为自然资源,其资源因子中需要考虑资源自然属性等方面的特征,可用加权法计算。

②二级及多级材料生产。

自然资源经历过一级过程(开采、筛选)后,作为二级材料生产工艺输入项,送至第二级过程。此时,二级材料产品的资源因子 R_2 应该等于该生产中所用的各种一级材料携带的资源因子的总和。

(2)环境负荷的能源因子

与资源一样,能源消耗是金属材料生产中的重要输入项。一级材料产品的能源消耗就等于一级材料产品中的净能耗量。

(3)环境负荷的废弃物因子

材料生产过程中的废弃物是目前对环境影响最大且最直接的因素。废弃物根据状态可分成气体污染物、液体污染物和固体污染物三部分。

①气体污染物。

材料生产过程中排出大量的废气,包括粉尘、有害气体和无机毒害物。其中主要污染物为 SO_2、NO_x、粉尘、烟尘等。虽然这些污染物的排放量及污染机理不同,但对人体健康的危害都极大。因此这里主要考虑 SO_2、NO_x 粉尘、烟尘 4 种物质对环境的影响。以生产过程为考察对象,以排出口为边界。

②液体污染物。

液体污染物的总量以六价铬(Cr^{6+})的当量来表示。

③固体废弃物。

固体废弃物对环境的影响主要是占用土地和污染水体,仅考虑前者。如用土地资源的使用系数来表示固体废弃物对环境的影响。

该方法是目前国内一种研究金属材料 LCA 定量评价方法。但该方法计算还可进一步完善,以提高 LCA 结果可信度。如计算中均采用等权重系数,主与次不够分明,且模型中带权重系数太多,往往受主观因素影响较大,加权值的准确确定较困难。

2)纯金属环境负荷的定量计算原则

苏向东、王天民等提出了有色金属材料的环境负荷定量评价模型及相关计算原则。

(1)LCA 评价的函数关系

根据山本良一等对 LCA 评价的论述及 ISO 等制定的关于 LCA 的有关文件,以材料全生命周期中的各种资源消耗、能源消耗和废弃物排放这 3 个要素,构成了环境负荷的主要因子,将材料的环境负荷值(Environmental Loading Value)描述为一个加权的函数关系,即

$$\mathrm{ELV} = \sum_{j=1}^{3} a_j EF_j \quad (j = 1,2,3) \tag{6-1}$$

式中:ELV——材料的环境负荷值,kg 或 t;

a_j——第 j 个环境要素的加权系数;

EF_j——第 j 个环境要素。

(2)边界条件限定

纯金属提取的环境负荷,与其在地壳中的分布、丰度、物理化学性质、成矿类型等密切相关,即使同一种金属的提取,都存在几种冶炼方法和处理流程,而不同的冶炼方法对矿石的要求及环境的影响都不尽相同。因此,在计算 ELV 之前,应首先确定各金属元素的冶炼技术参数,然后将计算的边界条件限定在从原矿投入到纯金属的产出。

(3)环境要素中各因子的取值

3 个环境要素中各因子的取值,应从该金属的实际提取冶金过程中定量调查获得。

(4)废弃物利用问题

废弃物为气、固、液的总和,对废弃物进行的综合利用暂不考虑。

(5)人体对金属元素的允许日摄入量

综合各种金属的生物效应,用环境负荷再除以人体对该金属元素的允许日摄入量 B。

(6)相对环境负荷

对作上述处理后的环境负荷,以 AI 为 1,进行规一化,即得到各纯金属的相对环境负荷值 RELV,按式(6-2)计算:

$$RELV = (ELV \times ELVAI)(BAI \times B) \tag{6-2}$$

式中:ELV——某一纯金属的环境负荷,t;

ELVAI——工业纯 AI 的环境负荷,t;

BAI——人体对 AI 的允许日摄入量,mg/d。

3)工业纯金属材料的环境负荷

苏向东等按上述原则进行数据采集后,计算得出制备 1t 纯金属材料的环境负荷,列于表 6-1。

制备 1t 纯金属材料的环境负荷值 表 6-1

名称	AI	Mg	Pb	Zn	Sn	Cu	Si	Mn
丰度(mg/kg)	81000	17000	10	80	2	50	291000	1000
矿物类型	水硬铝石	白云石	方铅矿	闪锌矿(ZnS)	脉锡、砂锡	低品位铜矿	硅石	菱锰矿
矿物品味	50% Al_2O_3	12.6%	3% ~9%	8.5%	0.1%	1.5%	—	—
精矿品位	—	煅烧白云石 24.7%	66%	28% 混精矿(40% Zn)	49% SnO_2	1.5%	99% SiO_2	22%
冶炼方法	混联法	硅热法	QSL 法 + 火法精炼	密闭古风炉 + 精馏	反射炉还原 + 火法精炼	L-Sx-Ew 法	电炉还原熔炼	湿法电积
回收率	91% Al_2O_3 94% AI	还原 Mg72% 精 Mg90%	99%	95% 鼓风炉 99% 精馏	98%	75%	85.8%	65%
原料投入(t)	4.4	11.6	1.53	2.55	2.06	88.9	2.52	7
辅料投入(t)	0.732	2.002	15.5	1.360	0.574	4.104	2.033	3.11
能源消耗(t)	9.662	14.298	0.5470	1.959	1.6802	1.5100	5.4200	4.861
废弃物(t)	21.110	10.600	15.980	7.5	1010.06	118	3.8	28.9

续上表

名称	Al	Mg	Pb	Zn	Sn	Cu	Si	Mn
环境负荷(t)	35.89	38.5	33.557	13.369	1014.37	212.5	13.77	43.871
人体允许摄入量(mg/d)	45	120	0.3	18	17	3	30	3.1
相对环境负荷	1.000	0.402	140.17	0.931	74.773	88.763	0.575	17.734

注:1. 各种能源与千克标准煤(kg)间换算,即 1t 新鲜水≈0.257kg、1kW·h≈0.429kg、$1m^3$ 空气≈0.040kg、1kg 碳电极≈1.157kg、1t 蒸汽≈0.142kg。

2. 经计算得出各工业纯金属的环境负荷列相对排序为:Pb > Cu > Sn > Mn > Al > Zn > Si > Mg。

6.1.2 铁合金的环境因子量

环境因子是指材料生产中的资源因子、能源因子和废弃物因子(气体、液体、固体),是表征材料生产过程对环境因子的基本参量。刘江龙对铁合金等材料生产中的环境因子进行了计算。

1)一级生产中的环境因子

首先,计算一级生产中的环境因子,包括炼焦精煤和冶金过程的其他产品。

炼焦精煤所用的自然资源为煤矿,品位50%。炼焦精煤的含碳量约为78%。每吨炼焦精煤消耗1.80t原煤,排出矸石及废渣0.80t。煤在冶金工业中既是还原剂,又是发热剂,是一种冶金工业中的重要资源和能源。从原煤变成精煤包括一系列的工艺过程,如开采、筛选、洗煤等。精煤生产中的输入项是煤矿资源和少量的能源,而输出项是精煤产品和废弃物。气体废弃物主要是烟尘、粉尘、二氧化硫,液体废弃物是生产中排出的各种水污染物,固体废弃物是矿山开采中堆积的大量矸石等物质。

在冶金工业中,除了炼焦精煤这个一级材料产品之外,生石灰、铬矿、锰矿、硅石、钛矿、氧气、氧化镁、铝土矿、钨精矿、钛精矿、钒矿石、钼矿、镍精矿等都属一级材料产品。确定其资源因子、能源因子及气体废弃物、液体废弃物、固体废弃物各项环境因子值。

2)二级生产中的环境因子

二级材料生产中的新涉及的原材料主要是焦炭、冰镍和氧化镁。

(1)焦炭由炼焦精煤在900~1000℃干馏制得。每生产1t焦炭消耗炼焦精煤1.402t,新鲜水5.545t。前一级炼焦精煤的环境影响应计入焦炭的生产之中。

同理分别计算焦炭资源因子、能源因子及气体、液体、固体废弃物各项环境因子值。焦炭生产中的能源项应包括焦炉煤气、高炉煤气、新鲜水和循环水;生产过程中的能量输出项为部分焦炉煤气。焦炭生产中的废弃物对环境的危害主要有气体污染物和液体污染物。在焦炭生产中,其固体废弃物的排放量较小,并多可作为化工原料,所以固体废弃物的环境影响仅考虑炼焦精煤所携带来的环境因子值。

(2)冰镍生产中的主要原料是镍精矿。每生产1t冰镍约消耗12t镍精矿。生产中的工序能耗为0.80t标准煤。依据二级材料产品生产中的环境因子量的计算公式,可以求出冰镍的各项环境因子值。

(3)氧化镁采用海水添加石灰石得到氢氧化镁,加热分解则为氧化镁。其资源丰富,不受限制。每吨氧化镁需要石灰1.85t,消耗能量0.35t标准煤。从而求出氧化镁的各项环境因子量。

3)三级生产中的环境因子

(1)资源因子

生铁、硅铁、铬铁、锰铁、硅锰合金、电解铝和电解镁等属于这个过程生产的原材料。从铬铁、硅铁、锰铁、硅锰合金等铁合金在冶炼中的原料消耗可以求出常用铁合金产品的资源因子。

(2)能源因子

从几种铁合金的能耗值可得其环境负荷的能源因子,包括电能、新鲜水、循环水、蒸汽、焦炭、电极糊和煤。

(3)环境因子

上述铁合金材料生产中的固体废弃物可用作水泥厂的原料,则其固体废弃物量仅涉及原料携带的环境因子值。其生产中只考虑气体污染物和水体污染物。

6.2 金属材料的生态设计

金属材料生态设计的方向是追求低环境负荷、安全性、功能性和经济性。金属材料节省资源、能源,降低环境负载最有效的途径是可循环再生性,所以目前研究的重点是可循环再生金属材料设计。金属材料的设计要求:不使用循环再生过程中难以除去的元素;尽可能不使用枯竭性元素;不使用有毒元素;不采用在循环再生过程中难以分离的生产方法。

6.2.1 可循环再生设计

材料可循环再生设计是在设计阶段就要充分考虑循环再生,这样不仅比后期处理难度小,而且效益高。金属材料是易于循环再利用的材料。若要使金属材料充分扮演好环境材料这个角色,就必须充分利用循环使用的特点以降低环境负担。可循环再生设计采用的手段除以合金成分为对象外,还有控制金属组织、强化金属性能和杂质无害化方法。例如,Fe-C-Si-Mn 体系、Fe-Cr 系统、纯铝系统、Al-Mg 系统、纯铁系统、Ti-Fe-Al 系统等。金属材料可循环再生的理想状态是"高纯度化"和"组成单一化",但这需要高能源和大量资源,并且实用性也低。特别是结构材料,有强度要求,一般是通过合金化来实现的。金属高纯度化则要求可循环再生基本合金体系要尽可能地与纯金属组成相近,合金添加容易除去元素则要求第二元素是不妨碍再生的种类和容许量,第三元素要求添加最小量。

1)低合金化

低合金化是指在保持材料性能指标基本不变的前提下,尽量降低金属材料的合金元素含量或合金元素数目。传统的金属材料为了满足高性能化,通过添加合金元素和控制结晶等微观组织来实现,但金属使用废弃后重熔回收,一般很难除去合金元素和杂质,也就降低了可循环再生性。可循环再生设计的重点是大量消费的合金材料,既满足性能要求,又减少合金元素添加种类和数量成为研究的重点。20 世纪 80 年代以来的研究说明金属材料是可设计的材料,并且可以设计成可循环再生金属材料,目前虽然积累了很多理论基础和实践例证,但整体上说是发展中的科学,还不够成熟。

关于合金元素最少化的可能性,一般通过对高纯金属性质的研究,明确与其他元素共存时，其他元素真正的作用，以修正以往对合金元素常识性的认识，作为必要元素降低添加量和添加元素种类单组分化的依据。例如，日本金属材料研究所进行 10^5h 蠕变试验研究，结果认为从含 0.5% Mo 到 12% CrMoWv 合金元素的 10 种铁素体耐热钢，其高应力，即低温、短时间的蠕变强度和钢种有很大不同，而低应力，即高温、长时间各钢种具有几乎相同的蠕变强度。铁素体耐热钢基体长时间即到达基底蠕变强度。对纯铁来说，添加碳和微量铝(0.03% Mo)即可与基底蠕变强度一致。研究表明，铁素体耐热不论含有哪些合金元素，其长时间蠕变强度取决于微量铝达到固溶量和碳的固溶强化机理。由微量碳和铝的固溶就可以显著地改变蠕变强度，这是对传统合金成分作用认识的修正，也说明合金元素最少化的可能性。

2)非敏感元素的合金化

非敏感元素的合金化，即研究和开发对某些元素的含量不敏感的显微组织，而这些元素主要来自材料的再生过程，且是杂质元素或不期望元素。对于元素不敏感合金，可以通过晶粒超细化来增大晶界或相界面积，以降低晶界或相界处的夹杂物浓度。

金属不仅要求强度，而且要求同时具有加工性、延展性、韧性、高破坏强度(疲劳破坏、使用破坏)和其他物理性能(如减振性、导电性等)。其中，加工性、延展性、韧性等与强度相矛盾，强度越高，这些性能越低。通过加入元素强化金属性能无疑不利于金属的可循环再生性。而通过不同性能材料复合来平衡各种性能，不利于可循环再生性。较为理想的是：某一材料具有较宽范围力学性能与物理性能，且该材料在寿命全程中环境负荷小。目前，钛合金是一种很有希望的环境材料，具有 α 相、β 相及 α + β 相等多种晶体结构，其对应的性能也可在较宽范围内调整，但不足是钛冶金过程环境负荷大。

可循环再生复合是通过控制金属组织复相化，平衡材料各种性能。复相组织金属由于不加入妨碍再生元素，所以电炉重熔就可以，不用返回到熔矿炉循环再生。近年来，高层建筑耐震设计需要高张力钢，要求具有高强度，而且有低降伏强度比，通过控制压延、热处理和两相析出热处理等技术，得到平衡两种性能的软质相和硬质相复合组织，成为铁素相围绕网状与马氏体相的复相组织钢。除金属相变强化外，结晶微细化强化、加工强化等都是可循环再生设计可采用的手段。

3)杂质无害化

可循环再生的障碍是通过各种途径混入的杂质。例如，近年产品高性能化、小型化和多用途化，汽车、办公设备等配有大量电器导线和电动机，回收时很容易混入铜、铬、锡、锌等元素，这些杂质元素在晶粒边界析出，不但影响材料的性能，而且影响材料的加工性能。加工性能不好是由于向杂质晶粒间偏析造成晶粒间脆化所致。一般通过与氧的亲和力和蒸气压不同分离杂质元素，但铜和锡很难分离，铜和锡都影响加工性能，只能降低到杂质容许浓度的钢材使用。目前科技工作者在努力研究各种分离方法和通过组织结构控制的方法。杂质原子在材料中均匀固溶，如果杂质晶粒间单位面积浓度不变，结晶粒径越细，则晶粒间面积增加，杂质的容纳量就增加。例如，结晶粒径是原粒径的 1/2，杂质容纳量就增加 1 倍。结晶粒微细化，采用在固相状态热处理控制凝固过程的方法。控制凝固过程方法有利于钢中氧化物的微细和分散形成晶核，从而使结晶粒微细化。

合金元素中对人体有毒害作用的是 As、Pb、Hg 等，当含有这些合金元素的材料被废弃后，会造成空气、水域和土壤的污染，直接危害人体或者通过生物链对人体造成毒害。因此，在材料设计过程中应考虑到废弃材料的最终处理对生态环境的影响。其中，无铅钎焊合金的研制就是这样一种考虑的结果。

6.2.2 高性能长寿命金属材料

在生态环境材料领域,金属材料的高性能长寿命概念有别于普通材料:后者主要追求提高金属材料的性能和寿命;而前者是在降低材料环境负荷的前提下,追求高的性能和长的寿命。

1)高性能金属材料

(1)Fe-Fe 复合金属材料

一种新的 Fe-Fe 复合金属材料已被复合加工开发出来,采用冷拔成形的 SCIFER 纤维(Fe-Mn-Si-C 钢)作为增加纤维相(纤维的直径为 100μm);利用铁的超细粉(平均尺寸 50nm)在低温下的可烧结性,将其作为黏结材料;将平均尺度为 5μm 的碳铁粉作为基体材料。上述几种铁材料混合均匀之后,在 250℃下保温 60min,则复合成了 Fe-Fe 复合材料。

SCIFER 纤维增强 Fe-Fe 复合材料、铁基粉末烧结材料和铝的总能耗与强度比较见表 6-2。由表 6-2可以发现,SCIFER 纤维增强 Fe-Fe 复合材料的能耗低于铁基粉末烧结材料,具有好的力学性能和低的环境影响。

SCIFER 纤维增强 Fe-Fe 复合材料、铁基粉末烧结材料和铝的总能耗与强度比较 表 6-2

项目	Fe-Fe 复合材料	烧结 Fe(1100℃)	铝材
拉伸强度(MPa)	300	396	116
材料的直径(mm)	32.3	28	51
1m 长材料的质量(kg)	25.7	19.3	64.1
生产总能耗(GJ)	1.517	1.632	3.862
强度/能耗	197.76	242.65	30.04

(2)结构用钢

目前,高性能金属材料主要属于结构用钢。其研究重点是建筑用钢和汽车用钢。对于一般的建筑用钢或汽车用钢来讲,多为普通低合金钢。高性能金属材料按其屈服强度可以分为如下级别:300MPa、350MPa、400MPa、450MPa、500MPa、550MPa、650MPa。在环境材料领域,已经开发出 800MPa、1500MPa 的高强度结构钢。

工业发达国家非常重视高性能合金钢的研究开发。日本于 1997 年启动了包括信息科学、脑科学、地球科学和超级钢在内的四个大型项目。研究超级钢的目标是开发以高强度为主的高性能钢材,如通过超纯净、超细晶、控轧控冷和微合金化获得了新一代高强度铁素体-珠光体钢、Mn-Si 铁素体珠光体钢,其抗拉强度由 400MPa 提高到 800MPa,且焊接性能优良,成分简单。日本超级钢项目组目前已制备出 2μm 的 F-P 钢,但这种超细晶 F-P 钢的实际应用还有待研究。

德国蒂森集团已研制成功新型汽车用钢材料——Nirosta H 系列汽车制造用优质合金钢。该钢是一种奥氏体 C-Mn 合金钢,Ni 元素含量较低,具有强度高、密度低(与铝合金相当)、价格便宜及成形性较好等优越性。该钢适用于制造汽车行走系列零件,如车桥、车轮纵向摆杆等。

1998 年末,我国启动了“新一代钢铁材料重大基础研究”项目。经过两年多的研究,提出了形变诱导铁素体和“弛豫析出”的新技术，获得亚微米级的贝氏体/马氏体复合组织，钢的屈服强度达到730MPa。

高强度合金钢的开发研制除F-P钢外，还有超低碳贝氏体钢、析出硬化型高强度低合金钢（HSLA）等。这些新钢种广泛应用于矿山机械、车辆船舶、压力容器、桥梁和建筑等领域。

未来的新一代超级钢，其目标为强度、韧性同时提高1倍。其实现这一目标的途径是“超净、超细、均质”。为此，人们采取控制原料成分，实施炉外精炼等多种措施，目前，已能将气体和杂质元素的问题控制在100×10^{-6}以内。只有晶粒细化才是使强度和韧性同时提高的唯一方法，努力的目标是使晶粒控制在1μm左右。对于广泛应用的低碳合金钢而言，细化铁素体晶粒的主要方法：细化母相奥氏体；在加工变形状态下使奥氏体相变；加快冷却速度使适量的析出物在奥氏体晶内均匀分布。将晶粒控制到1μm左右，实现研究虽然不难做到，其难点在于冶金生产流程中如何实现。有效的措施主要仍是控制轧制与控制冷却。为了抑制偏析，获得均质的材料，除了尽可能加快凝固冷速以外，还可以采用电磁场控制技术等。

（3）铝锂合金

铝锂（Al-Li）合金具有低密度、高比强度和高比刚度、优良的耐低温和耐蚀性及超塑成性能等优点，用其取代常规铝合金可使构件质量减轻10%～15%，刚度提高15%～20%，且其价格比先进的复合材料便宜得多。因此Al-Li合金被认为是21世纪航空航天及兵器工业最理想的轻质高强结构材料。

从1924年德国研制出第一种Al-Li合金（Scleron合金）开始，Al-Li合金的研究成了新材料研究中一个十分活跃的领域。俄罗斯发现钪元素（Sc）在铝合金中的有益作用，开发出了1460含Sc高强可焊Al-Li合金，该合金可在低温下使用。在俄罗斯，Al-Li合金已被用于火箭、航天飞机、军用飞机及民用飞机上；1997年，美国“奋进号”航天飞机外储箱用2195Al-Li合金取代2219合金，使航天飞机的运载能力提高了3～4t。

我国Al-Li合金研究始于20世纪60年代，经过3个“五年计划”的材料研究与应用开发后，已建立了铝锂合金的研究开发基地，其规模和水平已达到美国、俄罗斯20世纪80年代的水平。国产Al-Li合金已在航空航天工业中试用，其中1420Al-Li合金深冲模锻件已批量应用于我国的飞机和导弹上。

Al-Li合金虽然具有很多优良性能，但其塑性和断裂韧性较差，短横向强度较低，各向异性较大，成形工艺复杂。目前，材料工作者们正致力于改善材料性能和工艺的研究，如通过合金化、形变热处理、分级时效、低锂化及纯净化，改善Al-Li合金的塑韧性。通过适当的热处理等途径改善各向异性等。

（4）超级铝

高性能金属材料另一备受关注的方向是开发“超级铝”。其目标是通过采用晶粒超微细化技术将现有大多数工业铝合金的强度韧性和耐蚀性提高。研究表明，当铝合金的晶粒细化到1～3μm时，其强度可提高到1.5倍，韧性、抗疲劳性和耐蚀性均可大幅度提高，其关键是获得微晶的途径与手段以及微晶组织的稳定性。国外采有极低温度（−196℃）下大应变轧制和随后快速退火的形变，再结晶细化获得微米晶铝材。

（5）镁合金

镁合金是最轻的工程金属材料（密度仅为钢的1/4，铝的2/3），其比强度明显高于铝合金和钢，比刚度虽然与铝合金和钢相当，但远高于工程塑料。此外，镁合金还具有良好的铸造性、切削加工性和抛光性、阻尼性及电磁屏蔽能力和易于回收等优点。镁合金成为替代铝合金、钢铁及工程塑料以实现轻量化的理想材料，在航空、汽车和电子通信及机械工业中正得到日益广泛的应用。

近年来研究开发的镁合金有以下四种。

①阻燃镁合金。国内研究的阻燃镁合金，在730℃时具有很好的阻燃性能，在无保护措施情况下，合金液表面未发生氧化燃烧。

②阻尼镁合金。用ZMJD稀土合金制成的零件可用作防振降噪结构件。

③多用途镁合金。日本近年来开发了由镁和钛两种成分构成的具有体心立方结构的多用途镁系合金。该合金用机械合金化(MA)制成，可作为储氢合金，具有高的储氢容量，低的工作温度；也可作为结构材料以减轻结构质量。

④镁基储氢合金。以Mg、Mg_2Si为代表的镁基储氢合金具有储氢容量高和价廉等优点。镁和Mg_2Si的理论储氢量分别是7.6%和3.6%，远高于其他储氢合金(LaNisHs仅为1.37%，TiVz仅为2.6%)，被认为是极具应用前景的一类储氢材料。

2)*长寿命金属材料*

构成发电设备、化工设备和发动机的材料，由于在高温下使用，可能出现蠕变现象。如果材料的蠕变抗力较高，则在相同的温度和应力条件下，将具有较长的蠕变断裂寿命。如果开发出能够长时间稳定维持高温强度特性的材料，就有可能建造效率高、寿命长的发电设备，减轻环境负荷，降低环境损伤。

日本在STX-21计划中，专门开发了一种长寿命的耐热钢。以其在650℃下承受35MPa的超临界电站用耐热钢为背景，研究其组织的稳定性。通过控制组织的稳定性来达到性能的稳定性和长寿命的目的，而且以将寿命提高1倍为目标。

用于核电站的长寿命铁素体钢取得了重大突破。在650℃的高温条件下，长寿命的关键问题是回火马氏体显微组织的稳定化，也就是要设法抑制高铬钢中碳化物的聚集长大，通过加入钨元素可以达到此目的。

我国重点研究开发高性能永磁、软磁材料，高性能、多品种粉末冶金材料及制品，高强、轻质铝、镁及其合金材料及制品，高强度钢及制品，金属材料表面处理技术及金属基复合材料制品，同时开发高强、耐磨、耐高温、耐腐蚀等特性的金属材料及特种用途线、箱、板、管等金属材料制品。例如，我国建设聊城铜材料制品，烟台、聊城铝合金材料制品，威海镁合金制品产业化基地；建立济南、莱芜特种钢，莱芜粉末冶金材料及制品研究开发基地。这些基地都是为了开发高性能长寿命金属材料以减轻环境负荷，尽量降低因金属材料过快报废而带来的环境损害。

6.2.3 生产加工工艺的生态设计

生态化改造是指在材料的加工过程中使资源和能源的消耗较低，排放的“三废”较少，废物的回收与再生率提高。金属材料的生态化改造，尤其是工艺流程的革新改造对于降低材料生产的环境负荷有极其重要的意义。目前金属材料生产加工工艺的生态设计主要强调在保持金属材料的加工性能和使用性能有所提高的前提下，尽量使金属材料的加工过程消耗较低的资源和能源，排放较少的三废，并且在废弃之后易于分解、回收与再生。不仅重点研究网络协同设计、产品全生命周期设计、虚拟设计、系统设计、可靠性设计、模块化和并行设计等现代设计技术，还重点研究精密成形、高效加工、微细加工、复合加工、快速成型、计算机辅助制造

(Computer Aided Manufacturing,CAM)、材料连接和焊接新技术等加工技术。从金属材料的工艺流程的重大革新熔融还原及冶金短流程工艺、液态金属的成形工艺革新材料的近终形加工、固态金属材料的制品加工工艺到固态金属的表面优化工艺改进予以介绍。

1)熔融还原炼铁技术

传统的高炉炼铁系统包括焦化、烧结、高炉熔炼,具有技术完善、生产量大、设备寿命长等特点,但其流程长、投资大、污染严重、灵活性差。以 COREX 法为代表的熔融还原炼铁工艺是近年已趋成熟的新型炼铁方法和前沿技术。熔融还原是指含碳铁水在高温熔融状态下与含铁的熔渣,即熔化的铁矿石产生反应。在高温下液态之间的还原反应速度要比气、固体间反应速度快得多。后来泛指用非焦煤直接生产出热态铁水的工艺均称为熔融还原。

在诸多熔融还原技术开发中,以奥钢联开发的 CORER 法进展最快,已成为稳定可靠的工业生产装置。其他方法(如韩国浦项钢铁公司和奥钢联共同开发的 FINER 法、澳大利亚的 AusIron 法和 HISMELT 法、俄罗斯的 ROMELT 法、日本的 DIOS 法等)也有不同程度的进展。

(1)COREX 法

COREX 工艺是世界上目前成熟运用于工业生产的熔融还原炼铁工艺。其突出优点:采用非焦煤,不建焦炉和化工设施,环境污染少;使用非炼焦煤直接炼铁,工艺流程短、投资省、成本低、污染少,铁水质量能与高炉铁水媲美;能够利用过程产生的煤气在竖炉中生产海绵铁,替代优质废钢供电炉炼钢。其缺点:存在耗煤量大(约 990kg/t)的问题。

COREX 熔融还原炼铁过程在两个反应器中完成。上部的预还原竖炉,将铁矿石还原成金属化率为 92% ~93% 的海绵铁;下部的熔融气化炉,将海绵铁熔化成铁水,同时产生还原煤气。

COREX 工艺从矿石到炼出铁水仅需 10h,而高炉工艺需要 25h,时间缩短一半以上。同时,设备质量减少 50%,投资费用减少 20%,生产成本降低 10% ~25%。由于没有了炼焦过程,环境负担大大减轻。

COREX 法产生的煤气是极好的二次能源,可用来发电,生产海绵铁、化工产品或作为燃料。从煤气清洗回收的炉尘,可在炉体的一定位置返收入熔融气化炉而全部利用。

(2)FINER 法

FINER 工艺的预还原采用流化床法,可以采用粉矿。FINER 法和 CORER 法的主要差异在预还原方法上,熔融气化炉方面是基本相同的,FINER 法通过高温还原气体(如天然气、氢气或合成气)在熔融炉内与铁矿石快速反应,直接将矿石中的氧化铁还原为金属铁,同时完成熔融分离。相较于传统高炉炼铁工艺,FINER 法具有以下优势:

①流程短:省去了烧结、焦化等前序环节,简化工艺链;②环保性强:碳排放量显著降低,废气中二氧化硫、氮氧化物等污染物减少;③能源利用高效:可通过气基或氢基还原大幅降低化石能源依赖,与“双碳”目标契合。

2)冶金短流程工艺

冶金流程目前分为两大类:一类是传统的长流程,主要依靠铁矿石、煤为原料的高炉-转炉-连铸-热轧流程;另一类冶金流程为短流程,主要依靠以废钢为原料的电炉-连铸-热轧流程。

比较两类工艺流程可以看出,不同生产流程对环境的影响差别很大,在废钢和电力资源丰富的地区发展电炉流程是合理的。实际上,从资源和环境角度审视,电炉钢厂的主要功能是废钢铁的再生利用,是二次再生钢厂。相应地,高炉转炉钢厂的主要功能是从矿物资源中提取金属,是一次提取钢厂。全面地看,两者各占一定的比例,达到平衡并互为依存。钢铁材料的这种流程分工形成了较完整的再生循环体系,维持其可持续发展。这是钢铁材料至今仍占据结构材料主导地位的重要原因。但是,冶金短流程的真正核心还在于不断提高钢厂生产流程的紧凑化和连续化,从而达到金属收得率最大化、生产过程能量输入和资源输入的最小化、过程的三废输出减量化的目的。

3)金属材料的近终形加工

金属材料的常规制造多采用铸锭冶金法与粉末冶金法,特别是前者。但是,铸锭冶金法由于其工艺本身的特点,采用前一种工艺很难获得高性能的特殊合金材料,而采用粉末冶金法虽可以获得高成分、高性能的合金材料,如 Al-Si 合金,且已经实际应用到很多方面。然而,由于粉末冶金工艺所需的工序多,如需要经过制粉、筛分、压实、脱气、固结等多道工序方能成形,由此造成粉末冶金装备复杂、成本高。同时轻金属是活性金属,粉末表面有一层薄的氧化膜,会由此引起诸多的技术问题。

开发近终形连铸技术是连铸发展的趋势之一。液态金属喷射沉积成形连铸技术是当前连铸领域正在开发的一项新技术。作为一种现代化的成形方法,直接将液态钢(包括各种合金钢)、有色金属和合金加工成接近最终产品尺寸的半成品。此工艺技术还可以较容易地生产新型的多层材料和复合材料。其特点是凝固速率快、晶粒细小,产品速成形,省去"铸造"和"粉末冶金"过程,大大节约能耗。由于其组织晶粒细小,宏微观偏析小,因此产品性能优良。喷射沉积成形连铸技术在生产高性能材料的近终形产品方面显示出了独特的优势。

(1)薄板坯连铸、薄带连铸

薄板坯连铸、连轧被认为是近终形加工技术。但就连铸而言,其铸坯厚为 40 ~ 70mm,而最终产品厚度为 2.5 ~ 12.7mm,达到最终产品尺寸仍依靠轧机。从节省能源资源的角度提出一种更加接近最终产品尺寸的材料加工技术——薄带连铸。

普通连铸板坯的厚度一般为 200 ~ 250mm,薄板坯连铸的板坯厚度为 40 ~ 70mm,而薄带连铸的带坯厚度为 2 ~ 6mm。据介绍,板坯厚度为从 154mm 轧至 25.4mm,能耗为 32.75MJ,而从 25.4mm 轧至 2.54mm,能耗高达 107.4MJ。与薄板坯连铸相比,薄带连铸可以取消热轧工序,使流程进一步紧凑化。薄带连铸可进一步节约能源、减少污染、节约投资、降低成本。

薄带连铸工艺较成熟的技术是采用双辊浇铸,即由一对用水冷却的、向相反方向转动的结晶辊和辊子两端的耐火材料侧封坝组成熔池空间,当金属液注入熔池后,被动的结晶辊快速冷却,并且边凝固边被轧成薄带并送出。

这种工艺由于薄带的冷却速率可达到 102 ~ 103℃/s,所以凝固、组织细化、枝晶比常规板坯连铸工艺细化 1 ~ 2 个数量级;由于快速凝固抑制第二相的析出,使合金元素在基体中的固溶度提高。这些内在组织的改善,有利于连铸薄带性能的提高。在钢铁材料中已成功地铸出不锈钢、耐热钢、硅钢、碳钢带等。在铝合金方面,由于熔点比钢低得多,连续铸轧在 10 多年来发展很快,技术已经成熟。目前,进一步的发展是用快速超薄连续铸轧技术制备高性能铝板带。利用近终形连铸技术还可以生产单晶材料,这种单晶材料除了具有良好的外观质量和内在质量以外,其性能也非常优异。

(2)喷射成形

喷射成形是典型的近终形加工技术,是在快速凝固粉末冶金工艺基础上发展起来的直接制备金属材料坯料或半成品的一种先进材料制备技术。喷射成形的基本过程:金属或合金的高温熔体从坩埚底部流出,经过雾化器时在雾化器喷嘴出口处被高速惰性气流雾化成弥散的、具有一定分布特性和不同凝固状态的熔滴射流,在高速气流的作用下加速,同时与气流进行强烈的热交换,最后撞击到水冷沉积器,在沉积器表面上沉积,凝固成密实的坯体(材料或制品)。

1968 年,英国 Swansea 大学的 A. R. F Singer 教授提出喷射成形技术的概念,其核心是将金属的雾化和雾化熔滴的沉积一次完成。1974 年,英国的 OspreyMetals 公司取得了喷射成形技术专利,并对该工艺进行了大量的研究和开发工作,发展成为"Osprey Process",所以喷射成形也被称为 Osprey 工艺。其后,一些学者相继开发了液体动态凝固技术、控制喷射沉积法、喷射共沉积技术、反应喷射成形技术和纯净金属喷射成形工艺等,使喷射成形工艺日益多样化。

近年来,喷射成形技术得到了较快的发展,其原因是喷射成形工艺与传统铸造和粉末冶金工艺相比具有很多优点:①喷射成形技术属于快速凝固范畴,从而消除了宏观偏析步并细化了组织,提高了材料的性能,尤其是高合金化材料的热加工性能得到了改善。②喷射成形是在惰性保护气氛中由熔融金属直接转变为半成品的过程。③喷射成形把液态金属雾化和雾化熔滴的沉积自然地结合起来,以最少的工序从液态金属直接制取接近零件形状的大块高性能沉积坯。④与粉末冶金工艺相比,喷射成形技术省去了包套、除气、热压或烧结等工艺,生产流程大大缩短,更加紧凑,可以认为是一种紧凑型的粉末冶金流程。⑤喷射成形技术可大幅度节约能源,降低环境负担,比粉末冶金法降低生产成本 40% 以上。再次由于喷射成形金属雾化的冷却速率在10^3 ~10^6K/s 之间,属于快速凝固范畴,因此坯体具有组织均匀细小、偏析程度低等特点。其坯体致密度高,一般可达到理论密度的 95%,在工艺良好的条件下可达到 99%,在坯体的后续加工中很容易达到完全致密化。坯体的含氧量比粉末冶金法低,材料的综合性能好。⑥喷射成形技术具有近终形成形的灵活柔性制造特点,可用于制备多种合金、多种产品,已经用于几乎所有的金属材料,如镁基、铝基、钛基、铁基、高温合金、磁性合金以及复合材料等,不仅可直接生产零部件,还可与其他工艺相结合制造板、管、棒、盘等形状的材料。

6.3 金属材料废弃物的综合利用

一般金属的再生程序如下:①集中回收并按产品分类;②将分类后的产品进行人工解体,取出有用金属出售给再生利用者,此时如产品中含有的金属量大,自然会有利于再生利用率的提高;但对复合材料和复杂结构多的产品,则需经过破碎、粉碎和物理分选工序。物理分选有形状分选、比重分选、磁力分选、静电分选和浮选等多种。经过分选阶段产品才可以作为金属材料回收。

再生金属原料与原生金属原料(来自矿石的原料)在性质上有很大差异。再生金属原料的特点可以归纳如下几点:

(1)再生金属原料的物理形态因来源不一,相差很大,根据其物理尺度可分为三种类型:金属制品废件和板、块状材料,刨屑、带条和丝线状废料,粉状细粒废料。

(2)再生金属原料的化学成分变化较大。从冶炼的角度看,再生金属原料比精矿原料的杂质含量高,而且再生金属原料比精矿原料的杂质品种多,有些杂质甚至是精矿原料中几乎不存在的,如再生废钢原料中可能含有锌、铜、镍、锡、铅等杂质元素。

(3)许多金属材料及其制品的表面常黏附或涂有油脂类物质。再生金属材料的材质在很大程度上取决于再生金属废料或原料的预处理。废弃的金属材料及其制品的物理尺度及其化学成分差异很大,为了适应冶炼处理过程的需要,提高经济效益和环境效益,冶炼处理之前必须进行严格的预处理。废旧金属材料的再生预处理主要包括收集-分类-破碎-分选;原矿冶炼的预处理则包括采矿-选矿-精矿。

总体而言,金属材料及其制品的再生资源化将是21世纪金属材料的一个重要来源。

6.3.1 废钢的回收与利用

废钢是钢铁企业可持续发展的重要资源之一,特别是电炉炼钢重要的、必不可少的原料。以废钢为原料的电炉炼钢流程,其投资仅为长流程的50%。目前全球年产废钢量达7亿t以上,其中可回收利用的占比为55%左右。据权威资料综合分析,用废钢代替铁矿石炼钢,可减少大气污染86%,减少水污染76%,减少耗水量40%,同时减少采矿废弃物。

1996年我国年产钢超过1亿t,成为世界第一产钢大国。但由于我国工业化程度成长期短,对钢铁的需求量相对较大,废钢的产生处于相对贫乏阶段,国内废钢资源与需求相比严重不足,不能满足钢铁企业的发展需要。我国废钢进口量一直处于全球前列。除进口外,国内废钢另外两大来源是冶金企业的自产废钢和社会采购的废钢。

对不同形式的废料应采用不同的技术。常用高速工具钢含有17%左右的贵重合金元素,如钨、钼、铬、钒等,但在生产钢材的冶金过程及钢材制成刀具的机械制造过程中,都将产生不同形式的大量废料。而随着我国特钢工业的发展,高速钢产量不断提高,高速钢铁鳞、废磨屑及废钢屑的数量也不断增加。废料中含有钨、钼、铬、钒等贵重合金元素,这些元素对于细化钢的晶粒,提高钢的硬性、耐磨性、抗冲击性等有显著作用,是特种钢生产中不可缺少的元素,因此具有很高的回收利用价值。所以,高速钢废料的循环再生利用是环境材料的核心内容之一,而高速钢废料中含有大量的合金元素,再生利用这些宝贵资源,无疑有重大意义。

1)高速钢屑的闭环再生利用

在工具厂加工过程中产生40%左右的高速钢屑。传统的处理方法有以下两种:

(1)将钢屑直接熔化为成分不定的"原料锭"。在分析其成分之后重新配料,第二次冶炼成指定成分的合格锭。这种处理方法的主要问题在于两次冶炼增加了能耗及合金元素损失。

(2)将钢屑少量搭配入炉。这种处理方法的主要问题在于处理和消化钢屑的数量有限,难以大规模处理钢屑。

新开发的高速钢屑再生利用技术主要包括对钢屑进行除油及碎化处理、用感应炉返回冶炼、在工具厂内部实行闭环再生利用。其结果是可以直接将废料恢复为原牌号或炼制新牌号的钢,且其性能指标达到和超过原牌号高速钢的水平。例如,用W6Mo5Cr4V2、W18Cr4V、W12Mo2Cr4V2、W6Mo5Cr4V2、W3Mo2Cr4V2钢屑直接返回冶炼W6Mo5Cr4V2高速钢;用W18Cr4V钢屑混合冶炼成新钢种W12Mo2Cr4V2高速钢;用W6Mo5Cr4V2钢屑冶炼新钢种W3Mo2Cr4V2高速钢。

用高速钢屑的闭环再生利用技术不仅改变了传统的工艺技术路线,而且改变了废钢屑的运动途径,缩短了循环周期。由于在高速钢屑的实行闭环再生利用技术将省去钢屑运输及储存等环节,减少了途中的钢屑损耗及氧化损失。这也使废料分类状况因供需关系的改变而发生根本变化。此时,高速钢废料也成了工具厂自身的原料。由于技术路线和物流形式的改变使得高速钢钢屑中合金元素的回收率大幅度提高。

2)高速钢氧化皮的再生利用

高速钢在锻轧等热加工过程中,产生3% ~6%的氧化皮(也称为铁鳞),其中含有大量合金氧化物,可以采用高温自蔓延法回收这些合金元素。

在高速钢的热加工过程中,由于钢件长时间的高温加热,使氧与各合金元素作用,因此金属元素的氧化物(包括WO_3、MoO_3、Cr_2O_3、V_2Os、FeO等)以其稳定形式存在。理论计算表明,采用自蔓延法熔化氧化皮,同时将氧化物中的金属还原出来时。单位炉料的热效应在2.5 ~ 3MJ/kg,所用还原剂以Al为主,配以适量的Si。若在炉料中加入CaO作为熔剂,将促使还原反应顺利进行并提高还原率,还能调节炉渣的黏度和流动特征,从而使钢液与钢渣容易分离,可提高金属收得率。

一般而言,高速钢氧化皮中的含碳量很低,小于0.2%,而成品钢的含碳量要求在0.8% ~ 0.9%范围内。因此,在自蔓延再生利用过程中,应加入部分增碳剂。增碳剂主要有两方面作用:一方面可以提高还原钢液中的含碳量,减少后续冶炼的增碳量;另一方面,碳在高温下参与还原反应而部分Al和Si,且其反应产物为气态,有利于改善反应的动力学条件。以部分硅代替Al,比全部用Al效果好得多,硅的加入提高了Al的还原效果。

经过一系列工序后所得钢液成分钨铝含量高,有些炉次已超过母体钢的标准成分。这是因为合金元素W、Mo的氧化比FeO还原容易,此外有一部分FeO直接进入渣中,故Fe的还原并不充分,因此还原钢液中的合金元素W、Mo相对含量高。还原钢液直接注入感应炉内精炼,并调整合金成分,注意钢液中S和Si的控制,已得到的合格高速钢。

3)高速钢磨削废料的综合利用

高速钢磨屑是高速钢钢材和刀具加工过程中产生的一种工业固体废料,其总量占钢材的0.5% ~5%,是刀具所用材料的5% ~15%。高速钢磨屑的杂质含量高,且细小(80 ~ 120目),并且由于冷却介质的作用,使磨屑易于生锈并结块,无法直接利用,一般被作为工业垃圾废弃物,造成了W、Mo、C、V等稀有合金的浪费,且污染了环境。由于高速钢磨屑中所含有的W、Mo、C、V是贵重合金元素,这些元素加入钢中主要与碳结合形成碳化物,对细化钢的晶粒,提高钢的硬度、红硬性和耐磨性有重要作用,是特种钢生产中不可缺少的合金元素,因此具有很高的再生利用价值。

在冶金厂对钢锭和钢坯表面进行修磨时产生的磨削废料一般为干磨削废料。而在工具厂对刀具进行成形磨削时,一般为含有冷却剂(液)的湿磨削废料。前者的粒度较粗,金属的氧化程度严重;后者的粒度很细,金属的氧化程度较轻。针对干、湿磨削废料的特性,其处理方法是不同的。

干磨削废料中含有高速钢及其氧化物,并有SiC或Al_2O_3,这视具体选用的磨削砂轮类型而定。SiC在炉渣中可发生如下还原反应:

$$SiC + 4FeO \longrightarrow SiO_2 + CO_2 + 4Fe$$

$$\Delta G = (-31400 - 38.21T) \times 4.1868(J) \tag{6-3}$$

在炼钢温度为1600℃时,$\Delta G = -4.3 \times 10^5$J。这表明SiC的脱氧能力比FeSi粉和碳粉强。将含SiC的磨削废料加入炼钢炉渣,炉渣中的氧化铁和磨削废料中的合金氧化物都可以脱氧,从而还原出W、Mo、Cr、V等稀有合金元素并进入钢液中。在5t电弧炉中配入2%的磨削废料,可使W、Mo的回收率相对提高25%,而Cr、V等的回收率相对增加15%。

高速钢刀具在制造过程中产生的湿磨削废料主要有高速钢、氧化物相(包括氧化铁以及

W、Mo、Cr、V 等的氧化物)和陶瓷相(SiC、Al_2O_3)。如果将其中的陶瓷相SiC、Al_2O_3作为材料的增强相就可变废为宝。在将合金氧化还原之中或之后,将这种磨削的混合物制备成($SiC + Al_2O_3$)增强的高速钢基复合材料。

在将湿磨削废料制备成高速钢基复合材料时,首先必须对废料进行除油去脂、球磨;然后适量加入还原剂、含碳物质等多种添加剂,充分混合均匀;最后在一定条件下进行烧结以制备复合材料。由此制得的高速钢基复合材料的硬度可达到 HRC66,其致密度较高。

6.3.2 废杂铜回收和再生

随着我国电解铜产量增加,再生铜产业发展很快,特别是乡镇企业和私营企业的介入,更促进其高速度发展。废杂铜的来源包括:①生产过程中产生的边角废料,由于铜加工企业成材率比较低,废料量很大,这部分废料在中国普遍返回生产系统循环使用,而发达国家却打包出售,自己处理较少;②社会积蓄的废杂铜,这是国内回收的重点。目前全国再生铜企业约有300 多家,以中小型企业、民营企业为主,80% 的铜加工厂集中在长三角、珠三角和环渤海地区,每年回收利用了全国 75% 的废杂铜,形成了回收、进口拆解、拣选分类、加工利用的完整产业链。广东、浙江、天津等地形成以进口废杂铜为主的加工利用地区;山东、湖南、河南、辽宁等地形成以回收国内废杂铜为主的集散地 20 多处。由于中国铜资源储量有限,自产铜数量不足,大量依靠进口,供需矛盾突出,因而铜资源的再生利用显得特别重要。

我国从 20 世纪 90 年代开始进口废杂铜,进口量逐年增加;进入 21 世纪,废杂铜年进口量均保持 300 万 t 以上。广东南海的大历镇利用国内外两种资源、两个市场比较突出,每年大量回收国内废杂铜,形成了庞大的废旧金属市场。这里有几万名进城务工人员从事繁重的拆解、拣选、分类、收集、熔炼工作,主要通过手工操作,因此废杂铜货源大量流向中国。近年还专挑质量较好的废杂铜进口,如含铜品位 97% 左右的紫杂铜就进口几十万吨,直接供铜冶炼厂使用。由于紫杂铜容易处理,应该是今后进口的重点,是增产铜的捷径。

6.3.3 废杂铝回收和再生

再生铝回收包括两部分:一部分是生产过程中产生的边角废料,由于铝加工材废料量很大,我国一般都返回生产系统重新使用;另一部分是社会积蓄的废杂铝。随着铝消费量增长,回收废杂铝数量也大幅度提高,"十五"规划期间年均递增率达到 21.5%。目前国内废杂铝回收、拣选、分类、集散及再生铝加工利用区域 20 余处,主要分布在广东南海和清远、浙江台州和永康、河北保定、辽宁大连和大石桥、上海和天津外围地区,这些地区靠近铝消费市场,具有利用国外废杂铝资源的便利条件。此外,中国内地也形成了几处以回收废杂铝为主的重要集散地。目前全国再生铝企业已达 2000 多家。

废杂铝利用一般需要预处理,然后进行火法熔炼,脱去杂质。熔炼按规模大小采用转炉、反射炉或电炉。除少数大中型骨干厂外,绝大多数再生铝厂由于规模小、设备简陋、技术落后,导致烧损大、能耗高,金属回收 50% 左右,而发达国家能回收 80% 以上;由于质量不稳定,各种废料混杂处理,产品质量不高,市场不认同,难以深加工。目前美国易拉罐生产年需铝罐料 50 多万 t,利用制罐厂的边角废料和回收旧罐重熔轧制而成,重复利用率高于 60%。近几年,美国再生铝产量占原生铝产量的半数,而且再生铝质量较好,可以进行深加工。

1)铝罐回收与再生

铝制饮料罐的出现,是包装材料的一个重大突破。在20世纪50年代末60年代初,美国市场上铝制软饮料罐所占比例近90%。从回收重复利用的角度出发,美国进行了大量研究,其回收重复利用的铝制罐头盒的比例已高达66.5%。在日本,将废弃铝罐再生成新铝罐的年生产能力大约为2万t。这个数字大约为废铝罐回收量的25%~33.3%。其余的则被加工成再生铝,用于其他用途。

美国将回收的铝罐经破碎、去涂层处理后,进入热振动分选装置,在620℃的温度下,低熔点的AA5182铝合金非常容易粉碎,从而可以从3004铝合金中分离开来。

2)汽车用铝回收与再生

汽车用铝是铝工业的三大市场之一。目前,废旧汽车的金属分离技术已经成熟。

6.3.4 铅的再生利用

再生铅的原料主要来源是蓄电池和电缆外套,仅蓄电池就占80%~90%。我国再生铅冶炼厂主要有四种类型:专业化的冶炼厂或车间,矿铅冶炼搭配处理废杂铅的工厂或车间,重熔炼生产再生铅基合金的工厂,小型废杂铅的熔炼厂。前三种技术经济指标较好,第四种一般设备落后,生产的产品质量差,能源消耗大,金属回收率低,而且污染环境。我国从废铅蓄电池回收铅的研究起步较晚,但近年来取得了很大的进展。例如,东北大学研究用湿法脱硫低温还原回收铅技术,其分选指标高,社会环境效益好,金属回收率可达98%,设备投资低,经济效益好。虽然我国再生铅产量现已达到或超过某些西方发达国家水平,但铅的再生率却较低。

目前,美国、德国、英国和法国等工业发达国家的再生铅产量已接近或超过原生铅产量,再生铅在世界铅工业中已占有重要位置。随着汽车、农用车、摩托车产量增加和保有量增加,每年产生废铅酸蓄电池6000万~8000万支。一般而言,铅回收率可达90%左右,预计全年可回收再生铅50万~60万t,加上其他行业的废铅所生产回收的再生铅,预计其总产量将接近原生铅生产水平。随着我国铅再生利用技术的提高,加工设备的现代化,特别是我国汽车产量的迅速增长和汽车保有量的持续增多,使得再生铅产量将会有很大的增长潜力。

6.3.5 锌的再生利用

锌的再生利用比铜、铝、铅更困难。锌的几项重要应用领域包括冶金产品镀锌、干电池、氧化锌和立德粉、铜材、压铸合金等。废杂锌不容易回收,而且回收率很低,得不偿失,因而再生锌产量相对较少。我国的再生锌冶炼设备和技术工艺落后,再生率低,成本过高,对环境还会造成一定的污染,而国外锌的回收利用技术较成熟,对环境污染程度小。国内再生锌生产企业少,包括家庭作坊在内的小冶炼厂约200家,1万t以上只有2家,其余大都只有几百吨到千余吨。目前回收利用再生锌原料主要包括:热镀锌厂产生的浮渣和锅底渣,钢铁厂产生的含锌烟尘、废杂锌、锌合金零件、废镀锌产品及旧干电池。一般来说浮渣含锌80%以上,底渣含锌97%,热镀锌过程中浮渣产生率为23%,底渣产生率为10%。

我国目前还有一种重要含锌废料尚未很好回收利用,那就是钢铁厂的烟尘,包括烧结粉尘、高炉瓦斯泥、炼钢炉灰和轧钢泥等,其中含有大量的铁和锌。我国每年产生以ZnO、PbO、Fe_2O_3等为主要成分的冶金工业废弃粉尘超过50万t。其中,Zn、Pb、Fe都是强固硫元素,因而利用冶金工业废弃物作为固硫剂具有极大的吸引力。开发利用这部分资源,不仅可以消除污染,保护环境,还可以变废为宝,增加锌、铁产量。我国对热镀锌渣的回收利用也开发了多种方法。例如,用熔析法处理锌渣生产锌锭;用碳还原剂法可产出品级较高的氧化锌;用硫酸、盐酸等处理锌渣灰,生产硫酸锌、氯化锌,锌的回收率大于85%。国内外所有的回收处理方法,火法处理工艺较为成熟,但是这些火法工艺具有共同的特点:①处理后的产品大多是含锌、铅氧化物的二次粉尘(ZnO 含量 30% ~70%)和含铁废渣;②主要以回收粉尘中的铁为目的,二次粉尘作为炼锌或炼铅的原料;③处理后的锌和铅没有得到有效分离,要利用锌铅资源,必须对二次粉尘进行再处理,使锌和铅分离,这就大大增加了处理工序和成本。从有关报道看,目前国内外尚无法处理含铁品位低、高铅含量的含锌铅粉尘,也未提出一次性分离锌铅的有效火法处理办法。物相检测表明,冶金工业粉尘废弃物中 ZnO 主要以 ZnO、Fe_2O_3形式存在,且含脱硫物 CaO。因此,将这种粉尘开发成为一种经济而有效的固硫剂是可能的,同时可以实现含 Zn 冶金工业废弃粉尘的零排放。

事实上,含锌冶金工业废弃粉尘只需稍经加工就可以直接利用。这是因为这类粉尘的粒度很小,约在 100μm 以下,反应活性高,且不受反应气氛限制。在还原气氛中,主要以 Zn、Pb、Fe 氧化物固硫;在氧化气氛中,主要以 CaO 固硫,而 ZnO、PbO、Fe_2O_3起固硫催化作用。因此,其综合固硫效果极佳。

6.3.6 钒渣的高附加值利用

金属矿山的废石堆和尾矿严重影响自然景观并造成二次污染。如何高附加值地利用这些固态废弃物,已引起材料研究者的高度重视。将金属生产过程中的固态废弃物高附加值化的成功例子是用钒渣球代替钒铁合金,直接使钢水钒合金化,以制备含钒钢。

过去生产含钒钢的工艺流程为从钒渣提取五氧化二钒,再将其冶炼成钒铁合金,最后用钒铁合金对钢水进行钒合金化。利用钒渣球代替钒铁合金进行合金化,避免了钒铁合金生产过程中所产生的污染,保护了环境,节约了能源,降低了成本,使钒渣高附加值化。目前我国已能用钒渣球代替钒铁合金直接生产低碳、中碳、高碳系列的含钒钢种。我国的一些钢铁公司的双床平炉钢利用生产的钒渣进行合金化,可全部或部分地替代钒铁,提高金属强度,且可降低金属中的锰含量,此方法经济合理。

表 6-3 给出了不同钒合金化法对 30MnV 钢化学成分和力学性能的影响特征。对比用钒渣球生产的 30MnV 钢和用钒铁合金生产的 30MnV 钢可知,两者的化学成分相差不大,材料的力学性能相当。

不同钒合金化法对 30MnV 钢化学成分和力学性能的影响特征 表 6-3

钒合金化方法	化学成分(%)						力学性能				
	C	Si	Mn	P	S	V	σ_s (MPa)	σ_b (MPa)	δ (MPa)	ψ (%)	α_k (J/cm^2)
钒渣(Ⅰ)	0.28	0.30	1.38	0.013	0.039	0.09	430	682	24.5	61.5	118.7
钒渣(Ⅱ)	0.29	0.28	1.34	0.014	0.038	0.09	450	700	24.0	60.5	94.0
钒铁(Ⅰ)	0.26	0.24	1.35	0.011	0.032	0.08	418	655	26.0	62.5	121.0
钒铁(Ⅱ)	0.27	0.24	1.40	0.017	0.040	0.08	432	675	25.0	65.0	127.0

6.3.7 金属基复合材料再生与回收

金属基复合材料(MMCs)因为具有高比强度、高比模量、耐热、耐磨、耐疲劳、尺寸稳定性好和高湿热老化性好等一系列优异性能,所以具有潜在的应用前景和广阔的市场。受资源可回收利用和环境保护意识等可持续发展目标的影响,金属基复合材料的再生与分离研究备受关注,已成为复合材料研究的重点,也是复合材料在其大规模实用化的进程中必须解决的问题。复合材料的再生过程与其制备过程密切相关,但又迥异于其制备过程。对于具有多组元体系的金属基复合材料来说,再生和回收具有不同的概念。

不同种类的金属基复合材料具有不同的结构特点,因此,应该单独考虑其再生利用的特点。由于长纤维增强金属基复合材料自身结构的特点,基本上不考虑其再生和回收问题。对于短纤维和晶须增强的金属基复合材料,通过炼制的方法可以部分回收,炼渣可以作为填料使用。颗粒增强金属基复合材料作为一种新兴材料已脱颖而出,成为目前金属基复合材料研究发展的主要研究方向之一。在其大规模的使用过程中,降低其成本也是影响其使用规模化的一个重要因素,因此,金属基复合材料的再生主要集中在颗粒增强金属基复合材料(PRMMCs)上。

颗粒增强铝基复合材料的制备方法中较为成熟的主要有粉末冶金法、搅拌铸造法、挤压铸造法和喷射共沉积法四种。而再生的工艺方法,主要采用重熔后重新复合的方法,控制重熔时的温度、保温时间等工艺参数,采取有效的措施控制颗粒与基体的界面反应和凝固过程,同时采用二次加工和热处理的方法,使其性能不降低,从而达到 PMMCs 的再生利用的目的。

当金属基复合材料废料不能再生,或者由于含有较多的 Fe、Li 以及其他氧化夹杂而不能成为具有商业价值的复合材料时,可以采用分离的方法将复合材料中的增强体去除,重新变成有价值的金属。目前,关于颗粒增强铝基复合材料的重熔回收文献报道很有限。国际上只有 Alcan 公司和加拿大、美国的研究人员对 Durlan 进行重熔与回收研究,但效果并不理想。对金属基复合材料的回收方法主要有熔盐处理、旋转炉法及气体喷射和等离子炉法三种。传统的旋转炉法被用于复合材料的回收。在相同的熔盐加入量下,旋转炉法比单一的熔盐法的回收率明显增高,Al 的回收率可以达到 80%。气体喷射和等离子炉法优点由于所需熔盐的量较少,而且回收的效率较高,避免了盐的不溶解问题;此外,这种方法还允许回收增强体颗粒。

6.4 冶金工业固体废物的综合利用

钢铁工业及有色冶金工业的发展产生了大量炉渣等固体废弃物,并且利用率低,冶金工业的废渣中钢渣和赤泥是量大面广的主要品种。

6.4.1 钢渣

为了适应钢铁工业的发展,消除渣害,不少国家注重于研究钢渣的利用,寻求利用量大、简易可行的钢渣利用途径,并已取得显著成果。经济效果最好的途径是将钢渣作为高炉、转炉炉料,在钢铁厂内自行循环使用。此外,钢渣还可用作道路材料、建筑工程材料、肥料以及填坑造地等。

1)钢渣的组成

钢渣是炼钢过程中排出的废渣。根据炼钢所用炉型的不同,钢渣分为转炉渣、平炉渣和电炉渣。钢渣的化学成分主要有 CaO、SiO_2、Al_2O_3、Fe_2O_3、MgO 及少量的 P_2O_3、FeO、MnO 等。其中,CaO、Fe_2O_3、SiO_2含量较高。各种成分的含量依炉型、钢种不同而异,有时相差悬殊。钢渣的主要矿物组成为硅酸三钙(C_3S)、硅酸二钙(C_2S)、钙镁橄榄石(CMS)、钙镁蔷薇辉石(C_3MS_2)、铁酸二钙(C_2F)、RO(R 代表 FeO、MgO、MnO 形成的固溶体)、游离石灰(*f*-CaO)等。钢渣的矿物组成主要决定于其化学成分,特别与其碱度有关。由于钢渣成分复杂,且各种成分含量的变化幅度较大等原因,过去其利用率一直不高。各国都有大量钢渣弃置堆积,既占用土地,又影响环境。但随着炼钢和综合利用技术的发展以及矿源、能源的紧张,20 世纪 70 年代以来不少国家钢渣的利用率迅速提高。我国在钢渣利用技术方面进行了大量的实验研究工作,但由于认识问题和处理技术不成熟,钢渣的总体利用率还是很低。钢渣的主要利用途径是在钢铁公司内部自行循环使用,代替石灰作熔剂,返回高炉或烧结炉内作为炼铁原料;也可以用于公路路基、铁路路基以及作为水泥原料、改良土壤等。

2)用作冶金原料

(1)作烧结熔剂

烧结矿中适量配入钢渣后,显著地改善了烧结矿的质量。此外,由于钢渣中 Fe 和 FeO 的氧化放热,节省了钙、镁、碳酸盐分解所需要的热量,降低了烧结矿燃料消耗。高炉使用配入钢渣的烧结矿,由于烧结矿强度高,粒度组成改善,尽管铁品位略有降低,炼铁渣量增加,但高炉操作顺利,对其产量提高、铁焦比降低是有利的。

(2)作高炉或化铁炉熔剂

钢渣直接返回高炉作熔剂,其主要优点:利用渣中氧化钙(CaO)代替石灰石,同时利用钢渣中的有益成分,节省了熔剂消耗(石灰石、白云石、氟石),改善了高炉渣流动性,增加了炼铁产量;其缺点:钢渣成分波动大。钢渣也可以作化铁炉熔剂代替石灰石及部分氟石。使用证明,其对铁水温度、铁水含硫量、熔化率、炉渣碱度及流动性均无明显影响,在技术上是可行的。使用化铁炉的钢厂及相当一部分生产铸件的机械厂都可应用。

(3)从钢渣中回收废钢铁

钢渣中一般含有 7% ~10%(质量分数)的废钢及钢粒。我国堆积的近 1000 万 t 钢渣中,约有 700 万 t 废钢铁。在基本建设中,开发旧有渣山,除钢渣可回收利用外,还可回收大量废钢铁及部分磁性氧化物。水淬钢渣中的钢粒,呈颗粒状,使用磁选机容易提取,可以用作炼钢调温剂。

3)用于建筑材料

(1)生产水泥

由于钢渣中含有和水泥相类似的硅酸三钙、硅酸二钙及铁铝酸盐等活性矿物,具有水硬胶凝性,可用于生产钢渣水泥。其品种有无熟料钢渣矿渣水泥、少熟料钢渣矿渣水泥、钢渣氟石水泥、钢渣矿渣硅酸盐水泥、钢渣-矿渣-高温型石膏白水泥和钢渣硅酸盐水泥等。这些水泥适于蒸汽养护,具有后期强度高、耐腐蚀、微膨胀、耐磨性能好、水化热低等特性,并且具有生产简便、投资少、设备少、节省能源、成本低等优点。其缺点是早期强度低、性能不稳定,因此,限制了其推广和使用。

(2)生产高炉渣、钢渣玻璃与陶瓷

以高炉渣为主要原料可制备高性能工业用玻璃陶瓷材料。研究表明,添加 36% 硅砂和少量外加剂,采用合适的工艺,可以制备出钛渣玻璃陶瓷。其具有良好的耐酸、耐碱腐蚀性能,能被作为结构件应用于化工领域。其可用于建筑装饰用微晶玻璃大理石生产。若用于生产炉渣玻璃或陶瓷制品,由于配料中可加入 50% ~60%(质量分数)的炉渣,无疑是保护生态环境的一种最有效的方法。不仅如此,尚能产生巨大的经济效益。例如,苏联 1980 年生产的 2000 万 m^2 炉渣玻璃陶瓷板为国家创造了近 6000 万美元的经济效益。炉渣玻璃比普通玻璃具有更高的抗弯、抗压强度,极高的耐磨性能,良好的热性能(能耐 1000% 的冷热温差),优良的电绝缘性能和稳定的化学性能。钢渣既是理想的建筑材料,可用作建筑模板;也可代替钢材等金属材料制造输送物料的料槽、料斗及管道;在化学工业上,钢渣可用于制造输送腐蚀性液体的管道、泵、轴承、反应器等;由于炉渣玻璃的抗辐射性能,还可用作原子反应堆的控制棒、喷气发动机零部件、电子管外壳等。国内对于高炉渣、钢渣的高附加值利用还包括提取 V、Ti 制备黑瓷,以及作为建筑地板砖的添加料等。以矿渣或尾矿为主要原料,通过烧结或压延法生产的微晶玻璃大理石,耐磨、耐腐蚀、耐高温、无污染、装饰效果好,可以替代石材、陶瓷用于建筑的墙面、地面的高档装饰材料,是备受国内外关注的高附加值产品。

(3)代替碎石和细集料

钢渣在铁路、公路、路基、工程回填、修筑堤坝、填海造地等方面使用,国内外均有相当广泛的实践经验。钢渣代替碎石和细集料具有材料性能好、强度高、自然级配好的优点,并且对开发利用老渣山有意义。

①钢渣碎石用于道路材料。

道路材料用量很大,是利用钢渣的一个主要途径。钢渣碎石的硬度和颗粒形状都满足道路材料的要求。不少国家研究将高炉水渣、粉煤灰等材料与钢渣混合用于道路工程。比利时将 75% 转炉钢渣碎石、25% 水渣或粉煤灰加入适量水泥或石灰作激发剂,作为道路的稳定基层。我国很多大城市研究试验过用钢渣作道路基层。此外,钢渣碎石还可以用于沥青混凝土路面。钢渣在沥青混凝土中,有很高的耐磨性、防滑性和稳定性,是公路建造中有价值的材料。钢渣适用于冬季修补路面的热拌沥青拌和料。因为钢渣经常是很干燥的,冬季不结冰,热耗低,容量大,固定性好,用于修补路面时,修补处能很好地固定在原位。

②钢渣碎石的其他利用途径。

钢渣可用作水工建筑材料、铁路道砟、停车场的基础材料、回填材料、工业建筑基础垫层等。德国在水利工程、堤坝建筑中使用钢渣,以加固河岸、河底和海滨海岸等。已用转炉钢渣加固港口河岸,用平炉钢渣加固河床等。我国采用钢渣掺石灰和钢渣三合土代替民用建筑中惯用的混凝土或块石浆砌基础或者是工业建筑基础垫层、低强度等级混凝土垫层,均取得良好的效果。此外,钢渣碎石还可以代替天然碎石作为铁路道砟。美国曾在 8 条重要铁路进行过钢渣道渣试验,其性能良好,并纳入国家铁路协会规范。

(4)用于农业

钢渣以钙、硅为主含多种成分,可作为速效后劲的复合矿质肥料,容易被植物吸收。

同时,钢渣中含有锌、锰、铁、铜等元素,对缺乏此微量元素的土壤和作物,起到不同程度的肥效作用。

6.4.2 赤泥

赤泥是铝土矿提炼氧化铝过程中产生的废弃物。随着铝工业的发展,2023 年全世界产生的赤泥约为 1.8 亿 t,利用量约为 1300 万 t,综合利用率仅 7.2%。由于大量的赤泥未得到充分利用,长期占用大量土地,造成土地碱化,地下水受到污染,危害人体健康。

1)堆存的现状

近年来,随着对环境保护工作的加强,赤泥的排放情况有了较大改善。除英国、法国和日本继续采用排海法将赤泥排入深海外,多数国家采用露天存放,并在向干法堆存过渡。澳大利亚、瑞士、西班牙、南斯拉夫、匈牙利、巴西等国家已经实施赤泥干法存放。赤泥干法存放,因减少含碱废液排放而减轻了对地下水源的污染。

我国的氧化铝厂,大都采用平地高台、河谷拦坝、凹地充填等方法堆存赤泥,由于未采取任何防渗措施,使地下水永久性碱化。为了从根本上消除赤泥的危害,国内对赤泥的综合利用也进行了大量试验研究,有的成果已转化为工业生产。

2)赤泥的综合利用

(1)生产水泥

在赤泥利用方面,比较成功的是生产建筑材料。日本三井氧化铝公司与水泥厂合作,以赤泥为铁质原料配入水泥生料,每吨水泥熟料可利用赤泥 5 ~ 20kg。俄罗斯沃尔霍夫、阿钦和卡列夫氧化铝厂以霞石为原料,利用产生的赤泥生产水泥,进行石灰石、赤泥两组份配料试验,每吨水泥可利用赤泥 629 ~ 795kg,为烧结法赤泥的综合利用开辟了有效途径。利用烧结法赤泥生产的普通硅酸盐水泥与一般水泥厂产品相比,除抗压强度偏低外,其他性能皆等于或优于一般水泥,特别是抗折强度、早期抗压强度和抗硫酸盐侵蚀系数方面尤为明显。产品成本比常规水泥厂降低 15%。

(2)用作新型墙材

赤泥用作新型墙材是综合利用氧化铝工业废渣的又一有效途径,既可以大量消化赤泥、节约土地,又可以改善环境。优化的赤泥、粉煤灰、煤矸石的配方比为 30%:30%:40%;配料后经硬塑成形、快速烘干、高温焙烧制成样品砖,经检验测试;砖的强度、冻融、泛霜、石灰爆裂、吸水率等指标均符合一等产品的要求,强度等级为 10。这种新型空心砖保温性好,质量轻,强度高,符合新型建材的改革方向。

(3)用作填充料

采用泵送赤泥胶结充填采矿法获得成功。充填料浆以赤泥为主,掺入部分粉煤灰及添加剂,搅拌调制而成,用混凝土泵送入采空区,胶结充填。通过铝土矿地下开采实践证明,胶结充填技术可靠,经济合理,可提高矿石回收率 23%;采矿坑木消耗大大减少,从而降低了开采成本,控制采场地压,保护村庄、铁路等地表建筑。

(4) 作塑料填料

赤泥对 PVC(聚氯乙烯)具有显著的热稳定性作用,与 PVC 常用的稳定剂并用时,具有协调效应,使填充后的 PVC 制品具有优良的抗老化性能,比普通 PVC 制品寿命长 2 ~3 倍。

赤泥的综合利用研究,已引起许多国家重视。但由于种种原因,赤泥的利用除烧制水泥外,尚停留在试验研究阶段,未形成工业规模,今后还需不断探索新的途径。开发附加价值高的产品,以产生更好的经济效益,推动赤泥综合利用的发展,是广大科技工作者继续努力的方向。

创新成果漫谈

环境保护科学技术奖二等奖——工业副产石膏制备α型高强石膏关键技术及产业化研究

随着我国磷肥、氯碱、发酵、钙法脱硫等行业的快速发展，各类工业副产石膏产出量巨大，由此引发了严重的环境、资源与安全问题。目前全国工业副产石膏累计堆存量已超过10亿t，年排放量约2.2亿t，占用并污染了大量土地，严重破坏了水土资源，是造成长江中上游部分流域总磷浓度超标的重要原因，是长江经济带生态环境修复的重点和难点问题。另外，工业副产石膏具有品位高、杂质复杂的特点，经除杂后可代替天然石膏，减少矿产资源的开采。该项目针对我国工业副产石膏资源化处置和循环利用的重大需求，历时十余年的艰难攻关，取得如下重要技术创新：

(1)该项目首次全面揭示了工业副产石膏制备高性能石膏胶凝材料转晶和控制机理，建立了制备理论和技术基础，研制出无毒、环境友好的高效转晶剂；创新研发了二水石膏晶体转晶过程的同步转化-纯化-构型过程控制技术，形成适用于工业副产石膏制备α型高强石膏的水热法生产工艺，解决了工业副产石膏资源化利用过程中转化速率慢、晶型调控难等问题。

(2)该项目研发出新型α型高强石膏制备工艺，创新集成了工业副产石膏高效资源化利用成套装备，不仅实现了用工业副产石膏制备高性能石膏胶凝料，而且解决了与传统产业耦合的难题，有助于相关的产业升级和节能降耗。

(3)该项目创新发明了高效石膏离心机，实现关键工艺装备国产化，打破国际垄断。通过设备内部结构和材质的改造设计，达到较高的耐磨性和光洁度，增加保温措施，解决了因石膏水化凝结引起的管道堵塞、设备无法连续运行等问题，并通过减小转鼓长径比至1~1.5，解决了石膏浆液浓度高导致扭矩过大的问题，提高分离效率。

第7章

高分子类生态环境材料

有机高分子材料，又称为聚合物或高聚物材料，是一类由一种或几种分子或分子团（结构单元或单体）以共价键结合成具有多个重复单体单元的大分子，其分子量高达 $1\times10^4\sim1\times10^6$。有机高分子材料包括天然产物（如纤维、蛋白质和天然橡胶等）及用合成方法制得的（如合成橡胶、合成树脂、合成纤维等）非生物高聚物等。有机高分子材料的特点是种类多、密度小（仅为钢铁的 1/8 ~ 1/7），比强度大，电绝缘性、耐腐蚀性好，加工容易，可满足多种特种用途的要求（包括塑料、纤维、橡胶、涂料、黏合剂等领域），可部分取代金属、非金属材料。

我国高分子材料科学的发展虽历经曲折，但赶上了世界历史发展步伐。我国高分子工业规模从 70 多年前的百吨到 40 多年前的百万吨，再到现在的 1.5 亿 t，有了飞速发展。近些年，高分子材料在我国高铁技术、大飞机、国防建设以及汽车制造、建筑材料等许多方面得到了广泛应用，高分子材料科学与技术为国家作出了重要贡献。

高分子材料是由分子质量较高的化合物，经加工制成的材料，在人们日常生活中所接触到的一些天然材料（如人体器官、棉花以及天然橡胶等）基本上由高分子材料构成。高分子材料性能主要由其结构决定，对结构进行改性以及控制，即可获得特性不同的材料。由于高分子材料具有易加工以及易改性等特点，可使其性能更加优异，进而在国民经济、科学技术以及国防建设等方面均获得良好发展，并为人们的衣食住行等方面提供保障。高分子主要是指分子质量较大能够达到上百万的有机化合物。高分子材料在结构方面是由相同、简单的单体结构单元，借助化学键不断重复连接而成。一般，有机化合物材料相对分子质量在 1000 以下，而高分子材料相对分子质量能够达到 105 万左右，因此，其与低分子材料在力学性能、化学性能以及物理性能等方面存在较大差异。

7.1 高分子材料的环境负荷

高分子材料由于性能优良、小型化,自20世纪诞生以来一直被各个行业所青睐。由于高分子材料具有价格低、易加工、耐腐蚀、重量轻以及比强度高等特点,在一些加工设备中有着广泛应用。然而,随着高分子材料的不断应用,造成的环保问题也日益严重。也就是说,高分子材料在改善人们生活条件的同时,会对自然环境造成严重破坏,这种矛盾在我国现阶段发展中十分突出。因此,我们需要了解高分子材料与环境保护的关系,根据彼此情况,合理制定发展措施以促进社会与自然和谐发展。

高分子材料的环境问题可归纳为两类:一类生产和使用过程中的问题,主要是三废(废液、废气、废物)等有害物质的产生及其对环境和人类的影响;另一类是废弃物的降解和回收利用问题,主要涉及固体废弃物的降解及回收、处理、再生利用,这既是改善环境的需要,也是资源再次利用的必需。

7.1.1 生产过程中的环境问题

这里所谓的生产过程,主要是指高分子化合物的制备及其成形加工过程。

1)高分子化合物制备时的环境问题

(1)采用有毒原料的生产方法造成的问题

用于制造高分子化合物的某些原料或单体是有毒的,会造成一定的环境污染和对人体健康的伤害。比如,采用界面缩聚方法生产聚碳酸酯(PC)时的原料之一的光气是剧毒的有机化合物,即使吸入微量也很危险;以氰化法生产有机玻璃(PMMA)的单体甲基丙烯酸甲酯时,采用剧毒的氢氰酸作原料,吸入微量也足以致人死亡;生产PVC及聚丙烯酸酯类使用的单体氯乙烯、丙烯酸酯类等也是有毒性的。因此,在生产过程中必须尽量避免有毒原料的泄漏,减少高分子化合物中残留单体含量。

(2)生产过程中废液、废弃物的排放

为了除去、洗涤、回收、处理溶液聚合法生产各种工程塑料时使用的大量有机溶剂,PVC悬浮聚合和ABS乳液聚合时使用的大量水,以及树脂制备和加工时形成的废弃物,如黏附物、过渡料、落地料、齐聚物等,都存在着严重的环境问题。

2)高分子化合物加工过程中的环境问题

(1)使用重金属添加剂,如PVC塑料中用作稳定剂的镉系、铅系等重金属化合物的毒性以及粉尘污染问题。

(2)制备PU泡沫塑料等的发泡剂使用氟氯烃,以及使用增塑剂造成的环境问题。

(3)增塑剂主要用于软质PVC塑料以及某些涂料中,在加工过程中受热的增塑剂会以微粒形式飞溅到空气中;在使用过程中,增塑剂也会通过挥发、渗出等析出,使环境变坏,危及人类,影响作物生长。据报道,已经在大气、土壤、木材、食品和人体中检出增塑剂。某些增塑剂虽然属微毒和无毒,但难以生物降解,易于生物富集,动物试验有致癌作用。

7.1.2 使用过程中的环境问题

使用过程中的环境问题主要包括高分子材料燃烧引起的环境问题和废弃高分子材料引起的环境问题。

1)高分子材料燃烧引起的环境问题

多数高分子材料具有燃烧性,遇火易燃,并释放大量烟雾和有毒气体,其扩散速度超过火灾蔓延速度。在火灾事故中,中毒死亡率大于燃烧死亡率。在飞机坠机中,约有80%是死于机舱高分子材料燃烧时放出的烟和毒气。

高分子材料燃烧时的分解产物为CO、CO_2、COCl、HF、HCl、HBr、HCN、NO、SO、H_2S等,其中水溶性产物对鼻腔有刺激作用,而非水溶性产物对动物有窒息作用,渗入肺部,导致血液中毒。

2)废弃高分子材料引起的环境问题

废弃高分子材料引起的环境问题是高分子材料所带来的环境问题中最为严重的,大量的高分子废弃物造成了世界范围的环境污染。人们所说的“白色污染”,是指废弃的塑料膜、塑料袋和其他类塑料浅色制品。废弃高分子材料主要有两个来源,即树脂生产和制品成形中形成的废弃高分子材料,以及高分子材料使用过程中形成的废弃高分子材料。

7.2 高分子生态环境材料的主要研究

高分子材料具有结构灵活、性能可调控、密度低、综合性能较好等特点,在工业生产和人们的日常生活中得到了非常广泛的应用。但其生产和使用过程中的环境负荷过重,需要逐步开启高分子生态环境材料研究,目前高分子生态环境材料的主要研究内容如下。

7.2.1 高分子合成工业的绿色化

高分子材料是一种高分子化合物,因为高分子的产生来源不同,高分子材料被分为多种类型,不仅包括人们在自然中采集到天然高分子材料,如纤维、树脂、橡胶等,还包括合成高分子材料,如塑料与合成纤维。高分子材料的类型不同,其优缺点也各不相同,其中合成的高分子材料的耐磨性与耐腐蚀性都是要优于天然高分子材料的。但是由于合成高分子材料的稳定性非常高,在自然环境中不容易被破坏或者腐蚀。废弃高分子材料长时间在自然环境中存在,是环境污染的重要来源。

高分子工业是与国计民生关系密切的产业,其最大的魅力就在于化学合成。通过化学合成,创造出了丰富多彩的高分子材料,并赋予这些材料多样的功能,为人类生存、生活和发展服务。高分子工业包括合成树脂、合成纤维、合成橡胶等,以石油为原料,通过不同的化学反应制备各种单体,合成高分子。但这一生产过程中存在“三废”的排放及溶剂的使用等环境污染问题。为了保护人类生存的环境,高分子合成工业需要绿色化。

在高分子材料的合成与制备过程中,使用洁净技术,减少“三废”的排放;生产过程中应用原子经济性反应途径,达到零废物、零排放;替代单体生产中的剧毒原料(如光气、氢氰酸等);减少有机溶剂的使用;使用生物资源;等等。在高分子材料生产过程中,实施绿色化工技术,是提高资源效率、改善环境污染的有效措施。

“绿色化学”是1991年由美国化学会首次提出并成为美国环境保护署的中心口号，同时做如下定义：“在化学品的设计、制造和使用时所采用的一系列新原理，以便减少或消除有毒物质的使用或产生。”1996年，联合国环境规划署对绿色化学给出了新的定义：“用化学技术和方法去减少或消灭那些对人类健康或环境有害的原料、产物、副产物、溶剂和试剂的生产和应用。”按照美国《绿色化学》(Green Chemistry)杂志的定义，绿色化学是指在制造和应用化学产品时应有效利用(最好可再生)原料、消除废物和避免使用有毒的和危险的试剂和溶剂。目前绿色化学指能够保护环境的化学技术，可通过使用自然能源避免给环境造成负担、避免排放有害物质。

“绿色化学”概念自提出时就明确了其现代内涵，即研究和寻找能充分利用的无毒害原材料，最大限度地节约能源，在各环节都实现净化和无污染的反应途径。绿色化学主要体现在以下五个方面：①原料绿色化，以无毒、无害可再生资源为原料；②化学反应绿色化，选择“原子经济性反应”；③催化剂绿色化，使用无毒、无害可回收的催化剂；④溶剂绿色化，使用无毒、无害可回收的溶剂；⑤产品绿色化，产品可再生、可回收。

绿色化学是研究和开发能减少或消除有害物质的使用与产生的环境友好化学品及其技术过程，从源头上防止污染。因此，绿色化学研究的基本内容主要有以下五个方面。

1)原子经济性反应和零排放

最大限度地利用原材料、减少副产物、减少废物的排放或使此反应的副产物成为彼反应的原料。从原子的角度讲，尽可能使原料中的原子百分之百地参与目标产物的形成，从而达到原子经济性。

采用“原子经济”反应既要尽可能节约不可再生的原料资源，又要最大限度地减少废物排放。这是不产生工业“三废”、实现化工过程废物“零排放”的途径。原子经济性的目标是在设计化学合成时，使原料分子中的原子更多或全部地变成最终希望的产品中的原子。

苯酚是制造酚醛树脂的主要单体之一。酚醛树脂的世界总产量在合成聚合物位居第六，其主要特点是价格便宜，尺寸稳定性好，耐热性优良。酚醛树脂主要用作电绝缘材料，在宇航中可作为烧蚀材料以隔绝热量防止金属壳层熔化。孟山都和俄罗斯Boreskoy催化剂研究院合作开发了由苯直接制苯酚而不产生丙酮副产物的一步法工艺，该工艺没有副产物或只有很少的废物。

苯乙烯单体是制备聚苯乙烯(PS)、ABS树脂等的重要单体。PS的产量在合成聚合物中位居第四，具有透明、价廉、刚性大、电绝缘性好、印刷性能好等优点，广泛应用于工业装饰、照明指示、电绝缘材料以及光学仪器零件、透明模型、玩具、日用品等。PS泡沫塑料是重要的绝热和包装材料。苯乙烯单体常由乙苯通过催化脱氢方法制得。新工艺将脱氢产生的氢经选择氧化，促使脱氢反应平衡转移，从而使该工艺的单程转化率达到825%(摩尔质量)，选择性为95.5%(摩尔质量)。该工艺已用于几套工业装置的设计中，如伊朗一家石化公司苯乙烯装置就采用了该工艺设计。另外，以丁二烯为原料的苯乙烯生产新工艺也即将工业化，乙烯生产的副产品丁二烯现在越来越多，世界各地的生产厂家都在积极寻找用丁二烯生产高附加值产品的途径。杜邦和DSM公司合作开发了一个以丁二烯为原料生产己内酰胺的新工艺。从原料和副产品的角度来讲，该工艺是清洁的。

2)化学反应原料的绿色化

传统化学反应原料很多是采用不可再生资源,如石油、煤或者对环境有害的物质(如氢氰酸、光气(碳酰氯)、苯、甲苯、硫酸二甲酯等)作原料,而绿色化学则致力于采用无毒、无害原料和可再生资源作原料,替代有毒的、对环境有害的原料来生产化学品。

光气,又称为碳酰氯,是一种军用毒气,但其又能与许多有机化合物发生反应,生产出许多种产品,包括用于生产聚氨酯的基本原料异氰酸酯(包括甲苯二异氰酸酯 TDI、二苯基甲烷二异氰酸酯 MDI 及其"聚合"物 PMP)和聚碳酸酯。在生产聚氨酯中不用光气作原料是绿色化学产生以来的典型案例。其传统生产工艺为:由氨与光气合成异氰酸酯,再合成聚氨酯,这一工艺不但要使用剧毒的光气作为原料,而且要生成对环境有害的副产物氯化氢(HCl),对人体健康和环境均有较大的危害。新工艺用二氧化碳代替光气与氨反应生成异氰酸酯,不仅避免了使用剧毒物质光气,而且其生成的副产物水也不会污染环境。该工艺同时解决了两方面的问题。

氢氰酸主要用于生产聚合物的单体,如甲基丙烯酸系列产品、己二腈等重要有机化工原料。前者先由氢氰酸与丙酮反应生成丙酮氰醇,再转化而得;后者则通过丁二烯与氢氰酸反应来生产。甲基丙烯酸系列产品主要用于生产有机玻璃,也可作为共聚单体用于制造其他树脂,还可用来制造涂料、胶黏剂、润滑剂、皮革和纺织品的整理剂、乳化剂、上光剂和防锈剂等。己二腈是合成纤维尼龙 66(聚己二酰己二胺)的重要中间体,己二腈加氢可以制得己二胺,水解则可得己二酸,二者聚合即得尼龙 66。尼龙 66 是性能优良的合成纤维和工程塑料,广泛用于地毯服装、汽车、建筑等行业。由伯胺和二氧化碳或碳酸二甲酯替代光气制造异氰酸酯,或将碳酸二甲酯替代二氧化碳与伯胺反应,可使整个过程基本无废物排放;也可由伯胺和一氧化碳进行氧化羰化制异氰酸酯,这条途径不经过碳酸二甲酯制造,甲醇可循环使用,还可以采用一步法或两步法技术工艺由硝基苯和一氧化碳还原羰基化制异氰酸酯。但这些技术大部分仍在小规模试验开发阶段。

在 19 世纪中叶,大多数工业有机化学品都来自植物提供的生物质,少数来自动物生物质。工业革命开始采用煤作为化工原料,在发明了从地下抽取石油的便宜方法后,石油就成了主要的化工原料,目前,95% 以上的有机化学品都是由石油加工而得到的。如前所述,石油、煤等均是不可再生的资源,我们除了要考虑这些资源的有效合理地使用之外,还应考虑用可再生的生物资源来代替煤和石油等不可再生的资源。因此,用生物质作化学化工原料的研究受到人们的普遍重视,这也是保护环境和实现可持续发展的一个长远和重要的发展方向。生物质主要指植物生物质,由纤维素(38% ~50%)、半纤维素(23% ~32%)和木质素纤维(15% ~25%)等天然高分子组成。作为替代资源,生物质具有储量高、再生速度快和环境友好等特点。以生物质为原料的能源转化和化学合成目前受到学术界和工业界的极大关注。农业废料(如玉米秆、麦秆等)、森林废物和草类等是木质纤维素的代表。木质纤维素是地球上最丰富的生物质,每年以 1640 亿 t 的速度在全世界不断再生,但至今人类只利用了其中的 1.5%。比如,从生物质中提取的蔗糖和葡萄糖就可以作为化学化工原料,在酶催化或细菌作用下生产人类所需要的化学物质。当前利用可再生资源生物质替代不可再生资源石油,利用植物纤维生产的一些化学品已经获得工业化,成为可持续发展的方向,值得重视和关注。美国杜邦公司于 20 世纪 90 年代开发了生物催化工艺,利用大肠杆菌将 D 葡萄糖转化为顺-粘康酸,然后再加氢生成己二酸,再用好氧脱硝菌株分离出一种基因株对酶进行编码,从而得到环己醇转化为己二酸的合成酶，该合成酶在合适的生长条件下将环己醇选择性地转化成己二酸。

3）催化剂的绿色化

在许多化学反应中，催化剂是必不可少的，而在传统化学反应中，催化剂是一些酸、碱或含重金属的催化剂。催化剂排放会对环境造成巨大的污染。因此，我们应该寻找对环境无害的绿色催化剂取代那些对环境有害的催化剂，如各种生物酶催化剂。

4）溶剂和助剂的绿色化

在传统的有机反应中，有机溶剂是最常用的反应介质。常用溶剂中，含卤原子的溶剂（如二氯甲烷、氯仿、四氯化碳等）都被疑为致癌剂，芳香烃也致癌。由于溶剂具有良好的溶解性，其应用相当广泛，同时导致了对人类健康的危害。

助剂的使用主要是为了克服在合成中的一些障碍。比如，分离用助剂，为将产品与副产品、杂质分开，通常用量大且浪费多。助剂应用非常广泛，以至于很少人评价其到底是不是必需。

除了对人类健康的影响，溶剂和助剂的应用对环境的危害也日渐突出。进入20世纪，氟利昂作为清洁溶剂、推进剂、发泡剂被广泛应用，其对人、野生生物的直接毒性并不大，不易燃、不易爆炸，意外危害度低，但是破坏臭氧层。所以，采用无毒无害的溶剂和助剂将成为发展清洁合成的重要途径。

（1）超临界流体

超临界流体是指处于超临界温度及超临界压力下的流体，是一种介于气态与液态之间的流体状态。其密度接近于液体（比气体约大3个数量级），而黏度接近于气态（扩散系数比液体大100倍左右）。这一流体具有可变性，其性质随着温度、压力的变化而变化。

由于超临界流体的性质，其在萃取、色谱分离、重结晶以及有机反应等方面表现出特有的优越性，从而在化学化工中获得实际应用。其中，小分子（如 CO_2）在压力1.38MPa、温度31.06℃时可达到临界点。超临界 CO_2 流体作为溶剂具有特殊的优势：①非极性或轻微极性的化合物易溶；②对低分子量化合物的溶解性能高，溶解性能随着分子量的增大而降低；③对于中分子量的含氧有机化合物具有很高的亲和性；④对游离脂肪酸及其甘油酯的溶解度低；⑤色素颜料等基本不溶；⑥温度在100℃以下时，对于水的溶解度很低（$<0.5\%$，质量分数）；⑦蛋白质、多肽、多糖、蔗糖和矿物盐类几乎不溶于超临界 CO_2 流体；⑧适用于分离低挥发性、高分子量、高极性的化合物。超临界 CO_2 流体以其适中的临界压力和温度、来源广泛、价廉无毒等诸多优点而得到广泛应用。例如，超临界 CO_2 流体在医药工业领域，可用于中草药有效成分的提取，热敏性生物制品药物的精制及脂质类混合物的分离；在食品工业领域，可用于啤酒花的提取，色素的提取等；在香料工业中，可用于天然及合成香料的精制；在化学工业领域，可用于混合物的分离等。同时在分析化学等方面也得到了应用。

此外，由于 CO_2 来源于合成氨厂和天然气井等副产物的回收，对其加以利用不会增加 CO_2 的排放。而且，当超临界 CO_2 流体或者液态 CO_2 用作溶剂时，很容易通过蒸发成为气体而被回收，重新作为溶剂循环使用。相反地，由于 CO_2 的蒸发热比大多数溶剂（如水）和一般的有机溶剂都小，因此，采用蒸发的方法回收 CO_2 比回收其他溶剂更节能。较少的能量消耗意味着消耗较少的矿物燃料（如石油、煤、天然气），从而减少了矿物燃料燃烧时排放的 CO_2。因此，超临界 CO_2 用作溶剂还可减少其作为温室气体而对大气环境的影响。

（2）无溶剂体系

无溶剂体系是指不使用溶剂而进行反应的体系。无溶剂反应也是绿色化学的研究方向之,不仅对人类健康与环境安全方面具有显著的益处,而且有利于降低反应成本。

在无溶剂存在下进行的反应大致分为三类:①试剂与原料同时作溶剂的反应;②原料和试剂充分混合在熔融状态下的反应;③固体表面的反应。固态化学反应的研究吸引了无机、有机材料及理论化学等多学科研究人员的关注。某些固态化学反应已被用于工业生产。固态化学反应实际上是在无溶剂化作用的化学环境下进行的反应,有时可比溶液反应更为有效并达到更好的选择性。

(3)以水为溶剂

由于大多数有机化合物在水中的溶解性差,而且许多试剂在水中会分解,因此,通常避免用水作反应介质。但以水作为反应溶剂又有其独特的优越性,因为水是地球上自然丰度最高的"溶剂",价廉、无毒、不危害环境。此外,水溶剂特有的疏水效应对一些重要有机转化是十分有益的,有时可提高反应速率和选择性,更何况生命体内的化学反应大多是在水中进行的。

(4)固定化溶剂

有机溶剂对人体健康和环境的危害主要是由于其易挥发性。所谓固定化溶剂,就是在保持其溶解性能的同时,不再具有挥发性,从而避免其对人体健康的危害和对环境的污染。例如,可以把溶剂分子固定在固体载体上,或者使溶剂分子与高聚物的骨架链接。事实上,有些新的高分子化合物本身就有溶解性,可作为溶剂,如以传统的溶剂为基础进行聚合反应得到聚合衍生物,其在化学合成、分离和清洁等过程中具有传统溶剂的溶剂化作用,但却不会挥发到空气中和释放到水介质中造成污染。这类溶剂可单独使用,也可用高级烃类稀释后使用,且可以通过过滤等方法分离回收。

5)产品的绿色化

绿色化学要求生产的产品是绿色的,不应对环境造成损害。比如,生产的塑料应该是能降解的绿色塑料,生产的农药应该是低残毒的绿色农药,生产的制冷剂不应对大气臭氧层造成破坏。

当前在世界范围内,绿色化学的热潮正在掀起。绿色化学从原理和方法上给传统的化学工业带来了革命性的变化,主要体现在设计新的化学工艺方法和设计新的环境友好产品两个方面,通过使用原子经济反应、无毒无害原料、无毒无害催化剂和溶(助)剂等来实现化学工艺的清洁生产,通过加工、使用新的绿色化学品使其对人体健康、社区安全和生态环境无害化。绿色化学从源头上消除污染,合理利用资源和能源,降低生产成本,符合经济可持续发展的要求。

7.2.2 可降解高分子材料

高分子材料在制备、加工和使用过程中,受到热、氧、气候、微生物、机械力等的作用,不可避免地将发生老化(降解或交联),会部分甚至全部失去其原有的使用性能和使用价值,退出生产领域或使用领域。这是高分子材料废弃物产生的必然原因。由于高分子材料产量大,产品使用周期不太长,其废弃物特别是一次性塑料制品,已成为城市垃圾的主要来源之一。大量废弃的高分子材料严重污染环境。

为了解决污染问题,各国开始研究可降解高分子材料,并已取得较大进展。可降解高分子材料是指在塑料中加入一些促进其降解的助剂或者采用可再生的天然物质为原料,保证在使用和保存期内满足应用性能要求的前提下,使用后在特定条件下,在较短时间内其化学结构会明显发生降解的一类材料。

高分子材料的降解技术，也称为高分子材料的零排放，是指制品完成其使用价值后，通过高效溶剂或能吞噬高分子材料废弃物的物质就地或异地转变，无毒地回归大自然或进入人类生态环境的系统工程。降解技术的根本问题是要发现传统高分子材料废弃物的降解方法和开发新型可降解合成高分子材料新品种。天然高分子材料的开发与应用被认为是实现高分子材料零排放的最理想途径。但需要解决强度低、寿命短、成本高等问题。

根据其降解机理大致可将高分子材料的环境降解分为光降解过程、生物降解过程以及光-生物共降解过程等。

1）光降解

光降解是指高分子材料在日光照射下发生劣化分解反应，在一段时间内失去机械强度，其实质是在紫外线照射下的一种快速光老化反应过程。光降解塑料是一种能在日光条件下快速光老化的塑料。其主要反应是塑料吸收太阳光中的紫外线达到高分子链键断裂的过程。由于受光照时间、天气、地域的限制，光降解塑料属于一类不完全降解型的高分子材料，其降解速度不易控制。

高分子材料在光辐照条件下发生分解反应所需的能量与其吸收波长成反比。众所周知，太阳照射到地球表面的近紫外光的波长在 280～400nm 范围内。常见化学键的断裂能及其相应波长可见表 7-1。许多化学键断裂的离解能恰好在紫外光的照射能量范围内，使高分子发生断键反应，从而产生光降解。

常见化学键的断裂能及其相应波长 表 7-1

键	断裂能（kJ/mol）	相应波长（nm）	键	断裂能（kJ/mol）	相应波长（nm）
—C—O	728.5	164.2	—C—C	837.4	142.9
—C—OH	460.5	259.8	—C—C—	519.2	230.4
—C— —O—	364.3	328.4	—C—N	222.0	538.9
—O—O—	268.1	446.2	—C—H	410.3	291.6

常用的塑料（如 PE 等）受光的照射不能发生分解。这是因为照射到地球表的波长为 300～400nm 的近紫外光的光能比共价键的离解能小得多。要使 PE 发生降解，可在 PE 基材中添加光敏剂，由光敏剂吸收光能后产生自由基，然后促使其发生氧化反应而降解。

塑料光降解发生的原因在于其本身含有杂质（如含羰基物质）。光降解塑料可分为合成型光降解塑料和添加型光降解塑料两种。

（1）合成型光降解塑料

合成型光降解塑料通过共聚反应在塑料的高分子主链上引入羰基等感光基团赋予其光降解特性，可通过调节光敏基团的含量来控制光降解活性。现在已知的合成型光降解塑料有乙烯 CO 共聚物、乙烯酮乙烯共聚物等。以 CO 或乙烯酮类为光敏单体与烯烃类单体共聚，可合成含羰基结构的 PE、PP、PVC 等光降解聚合物。由于这类材料制造成本高，而且受到光照就会发生光降解反应，因此实用性受到限制。

（2）添加型光降解塑料

添加型光降解塑料是指在 PE、PS 等通用塑料中添加光敏性添加剂制成的光降解塑料制品。在紫外光作用下,光敏性添加剂可离解成具有活性的自由基进而引发聚合物分子链断裂使其降解。常用的光敏性添加剂有过渡金属络合物、硬脂酸盐,二丁基二硫代氨基甲酸铁等,用量一般为1% ~3%(质量比)。另外,可以根据添加剂本身的光催化氧化作用以及氧化还原作用来促进聚合物的光降解。这类材料可以调节加入组分的含量来控制聚合物的分解速率,是目前光降解材料的主要研究方向。

光降解只适用于日照时间长、光照充足的地区,应用范围狭窄;光降解塑料的主要成分是难以完全讲解的聚烯烃类树脂,且一些光敏剂为重金属物质,很难达到环保要求。

2)生物降解

生物降解是通过微生物的反应作用将高分子塑料分解成水、二氧化碳及其他低分子化合物。在这个意义上,可将通过光降解反应而发生分解反应的塑料称为光降解塑料,而将通过自然界存在的细菌、真菌和藻类等微生物作用而自然降解的塑料定义为生物降解塑料。由于依赖微生物的反应分解,与光降解塑料类似,生物降解塑料是一类降解速度不可控制的高分子材料。但与光降解塑料不同的是,生物降解塑料有不完全降解型和完全降解型两个品种。对完全生物降解型塑料,在22℃下两年即可完全分解。

生物降解塑料主要是通过各种细菌及酶将高分子材料分解成CO_2、水、蜂巢状的多孔材料和低分子的盐类,可被植物用于光合作用,不会对环境造成污染。生物降解塑料的降解过程一般分为两步:①填充在其中的淀粉被真菌、细菌等微生物侵袭,渐渐消失,在聚合物中形成多孔破坏结构,增大了聚合物的表面积;②剩下的高分子聚合物在细菌和酶的作用下进一步发生各种分解反应,使分子链断裂成低分子量碎片,达到被微生物代谢的程度。一种塑料是否具有生物降解性取决于塑料分子链的大小和结构微生物的种类及各种环境因素(如温度、pH、湿度等)及营养物的可作用性等。实际上,生物降解不只是微生物的作用,更是多种生物参加的综合过程。例如,聚L-乳酸在土壤掩埋条件下易被微生物降解,其过程可划分为两个阶段:①微生物的分解酶吸附在聚L-乳酸表面上,在酶的作用下,聚L-乳酸的酯链发生水解、断链反应。相对分子质量从数十万降到数万以下,导致聚乳酸的强度降低破碎、表面积增大。表面积的增大又促进了水解反应,使之进一步降解转变成相对分子质量低的乳酸,完成一次降解。②水解生成的乳酸,在土壤中微生物的代谢作用下,最终转变成二氧化碳和水。

到目前为止,生物降解塑料可按原料分为以下四大类。

(1)掺混型降解塑料

掺混型降解塑料是将两种或两种以上的高分子材料共混聚合而得,至少有一种组分为生物可降解,多采用淀粉、纤维素等天然高分子,其中又以淀粉居多。淀粉掺混型塑料基本属于淀粉塑料中的早期产品,最初,该类产品用6% ~20%的淀粉和聚烯烃(如PE、PP等)的共混物制备,属于淀粉填充型塑料,其中淀粉降解后留下不能再降解的多孔聚合物,且不能回收利用,其碎片对土壤造成更严重的污染,所以这类淀粉基塑料被称为“假降解塑料”或“崩解塑料”。之后开发的产品采用含量大于50%的淀粉和亲水性聚合物进行共混制备。淀粉和亲水性聚合物之间发生较强的物理和化学作用,并以连续相存在。这种材料显示了较好的生物降解性、可加工性、经济性、实用性,技术相对成熟,被称为“淀粉基质型生物降解塑料”。这是一类很有发展前途的产品,是20世纪90年代淀粉掺混型降解塑料研发的主攻方向。

淀粉掺混型降解塑料的一个不足之处是其耐水性较差。改性方法:①将原料制备成热塑性淀粉,再与少量的聚烯烃塑料共混,以改善其耐水性;②把淀粉进行疏水化处理,即在天然淀粉的大分子上接枝疏水性基团以达到增强其耐水性的目的。

(2)微生物合成型降解塑料

微生物合成型降解塑料是以微生物为碳源,通过微生物的发酵而得到的生物降解材料。微生物以聚羟基脂肪酸酯(PHA)类居多,其中最常见的有聚羟基丁酸酯(PHB)、聚羟基戊酸酯(PHV)及PHB和PHV的共聚物(PHBV)。例如,运用遗传工程把白杨木的叶子干燥、磨碎成细粉末,然后萃取出叶绿体,就可从白杨木的叶绿体中得到PHB的母粒料,从而获得PHB降解塑料。英国利用原核生物和真菌的细胞在分子水平上合成PHB并已获美国专利。美国一公司已研制出利用PHB/PHV共聚物的转基因植物生产可生物降解塑料PHB,商品名为"Biopol",这类产品的性质与PE塑料很相似,具有较高的生物分解性,且热塑性好,易成型加工,PHB类的生物降解塑料产品已在欧美及日本等国出售。不过,这类材料耐热和机械强度等性能上还存在问题,而且成本太高,尚未获得广泛应用,现正在尝试改用多种碳源以降低成本。

(3)化学合成型降解塑料

化学合成型降解塑料是利用化学方法合成的具有类似于天然高分子结构的物质或含有易生物降解官能团的聚合物,大多为在分子结构中引入能被微生物降解的含酯基结构的脂肪族聚酯。人工合成生物降解高分子塑料品种有许多,如聚乙烯醇(PVA)、丙烯酸共聚物、聚酯、聚醚、聚氨基甲酸酯、聚酰胺、聚乳酸、聚己内酯、聚环氧乙烷共混物等。由于这些化合物的主链结构含有RCOOR2、R1OR2、R1CONHR2等结构单元,使其普遍具有环境降解性。另外,利用化学合成制造生物降解高分子材料,合成具有类似于天然高分子结构的物质或含有容易生物降解的官能团的聚合物,较微生物合成具有更大的灵活性,容易控制产品质量和要求。其设计思想是选择一些易生物降解的化学结构单体,如带酯键或酰胺键的化合物,来制备生物降解塑料;或者采用相对分子质量约600以下的齐聚物,插入易生物降解的高分子链中,这样既能达到生物分解的要求,又能满足某些性能上的需要。

(4)天然高分子型降解塑料

天然高分子型降解塑料是利用可以生物降解的天然原料制成的塑料。天然原料包括植物型(如淀粉、纤维素、半纤维素、木质素、多糖类及碳氢化合物等)和动物型(如甲壳素、壳聚糖、明胶等)两大类。这类天然高分子化合物在自然界中资源丰富,自然生长、自然分解,分解产物无毒无害,因此日益受到重视。例如,日本研究开发公司采用甲壳素海藻酸钠和纤维素等为原料,再掺混一些淀粉,制备出性能良好的生物降解塑料薄膜。在干、湿环境下的强度都较高,可用于农业上的装种子的盒子和苗籽袋。由于甲壳素和纤维素之间加入了淀粉填充,薄膜的吸水性、光滑度、延展性都得到了改善。日本昭和高分子公司开发的改性氨基蛋白质热料,是由氨基酸链段和蛋白质链段组成的嵌段共聚物,可被土壤或水中的微生物降解。在火山灰土壤中进行的生物降解实验证明,在6个月后试样的重量减少40%以上,8个月后减少50%以上,其降解速度是木材的2倍。另外,从造纸废液中提取木质素与淀粉进行复配,可加工出填充型PE的环境降解塑料;用海藻酸钠填充PE可制备环境降解塑料。

目前,国内外研究最多的还是用淀粉和纤维素作原料生产的环境降解高分子材料。早期的第一、二代淀粉塑料还属于掺混型降解塑料。作为填充剂的淀粉可以是原淀粉、化学改性淀粉或物理改性淀粉,也可以是与单体反应的共聚物。能与淀粉共混的合成树脂有HDPE、低密度PE(LDPE)、线性低密度PE(LLDPE)、PP、PVA、PVC、PS、聚对苯甲酸乙二醇酯(PET)、聚酯等。其中,LDPE、LLDPE、PVA 添加淀粉的降解塑料为主导产品。第三代产品则是将淀粉、热塑性淀粉、天然淀粉、直链淀粉或高直链淀粉在不添加聚合物,高温、高压和高湿的条件下挤塑或注塑得到的全生物降解型塑性材料,这种塑料的力学性能相当好。作为一种具有完全生物降解能力的材料,全淀粉热塑性塑料可以替代普通塑料在许多场合使用,如农用及园艺用的农用地膜,餐饮业一次性杯、盘、刀叉、食品托盘及超市净菜盘,日常物品的包装材料,尿布洗衣袋、一次性内衣、拖鞋等生活用品,等等。土木建设用材是降解塑料应用的一个新领域,主要是荒地、沙漠绿化保水基材,工业用保水板,植被网,土木构件型框,等等。除此之外,全淀粉热塑性塑料还可用在一些高附加值产品上,如高尔夫娱乐用材、钓具、船上运动用制品等各种野外休闲制品用材,而玩具、文具等热塑性淀粉的制备多采用挤出、注射和模压等工艺,并通过改变加工方法、增塑剂种类等手段改善热塑性淀粉的性能。使用的增塑剂一般为水、甘油等。由于热塑性淀粉具有机械性能差、吸水性强等缺点,研究者开始考虑用纤维作为强化剂,添加到热塑性淀粉基体中,改善材料的性能。天然纤维与淀粉同为多糖分子结构,将纤维与热塑性淀粉共混,能达到较好的强化效果。表 7-2 为淀粉塑料和 PE 塑料的力学性能比较。由表 7-2 可见,淀粉塑料的弹性模量、剪切模量和延伸率等性能指标都介于 LDPE 和 HDPE 之间,表明淀粉塑料的性能可与 PE 塑料性能相媲美。

淀粉塑料和 PE 塑料的力学性能比较 表 7-2

性能指标	淀粉塑料	LDPE	HDPE
弹性模量(MPa)	100 ~ 800	100 ~ 280	420 ~ 1200
剪切模量(MPa)	10 ~ 25	5 ~ 16	22 ~ 38
延伸率(%)	20 ~ 300	90 ~ 100	20 ~ 130

3)光-生物共降解

塑料在光和微生物的共同作用下发生的分解过程被称为光-生物共降解。其过程是塑料先通过自然日光作用发生光氧化降解,并在光氧化降解达到衰变期后可继续被微生物降解,最终变成 CO_2、水及一些低分子化合物,参与大自然的循环过程由于由光和微生物共同作用、参与降解过程,这类高分子材料的降解速度是可以控制的,也是一类完全降解型的高分子材料。光-生物共降解塑料是将光氧化降解机理和微生物降解机理相结合而开发的另一类新的降解塑料,其具有光降解、微生物降解双重性,在光氧化降解的同时也可以进行微生物降解。

这种方法不仅克服了无光或光照不足的不易光降解和降解不彻底的缺陷,还克服了微生物降解塑料加工复杂成本高、不易推广的弊端。光-生物共降解塑料是近年来应用领域中发展较快的一类可降解塑料。光-生物共降解塑料大多是聚烯烃类塑料,在其成分中添加适量的光敏剂、生物降解剂、促进氧化剂和降解控制剂,包括稳定型、促进型控制剂和生物降解增敏剂等光-生物共降解塑料可分为两大类:一类为淀粉添加型光-生物降解塑料,另一类采用金属聚合物作光敏剂,其光降解产物最终能被微生物降解。光-生物共降解塑料实际上是光降解塑料的改进型,其应用领域与光降解塑料大体相同。

7.2.3 高分子材料长寿命设计

为了有效利用资源,减少废弃物发生量,对于用量大、影响深远的高分子材料,如农用棚膜、建筑用高分子材料、上下水道、浴盆、水槽、污水处理管、涂料等应考虑长寿命问题。开展高分子材料的长寿命设计,可有效降低资源开发速度,是减少高分子材料废弃物的有效途径之一。尤其对于用量大、影响深远的农用地膜和棚膜,以及建筑用高分子材料等,应考虑长寿命问题。高分子材料的长寿命可通过优化配方和工艺设计、开发功能优异的塑料合金体系等方法来实现。无论是短寿命设计还是长寿命设计,都应以维持生态环境和节约资源及提高利用率为最基本目标。本节以农用塑料薄膜为例,简介高分子材料长寿命设计。

农用塑料地膜具有保温、保湿、防霜冻等作用,是塑料在农业上的主要应用之一。20 世纪 50 年代初,日本最早推广应用地膜覆盖栽培技术。我国于 1978 年从日本引进该技术,到 2002 年使用面积达到 $11.70 \times 10^5 hm^2$。地膜覆盖栽培技术的应用大幅度提高了农作物产量,促进了我国农业的发展。塑料地膜的使用因此被称为农业生产上的一场"白色革命"。但随着塑料地膜使用量不断扩大以及使用年数的增长,农田中残留塑料地膜不断积累。湖北省农业环境监测站调查的结果显示:玉米地每年使用塑料薄膜 $45kg/hm^2$,使用 1 年,残留量为 $26.55kg/hm^2$;连续使用 3 年,残留量为 $32.85kg/hm^2$;连续使用 5 年,残留量为 $42.45kg/hm^2$;连续使用 8 年,残留量为 $86.10kg/hm^2$,平均残留量为 $10.76kg/hm^2$,残留率为 23.90%。残留塑料地膜会对土壤结构产生不良影响,降低土壤渗透性,减少土壤含水率,削弱耕地抗旱能力,从而造成农作物减产;塑料地膜残留在土壤中或弃于田头地头,被风一吹随处飘移,挂在田间地头、树枝及建筑物和漂浮在水沟池塘、河流中,破坏自然景观。残留塑料地膜被当作燃料燃烧过程中产生有害气体污染大气,造成二次污染。塑料地膜中的增塑剂(邻苯二甲醛酯类化合物),具有低水溶性、高脂溶性和显著的生物累积性,经浸沥后进入土壤,对作物有毒害作用。邻苯二甲醛酯类化合物能通过各种途径污染食品、粮食,影响人、畜健康。"白色革命"有变为"白色污染"的危险。因此,如何减少农田中塑料地膜残留,保护农田生态环境就成为一个亟须解决的问题。

在塑料地膜发挥了其保墒增温作用后,从农田表面揭去塑料地膜。传统的揭膜时间大多在作物收获后进行,新的揭膜技术将揭膜的时间改在收获前,并针对不同的农作物,筛选出不同的最佳揭膜期,这种农业新技术被称为适时揭膜技术。适时揭膜技术不仅可以提高塑料地膜的回收率,减少塑料地膜对农田土壤的污染,而且可以提高农作物的产量从经济政策和经费支持两方面,鼓励建立相应的农田残膜回收机构、残膜处理加工厂增加农村废旧地膜收购站的数量,大力开展废旧塑料制品的综合利用。因此,国家要制定合理的回收价格,对利用残膜为原料进行加工生产的工厂和残膜回收机构,国家要制定相关的政策法规,予以扶持,如对于回收后的残留塑料地膜可按熔融再生、热裂解、能量回收等方法加以利用,可在一定程度上缓解塑料地膜对农田生态环境的影响。可降解塑料薄膜的出现,则可彻底解决塑料地膜对生态环境的影响。可降解塑料薄膜是在农膜中添加光敏剂或能被微生物分解的成分制成的薄膜。可降解塑料薄膜在光或微生物的作用下能自动降解成小碎片或 CO_2 和水后进入土壤而避免了残留危害。但目前可降解地膜的成本比普通地膜高 10% ~20%,影响了农民使用可降解地膜的积极性;降解周期无法精确控制,造成推广应用困难。

此外,农用塑料薄膜长寿命设计也是解决白色污染的重要途径之一,具体技术如下:

(1)厚度应予以规定,改变目前膜厚过薄(所谓双零叁和双零肆,即 0.003mm 或 0.004mm)的状况,使厚度大于 0.012mm,这样即使降解膜使用后的碎片较大,便于回收。

(2)棚膜应尽可能多次使用,可通过添加长寿命母料,延长棚膜寿命。长寿命母料的配方:LDPE 80 份、LIDPE 20 份、GW540 光稳定剂 12 份、金红石型钛白粉 6 份、1010 主抗氧剂 4 份、DLTP 辅抗氧剂 8 份、PE 蜡 2 份、白油 1 份。在 PE 膜中以添加 2% ~5% 的长寿命母料为宜,在其他制品中也应添加一些抗老化助剂,以延长其使用寿命。

随着我国国民经济的发展和科学技术的进步,我国农业的发展潜力巨大,前景无限,与发达国家相比,中国农用塑料棚膜依然有很大的发展空间。

7.2.4 环境友好型高分子材料

发展高分子功能材料,生产具有高附加值的精细化工产品,是实现资源利用率最大化的有效途径之一。

环境友好的绿色化学产品应该具有两个特征:①产品本身必须确保不会引起环境污染或健康问题,包括不会对野生生物、有益昆虫或植物造成损害;②当产品被使用后,应该能再循环利用或易于在环境中降解为无害物质。

对环境无害或环境友好的合成树脂可分为两大类:一类是环境活性高分子合成树脂:另一类是环境惰性高分子合成树脂。

1)环境活性高分子合成树脂

环境活性高分子合成树脂即所谓的生物降解型高分子材料。目前实际应用中最常见的有 PHA、聚乳酸等,其中聚乳酸的开发最为活跃。通用聚乳酸是由玉米或甜菜中的糖类(包括淀粉与糖)经过发酵得到乳酸再无溶剂聚合而制得。Carlee 公司计划通过大规模生产来降低成本,如果每千克价格低至 0.78 ~1.44 美元就有望用于包装材料。此外,利用天然高分子材料方面也有新的进展,如澳大利亚就为 2000 年的世界奥运会开发了全淀粉的快餐盒、一次性杯子等。

2)环境惰性高分子合成树脂

环境惰性高分子合成树脂为不能生物降解的高分子材料,在不发生氧化及光降解的情况下不会污染环境。我们现在使用的通用高分子主要属于这一类。环境惰性高分子合成树脂应用后的垃圾处理是一大问题,若处理不当就会污染环境。填埋、焚烧、再生与回收使用是废塑料处理的几种方法,其中再生与回收使用应成为重要的途径。例如,美国 Du Pont 公司已经成功地将 3 种主要品种进行再生与回收使用。PE 废弃物制成再生 PE TYVEK 已大量用于美国期刊的邮件包装袋材料;通过甲醇醇解将 PET 回收料转换成单体,再编合聚合成再生 PET;尼龙 6 地毯在高压下氨解得单体,再聚合成工程塑料用于汽车部件。此外,有机玻璃可通过加热解聚重新转化为单体再用;PS 包装材料发泡时加入 2%(质量分数)氧化钡添加剂,高温下分解回收料,单体回收率高达 95%。

7.2.5 高分子材料的再循环技术

高分子产品使用周期不很长,其废弃物特别是一次性塑料制品成为城市垃圾的重要来源。所以,再生循环技术不仅是解决高分子"白色污染"的有效途径之一,而且有利于充分利用原料,提高资源利用率,保护环境,应大力发展高分子材料的多级利用技术,实现材料的多次循环。

目前可降解高分子在整个高分子材料中所占比例小,对于高分子材料废弃物的再生循环,显得尤为重要,这既是为了解决环境污染,保护我们赖以生存的地球,也是为了"变废为宝",

实现资源的再利用。高分子合成材料的基本成分主要来自石油。与其他自然资源一样,从长远看石油等资源不会“取之不尽,用之不竭”。所以说,废旧高分子材料的回收,即是资源的再利用。

再生循环技术主要包括回收技术和再生利用技术。回收主要指废弃物的集中、运输、分类、洗涤、干燥等处理过程,只有先回收,才能再生或利用;再生循环可看作是制品—废弃物—(回收)—再生制品—再废弃物—(收)—再生制品反复多次“回收、再生利用”的过程。

1)废旧高分子材料的回收技术

不同高分子材料之间的相容性、热稳定性、加工性能及化学性能差别很大,对混杂的高分子材料废弃物必须按高分子材料品种、废品材料的成分(如金属和纤维等嵌件)分门别类,予以分离。不同种类的高分子材料具有不同塑化温度(熔点、软化点)、燃烧性能(火焰的颜色、难易度、气味)、外观(硬度、光泽透明度)、密度、溶解性等,因此,其分离方法也很不相同。最简单的分离方法是根据厂家在制品上刻印的高分子材料代号或外观,进行人为识别和手工分拣。该方法简单、易行、效率高,但准确度难以保证。较为复杂的分离方法有很多种,主要包括:①根据不同高分子材料静电发生状态和带电差异的静电筛选法;②根据高分子材料密度不同的湿式重力筛选法;③X光探测分拣技术;④根据热塑性高分子材料熔融温度不同的热源识别分拣法;⑤根据旋风原理和高分子材料密度不同的水力旋风分拣法和液态碳氢化合物分拣法;⑥根据同一溶剂不同温度下的溶解能力差对热塑性高分子材料实行选择性分拣等。

2)废旧高分子材料的再生循环技术

高分子材料废弃物的再生循环技术可分为以下三类:

(1)材料再生利用技术。通过粉碎、热熔加工、溶剂化等手法,使高分子材料废弃物作为原料应用。其基本思想是将高分子材料在其功能丧失之前,多次进行使用。

(2)化学再生利用技术。通过水解或裂解反应使高分子材料废弃物分解为初始单体或还原为类似石油的物质,再加以利用。其基本思想是将回收材料作为资源,作为石油及单体的原始材料加以利用。

(3)热能利用技术。对难以进行材料再生或化学再生的高分子材料废弃物,通过焚烧,利用其热能。

也有学者把没有丧失使用功能的高分子材料废弃物的利用称为一级再生利用(Primary Recycling);把高分子材料废弃物制备成再生材料的利用称为二级再生利用(Secondary Recycling);把高分子材料废弃物分解成低分子化合物的化学利用(Chemical Recycling)称为三级再生利用(Tertary Recyclng);把高分子材料废弃物焚烧的热能加以利用称为四级再生利用(Quaternary Recycling)。一级再生利用和二级再生利用又称为材料再生(Material Recycling)或机械再生(Mechani al Recycling)。

7.3 高分子材料生态设计

高分子材料的生态设计原则为实用性强,对环境友好,具备低成本回收或低成本再生资源化。

从资源节约的观点来看,节约使用量即减少废物量。通常可以从三个方面着手:①减少过度包装，如德国通过包装材料法规的实施，在几年内即减少塑料用量近20%；②以高性能的塑料代替通用塑料，如我国用LDPE制造棚膜，一般寿命仅为半年；国外采用的HDPE、EVA等制造棚膜，寿命可延至1～2年，甚至3～4年，且可使厚度减薄；③闲置资源及其复合技术的运用，不仅可减少塑料的使用量，而且可开发出新的产品，如LDPE/$CaCO_3$复合薄膜，矿渣、木粉、废纸等与塑料的复合。

7.3.1 塑料

塑料是一种密度小、强度高、耐腐蚀的高分子材料，被广泛应用于工农业生产和国防工业，已和钢铁、木材、水泥并列成为四大支柱材料。塑料是以树脂(聚合物)为主要成分在一定温度、压力下塑化成的具有一定形状和使用功能的材料。多数塑料制品是一个多组分体系，除基本组分树脂外，还包括各种各样的添加剂。

生态塑料应是采用无毒无害的原料，进行无害化(废气、废水、废渣)材料生产(零排放)、制品成型作业和使用周期中无环境污染，废弃后易回收和再生利用，对生态环境不产生"负面深远影响"以及消费得起的高分子材料。

1)塑料的分类

塑料的种类接近上万种，通常有下面几种分类方法：

(1)按树脂受热后的变化，可将塑料分为热固性塑料和热塑性塑料两大类。

①热固性塑料是指成型后不能再加热软化而重复加工的一类塑料。其树脂在加工前为线性预聚体，加工中发生化学交联反应使制品内部成为三维网状结构，具有不熔不溶的特点。本书中介绍的这类树脂有酚醛树脂、氨基树脂、环氧树脂及不饱和树脂等。

②热塑性塑料是指成型后再加热可重新软化加工而化学组成不变的一类塑料。其树脂在加工前、后都为线性结构，加工中不发生化学变化，具有可熔可溶的特点。例如，PE、PP、PVC、PS、聚酰胺类、聚碳酸酯、聚甲醛、聚酯类、聚苯醚、聚甲基丙烯酸甲酯、聚氨酯、氟塑料类、聚苯硫醚、聚砜及聚酰亚胺等。

(2)按树脂的应用情况，可将塑料分为通用塑料、工程塑料、一般塑料和特种塑料四类。

①通用塑料是指应用产量大、成本低、成型加工性能好的一类树脂制备的塑料。通用塑料应用范围广，其产量可占塑料总产量的90%以上。具体品种有PE、PP、PVC、PS、酚醛树脂、氨基树脂、不饱和聚酯及环氧树脂等。通用塑料主要用于包装、建筑、农业及日用领域。

②工程塑料指力学性能较好、尺寸稳定性高、在较高温度下可使用的一类塑料。其使用量只占塑料总使用量的5%左右。工程塑料具有接近金属的性能，可用于结构制品，如机械、电子、汽车及航空领域。

③一般塑料是指用量不大、应用范围不广、性能一般的一类塑料。具体品种主要包括聚甲基丙烯酸甲酯、聚氨酯、氟塑料类及氯化聚醚等。

④特种塑料是指具有独特性能、价格高、产量少、应用范围窄的一类塑料。特种塑料主要包括耐热塑料、阻隔塑料及导电塑料等，具体品种有聚苯硫醚、聚砜、聚酰亚胺、聚苯胺及乙烯/乙烯醇共聚物等。

2)塑料材料的环境负荷

塑料在加工过程中，部分组分有刺激性及毒性，如PE强氧化剂接触能引起燃烧和爆炸，与氟、四氟化氙接触强烈反应，与氯化钠、硝酸、三硝基甲苯不能配伍。燃烧产生的毒性气体主要是 CO 和 CO_2。

聚苯乙烯(PS)燃烧时火焰呈棕黄色,同时有黑烟,有特殊气味,自燃温度为 427℃。在温度为 70～80℃时,PS 受热变形,200℃时可分解出苯乙烯及其他二聚体或三聚体的低分子化合物;泡沫 PS 加热到 60℃时就会逸出苯乙烯。PS 与强氧化剂、烃类溶剂不能配伍,其毒性主要取决于聚合物中单体苯乙烯的含量,有人认为 PS 同其他高聚物相同,对生物体不产生有害影响,只是动物吸入 PS 粉尘可引起肺纤维变化。

氯乙烯是一种致癌物质,急性毒性主要为麻醉作用,长期作用有致突变性、致畸变性、致癌变性,是由于吸入动物体中可能转化成的氯乙醛和氧化氯乙烯作用。氯乙烯对于人的影响:急性中毒,主要是由于吸入了高浓度的氯乙烯所致,多见于抢修设备、意外事故或清腐的工人;轻度中毒,呈麻醉前期症状,表现为眩晕、头痛、乏力、恶心、胸闷、嗜睡、步态蹒跚;严重中毒者呈昏睡状或神志不清,甚至死亡;皮肤接触氯乙烯液体,即可引起局部麻木,随之出现红斑、浮肿,甚至局部坏死等病变;眼睛接触呈明显刺激症状。1973 年,Juche 等把由于长期接触氯乙烯而发生的硬皮病、雷诺症、肢端溶骨症、血小板减少、肝大、肝功能异常、肝功能不全等临床表现称为"氯乙烯病"或"氯乙烯综合征"。

PVC 对人的不良影响主要是来自加工过程中飞扬的粉尘,粉尘具有很高的活性,当浓度超过容许浓度时,会造成呼吸道的变化,长期接触 PVC 粉尘可引起尘肺和肺功能变化。研究发现,PVC 是一种特殊类型的致纤维化物质。其中的添加剂与神经炎有关。

20 世纪 70 年代以来,塑料工业迅猛发展。常用塑料(如 PE、PS、PP 等)的主要原料是化石燃料(包括油和气),用量已达到每年 2.7 亿 t,给接近枯竭的石化能源带来了巨大的压力。广泛应用塑料使其相应的废弃物迅速增加,世界每年废塑料量为 2500 万 t,倾入海洋的塑料垃圾达数十万吨。据有关专家估计,每 10 年其产量将增加 1 倍,其中大多数是一次性包装用品,质量轻、体积大、难以降解,回收利用比较困难且不经济,严重威胁与破坏人类和动植物的生存环境。

随着石油工业的迅速发展,塑料制品的产量不断提高。塑料的不易降解性,导致其废弃物长期存在。由于地膜、一次性餐具等大量使用,许多塑料制品尚未老化便被丢弃,形成了"白色污染"。

废旧塑料的回收利用作为一项节约能源、保护环境的措施,正日益受到人们重视。我国塑料工业相关部门对塑料废弃物的回收利用一直十分重视,早在 1975 年 7 月原轻工业部曾在上海主持召开"全国废旧塑料回收利用经验交流会",会议指出废旧塑料回收利用不是权宜之计,而是一项长远的工作规划。多年来,塑料制品的产量由 1980 年的约 1Mt 增至 1998 年的 15Mt。

废塑料回收利用机械设备的引进与开发引起人们极大的重视,目前我国已经能够研制 PE、PP 废膜回收生产设备、塑料破碎机、回收造粒机组、切粒设备等。大量的塑料废弃物的产生,给环境保护带来了很大的压力,但如能很好地处理,将会产生巨大的经济效益和社会效益,对我国塑料工业的健康发展具有重要的意义。目前,我国每年社会上可回收利用的塑料废弃物约有 1Mt,实际利用的约有 0.2Mt,还有约 0.8Mt 未能加以回收利用。随着塑料在日常用品、包装领域的应用迅速增加,城市垃圾中塑料废弃物的含量不断增长(约为 8%),由于污染的废弃塑料回收清洗分离处理的费用提高,再制品的开发利用量又较低,因此回收部门不愿回收,致使城市垃圾几乎绝大部分都采用填埋的方式,不仅占有土地,而且造成二次污染。我国目前废弃塑料的清洗分离技术水平较低,再制品的开发也是低档的制品,经济效益不高。塑料废弃物回收利用的研究表明,塑料废弃物的处理不单纯是技术问题,还涉及政策及法规等,需要建立全社会的处理体系,建立科学合理的资源回收技术系统,需要政府及生产部门的重视,各个环节的相互配合,并制定相关的法规加以保证。塑料原料是从天然石油中提炼的化工产品,是不可再生的自然资源,中国更是一个石油净进口国,石油关系到国家的能源安全。据有关部门统计,一个中等规模的城市每年产生的塑料废弃物,可满足20家中、小型塑料企业的原料需求。因此,正确认识废弃塑料对环境的影响,研究其处理工艺,对保护环境和资源的再利用都具有重要意义。

3)*废弃塑料主要来源*

废弃塑料主要有两个来源:一是塑料生产和制品成型中完成的废弃橡胶;二是塑料制品在使用、消费过程中形成的。

(1)生产和制品成型过程

一般来说,废弃塑料的来源渠道或途径较为复杂。随着树脂种类的增加、产量的提高、塑料加工助剂品种的多样化,以及塑料成型机械设备的日益完善,使几乎各个领域、部门行业都使用了不同数量和品种的塑料制品。废旧塑料基本上有两大来源:树脂合成厂及塑料制品成型加工厂。在树脂生产过程中主要产生如下废弃塑料:

①过渡料。过渡料产生于连续聚合过程中(如PE、PP等)。当需要更换产品牌号时,在两种牌号之间会产生过渡料,这种既含A又含B的树脂,既不能作为A的物料,又不能作为B的物料,必须回收利用。

②黏附料。对一些聚合物不落于其单体的聚合过程(如PVC树脂)会产生黏附物。黏附物的产生既不利于热量传递,影响散热和聚合过程控制,又会影响下一批树脂质量,必须清除并加以回收。

③落地料。落地料产生于聚合物输送、包装过程中。

④不合格料。不合格料是指生产过程中产生的达不到质量标准的物料。

⑤齐聚物。齐聚物是指生产产品过程中形成的某些低分子副产品,如采用某种生产方法生产PP时会形成5% ~10%非结晶性的(无规)PP,制造PE时会产生2% ~3%的低聚物,必须将其分离出来,并加以利用。

上述几类废弃塑料较易回收,利用也不难。制品成型过程中回收的废弃塑料主要指热塑性塑料制品成型过程中产生的废品和边角料,如飞边、切边料、浇口、流道以及试验料、落地料等,这类废弃塑料容易回收,利用较方便,通常粉碎后以一定比例掺入新料中(一般为10% ~20%,最多不超过30%)加以利用。此外,还有二次加工中产生的废弃塑料。

(2)使用和消费过程

使用过程中产生的是废弃塑料中最主要部分,通常所指的环境污染及回收、利用主要指这一类。在这一类废弃塑料中,一般废弃塑料(以包装材料为主)约占55%,产业形成的废弃塑料约占45%。这一类废弃塑料主要以有机固体废弃物出现,占全部废弃物的2/5。其特点是量大、品种杂、回收、分离、处理、利用难度大,其主要分布于如下。

①农业部门。

a. 农地膜和棚膜。以我国为例,约占总塑料产量的15%。

b. 化肥、种子、粮食等的包装编织袋。

c. 包括软质、硬质排水、输水管在内的农用灌溉管件。

d. 塑料绳索与网具。通常采用 PE、PP、PVC 等塑料,其用量大,使用分散,回收难度也大。

②商业部门。

a. 百货商场、杂货店及批发站等经销部门使用的一次性包装材料,如包装袋、捆扎带、防震泡沫塑料垫、包装箱、隔层板等。

b. 食品盒、饮料瓶、包装袋、盘、碟、容器等塑料杂品。我国每年使用的 PS 泡沫塑料快餐饭盒就达 70 亿个。

③日用品。

这一类占比较大,发达国家中约占生活垃圾的 7%,我国某些城市达到 6%。主要包括:

a. 包装袋、饭盒、家用电器的 PS 泡沫塑料减振垫、捆扎带等包装材料。

b. 饮料瓶、牛奶袋、罐、杯、盆、容器等一次性塑料制品。

c. 各类器皿、塑料鞋、灯具、文具、炊具、厕具、化妆用具等非一次性用品。

除 PE、PP、PS、PVC 外,还有 ABS、聚酯、PA 等塑料。我国的包装材料中,PE 占 64%,PS 占 11%,PP 占 9%,聚酯占 7%,PVC 占 5%。这些材料按用途分为:薄膜为 35%,瓶为 27%,其他(盆、桶、盒、杯)为 24%,纸、箱涂层为 9%,罩、隔板为 5%。这一类品种杂,且往往与生活垃圾混在一起,回收难度较大。

④工业领域。

工业领域的废弃塑料分布于汽车、电工电器、建材等。其中,汽车的废弃塑料占相当大的比重,易回收的有保险杠、油箱、汽车内饰件等,美国在 20 世纪 90 年代初即达 200 万 t。塑料制品投入使用后 2 年内将有 40% 成为废弃塑料,5 年后将有 20% 成为废弃塑料。寿命期较短的塑料制品占比较大。基于此,废弃塑料的量通常按当年塑料产量的 70% 进行估算。

4) 大品种废旧热塑性塑料的来源与回收

(1) 废旧 PE 制品

1992 年,我国 PE 树脂总产量约为 98 万 t,进口 91 万 t 左右;PE 塑料制品近 200 万 t,其中薄膜类约占 60%、管材占 8%、中空制品占 7%、周转箱占 6%,其余制品为单丝(绳、扁丝等)、电缆外套、鞋类、板材、编织袋、其他类杂品或配件。

(2) 废旧 PP 制品

1992 年,我国 PP 树脂总产量达 85 万 t,进口树脂 52 万 t;其塑料制品在 140 万 t 以上,其中编织袋约占 26%、薄膜(含 OPP Film,取向 PP 薄膜)占 25%、捆扎绳和打包带占 18%,其余制品为管材、板材、周转箱、单丝及其他类制品。废旧 PP 制品的回收工作,在 20 世纪 90 年代初,主要是 PP 废旧编织袋的回收,因为编织袋的生产量占 PP 制品的比例较大,而且,PP 废旧编织袋较易回收。废旧编织袋的再生制品主要为打包带、捆扎绳。用 PE 增韧改性后的 PP 再生料可以注塑制作周转箱。废旧 PP 膜制品的产量占 PP 制品的产量比例也相对较大,但是,废旧 PP 膜尤其是双向拉伸膜一般用于香烟的内包装、食品、茶叶、酱菜等复合膜。包装给回收带来较大困难。回收废旧 PP 制品中具有广阔前景的是 PP 的大宗制品,如汽车保险杠和汽车驾驶室内的仪表板。在我国,随着汽车产量和用量的急速增加,废旧仪表板和保险杠的回收工作在 20 世纪 90 年代后期逐渐提到日程上来。

(3) 废旧 PVC 制品

在我国和世界的塑料工业中,PVC 是四大通用树脂之一,其制品种类繁多,应用领域也很广泛。1990 年,我国的 PVC 树脂总产量已达 78 万 t,PVC 的各类制品约 125 万 t。1993 年,我国 PVC 树脂总产量已超过 100 万 t,进口 PVC 树脂约 23 万 t,PVC 的加工制品达 170 万 t 以上。近年来,我国 PVC 的加工生产线和设备增长速度很快,因而 PVC 制品的发展也很快,尤其是近年来 PVC 异型材(如塑料门窗)的市场需求量较大、生产速度提高。我国 PVC 制品的构成:制鞋类占 19%,薄膜类占 16%,板材与片材类占 14%,人造革(含壁纸)类占 13%,管材类占 12%,异型材类占 11%,电缆占 10%,其他类为 5%。

PVC 制品的废旧物中回收率较大的是废旧鞋底、硬质板材和管材,这 3 类制品占 PVC 制品的 45%。较难回收的废旧制品是电缆包皮和人造革,这两类 PVC 制品占 PVC 制品总量大约 23%,根据我国国情,今后应注重 PVC 废旧异型材的回收利用,尤其是废旧 PVC 门窗的再生。

(4)废旧 PS 制品

在通用热塑性塑料中,PS 的产量较小,但其废弃物的污染较大。其主要原因是 PS 泡沫塑料制品体积大,PS 泡沫塑料制品占整体泡沫塑料制品的第二位,仅次于聚氨酯(PU)泡沫塑料产量。1990 年,我国 PS 树脂产量为 14 万 t,其中可发泡 PS(EPS)产量占 16.5%,约 14% 的 PS 制品是通过挤出工艺生产的泡沫塑料制品。由此可见,各类 PS 泡沫制品占 PS 树脂产量的约 1/3。

PS 的大宗制品是泡沫塑料产品(如目前广泛用于家用电器及工业配件的减振及运输包装),有一部分泡沫塑料产品作为保温隔热材料(如火车车厢用夹层保温材料等),还有相当一部分 PS 被用于性使用的快餐饭盒、食品包装盒、盘、杯等容器。与 PE、PP、PVC 等大宗通用塑料制品相比,属一次性应用的 PS 制品的数量大,且泡沫塑料制品的密度小而体积大,给回收工作带来许多不便。

5)废旧塑料的回收再加工法

当前全世界用量最大的是 PVC、PE、PP 种,均属于可回收再利用的热塑性塑料。而且,这些塑料制品大多用于人们日常生活、包装和农业等方面,属易耗品,很快就被废弃,因此,这些是回收再利用的主要对象。

大型的塑料包装容器从垃圾堆中分拣后,经过清洗、消毒可直接回收利用;塑料包装废弃物的再生利用主要指熔融再生和造型等。回收再生利用的方法主要包括废塑料的再生技术、热处理油化技术、加工成衍生燃料(RDF)焚烧能源化利用技术以及一些其他的化学处理技术。目前回收再生利用技术已经初步成熟,在国家提出固体废弃物向减量化、资源化、无害化处理的政策下,包装废弃物的回收再生利用不仅可行,还能促进包装工业的发展。

填埋是目前大量处理废弃塑料和固体垃圾最简单的一种方法。因为塑料质轻体积大,不易被生物分解,所以塑料填埋占据空间大,分解周期长,既妨碍填埋场的再利用又把可再利用的资源浪费。另外,埋在地下塑料废弃物几百年不降解还会形成地表塌陷,造成空洞,某些分解产物或低分子添加剂析出会对地下水源再次污染等,是回收处理废弃塑料中的下下策。从改善环境、充分利用资源、有利于社会发展的角度出发,研究废弃塑料的回收具有重大的意义。废弃塑料的回收不同于金属、纸和玻璃的回收,因为各种塑料的物理、化学性质的差异和不相容性,所以不能混合加工,应分别收集、分类处理,具体方法如下。

(1)分类回收法

开展废弃塑料回收利用工作最困难的是废弃塑料的收集和成功有效的分离,包括两个方面:①各种废弃塑料的分离技术,在分离技术方面,有静电筛选法、流动式风力筛选法、湿式比重;②对于难分离的塑料加入“增容剂”以提高混合物的强度。在废弃塑料的分离方面较为令人瞩目的是美国凯洛格公司和 Rensselaer 工学院联合开发的一种用溶剂将塑料废品分类、回收的方法。此法无须人工分拣,将混杂的废弃塑料碎片加到溶剂中,溶剂在不同温度下有选择地溶解不同的聚合物。目前已能成功分离 PVC、PS LDPE、HDPE、PP、PET 6 种聚合物,回收过程几乎无溶剂损失,聚合物经加热、造粒后重新销售或使用。日本塑料处理促进协会新近开发了一套塑料分离的中试装置,获得了较高的分离性能,对 PVC 和 PE 的分离以及 PVC 和 PP 的分离率可大于 99.9%。日本富士技术研究所与大日本树脂研究所合作,将 PET 瓶粉碎后经空气分离和水分离,分出标签和瓶盖后,回收片状 PET,或用挤出机将加有玻璃纤维的掺混料制成玻璃纤维增强塑料,或不加玻璃纤维重新制 PET 瓶,质量与新料相同而成本约低 30%。

废弃塑料的直接利用是指将其经过清洗、破碎、塑化、直接加工成型或与其他物质经简单加工制成有用制品。清洗废弃塑料通常用水,受污染严重的则使用洗涤剂或溶剂,清洗过程需进行大规模排水处理,为避免经济负担和环境负荷,应采用封闭系统。粉碎塑料时,使用回收利用专用的特殊粉碎装置,如纤维增强塑料微粉碎机、空气涡流粒子碰撞粉碎机、防止材料与设备摩擦发热的气流粉碎机等。此外,还开发了处理薄膜的兼有洗净与粉碎功能的水中粉碎技术。分类、洗净、粉碎等良好的前处理工作有助于废弃塑料的再次加工成型。直接再生利用技术在国内外应用广泛,其制品已被应用于工农业、建筑业、渔业和日用品等多个领域。这种方式的优点是成本低廉、工艺简单;缺点是再生料制品的力学性能大幅下降,不宜制作高档次制品。

(2)化学再生利用

化学再生利用技术可把废弃塑料还原成油品、单体和化学原料。

①油化还原。

油化还原工艺是在热分解的基础上再进行催化分解,通过催化剂(如合成沸石 ZSM5)的作用,把分解汽化的烃进一步分解和合成低分子的饱和与不饱和烃以及芳香族化合物。日本富士循环公司研制出将废弃塑料转化为轻质油的技术工艺。该法采用 ZSM5 催化剂,通过两台反应器进行转化反应,进行石油转化成塑料的反向加工方法。具体方法:

a. 先将废弃聚烯烃塑料(如 PE、PP、PS 等)粉碎,由挤出机出来的熔融塑料(230℃)和来自热分解器返回的热分解物混合。

b. 升温至 280 ~ 300℃后进入热分解器,至 350 ~ 400℃时发生热分解、汽化。

在热分解器至熔融罐的循环管线上设有分离器,用来除去物料中的碳和杂质,解决了系统结焦的难题。气态烃在填充了 ZSM5 的催化分解器中催化分解,经分解可获得汽油、煤油等馏分及气体,每千克可以生成 0.5L 汽油、0.5L 煤油和柴油。

②单体还原。

在 600 ~ 800℃高温下,PE 的裂解产物主要是乙烯甲烷和苯;PVC 的主要产物是氯化氢;PS 的主要产物是苯乙烯。日本北海道工业开发研究所与日挥公司共同开发研究采用流化床热分解工艺,以变旧 PS 与空气为原料,分解温度 450℃,生成油为 79.8%,其中 62.5% 为苯乙烯单体,20.5% 的三聚体。日本制钢所研究的是挤出机为热分解装置,废旧 PS 热分解生成物中,苯乙烯单体为 78.6%(质量分数)。美国 Battelle 研究进行了用废弃塑料回收乙烯的试验,回收量为 58%(质量分数),成本也相当低。

③化学还原。

德国IK公司把城市垃圾中的废弃CO,利用其作为化学原料来分解醇、尿素。德国WnK工艺将混合废弃塑料气化,再转换成水煤气作为反应器,在0.1MPa、800℃的条件下反应。废弃塑料处理量40kt/a,可回收31kt甲醇。惠国公司把废弃塑料在隔绝空气的状态下加热分解,产生的油经焦炭生产线上的加氢装置制。

(3)裂解法

①蒸汽水裂解。

废弃塑料在一定温度、压力条件下用蒸汽水解、裂解,如聚氨基甲酸酯在101325Pa、250℃条件下用蒸汽水解裂解,产物为多元醇和二元胺,可重新利用。陈可宁等利用超临界水进行了降解垃圾中高分子废物,得到气体、液体和固体产物。气体和液体可用作化工原料,黏稠状产物可用作防水涂料或胶黏剂,剩下的残渣可用作铺路或建筑材料反应可在密闭系统中进行,水循环使用,不排污。

②热裂解。

热裂解是有机物在无氧或氧气不足条件下的热分解。在无氧条件下,二噁英的生成会大大减少,同时氮氧化物和二氧化硫的生成量也很少。其基本原理是将废弃塑料制品中原树脂高聚物进行较彻底的大分子链分解,使其回到低分子量状态,而获得使用价值较高的产品。热裂解可分为高温裂解和催化低温裂解。

a. 高温裂解回收原料油的方法,需要在高温条件(600～900℃)下进行反应,由于设备投资大、回收成本高,在反应过程中有结焦现象而受到限制。

b. 催化低温裂解由于在相对较低的温度(低于450℃甚至是300℃的较低温度)条件下进行反应,研究较活跃,并取得了定的进展。

(4)降解法

可降解塑料的废弃物处理就是降解,具体降解技术参考7.2.3相关内容。

(5)改性再生法

改性再生法是根据不同废弃塑料的特性加入不同的改性剂,使其转化成高附加值的有用材料的一种方法。废弃塑料的改性技术有很多,常见的有共混改性、增强改性、填充改性、增韧改性、接枝改性、热裂解和催化裂解等,大体上可分为物理改性和化学改性两类。

①物理改性。

物理改性,即主要用物理方法使其改性,向废弃塑料中加入一定的溶剂和填料,提高一些通用废弃塑料的机械性能,使其再生利用。例如,将废旧PVC、PS改性成再生粒子,废旧PET研磨成粉末并进行表面处理,填充到PVC制品中,可明显提高PVC制品的拉伸强度等。我国在废弃PS塑料的物理改性这方面研究较多,如将废弃PS塑料和溶剂配成溶液再加填料制成模型成型剂,也有用纤维作为填料制成保温材料等。

②化学改性。

化学改性是目前研究的热门领域。比如,废弃聚酯塑料与多元醇进行醇解、缩聚反应,合成一种应用广泛性能优良的1730聚酯绝缘漆;用PET废弃塑料醇解产物与马来酸酐、苯乙烯等进行酯化再生的方法得到了优良的UP树脂;用丙烯酸和活性单体对废旧PS进行接枝改性,制备出有良好柔韧性的附着力、机械性能和耐候性好的涂料;废弃PS塑料与溶剂油、PVA共混改性生产建筑密封剂,可用于门窗缝隙的密封;用废弃塑料改性生成吸油剂用于处理海上溢油事故等。

(6)高炉喷吹废弃塑料

高炉喷吹废弃塑料技术实质上是将废弃塑料作为原料制成适宜粒度喷入高炉,来取代焦炭或煤粉的一项处理废弃塑料的新方法。国外高炉喷吹废弃塑料应用表明,废弃塑料的利用率达80%,仅产生较少的有害气体,处理费用较低。高炉喷吹废弃塑料技术为废弃塑料的综合利用和治理"白色污染"开辟了一条新途径,也为冶金企业节约能源增加效益提供了一种新手段。德国从1994年开始进行高炉喷吹废弃塑料的工业性实验;1995年6月在德国不莱梅钢铁公司建造了世界上第一套喷吹废弃塑料设备,喷吹能力为7万t/a;不莱梅钢铁公司2号高炉($2668m^3$)的8个风口用于喷吹废弃塑料,每个风口喷吹量约为125t/h,将废弃塑料先造成直径小于10mm的塑料粒,成功地达到每t铁喷吹废弃塑料35kg;1996年第一季度喷入了10000t,4月份喷吹量最高为350t。此外,德国克虏伯赫钢铁公司和带森钢铁公司已经实际应用。在日本,1996年10月首套投资15亿日元的高炉喷吹废弃塑料联合处理系统已在NKK公司京滨厂1号高炉($4907m^3$)运行,年处理废弃塑料3万t,将废弃塑料分拣、破碎、粒化后通过4个风口喷入高炉,喷吹量约为10kg/t,最高喷吹量可达200kg/t。该系统可使CO_2的排放量减少30%,只产生少量有害气体,高炉能量利用率达到80%以上,且高炉煤气可以用于发电或烧热风炉,也可以作为民用煤气。日本德山水泥厂在高炉喷吹废旧轮胎的基础上已于1996年进行了回转窑喷吹废弃塑料实验,将废弃塑料粉碎为直径<25mm的小粒,由粉煤燃烧器的上方孔喷入,防止氯对熟料的影响,暂不考虑PVC类。

(7)焚烧热能利用

通过燃烧废弃塑料可以产生大量的热能并大幅度减容,减少了填埋时对环境的危害。研究表明,PE的燃烧热为46.63GJ/kg,丙烯的燃烧热为43.95GJ/kg,PVC的燃烧热为18.06GJ/kg,ABS的燃烧热为35.26GJ/kg。废弃塑料的燃烧热高于煤,略低于重油,并且灰分低、燃烧速度快、含硫量低,不存在SO_2的污染问题。国外代替煤或油用于高炉喷吹废弃塑料或制成垃圾固体燃料,用于发电获得了较好的效益。焚烧利用废弃塑料热能的回收方法,由于不需要对废弃塑料进行前期的鉴别和分离,可大批量回收废弃塑料,是一种较好的回收方法,但是废弃塑料焚烧过程中会释放出许多有害气体,如何消除这些有害气体,使其不对大气层造成污染,并有效提高焚烧产生的热能利用率,是今后需研究解决的问题。

6)再生过程中的环境问题

(1)焚烧过程中的有害气体防治

塑料在热分解过程中,聚合物发生裂解,释放出大量的有害气体。例如,PS塑料在80℃以下可保持物质组成不变;当温度超过280℃时,其分子量开始下降,产生挥发性气体,气体中含苯乙烯单体44%,双体22%,三体及少量的甲苯、乙基苯等,这些物质严重危害环境。焚烧PVC塑料不仅产生对环境危害极大的氯气、氯化氢及二噁英气体,还产生CO、NO_x、甲醛、氯乙烯、苯乙烯等有害气体。此外,在塑料焚烧过程中,作为塑料填充、染色等无机金属也被挥发于大气中,如Pb、As等有害物质,也造成大气污染。

(2)再生塑料市场的滥用

塑料袋不仅盛装普通物品,也常用于食品包装。日常使用的塑料袋大致分为新塑料制成和再生塑料制成两种。

①新塑料制品比较卫生,其中厚度在0.025mm以下的超薄塑料袋在食品市场中的使用是

被明令禁止的。经常使用再生塑料袋盛装食品会给人们身体带来极大损害，影响人体健康。

②再生塑料袋目前在食品市场仍然大行其道。街市用于装烧饼、馒头、油饼、油条、豆浆、牛肉面等食品的塑料袋随处可见。再生塑料大都是由垃圾回收料，甚至医用输液针管等废弃物品合成的，再加上制作流程中环境卫生的不合格，用其制成的塑料袋是极不卫生的，一般存在大量有毒病菌。如今，由再生塑料制成的超薄塑料袋已经流入市场，并被用来盛装日用品，甚至是人们要直接食用的食品，这对人体健康造成了不可估量的安全隐患。比如，用再生塑料袋盛装热豆浆，袋子遇热熔解便产生了有害物质，对人体健康产生极大的危害。

能源和污染问题是制约工业发展的因素，对废弃塑料进行综合利用，不仅解决了垃圾中废弃塑料污染问题，而且可以实现废物资源化。把废弃塑料变成有用资源的同时，应大力开发新型塑料制品。国外已有可由生物在20d内完全降解的淀粉制品，分解产物为 CO_2 和 H_2O。这种塑料价格和石油塑料相差无几，用途相同，但没有污染。废弃塑料的处理不单纯是技术问题，还包括经济问题，必须建立起社会的处理体系以及必要的规章制度，加强对综合利用技术成果的推广和应用，让废弃塑料垃圾资源重新为人类服务。

7.3.2 橡胶

自1958年首套合成橡胶装置建成以来，中国合成橡胶工业历经60余年的发展，现已成为世界最大的合成橡胶生产国、消费国和进口国。中国合成橡胶工业在自主创新基础上起步，并在自主创新、技术引进吸收和再创新的过程中逐渐发展、壮大起来，现已形成了产品体系完整、应用市场广阔、技术特色鲜明的工业体系。我国是当今世界上可生产全部主要合成橡胶品种的3个国家之一。2023年，中国石化和中国石油合成橡胶产能跻身世界前十强行列，分列第1位和第3位。回顾中国合成橡胶工业从无到有的发展历程，成果令人鼓舞。特别是在改革开放的推动下，引进国外先进制造工艺技术和设备后，中国合成橡胶工业建设步伐加快，产品结构逐步趋于多元化，生产能力从1978年的93kt/年提升到了2000年的1060kt/年，年均复合增长率高达22.5%。进入21世纪以来，中国与世界合成橡胶产能变化。2001—2015年，中国合成橡胶产能持续大幅增长；其间，中国新增产能占世界新增总产能的63.7%，从而带动世界产能快速增加。2015年，中国合成橡胶产能达世界总产能28.8%，为历年来最高值。2016—2020年，世界合成橡胶产能增速明显放缓。新增产能主要集中在沙特阿拉伯、中国、新加坡、俄罗斯、印度尼西亚等。中国合成橡胶产能经结构性调整后，其在世界总产能中所占比例降至26.6%。

1）橡胶的结构特征

橡胶是有机高分子弹性体，使用温度范围是在玻璃化温度和黏流态温度之间，因此作为好的橡胶材料应在较宽的温度范围（$-50\sim150$℃）内具有优异的弹性。橡胶结构应满足以下要求：

（1）大分子链具有足够的柔性，玻璃化温度应比室温低得多。这就要求大分子链内旋转位垒较小，分子间的作用力较弱，内聚能密度较小，一般比塑料和纤维类高聚物的内聚能密度低得多。

（2）在使用条件下不结晶或结晶度很小。在室温下容易结晶的材料（如PE、聚甲醛等）不宜用作橡胶材料，最理想的情况是在拉伸时可结晶，而解除负荷后结晶熔化。因为结晶部分既起分子间的交联作用，又有利于提高模量和强度，去载后结晶消失，则不影响其弹性恢复。

(3)在使用条件下无分子链间的相对滑动,即无冷流现象。因为冷流结果会使橡胶在负荷下发生永久变形,去负荷后,不能恢复原形。因此,在大分子链上应存在可供交联的位置,以进行交联而形成网络结构。交联可以是化学交联,也可以是物理交联。例如,苯乙烯和丁二烯的嵌段共聚物为物理交联。此类所谓热塑性弹性体可在室温下作橡胶使用。

2)橡胶分类

(1)按原材料来源与方法分类,橡胶可分为天然橡胶和合成橡胶两大类。其中,天然橡胶的消耗量占1/3,合成橡胶的消耗量占2/3。

(2)根据橡胶的性能和用途分类,除天然橡胶外,合成橡胶可分为通用合成橡胶、半通用合成橡胶、专用合成橡胶和特种合成橡胶。

(3)按橡胶的外观形态,橡胶可分为固态橡胶(又称为干胶)、乳状橡胶(简称乳胶)、液体橡胶和粉末橡胶四大类。其中,乳胶为橡胶的胶体状水分散体;液体橡胶为橡胶的低聚物,未硫化前一般为黏稠的液体;粉末橡胶是将乳胶加工成粉末状,以利配料和加工制作。20世纪60年代开发的热塑性橡胶,无须化学硫化,而采用热塑性塑料的加工方法成形。

(4)橡胶按使用又分为通用型和特种型两类。

3)常用橡胶

(1)天然橡胶

天然橡胶主要来源于三叶橡胶树,当三叶橡胶树的表皮被割开时,就会流出乳白色的汁液,称为胶乳。胶乳经凝聚、洗涤、成型、干燥即得天然橡胶。

(2)合成橡胶

合成橡胶是由人工合成方法而制得的,采用不同的原料(单体)可以合成出不同种类的橡胶。1900—1910年,化学家C. D. 哈里斯(Harris)测定了天然橡胶的结构是异戊二烯的高聚物,这就为人工合成橡胶开辟了途径。1910年,俄国化学家SV列别捷夫(Lebedev)以金属钠为引发剂,使1,3-丁二烯聚合成丁钠橡胶。之后又陆续出现了许多新的合成橡胶品种,如顺丁橡胶、氯丁橡胶、丁苯橡胶等。合成橡胶的产量已大大超过天然橡胶,其中产量最大的是丁苯橡胶。

①顺丁橡胶。

顺丁橡胶是丁二烯经溶液聚合制得的。顺丁橡胶不仅具有特别优异的耐寒性、耐磨性和弹性,还具有较好的耐老化性能。顺丁橡胶绝主要用于生产轮胎,也可用于制造耐寒制品、缓冲材料以及胶带、胶鞋等。顺丁橡胶的缺点是抗撕裂性能较差,抗湿滑性能不好。

②氯丁橡胶。

氯丁橡胶是以氯丁二烯为主要原料,通过均聚或少量其他单体共聚而成的。抗张强度高,耐热、耐光、耐老化性能优良,耐油性能均优于天然橡胶、丁苯橡胶、顺丁橡胶。氯丁橡胶具有较强的耐燃性和优异的抗延燃性,其化学稳定性较高,耐水性良好。但是电绝缘性能,耐寒性能较差,生胶在储存时不稳定。氯丁橡胶用途广泛,如用来制作运输皮带和传动带,电线、电缆的包皮材料,制造耐油胶管、垫圈以及耐化学腐蚀的设备衬里。

③丁苯橡胶。

丁苯橡胶是由丁二烯和苯乙烯共聚制得的,是产量最大的通用合成橡胶,有乳聚丁苯橡胶、溶聚丁苯橡胶和热塑性橡胶(SBR)。

(3)通用橡胶

通用橡胶指部分或全部代替天然橡胶使用的胶种,如丁苯橡胶、顺丁橡胶等。通用橡胶主要用于制造轮胎和一般工业橡胶制品。通用橡胶的需求量大,是合成橡胶的主要品种。

(4)丁腈橡胶

丁腈橡胶是由丁二烯和丙烯腈经乳液共聚而成的聚合物。丁腈橡胶以其优异的耐油性而著称。丁腈橡胶的耐油性仅次于聚硫橡胶、丙烯酸酯橡胶和氟橡胶。丁腈橡胶具有良好的耐磨性、耐老化性和气密性,但耐臭氧性、电绝缘性和耐寒性都比较差。丁腈橡胶由于导电性动比较好,在橡胶工业中应用得广泛。丁腈橡胶的用途,主要应用于耐油制品,如各种密封制品。其他还有作为 PVC 改性剂及与 PVC 并用作阻燃制品,与酚醛并用作结构胶黏剂,做抗静电好的橡胶制品等。

(5)硅橡胶

硅橡胶由硅、氧原子形成主链,侧链为含碳基团,用量最大是侧链为乙烯的硅橡胶。其优点:既耐热,又耐寒,使用温度在 100 ~ 300℃ 范围内,具有优异的耐气候性和耐臭氧性,以及良好的绝缘性。其缺点:强度低,抗撕裂性能差,耐磨性能也差。硅橡胶主要用于航空工业、电气工业、食品工业及医疗工业等方面。

(6)异戊橡胶

异戊橡胶是聚异戊二烯橡胶的简称,采用溶液聚合法生产。异戊橡胶与天然橡胶一样,具有良好的弹性和耐磨性,优良的耐热性和较好的化学稳定性。异戊橡胶生胶(未加工前)强度显著低于天然橡胶,但质量均一性、加工性能等优于天然橡胶。异戊橡胶可以代替天然橡胶制造载重轮胎和越野轮胎还可以用于生产各种橡胶制品。

(7)乙丙橡胶

乙丙橡胶以乙烯和丙烯为主要原料合成,其耐老化、电绝缘性能和耐臭氧性能突出。乙丙橡胶可大量充油和填充炭黑,制品价格较低。乙丙橡胶化学稳定性好,耐磨性、弹性、耐油性和丁苯橡胶接近。乙丙橡胶的用途十分广泛,不仅可以作为轮胎胎侧、胶条和内胎以及汽车的零部件,还可以作电线、电缆包皮及高压、超高压绝缘材料。还可制造胶鞋、卫生用品等浅色制品。

4)橡胶原材料的理化性质与毒性

(1)生橡胶

①氯丁橡胶即聚氯丁二烯橡胶,其本身无毒,但其在生产和热炼时经常会有单体氯丁二烯产生。常态下,氯丁二烯为有刺激性的无色液体。相对分子质量为 88.54,沸点为 59.4℃。氯丁橡胶易挥发,微溶于水,易溶于乙醇、乙醚、丙酮和苯等有机溶剂。氯丁烯是丁二烯的氯化物衍生物,能在室温自发聚合,形成环状二聚体或直链聚合物,这个过程可通过光、过氧化物和其他的自由基引发剂催化。但其能与空气中的氧反应形成过氧化聚合物,从而使毒性增加。注意:在开放性火焰和火花中,氯丁二烯可分解为光气等高毒性物质。氯丁二烯属中等毒类,是中枢神经系统的抑制剂,具有较强的刺激作用和催泪作用。较高浓度的氯丁二烯对人体的主要反应是中枢神经系统和呼吸系统损害,大多数人在接触毒气 10min 左右出现症状,表现为头晕、头痛、流泪,恶心、咳嗽、胸痛、气急、震颤、步态不稳。重症者面色苍白、四肢冷厥,呼吸困难,神志恍惚甚至昏迷。长期接触氯丁二烯的工人常有头晕、头痛、乏力、失眠或嗜睡、记忆力减退、注意力不集中、食欲不振、喉干、胸闷、心悸、四肢和腰背酸痛等症状。部分接触者伴有恶

心、呕吐、盗汗、尿频、体重减轻，或有贫血、慢性扁桃体炎和结膜炎等。

②丁腈橡胶是丁二烯和丙烯腈在水乳液中共聚而得的。丁腈橡胶分子中有氰基，因而具有耐磨、耐油、耐燃烧、耐溶剂等特点和许多其他优异性能。丁腈橡胶主要用于高压用管道、印染辊、胶黏合剂、纺织元件、刹车片、泵零件、飞机油箱等。丁腈橡胶受热分解释放出有毒气体，其毒性主要取决于未聚合的单体。在丁腈橡胶生产过程中，发生中毒的危害主要是丙烯腈单体。

③硅橡胶是以 Si-O-Si 为主链，通过硅原子与有机基团组成侧链的高分子弹性体。硅橡胶具有独特耐高温和低温性能。硅橡胶生产主要的原材料有硅、氯化亚铜、四氯硅烷、氯甲烷、甲基氯硅烷、二甲基二氟硅烷、八甲基环四硅氧烷等。分解产物为 SiO_2、CO、甲酸，燃烧生成物 SiO_2、CO、CO_2、甲酸。硅橡胶无毒、无味，但在制备聚合过程中，车间内空气中可能有含硅的有机化合物，其中，包括四甲基硅烷、甲基二氯硅烷，二甲基二氯硅烷及一氯硅烷等。

④乙烯基树脂是用乙烯和丙烯单体共聚得到的，结构中含有 PE 和 PP 两种链段，其毒性及燃烧性能与 PE 和 PP 有一定相似之处，因此，掌握了 PE 和 PP 的毒性及燃烧性能，就能够了解乙丙橡胶的毒性及燃烧性能。在橡胶生产中作为共聚单体使用的还有丁烯、苯乙烯、丙烯腈等。PE、PP、聚丁烯、PS、聚丙烯腈等的理化性质与毒性资料参考上节相关部分内容。

⑤聚丁二烯(PB)橡胶分解温度 400 ~ 875℃，主要分解产物为丁二烯。聚合物本身无毒，毒性来源于残存单体、助剂等。

⑥聚异戊二烯主要分解产物为双戊烯和异戊二烯。Dome 毒性试验测得的半数致死时间 22.1min。聚合物本身无毒，毒性来源于残存单体、助剂等。

⑦聚氯丁二烯橡胶分解温度为 400 ~ 875℃，主要分解产物为氯丁二烯，发烟较多。聚合物本身无毒，毒性来源于残存单体、助剂等。

(2)硫化剂

①硫黄，熔融的硫黄(温度为 138 ~ 149℃)为黄色至微红褐色的液体，有独特的臭鸡蛋味；在水中缓慢沉底，不溶。熔融硫黄液体能与空气形成二氧化硫。硫黄与强氧化剂接触会发生剧烈反应；与氨、硝酸铵、溴酸盐、碳化钙、木炭、氟酸盐、碳氢化合物、碘酸盐及铁能形成爆炸性的、对振动敏感或产生火花的混合物，与卤素化合物、钠、锡、铀及其他化合物接触能发生剧烈反应。能腐蚀受潮金属钢，在干燥或液态条件下能积聚静电，引起其蒸气挥发而着火。刺激眼睛、皮肤和呼吸道，熔化的硫引起灼伤，大量吸入其烟雾会引起呼吸器官麻痹。

②过氧化叔丁醇，又称过氧化氢叔丁醇，相对分子质量为 90.12。水白色液体，一般商品为挥发性溶剂的溶液，熔点为 6℃，相对密度 0.90，沸点 89℃(分解)，微溶于水，易溶于醚、酶等有机溶剂和氢氧化钠水溶液。吸入、经口或经皮肤吸收后对身体有害。对眼睛、皮肤、黏膜和上呼吸道有强烈的刺激作用。吸入后，可引起喉、支气管的炎症、水肿、痉挛、化学性肺炎、肺水肿。接触后可引起烧灼感、咳嗽、喘息、气短、头痛、恶心与呕吐等。可引起过敏反应。

③三亚乙基四胺，无色或微黄色黏稠液体，易燃、有氨气味，溶于水和乙醇，不溶于乙醚。显碱性，在空气中易吸收水分和二氧化碳，与酸作用生成相应的盐；可用作络合试剂、碱性气体的脱水剂、染料中间体、环氧树脂的溶剂等。若吸入本品蒸气或雾，对鼻、喉和呼吸道有刺激作用；高浓度吸入可引起头痛、恶心、呕吐和昏迷；极高浓度吸入或长时间吸入可引起意识丧失甚至死亡。本品蒸气、液体或雾对眼有强烈的腐蚀作用，重者可致失明；皮肤接触可发生灼伤，对皮肤有强致敏作用，可经皮肤吸收引起中毒。口服液体灼伤消化道。侵入途径为吸入、食入、

经皮肤吸收。

④四乙烯五胺，黄色或橙红色黏稠液体。在水里漂浮或沉降，溶于水和多数有机溶剂；易燃，有腐蚀性；呈碱性，与酸作用生成相应的盐。与酸、有机酸配、卤代烃、异氰酸酯、硝基烷、乙酸乙烯酯、丙烯酸盐、烯丙基取代物、烯基氧化物、环氧氯丙烷、酮类、醛类、醇类、乙二醇、汞、酚类、甲酚、乙丙酸胺溶液和强氧化剂不能配伍；腐蚀铝、锕铅、锡、铅及其合金；能腐蚀某些类型的塑料；属低毒类，因其沸点高，通常情况下蒸气吸入的可能性小。接触本品可引起过敏反应，会引发作业人员皮炎和支气管哮喘。腐蚀眼睛、皮肤和呼吸道，吸入可引起迟发几小时的肺水肿，严重病例有死亡的危险。

⑤对醌二肟，纯品为浅黄色针状结晶，工业品为深褐或紫褐色粉末。相对分子质量为138.2，溶于乙醇。

（3）硫化促进剂

①二甲基二硫代氨基甲酸锌（ZDMC），别名为福美锌。白色粉末，熔点248～250℃，相对密度2.0。不溶于水、汽油，难溶于乙醇、丙酮、二氯甲烷，落于苯、甲苯、氯仿。通过人的肤斑试验表明，本品不是人的皮肤的原发刺激物。经毒性测试，ZDMC不是一种有效的致癌物。

②二乙基二硫代氨基甲酸锌（ZDEC），白色粉末，具有吸湿性。熔点179～181℃，相对密度为1.45～1.51。不溶于水、乙醇、乙醚、汽油，溶于M碗化碳、苯、甲苯、氯仿、四氯化碳。受高热分解，放出有毒气体。与ZDEC制品接触者，虽然有几例致敏性临床表现，可是在工业应用中，几乎不会产生什么问题。

③一硫化四甲基秋兰姆（TMTM），黄色粉末或颗粒。熔点104℃，相对密度为1.39～1.40，不落于水，溶于乙醇、萃、丙酮、氯仿。受高热分解，放出有毒烟气。在体内有本品和醇这两种物质存在时，身体产生不舒适的副作用（如恶心、呕吐、发红等），安塔布司（Antabuse）效应；少量吸入，就足以产生这种效应，不过，该效应是由于商业材料中的TMTD杂质造成的。

④二硫化四甲基秋兰姆（TMTD），白色粉末、颗粒或预分散体。当在含有TMTD的空气中工作之后，饮用含有酒精的饮料，身体可能出现各种不适症状，如恶心、呕吐、面部赤红。

⑤2-巯基苯并噻唑（MBT），别名为苯并噻唑硫醇、苯并噻唑-2-硫酮。黄色粉末，油处理的粉末或颗粒，有时着色。熔点177～179℃，相对密度1.42，难溶于水、汽油，微溶于热水，溶于醇、氯仿、丙酮、乙醚、四氯化碳等。在少敷工厂使用中和在与含有MBT的橡胶制品（如胶鞋）接触的人群中，均产生皮肤敏化作用。

⑥亚乙基硫脲（ETU），别名为2-咪唑啉硫酮。亚乙基硫脲可做成聚合物预分散体使用。不是皮肤和眼睛的刺激物，但是一种致畸胎物。

⑦1,3-二乙基硫脲（DETU），充油粉末、小鳞片或者聚合物母炼胶。淡茶色固体，溶于水。本品在硫化温度（180℃）下分解生成乙基异硫代氰酸酯和二乙胺；在原料中，在硫化产生的烟雾及成品中可能含有痕迹量的乙基异硫代氰酸酯；这种物质会使眼睛引起角膜炎并在角膜上留下暂时性斑痕，这种毒效应已在高温连续硫化胶条的生产工人中发现。经常接触以DETU硫化的汽车车门密封胶条的工人患有皮炎。慢性毒性：本品可以激活甲状腺，致人体甲状腺肿物的剂量是200～600mg/d。

⑧N,N′二苯胍（DPG），白色粉末或颗粒，无臭，味苦。熔点145℃，相对密度为1.115（25℃）。微溶于水，不溶于汽油，溶于乙醇、氯仿、丙酮、甲苯、二甲苯。本品对人的眼睛有强烈的刺激作用，是皮肤的刺激物。吸入本品时，产生粉尘刺激。本品会使人的皮肤致敏。

(4)补强剂、活化剂和填充剂

①炭黑,可燃性固体粉末、颗粒或膏状物,暗褐色至黑色,无臭;有可能含有易燃的碳氢化合物。目前,炭黑绝大多数是用炉法生产的(产量占90%以上)。炭黑的粒径是25~100μm。有人指出,暴露于炭黑中对健康主要产生两种危害。由于炭黑粒径很小,炭黑有可能渗透到低肺区,导致肺功能改变。炭黑也含有致癌的多环芳烃,据认为炭黑可能有致癌危险。肺功能改变:严重暴露于炭黑中会发生肺尘埃沉着症。要发生这类肺尘埃沉着症改变,需要长时间暴露于浓度远高于现行阈限值($3.5mg/m^3$)的炭黑环境中才有可能。当总浓度为$8.4mg/m^3$、可呼吸浓度为$7.5mg/m^3$时,进行6年时间的观察,与一般人群的预测值相比发现,最大肺活量(FVC)和用力呼吸气肺活量(FEV)均明显下降,下降值分别是预测值的4倍和3倍。在研究对象中,有17%的工人产生放射性肺改变,称为间质性肺纤维化,主要在肺叶中下部形成一种稀疏的网状结构和极细的小结状结构。当炭黑粉尘的平均浓度均低于现行的阈限值$3.5mg/m^2$时,对照工人组和橡胶加工工人组的FEV或FVC并没有明显的不同,但暴露10年以上的那些工人,FEV/FVC之比值明显减少。20世纪50年代后,人们才证实在炭黑中存在致癌的多环芳烃。多环芳烃牢固地吸附在发黑的表面,不能通过体液而释放出来。根据现有资料可以认为,在过去的20年左右的时间内,在炭黑生产时的大气浓度下工作,不会使工人发生肺癌或其他癌症。炭黑除了对健康可能产生的这些慢性危害外,当炭黑存放在密闭的库房内时,由于已吸附的一氧化碳的释放可能引起急性毒害。

②间苯二酚,别名为雷锁辛。白色针状品体,有不愉快气味,只于空气中逐渐变红。这种化学品常用于黏合体系中,以提高橡胶和纺织物之间的黏合力。间苯二酚通常是以小鳞片状形式供应,LD30(大鼠,经口)为300mg/kg。间苯=酚是皮肤、眼睛和呼吸道的一种刺激物,并能使皮肤致敏。美国政府工业卫生学家委员会(ACGIH)于1983年颁布的间苯二酚阙限值是45mg/m。但是,在橡胶工业中,间苯二酚的浓度在$1\sim10mg/m^2$时对眼睛及咽喉产生刺激症状。所以一般推荐$1mg/m^2$作为使用极限浓度。间苯二酚是一种系统毒物;作用于中枢神经系统,可通过皮肤吸收的,所以必须避免与含有这种物质的溶液接触。

③填充剂大多数对人体健康没有什么威胁,虽然这些物质的危害性很小,但是其中许多物质的状态在使用时容易在空气中起尘,且其浓度高到令人不能接受的程度,因此必须将其浓度控制在粉尘公害阈值$10mg/m^2$以内。如氢氧化铝、硅酸铝、硫酸钡、碳酸钙(白)、硅酸钙、含游离结晶硅少于1%的青土、锌钡白、氧化铁、二氧化钛、氧化锌、硬脂酸锌等物质可看作是对健康损害最小的公害粉尘。其他的物质能引起生理效应,需要更小心操作。

(5)一些毒性较强的物质

①β-萘胺。早在20世纪初,防老剂生产过程中的副产物的p-萘胺就被发现有致癌之嫌。继1952年英国首先停产和停用防老剂D后,美国于1973年、意大利于1977年也停产和停用了防老剂D。国际癌症研究机构(IARC)的研究发现,在单次给人投入的10mg剂量的防老剂D中,有0.003mg转为A-萘胺。对我国不同批次的防老剂D进行测试得出,其B2萘胺的质量分数为$22\times10^{-10}\sim6\times10^{-8}$。在防老剂的生产过程中,真空干燥箱处的毒性胺总质量浓度达到$10\sim15mg/m^3$。橡胶制品厂配合剂称量和胶料混炼场所的粉尘中,β-萘胺的质量浓度高达$50mg/m^3$。防老剂A(羟基-α-萘胺)和AP[3-羟基丁醛α-萘胺(相对分子质量小)]中也有痕量的A-萘胺。动物和人体试验都充分证明,ρ萘胺对人有致癌性,IARC将其列入致癌性物质1组。人暴露于β萘胺或β萘胺与其他化合物的混合物中有可能被诱发膀胱癌。

②亚硝胺化合物。1990年以来,橡胶加工厂周围的大气环境及橡胶制品本身存在一定量的致癌物——亚硝胺化合物,已成为世界各国普遍关注的问题。德国法规TRSS52(1988年1月生效)就规定工作环境的亚硝胺化合物质量浓度不得超过1μg/m³。该法规声明,在动物试验中证明致癌的12种亚硝胺化合物(属致癌物质2A组)中有7种是在橡胶中发现的。对我国来说,有关亚硝胺化合物的问题更为严重。在我国应用很广泛且应用技术相当成熟的一些助剂,如促进剂NOBS、TMTD、BZ、EZ和DTDM等均是产生亚硝胺化合物的配合剂。亚硝胺化合物的助剂都有仲胺结构,在高温硫化时产生的仲胺会与亚硝化剂(氨氧化物NO_2)反应生成亚硝胺化合物:NO_x主要来源于空气(车辆内燃机排放的尾气以及大气受光和紫外线照射而产生)。补强填充剂(如炭黑)在制造和储存过程中会吸收。这类氮氧化物。经实测,次磺酰胺类促进剂中游离胺的质量分数为0.0655×10^{-6}。

③乙烯基硫脲。促进剂NA-22的化学组成乙烯基碗尿有致肝癌之嫌。由于促进剂NA-22是w型CR必需的促进剂和氟化PE橡胶(CM)主要的硫化剂,因此尽快开发出有效的替代品十分必要。

④4-氨基联苯。无论是动物试验还是人类流行病学研究都充分证明,4-氨基联苯是导致膀胱癌的有害物质,IARC将其列入致癌物质1组。防老剂BLE中含有微量的4-氨基联苯,为降低或避免其毒性,防老剂BLE中的4-氨基联苯质量分数应小于1×10^{-8}。

⑤丙烯腈。丙烯腈是可能致癌的物质,IARC将其列为致癌物质2B组。经过20多年的观察发现,丙烯腈可使肺癌和结肠癌的发生率增加3~4倍。意大利埃尼化工公司推出了环保型NB(牌号Europrene NGRN),其亚硝胺化合物的质量分数小于1×10^{-9},可能产生亚硝胺化合物的物质质分数小于2×10^{-9}。

⑥氧化镉。从20世纪70年代开始,NBR的"铺镁硫化体系"被称为是制造耐150℃热油胶料的优异耐热硫化体系,至今不少刊物、书籍和资料仍在介绍该硫化体系。在镉镁硫化体系中,氧化镉是一种属于2A组的致癌物质,可使人患前列腺癌和肾癌。建议停止使用镉镁硫化体系。

⑦石棉。石棉致癌是众所周知的。IARC将石棉列入致癌物质1组。有充分的事实证明,石棉可使人患肺癌、胸膜间和腹膜间皮瘤、胃肠道癌及喉癌。

⑧苯。人类流行病学研究报告充分证明,苯可能导致白血病,大量病例是急性非淋巴细胞性白血病,国内媒体对鞋厂工人苯中毒事件常有披露。

5)橡胶制品行业生产的环境负荷

随着行业市场对橡胶制品的需求量日益增大,橡胶工业又属于传统工业,生产者会对环境产生较大影响,对大气、土壤、水资源等都是较大的环境负荷,主要污染作用在以下几个方面。

(1)粉尘

橡胶制品生产期间,大量含有化学物质的原料需要进行筛选、干燥、粉碎等处理,这样会产生大量的粉尘。橡胶制品需要粉剂作为辅料。对于加工橡胶产品来说,粉尘粒子越细小,越好加工,但同时造成的粉尘污染比较严重。在加工橡胶制品时,产生粉尘的环节主要集中在提炼、配料、开炼以及破碎。粉尘构成非常复杂。例如,破碎时会产生硫黄、石蜡等,配料时会产生碳酸钙、防老剂以及炭黑等。上述粉尘对人体危害较大,严重影响工人的身体健康。

(2)毒物

在橡胶制品生产过程中,工人会直接接触溶剂,这些溶剂主要是氯苯、醋酸乙酯、汽油、苯等,而橡胶制品生产过程中产生的气体对人体健康有较大的伤害。按照相关规定,在橡胶制品生产车间中,甲苯和苯的数值不能超过40mg/m^3,汽油要低于350mg/m^3,但大部分生产车间的相关指标远远超过要求值。另外,上述溶剂含有镍、铅等重金属,影响人体健康。

(3)噪声

在加工橡胶产品时,使用的机械设备会不停地震动和摩擦,而产生的噪声如果长时间侵害人体,必然会对人体健康有一定的影响,甚至会引发高血压、耳聋等病症。国家对生产车间的工作环境要求有明确的规定,车间的噪声不能超过90dB。另外,在生产橡胶制品时会产生射线、微波、高温等,都会产生一定的污染问题。

(4)配料

产生的颗粒物橡胶制品行业主要使用的原料为各类橡胶、炭黑、氧化锌、防老剂和硫化剂等。除橡胶外,其余辅助原料大多为粉末状,在辅料拆包过程中会有颗粒物产生和排放,特别是炭黑拆包过程中产生的环境影响较大。根据《大气污染物综合排放标准》(GB 16297—1996),厂家无组织排放监控浓度限值为肉眼不可见,所以在评价过程中需重点关注原料包装、配料方式和物料输送方式,提出杜绝无组织排放的有效措施。

(5)炼胶废气

炼胶废气主要包括密炼过程产生的颗粒物、有机废气以及开炼过程中产生的有机废气。

(6)硫化有机废气

硫化废气成分复杂,具有污染物浓度低、气量大的特点,一直是环保治理的难点。烟气是硫化过程中持续产生的,但绝大部分的排放是硫化完成后打开设备时产生的,因此硫化烟气为周期性排放,初始瞬间流量很大,流量波动幅度较大。

橡胶制品生产过程中,密炼、开炼和硫化工序会产生有机废气,排放恶臭物质。目前,国内对橡胶行业建设项目一般选取硫化氢作为含硫恶臭气体的环境评价因子,但根据美国国家环境保护局编制的《空气污染物排放系数汇编》(AP-42),橡胶行业(以轮胎行业为主)各个工序排放的污染因子无硫化氢。恶臭物质主要来自脱硫工序,含硫化合物主要为二硫化碳和羰基硫化物。

6)橡胶材料的生态设计

橡胶材料的生态设计也应从原材料开始,尽可能避免使用有毒的原材料,以减少橡胶材料在生产、使用及回收再利用及报废整个周期中对环境造成的影响。另外,还需对生产工艺进行改造,确保在橡胶制品生产过程中不会污染环境。

(1)原材料的选用

橡胶制品行业职工死亡情况统计表明,死于恶性肿瘤的职工人数已从20世纪70年代初的第3位跃升到90年代初的第1位,其中硫化工段职工的恶性肿瘤死亡率明显高于其他工种。原材料中含有有毒有害组分是关键,应尽快研究相关材料的代替品。

①β-萘胺。

我国自1952年开始生产防老剂A以来,到20世纪90年代初萘胺类防老剂在防老剂中仍占主导地位,在橡胶制品生产中大量使用。近年来,防老剂生产企业按照国家"八五"和"九五"规划进行产品结构调整,萘胺类防老剂占防老剂总量的比例减小,对苯二胺类防老剂占防老剂总量的比例增大。从1993年开始,对苯二胺类防老剂的产量及其占防老剂总量的比例超过萘胺类防老剂,此后增长更快;1993年以后,萘胺类防老剂占防老剂总量的比例虽然减小,但其产量并没有降低。1992—2000 年,对苯二胺类防老剂产量增长的主要原因是轮胎厂停止使用萘胺类防老剂,而改用对苯二胺类防老剂及其他防老剂。然而萘胺类防老剂产量不变的原因是非轮胎橡胶制品厂仍在使用该类防老剂,应该立即停止防老剂 D 的生产和使用,并予以立法禁用,其他萘胺类防老剂也应尽快停用。

②亚硝胺化合物。

在橡胶制品加工工位(特别是硫化工位)加强通风措施虽可减小环境中亚硝胺化合物含量,但却很难达到欧盟制定的化学法规 TRGS552 的要求。在胶料中加入亚硝胺抑制剂,如碱土金属氧化物、氢氧化物、抗坏血酸(维生素 C),α 或 β 生育酚(维生素 E)、单宁、二氨基二异氰酸锌等,只是权宜之计,其仅能减小硫化期间亚硝胺化合物的生成量,使生产过程和硫化出的制品暂时符合环保要求,而制品在使用过程中其所含有的仲胺化合物最终还会转化成亚硝胺化合物,进而污染环境。使用非胺类硫化剂和促进剂,如过氧化物硫化剂和黄原酸盐类、二硫代磷酸盐类促进剂来减小亚硝胺化合物的生成量并不理想,因为过氧化物硫化体系在技术上有其局限性和不足,而黄原酸盐类和二硫代磷酸盐类促进剂则由于其使用特点而不能真正有效地替代秋兰姆类和氨基甲酸盐类超促进剂。含吗啉基的次磺酰胺类促进剂(如 NOBS 和 OTOS)会产生致癌的亚硝基吗啉,国外已不采用。

(2)生产工艺的改进

①粉尘治理。

采用“闭式”法加以治理橡胶生产过程中大量使用的粒子细、易飞扬的炭黑。粉尘原料通过密闭式炼胶机的管道加入密炼机中,使整个过程在密闭空间内进行,有效防止了粉尘飞扬。此举不但防止了污染,而且节省了宝贵的原材料。

②废气处理。

烟气是橡胶制品加工时污染大气的主要形式,在炼胶、返炼、压炼、压出、硫化等工序都会产生,其中又以硫化最为集中。炭黑厂的烟气形成量更多,包括尾气和干燥烟囱中含的炭黑气。治理炭黑烟气的措施包括:完整收集系统,使尾气中的炭黑粉尘浓度低于 $18mg/m^2$;充分利用尾气的热能,降低有害可燃气对大气的污染,以及净化处理排出气体中的二氧化硫;完善炭黑的湿法造粒系统,使车间粉尘浓度低于 $6mg/m^2$。

7)*废弃橡胶主要来源*

废弃橡胶主要有两个来源:一是橡胶生产和制品成型中完成的废弃橡胶;二是橡胶使用过程中形成的废弃橡胶。

(1)生产过程

①过渡料:产生于连续聚合过程中,当需要更换产品牌号时,在两种牌号之间会产生过渡料;这种既含 A 又含 B 的橡胶,既不能当 A,又不能当的物料,即过渡料,必须回收利用。

②黏附料:一些聚合过程会产生黏附料,既不利于热量传递,影响散热和聚合过程控制,又会影响下一批橡胶质量,必须清除并加以回收。

③落地料:产生于聚合物输送、包装过程中。

④不合格料:生产过程中产生的达不到质量标准的物料。

⑤齐聚物:生产过程中形成的某些低分子副产品,需将其分离出来,并加以利用。

⑥其他:主要回收产生的废品和边角料,如飞边、切边料、浇口、流道及试验料、落地料等。

(2)使用过程

使用过程中产生的是废弃橡胶中最主要部分,其主要来源为废轮胎、胶管、胶带、胶鞋、密封件、垫板等工业制品。这类废弃物量大,同时存在品种杂、回收、分离、处理、利用难度大的问题。

8)废弃橡胶综合利用技术

随着资源的不断减少,污染的日益严重,废旧橡胶的回收利用越来越受到各国的重视。废弃橡胶制品是除废旧塑料以外最主要的废旧聚合物材料,其中,汽车轮胎报废产生了大量的废弃橡胶。大量废轮胎的堆积,不仅造成资源的浪费,而且极容易引起火灾。轮胎不完全燃烧会放出碳氢化合物和有毒气体,其火焰很难扑灭。更为严重的问题是,废旧橡胶带来了对空气、水、土壤等人类生存环境的污染。随着科技的发展及人们对环境保护和资源再利用考虑,开始把废旧橡胶作为新的黑色黄金,将其作为燃料、胶粉和再生胶等加以利用。

其实,废旧橡胶特别是废轮胎有很高的利用价值,可为社会提供大量的再生资源。废轮胎中含的尼龙等合成纤维可加工为塑料制品;钢丝可以作为优质弹簧钢的原料;橡胶混合物可以制成有用的再生胶和各类不同粒径的橡胶粉,能大量用在橡胶、建材以及塑料、涂料等工业领域。废轮胎还是高能的燃料,可用于工业锅炉、热电厂。

(1)传统工业

①再生胶。

目前我国的再生胶年产量为120万t,居世界第1位。发达国家考虑到能耗、污染等因素,再生胶产量持续萎缩,如美国2000年再生胶产量不足5万t,仅占当年废弃橡胶总量的2%~3%。我国今后在再生胶发展上的重点放在以下几个方面:

a.积极采用新的脱硫技术,寻找不污染环境,不释放有毒、有害物的物理再生方法。

物理再生技术与传统化学脱硫技术不同,以光、电磁波和超声波等为能源,其中有的已实现了工业化。例如,微波脱硫、超声波脱硫、远红外脱硫及电子束脱硫等技术。

b.采用生物再生技术,生物再生是由矿质化学营养细菌悬浮于水中的培养液来降解废弃橡胶的表面层,然后再向纵深延伸,使硫与橡胶烃分离。早在1974年,美国费尔斯通公司就利用酵母使废弃橡胶产生代谢,从而把废弃橡胶再生扩展到了生物领域。1998年,瑞典发现废弃橡胶在生物处理过程中其多硫键和碳硫键均遭破坏,橡胶表面发软,出现轻度解聚。细菌的这种功能对NR最为明显,但有时主链的不饱和键也会断裂,导致降解。硫化胶经生物脱硫后结合硫被释放为游离硫。

c.关注新型再生活化剂的研发,特别是RRM再生剂。RRM再生剂的优点是脱硫无须高温、高压,对环境无污染,脱硫在较低温度(40~60℃)条件下进行,从而使再生胶生产绿色化。RRM再生剂是植物系材料,使用十分方便,可与胶粉在开炼机上边混炼边完成脱硫。目前,应用RRM再生剂尚存在两方面问题:一方面,RRM再生剂需先溶于溶剂中,然后再与胶粉在开炼机上翻炼30~35min,耗时较长(尽管一次翻炼的时间短,但炼胶机一次翻炼的胶料相对于硫化罐一次脱硫的胶料少);另一方面,应用RRM再生剂制备的再生胶产品性能不如传统再生胶。

②胶粉。

胶粉的概念有其特定含义,胶粉并不是粉末橡胶。粉末橡胶是指粉末状的生胶,是未交联具有热塑性的材料。而胶粉是由已经硫化的废弃橡胶制品经打磨或进一步活化改性制得的粉末状物质,是一种特殊具有弹性的粉体材料,具有粉体材料的基本特征。

胶粉按废弃橡胶的来源可分为胎面胶粉和杂品胶粉;按胶粉粒度可分为粗胶粉、细胶粉、微细胶粉、超微细胶粉;按胶粉的处理方法又可分为一般胶粉、活化胶粉和改性胶粉;按制备工艺又可分为常温粉碎胶粉、低温粉碎胶粉和冷冻粉碎胶粉。不同的粉碎方法对胶粉的粒径、形状等有不同影响。表7-3是按常规的胶粉粒度分类及应用情况。

按常规的胶粉分类及应用情况 表7-3

分类	粒径(mm)	粒度(目)	主要用途	
			橡胶工业	非橡胶工业
碎胶块	30~10	—	—	铺路、机场
胶粒	5~2	4~10	—	地板砖、运动场跑道
粗胶粉	1.4~0.5	12~30	再生胶	地毡、地砖
细胶粉	0.5~0.3	30~50	活性胶粉、精细再生胶	—
精细胶粉	0.3~0.075	50~200	橡胶制品	防水卷材、改性沥青
超细胶粉	0.075以下	200以上	军工制品	涂料、塑料改性、高档建材

由于各胶粉生产厂用于生产胶粉的废旧轮胎配方不同,其胶粉的物理化学性质也就不同。表7-4给出了国内外胶粉的物理和化学性质。

国内外胶粉的物理和化学性质 表7-4

检测项目	中国	美国	加拿大	英国	意大利
灰分	≤4.7	≤7	≤9.35	≤8	≤10
水分	≤0.5	—	≤1.1	—	—
丙酮抽取物	≤12~18	≤14	≤11.03	≤10.2	≤10.2
筛余物	≤4	—	—	—	—
橡胶烃含量	53	—	—	≥48	≥45
炭黑含量	≤29.3	—	—	≤25~35	≤28

胶粉除了可替代再生胶之外,还有其独特的作用。胶粉的应用可分为两类:一类是纯粹作为填料使用,无特殊要求;另一类是作为生胶替代品,要求达到一定细度或表面经过处理或两者兼而有之。在美国,胶粉已占废橡胶利用量的8.9%,大大超过再生胶。胶粉的优点是生产流程短、制作简单、公害少、密度小、炼胶时不飞扬及模内流动性良好,并有助于提高胶料的低温性能,这些都是无机填料所无法相比的。对于不同细度的胶粉,使用范围也不同,如10目以下胶粉适于室外场地板材,10~30目胶粉适于室内地面材料,40目胶粉适于鞋底和一般橡胶制品,80目胶粉一般适于轮胎部件,80目以上胶粉适于沥青改性。

③轮胎翻修。

轮胎翻修是废旧轮胎循环利用的传统方式之一。轮胎翻修的优点是充分利用旧胎胎体的剩余功能,合理利用资源。据资料介绍,一条载重轮胎的翻新费用仅为同规格新胎制造成本的1/3,而其行驶里程却大大超过新胎的1/2。但是随着汽车和交通的现代化,轮胎高速安全性的要求日益苛刻，同时由于轮胎翻修业面临激烈的竞争以及新胎价格不断下降，轿车轮胎已基本无人翻新，过去大量进行翻新的载重和工程等大胎，在世界各国也逐步萎缩。

(2)新型应用

新型应用是超出橡胶工业自身消化范畴的新应用天地，如燃烧供热、发电机胶粉改性沥青等。

①供热、发电。

供热、发电为轮胎衍生燃料(Tyre Derived Fuel，TDF)，最初是将废旧轮胎和燃煤掺和使用，因效果好改为全用。这种方式水泥厂率先使用，除用来发电和供热外，还可节约15% ~ 30%的成本，并可无偿回收氧化铁和氧化锌等副产品，综合效果理想。后来推广到发电和造纸等行业。通常这种方法需要大型的热电焚烧炉，同时要求有很好的处理废气的设备，在燃烧的过程中会产生许多的强酸性物质，对设备的损耗很大。所以，作为能源利用的途径需要先进的设备和技术作为基础。

②热裂解。

热裂解的方法完全改变橡胶制品的形态，是一种理想的资源再循环形式，污染物排放很少，还可回收一些燃油、有机化学品和热解炭黑等有用资源，回收率高达90%。但是此方法的前期投资比较大，技术复杂，成本很高。废弃橡胶的热解方法有常温惰性气体法、真空热解法、熔融热解法3种。

③胶粉改性沥青。

废旧轮胎橡胶粉主要的化学成分还是天然橡胶和合成橡胶(如丁苯橡胶、顺丁橡胶等)，以及硫、炭黑、氧化硅、氧化铁、氧化钙等添加剂成分。这些成分都是良好的沥青改性剂，能够改善沥青的高低温性能、抗老化性能、抗疲劳性能，起到减薄路面、延长路面使用寿命、延缓反射裂缝、减轻行车噪声、优良的冬季柔性等作用，因此，废旧橡胶粉的应用技术具有十分重要的现实意义。

(3)废弃橡胶再生利用中需注意的问题

废弃橡胶综合利用产业是废橡胶利用的环保产业，合理的利用，杜绝二次污染。在前面的环境负荷一节中，介绍了很多相关橡胶制品因为原材料及加工过程对环境造成的污染。因此，在废弃橡胶的综合利用过程中要杜绝在废弃橡胶的综合利用过程中排放出来的烟尘、气体等造成的二次污染。

创新成果漫谈

环境保护科学技术奖二等奖——聚氯乙烯干法乙炔电石渣新型干法水泥清洁生产项目

本项目技术属于国家产业政策明确鼓励支持发展的技术。本项目采用干法乙炔干法制水泥工艺(干法乙炔产生的干电石渣含水5%左右)，配套40万t聚氯乙烯(PVC)建设2×2000t/d干法乙炔电石渣新型干法水泥清洁生产装置，年生产规模为120万t。干法乙炔配套的新型干法水泥装置能耗与湿法乙炔配套的湿磨干烧工艺相比，取水量下降至0.2t水/t熟料，循环水利用率达到90%，水泥综合能耗由之前的110kg/t下降至96kg/t，熟料综合电耗下降至64kW·h/t，节能效果显著。本项目主要特点如下：

(1)完全利用各种工业废渣生产水泥，不使用天然质原料。

(2)干法乙炔配套的新型干法水泥装置能耗与湿法乙炔配套的湿磨干烧工艺相比，综合能耗下降15%。

(3)节约天然资源，降低了原材料成本。

(4)本项目的实施实现了企业循环经济发展的需求。目前本项目技术已推广应用至天能水泥有限公司、天伟水泥有限公司、内蒙古伊东冀东水泥有限责任公司、陕西北元集团水泥有限公司等，应用规模达到480万t/a。

第8章

建筑垃圾处理与资源化

近年来,随着我国市场经济的飞速发展,城市化脚步加快,我国建筑业已然进入了迅猛发展时期。但目前面临土地资源限制这一问题,特别是城区建筑用地逐渐减少,老城区的改造变得更加迅速。由于新的城市规划的需要,建筑物在没有达到使用寿命的情况下陆续被拆除,建筑物的短命性已经变成了无法回避的客观事实。尽管建筑物寿命过短有其不可推辞的客观原因,但是在建筑物寿命过短背后的惊人浪费,也是无法规避的,尤其是在大力倡导建设节约型社会的今天,寿命过短建筑频频出现及其产生的浪费,是一个必须引起高度重视的问题。在寿命过短建筑的背后,我们也不禁思考在这些被拆除的建筑物退出我们的视野以后,是如何被处置的,是变成了垃圾污染了环境,还是成为再生资源被利用,以及是如何进行分类和有效的利用。目前我国建筑垃圾每年产量高达0.4亿~0.5亿t,占据城市垃圾总量的30%~40%。随着城市化建设的飞速发展,各种建筑物拆迁与重建,产生了庞大的建筑垃圾,这大大制约了城市可持续发展。据有关资料介绍,经过砖混结构,全现浇结构和框架结构等建筑的施工材料损耗的粗略统计,在1000m^2建筑的施工过程中,会产生50~60t建筑垃圾,此外拆除1m^2旧建筑约产生0.5~0.7t的建筑垃圾,全国约有30座大城市被垃圾包围。建筑垃圾不进行及时处理而长期堆放不仅有碍市容市貌,并且拆除过程中会产生大量粉尘,污染大气和水质,影响周围居民的健康。除建筑垃圾外,建筑业还是光污染、噪声污染、电磁污染的罪魁祸首。

在如此巨大数量的建筑物被拆除的背后,这些建筑垃圾所带来的污染问题正时刻威胁着人体健康。在城市化发展的进程中,建筑物被拆除是不可避免的问题。

现代社经济的高速发展所消耗的资源已经越来越庞大,由此导致的资源短缺也日益严重。

中共中央提倡可持续发展,在不影响当代人使用的前提下,为子孙后代留下赖以生存的资源。我们在不断消耗各种能源的同时,随之产生大量的废弃物,然而很多垃圾可以通过一系列的处理进行循环利用。加强建筑垃圾资源回收,增强循环利用意识,提高科技创新和建筑垃圾回收利用的研究应用,这都是我们亟须解决的问题。建材业实现循环经济的重要内容就是大力开展建筑垃圾的回收、再生和利用。建筑垃圾在建设过程中或在旧建筑物改造和拆除过程中产生的主要是固体废弃物,有利用价值的材料所占比率不低。对建筑垃圾的回收利用,不仅能有效地提高能源利用效率,减少碳排放,更能保护生态和促进经济循环稳定发展,是建筑行业实现可持续发展的重要环节。

8.1 建筑垃圾的定义、分类及组成

8.1.1 建筑垃圾的定义

目前我国对建筑垃圾还没有明确的定义,因此关于建筑垃圾的定义存在诸多不尽相同的观点。

广义定义:依据建设部在2005年3月23日发布并于同年6月1日起施行的《城市建筑垃圾管理规定》,建设单位或施工单位在新建、改(扩)建和拆除各类建筑物、管网等工程以及公民自行装饰装修房屋过程中所产生的弃土、弃料及其他废弃物统称为建筑垃圾。更详细的解释:建筑垃圾是指在建筑物的建设、维修、拆除过程中产生的废弃物,主要包括废沥青混凝土块、废混凝土块以及施工过程中不可避免的损失(如砂浆、碎砖渣和混凝土等)。也就是说,建筑垃圾是工程槽土、拆迁废弃物和各种装修产生的垃圾。

狭义定义:建筑垃圾为全寿命周期最终阶段中旧建筑物拆除或改造拆后的固体废弃物。

8.1.2 建筑垃圾的分类与组成

1)建筑垃圾的分类

建筑垃圾所包含的材料类型繁多,成分复杂。因分类方法各异,会产生各种各样的不同类型的建筑垃圾。优化分类方法,不仅可以让人们更好的认识建筑垃圾,而且对建筑垃圾的处理方法也有一定的促进作用。到目前为止,建筑垃圾有以下几种分类方式。

(1)来源分类法

依据垃圾来源的不同,确定了不同的分类方法。这个分类方法可以用于对建筑垃圾的分析和探讨。按照来源划分,建筑垃圾可分为以下五类。

①土地开挖垃圾。

土地开挖垃圾根据其深度可以分为深层土垃圾和表层土垃圾两类。土地开挖垃圾的产量一般都非常大。但是,土地开挖垃圾的成分都不复杂,所以土地开挖垃圾的危害性一般不高。对于土地开挖垃圾的预防,主要是防尘和防抛洒。

②道路开挖垃圾。

从整体上看,道路可以划分为两类:一类是沥青道路,另一类是混凝土道路。道路开挖垃圾包括混凝土块、石材和废电线等。对道路开挖垃圾的预防和处理措施：提高平常所用的建筑材料的质量，并优化管理。道路开挖垃圾的再利用价值非常高，因此要注意对道路开挖垃圾的回收和再利用。

③旧建筑物拆除垃圾。

旧建筑物拆除垃圾的主要包括砖石、混凝土、灰浆以及其他金属类物质等。旧建筑物拆除垃圾由于成分复杂，对其处理需要非常大的投入，包括大量资金和精力用于研究。在日常也要做好循环利用，进而实现对污染控制。

④建筑施工垃圾。

建筑施工垃圾可以细分为碎屑、剩余建筑材料、装修带来的废弃物。碎屑是指碎砖、碎石、碎混凝土以及水砂浆等。剩余建筑材料是指进行建筑的建设时超出的建筑材料，当然包含因为建筑物的未完工而产生的过剩建筑材料。装修带来的废弃物有废金属、废装饰材料以及碎石灰等。在建筑施工垃圾中占绝大部分是碎屑、散落的砂浆和其他材料等。

⑤建材生产垃圾。

建材生产垃圾指工厂在生产建筑材料时所产生的所有的无用物；而建筑材料在修缮以及运输过程中所产生的无用物，也被视为是建筑生产垃圾。

从该分类方法也可以发现建筑垃圾的产生来源，而在建筑垃圾的来源中占主导地位的还是旧建筑，道路的拆除过程，因此对拆除废旧材料的再利用也尤为重要。

(2)物理成分分类法

根据物理成分对建筑垃圾进行分类，在治理和利用垃圾上都有不错的表现。特别是在对垃圾转化为可再生能源方面贡献很大。表8-1依据物理成分分类法对建筑垃圾进行分类得到的建筑垃圾的所有类别。

建筑垃圾按物理成分分类法分类 表8-1

序号	类别	污染特征	处置和利用方式
1	混凝土碎块	基本无化学污染，有扬尘，影响市容	不可用直接填埋，可再生利用
2	沥青混凝土碎块	有一定化学污染，有扬尘，影响市容	不可用直接填埋处置，可再生利用
3	废混凝土	基本无化学污染，有扬尘，影响市容	不可用直接填埋处置，可再生利用
4	废砖	主要为扬尘和占用土地，影响市容	可用直接填埋处置，可再生利用
5	废砂石	基本无化学污染，主要为扬尘和占用土地，影响市容	可用直接填埋处置，也可集中存放作为适用工程备料
6	废砂浆	基本无化学污染，有扬尘，影响市容	不可用直接填埋处置
7	废弃土	表现为扬尘和占用土地，影响市容	可用直接填埋处置，多用于填坑、覆盖、造景等
8	木材	有一定的生物污染，影响市容	焚烧处理或回收利用
9	塑料，纸	有一定的化学污染，混入农田会影响耕种和作物生长，影响市容	焚烧、填埋处理，一般不可再生利用
10	废钢筋等金属	有一定的化学污染，影响市容	可回收，可再生利用
11	废旧包装	有一定的化学污染，影响市容	可回收，可再生利用

(3)材料惰性分类法

通常来说,惰性材料是指自身化学性能非常稳定的材料。其特点是不容易和其他物质发生化学反应。根据建筑垃圾材料惰性,可将建筑垃圾分为惰性物料和非惰性物料。惰性物料主要包括基坑土、碎块石、混凝土块以及砖瓦碎块;非惰性物料分为竹子、木料、植物、包装废物以及其他有机物料。

(4)可再生利用性分类法

依据可再生利用性将垃圾分为可直接利用材料、可作为再生材料或可用于回收的材料、基本无利用价值的废料三类,具体分类见表8-2。可再生利用性分类法有利于节约资源,加强垃圾再利用率,具有直接的经济价值及环境效益。

建筑垃圾按可再生利用性分类统计表 表8-2

类别	名称	特征物质	研究重点
可直接利用材料	建设工程中剩余的原始材料	已经优化处理,材料特性符合标准	建立健全机制,保证剩余材料的使用连续性
可作为再生材料或可用于回收的材料	无机非金属类可再生利用建筑固废	混凝土碎块、废混凝土、废砂浆、废砂石、沥青混凝土、废旧砖瓦、破碎砌块、灰土、石膏、废瓷砖、废石材等	开展再生利用研究,重点是产品的开发和推广,相关技术标准的制定,政策保护等
	有机类可再生利用废固	废旧塑料、纸、碎片等	再生利用技术和处理技术较成熟,重点研究源头废旧物资的回收机制
	金属类建筑固废	废钢筋等	再生利用技术成熟,重点研究源头废旧物资的回收机制
基本无利用价值的废料	废旧物品	旧电线、门窗、各类废旧管线、钢架、腐朽木材、非电器等	已建立市场回收利用机制为研究重点

针对可作为再生材料或可用于回收的材料的再生利用方法和材料的惰性特征进行列表统计,见表8-3。

可作为再生材料或可用于回收的材料的再生利用方法和材料的惰性特征 表8-3

惰性特征	可作为再生材料或可用于回收的垃圾成分	再生利用方法	占比(%)
惰性	混凝土块	再生混凝土集料、碎石桩、行道砖、砌块、路基垫层	55.5
	砖瓦块	砌块、墙体材料、路基垫层	12.4
	开挖碎石	堆山造景、回填、绿化、路基垫层	13.2
	渣土	堆山造景、回填、绿化	7.6
	砂浆	再加工用于块、填料	3.4

续上表

惰性特征	可作为再生材料或可用于回收的垃圾成分	再生利用方法	占比（%）
非惰性	钢材	再次使用、回炉	2.7
	木材、纸板	复合板材、燃烧发电	1.7
	塑料	粉碎、热分解、填埋	1.6
	沥青	再生沥青混凝土	1.1
	玻璃	高温熔化，再利用	0.6

由表8-3可知，在可作为再生材料或可用于回收的垃圾成分中，惰性物料占92.1%，其中混凝土块、砖瓦块和开挖碎石在经筛选后均可用于路基垫层，这三类成分占81.1%，推测建筑垃圾再生材料作为路基填料具有较强的资源化价值。

2）建筑垃圾的组成

建筑物具有固定性、单一性，不同的建筑结构形式在施工过程中使用的主要建材不同，其产生的建筑垃圾中材料的成分也大不相同。不同结构形式的建筑在施工过程中产生的建筑材料组成废弃物的比例和单位面积的建筑垃圾产量，见表8-4。

建筑垃圾的各成分占比 表8-4

垃圾组成	占比（%）		
	砖混结构	框架结构	框架—剪力墙结构
钢材	1~5	2~8	2~8
混凝土	8~15	10~20	10~20
砂浆	8~15	10~20	10~20
碎砖（砌块）	30~50	15~30	10~20
木材	1~5	1~5	1~5
屋面材料	2~5	2~5	2~5
桩头	—	8~15	8~20
包装材料	5~15	5~20	10~15
其他	10~20	10~20	10~20
合计	100	100	100
单位面积垃圾量（kg/m^2）	50~200	45~150	40~150

由表8-4中可知，砖混结构的建筑垃圾主要为碎砖和砌块，而框架结构和框架—剪力墙结构的建筑垃圾成分大致相同，主要集中于混凝土、砂浆、桩头和砌块。

在施工及装修过程中往往伴随着建筑垃圾的产生，其中，混凝土、石灰、废泥、废渣等成分不会造成“二次污染”，但油漆、颜料、建筑用胶等成分中含有很多有害物质，以及生物难以降解的高分子聚合物材料，这些成分就会产生“二次污染”等问题。

8.2 建筑垃圾的环境负荷

环境污染是指由于污染物质被不断地向环境排放,超过了环境的自净能力,致使环境质量与功能的下降和破坏,因而危害人类的健康及动植物的生存,甚至会使原有的生态系统失去平衡的现象。造成环境污染的原因可以分天然与人为两种。人为污染是人类活动过程中所产生的污染。环境污染按照被污染的对象,分为水污染、土壤污染和大气污染三种;按照污染物的性质,分为物理污染、化学污染与生物污染三类;按照人类活动,分为生活污染、交通污染、工业污染和农业污染;按照污染的分布范围,可分为局部性污染、区域性污染和全球性污染。

8.2.1 建筑垃圾环境影响特征

建筑垃圾对环境的影响具有广泛性、模糊性与滞后性。广泛性是客观的,但模糊性与滞后性却会降低人们对于建筑垃圾的重视,造成生态环境的污染,严重损害城市的环境卫生,恶化居住生活条件,严重阻碍城市的健康发展。所以,建筑垃圾对于城市环境的影响不容忽视。

1)广泛性

从建筑垃圾的产生过程来看,建筑垃圾总是伴随着施工过程而产生。目前,我国各大城市正值旧城改造的高峰期,固态废弃物在许多街道都有分布,气态废弃物以及施工中产生的粉尘、烟尘都是直接排放到空气中,液态废弃物也大多是没有经过处理就直接排放,等等,这些对城市的环境影响是广泛的。此外,伴随着工程的竣工,部分固态建筑垃圾被直接运输到城郊或偏远地区堆放、填埋,造成城市建筑垃圾的二次污染,给郊区的生态环境带来一定的危害。根据调查,芜湖市郊区至少有12个废弃物堆放厂,其中大多是建筑垃圾与生活废弃物混合在一起,对环境危害不只局限在市区,且对郊区也产生较为严重的影响。重庆主城十区现有建筑垃圾倾倒场30多处,其中15座为简易消纳场,其余都属于非法场所。由于缺乏统一规划管理,建筑垃圾乱倒现象十分严重,这不仅严重影响了城市的市容市貌和周边生态环境,也极大破坏了填埋场附近的土壤结构以及地下水、地表水,影响也是极其广泛的。

2)模糊性

(1)建筑垃圾对环境的影响需要一个量的积累过程,在达到一定量之前,还不足以引起人们的注意。因此,这种环境影响首先表现为潜在的、不明确的。

(2)建筑垃圾在不同程度上伴有生活废弃物,而城市生活废弃物在视角和嗅角上都是显性的,这种反应削弱了人们对城市建筑垃圾危害的认识,忽略了建筑废弃物影响的特殊性。

(3)建筑垃圾的二次转移特性给人们带来这样一种错觉:建筑垃圾的环境影响是暂时的。事实上,只要城市建筑垃圾存在,其环境影响就不可能消失,只不过这种环境影响伴随城市建筑垃圾转移在空间上发生了变化而已。

3)滞后性

小规模的城市建筑垃圾堆放对环境造成的影响是有限的,严重的生态环境问题往往是随着废弃物量的增加而日益明显。建筑垃圾的环境问题包括:①堆放体积的扩大;②城市的建筑垃圾虽是以石质与土质为主,但随着建筑材料与装饰材料的多样化,其中也含有一定数量的有害物质,如涂料、油漆等,这些有毒物质的释放对环境造成的影响将是一个漫长的过程。所以,城市建筑废弃物的环境影响是城市建筑垃圾的总量与有害物质的释放量积累的渐进过程,其表现形式上具有滞后性的特点。

8.2.2 建筑垃圾环境影响因素

建筑垃圾具有数量大、组成成分种类多、性质复杂、污染环境途径多、污染形势复杂等特点。由建筑垃圾环境影响特征可知,建筑垃圾对环境的污染具有广泛性,由于建筑垃圾的量巨大,建筑垃圾对环境污染程度不可小觑。下面将具体通过建筑垃圾对水环境污染、生态环境破坏、大气环境污染以及市容市貌破坏等四个方面分析建筑垃圾对环境污染影响的关联。本文所列的建筑垃圾对环境污染影响关联分析示意图如图 8-1 所示。

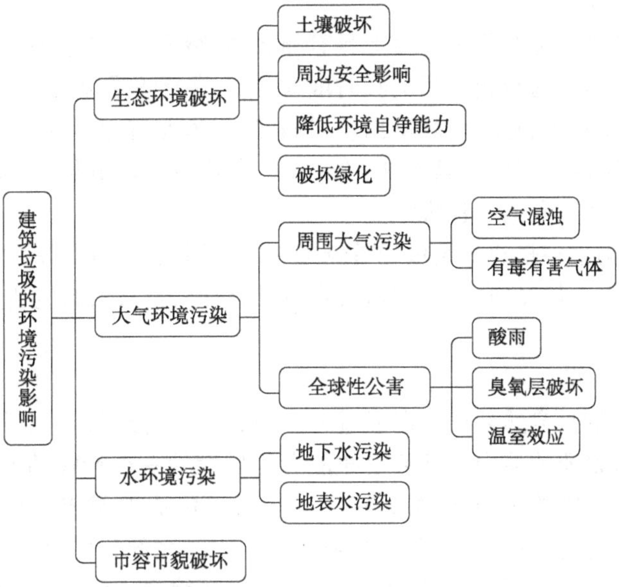

图 8-1 建筑垃圾对环境污染影响关联分析示意图

1)生态环境污染

(1)占用土地,破坏土壤质量

①目前我国还只是有很少专门的厂家或行业来对建筑垃圾进行处理,大多数建筑垃圾未经处理就被直接运到郊区偏远地区直接堆放或填埋。随着城市建筑垃圾量的增加,废弃物堆放点也在增加,而废弃物堆放场的面积也在逐渐扩大。废弃物与人争地的现象已到了相当严重的地步。

②大多数城市郊区的废弃物堆放场均采用露天堆放为主,经历了长期的日晒雨淋过后,废弃物中含有的有害物质(包括城市建筑垃圾中的涂料、油漆和沥青等释放出的多环芳烃构化物)通过废弃物渗滤液渗进土壤中,进而产生一系列的物理、化学与生物反应,会对土壤产生污染,改变土壤的物理结构和化学性质,造成郊区土壤的污染,从而降低了土壤质量。

③露天堆放的建筑垃圾在种种外力的作用下,比较小的碎石块会进入附近土壤,改变土壤的物质组成,破坏土壤的原有结构,降低土壤的生产力。通过测试,每 $1000m^2$ 土地放置 1.5 万 kg没有经过任何处理的废弃物,在 0 ~ 20cm 的土层中,土壤渣砾(72mm)与砂粒(>0.01mm)的组分上升,土壤黏粒(<0.005mm)与粉砂粒(0.01 ~0.05mm)的组分大幅度下

降,进而使土壤的保水能力下降,土壤阳离子的代换量减少13% ~22%,氮元素与钾元素的流失严重。

④当土壤中直径大于3mm的渣砾超过10%时,土壤的分散度和非毛细管空隙都相继增加了26% ~44%和2.6% ~3.5%,也就是说,每1000m^2土地的损水量及损肥量等于每年1500t水与近52.5kg的标准氮肥。这不仅浪费了水及氮肥,还有可能导致蔬菜的腐烂以及硝酸盐的含量增加。

⑤建筑垃圾中重金属的含量较高,在多种因素的作用下,其将发生化学反应,使得土壤中重金属含量增加,这将使作物中重金属含量提高。受污染的土壤,一般不具有天然的自净能力,也很难通过稀释扩散办法减轻其污染程度,必须采取耗资巨大的改造土壤的办法来解决。

(2)周边安全影响

建筑垃圾堆放地的选址在很大程度上具有随意性,留下了不少安全隐患。

①施工场地附近多成为建筑垃圾的临时堆放场所,由于只图施工方便和缺乏应有的防护措施,在外在因素的影响下,建筑垃圾堆出现崩塌,阻碍道路甚至冲向其他建筑物的现象时有发生。例如,重庆市某高校校园内就有7 ~8m高的建筑垃圾堆放场,时常有建筑垃圾碎块滑落,阻塞道路,造成车倒人翻的不良现象。

②在郊区,坑塘沟渠多是建筑垃圾的首选堆放地。降低了对水体的调蓄能力,造成地表排水和泄洪能力的降低,一场暴雨之后,积水难排,良田受淹,给人们的生活造成不便和不必要的经济损失。

(3)降低环境自净能力

环境自净能力指的是自然环境可以通过大气、水流的扩散、氧化以及微生物的分解作用,将污染物质化为无害物质的能力。环境自净能力是环境的一种特殊功能。受污染的环境,经过一些自然过程及在生物的参与下,都具有恢复能力。不过,环境自净能力是有限的,当污染物量超过环境自净能力时,就会出现环境污染。现今我国大部分城市建筑固体废弃物堆积如山,废水任意排放以及大气污染非常严重,已经超出了环境自净能力,环境也由于长期的负荷过重,使得环境自净能力下降。

(4)破坏绿化,出现“城市荒漠”

①建筑垃圾回收利用率低,越来越多的建筑垃圾需要更多的土地堆放和填埋,这占用了大量的绿地和可供使用的良田。

②建筑垃圾及其渗滤液中含有的大量有毒有害物质或因土壤被污染或是被植物吸收,甚至导致建筑垃圾堆放堆以及填埋场周围的土地上寸草不生,使得城市及其周围郊区绿地变少,出现“城市荒漠”化。

2)大气环境污染

建筑垃圾对于环境的大气污染既有区域性,也有全球性的。

(1)区域性危害

城市中某块地一旦成为施工现场,这块地方的绿色生命就遭受厄运,空气质量随之急剧恶化。建筑施工场所的废气主要来源:①运输车辆的尾气;②施工现场焚烧油毡、橡胶、塑料、皮革、树叶、枯草等物质产生的有毒、有害烟尘和恶臭气体;③部分施工机械运转过程中产生的废气,废气中有可能含有许多种有害成分如CO_2、SO_2、Pb、CO、NO_x、HC等,这些有害成分分布在施工现场附近的一定地域内,最终进入大气,对环境造成危害。此外,建筑垃圾在堆放或运输过程中由于人为或气象的影响都可能产生建筑粉尘，而建筑粉尘是影响城市环境空气质量的重要因素。城市居民区、文教区，空气污染浓度限值按二级标准考虑，标准状态总悬浮颗粒物(TSP)日平均不得超过0.30mg/m^3、可吸入颗粒物(PMI)日平均不得超过0.30mg/m^3。而在建筑工地下风向区，空气污染浓度值显然大大超过这一标准，还有其他指标超标，空气受到严重污染。

(2)全球性公害

目前，人类对大气环境造成的破坏日趋严重，危及全球的温室效应、臭氧层破坏和酸雨三大公害都是因大气环境遭到了破坏而形成的。

①建筑垃圾中的有毒有害物质对温室效应、臭氧层破坏和酸雨的影响也不容小觑。温室效应是由二氧化碳引起的。随着二氧化碳的浓度升高，造成近地层的气温升高，其结果将是灾难性的，会影响全球的生态系统与水土资源以及农作物收成，在人类生活、经济和社会问题上引起一系列的连锁反应。

②臭氧层是地球生物的保护伞，可以吸收来自太阳辐射的大部分紫外线，进而保护地球上的生物免受过量的紫外线伤害。但近几年来，臭氧的浓度有所下降，臭氧层开始逐渐变薄，一些地区的上空甚至出现了臭氧层空洞。

③酸雨对环境造成的影响极大，主要包括：侵蚀、穿透油漆与金属，逐步腐蚀建筑物；污染江河湖泊，影响饮用水质，危害人体健康；导致水中的浮游生物逐步消亡，鱼类死亡；破坏土壤肥力，影响农作物的生长。近十几年来，酸雨已在世界许多地区频繁出现，我国酸雨的危害也十分严重。

3)水污染

建筑垃圾在生成的过程中会伴随水污染，这种水污染大致可以分为两大类：施工阶段的生产废水污染和生活废水污染。

(1)生产废水污染

生产废水来源非常广泛，包括：像出窑的干砖需润水才能上墙使用；新浇注的混凝土需浇水养护，所浇之水除部分被砖或混凝土吸收外，其余的水基本上是随地流淌；进行钻孔灌注桩施工时产生的废泥浆液、井点降水及拌和冲洗废水；等等。这些废水多数富含碱性，废水pH值较大。目前一般工地上都没有相应的采取收集、处理或者再利用措施，大多是没有组织的排放，任其随意流淌或简易汇集沉淀后，直接排入城市地下水管道，然后流入江河，造成江河污染。尤其是根据施工的需要，在现浇混凝土中添入各类掺加剂，而这些掺加剂一般是有毒有害的。例如，与早强剂、抗冻剂一起加入混凝土的阻锈剂——亚硝酸钠，是一种有强烈毒性的物质。

废泥浆造成的污染主要表现在以下几个方面：①将废泥浆直接排入下水道，沉淀后的原浆会堵塞下水道；②运出工地后乱倒，污染城市环境，产生的大量粉尘造成大气污染；③废泥浆还能使地下水源被污染破坏。

建筑垃圾在施工现场或运往郊区、填埋场堆放与填埋的过程中，因发酵与雨水的冲刷、淋溶，以及地表水与地下水的浸泡而渗滤出的污水(淋滤液或渗滤液)，会造成周围区域地表水与地下水的严重污染。废弃物堆放场对地表水的污染方式主要包括：①废弃物在搬运的过程中散落在堆放场附近的水沟、水塘中；②废弃物堆放场的淋滤液在地表漫流，流入地表水体中。废弃物堆放场对地下水的污染途径：①废弃物污染随着淋滤液渗进含水层；②由受到废弃物污染的河湖坑塘等渗进补给含水层而造成深度污染。废弃物的渗滤液中不仅仅含有大量的有机污染物,还有大量金属与非金属污染物,水质成分较复杂。一旦饮用了这类受到污染的水,将会对人体的健康造成很大的危害。

(2)生活废水污染

施工期间的生活废水污染主要来源于临时食堂和卫生间产生的污水,包括粪便和洗涤污水,这些生活污水是水体的主要污染源之一。对水体的污染主要表现在以下几方面:

①需氧有机物污染。有机物的共同特点是这些物质直接进入水体后,通过微生物的生物化学作用而分解为简单的无机物质二氧化碳和水,在分解过程中需要消耗水中的溶解氧,在缺氧条件下污染物就发生腐败分解、恶化水质,常称这些有机物为需氧有机物。水体中需氧有机物越多,耗氧也越多,水质也越差,说明水体污染越严重。

②富营养化污染。富营养化污染为一种氮、磷等植物营养物质含量过多所引起的水质污染现象。水生生态系统的富营养化污染的两种途径:一是通过正常情况下限定植物的无机营养物质的量的增加;二是通过微生物分解转化为无机营养盐的有机物的增加。

③恶臭。恶臭是一种普遍的污染危害,也发生于污染水体中。人能嗅到的恶臭多达4000多种,危害大的有几十种。恶臭的危害表现如下:

a. 妨碍正常呼吸功能,使消化功能减退;精神烦躁不安,工作效率降低,判断力、记忆力降低;长期处于恶臭的环境中工作与生活会引起嗅觉障碍,进而损伤人体中枢神经、大脑皮层的兴奋和调节功能。

b. 部分水产品染上恶臭而无法食用、出售。

c. 恶臭的水体无法作游泳、养鱼、饮用,而破坏了水的用途和价值。

d. 还会产生甲醛、硫化氢等毒性危害。

④酸、碱、盐污染。酸、碱污染使水体pH值发生变化,破坏水体的缓冲作用,抑制或消灭微生物的生长,妨碍水体自净,腐蚀桥梁、船舶、渔具。酸与碱往往同时进入同一水体,中和之后可产生某些盐类。酸、碱污染因中和作用而自净,但中和过程中产生的各种盐类又成了水体的新污染物。因为无机盐的增加能提高水的渗透压,对淡水生物、植物生长有不良影响,在盐碱化地区,地面水、地下水中的碱性物质将进一步危害土壤质量。

⑤地下水硬度升高。高硬水尤其是永久硬度高水的危害表现为以下几方面:

a. 难喝。

b. 可引起消化道功能紊乱、腹泻、孕畜流产,对人们日用不便,耗能多。

c. 影响水壶、锅炉寿命。

d. 锅炉用水结垢,易造成爆炸。

e. 需进行软化、纯化处理,酸、碱、盐流失到环境中又会造成地下水硬度升高,形成恶性循环。

⑥有毒物质污染。有毒物质污染是水污染中特别重要的一大类,种类繁多,但共同的特点是对生物有机体的毒性危害。

4)破坏市容市貌

城市建筑垃圾占用空间大,堆放杂乱无章,与城市整体现象极不协调。城市内部空间有限,城市绿地往往成为城市建筑垃圾的临时集散地。各城市绿地都不同程度地混杂有建筑碎块。可以说,城市建筑垃圾已成为损害城市绿地的重要因素,是市容的直接和间接破坏者。

工程建设过程中未能及时转移的建筑垃圾往往成为城市的卫生死角。近几年在市区推行生活废弃物袋装化制度,但因为建筑垃圾堆或其遗迹的存在,在一定的程度上阻碍了这一制度的推广普及。其存在成为生活废弃物散乱堆放的直接诱因,造成建筑垃圾与生活废弃物的混杂,并给废弃物的处理带来一定的难度。混有生活废弃物的建筑垃圾如果无法进行合理的处理,一旦遇到雨天,脏水污物四溢,恶臭难闻,而且往往会成为细菌的滋生地。对废弃物堆放场附近的水质进行相应的取样化验,结果显示大肠杆菌超过了饮用水标准达340多倍,水中含菌量超标2500倍。城市建筑垃圾中都含有大量建筑粉尘,在风的影响下会弥漫在大气之中,造成市区的大气污染,严重影响市区的空气质量和市民的身体健康。

8.3 建筑垃圾的管理政策

面对日益增多的建筑垃圾,以及各种不良影响,有一些发达国家将建筑垃圾资源化利用作为长期国家战略,通过法律保障、政府支持及先进技术开发与应用,实现建筑垃圾的资源化利用。《法治日报》记者梳理发现,德国早在1994年就发布了《循环经济和废物清除法》,对建筑垃圾进行再生利用;日本则通过了《废弃物处理法》《建设副产物适正处理推进纲要》,从20世纪70年代开始推进建筑垃圾的再生利用;韩国通过《建设废弃物再生促进法》,要求使用建筑垃圾再生产品,并对未按规定使用建筑垃圾再生产品的行为设置处罚。我国很早就关注到建筑垃圾带来的环境污染。自1995年就有出台相关政策,近20年建筑垃圾管理的相关政策见表8-5。

建筑垃圾管理的相关政策 表8-5

序号	年份	相关政策名称
1	2002年	《中华人民共和国清洁生产促进法》
2	2003年	《城市建筑垃圾和工程渣土管理规定》
3	2004年	《中华人民共和国固体废弃物污染环境防治法》
4	2005年	《城市建筑垃圾管理规定》
5	2008年	《再生节能建筑材料财政补助资金管理暂行办法》
6	2009年	《中华人民共和国循环经济促进法》
7	2011年	《“十二五”资源综合利用指导意见》《大宗固体废物综合利用实施方案》
8	2013年	《绿色建筑行动方案》
9	2016年	《关于进一步加强城市规划建设管理工作的若干意见》
10	2017年	《循环经济发展评价指标体系》
11	2020年	《中华人民共和国固体废物污染环境防治法》《关于推进建筑垃圾减量化的指导意见》

近年来,国家各部委也陆续发布了建筑垃圾资源化利用相关政策法规及指导意见。2011年,国家发展和改革委员会(以下简称国家发展改革委)印发《“十二五”资源综合利用指导意见》和《大宗固体废物综合利用实施方案》,明确推广建设工程项目中废弃物生产路面透水砖砌块、混凝土、市政工程制品等再生建材制品、道路基材料,要求全国各地区建立完善的建筑工

程废弃物回收利用体系,实施建筑垃圾资源化利用工程。2013 年,国务院转发国家发展改革委、住房和城乡建设部制定的《绿色建筑行动方案》,将"推进建筑垃圾资源化利用"作为重点工作来抓。2016 年,中共中央、国务院发布的《关于进一步加强城市规划建设管理工作的若干意见》,提出力争用 5 年左右的时间,基本建立建筑垃圾回收和再生利用体系的目标。2017 年,国家发展改革委发布《循环经济发展评价指标体系》,将城市建筑垃圾资源化处理率首次纳入城市评价指标体系,评价结果将作为今后申请相关资金、政策支持的重要参考。2020 年 4 月 29 日修订的《中华人民共和国固体废物污染环境防治法》,新增了对于建筑垃圾污染防治方面的具体规定。其中包括将"建筑垃圾"从原本的"生活垃圾"分类中分出来,作为单独的一类进行管理;要求县级以上地方人民政府及主管部门加强建筑垃圾污染环境的防治,建立分类、利用和管理的"建筑垃圾分类处理制度""建筑垃圾全过程管理制度"和"建筑垃圾回收利用体系";要求工程施工单位应当编制建筑垃圾处理方案,采取污染防治措施,并报县级以上地方人民政府环境卫生主管部门备案。2020 年 5 月 8 日,住房和城乡建设部印发《关于推进建筑垃圾减量化的指导意见》,为做好建筑垃圾减量化工作,促进绿色建造和建筑业转型升级,推动落实新固废法有关精神,提出"2020 年底,各地区建筑垃圾减量化工作机制初步建立"。

利用技术不断创新优惠政策招商引资此外,全国多地也陆续制定地方建筑垃圾资源化利用率计划。云南省提出,2020 年,力争将垃圾回收利用率提高到 35% 以上,基本建立餐厨垃圾和建筑物垃圾回收和再生利用体系;安徽省提出,2020 年,省辖市建筑垃圾资源化利用率计划达到 70% 以上,县(市)建成资源化利用设施,资源化利用率达到 30% 以上;贵州省政府办公厅印发《关于加强建筑垃圾管理促进资源化利用的通知》,明确 2020 年,各市(州)、贵安新区建筑垃圾资源化利用率达 30% 以上;湖南省住房和城乡建设厅印发《湖南省建筑垃圾资源化利用发展规划(2020—2030)》,明确了湖南省建筑垃圾资源化利用发展方向与分阶段目标:2020 年全省规划建设建筑垃圾资源化利用基地 37 个,建筑垃圾资源化利用率达到 35% 以上;2025 年,全省规划建设相关基地 60 个,资源化利用率达到 70% 以上;到 2030 年全省规划建设相关基地 75 个,资源化利用率达到 85% 以上。

8.4 建筑垃圾的破碎与分拣

我国作为基建大国,对于建筑垃圾的产生速度正处于高速增长期中,因此提升我国建筑垃圾回收再利用水平已迫在眉睫。要提高回收再利用水平,首要是做好建筑垃圾的破碎与分拣。下面将从以下五个方面进行讨论。

8.4.1 料源控制

由于建筑垃圾在运输进场之前通常没有经过预分类处理,料源中可能存在的杂物较多,部分杂物尺寸大或强度过高,甚至含有淤泥、生活垃圾等。图 8-2 为运输到场建筑垃圾料源杂物情况。现有的加工技术尚达不到对建筑垃圾料源直接加工的能力,在物料进场之前必须采用一定的干预措施对杂物进行剔除,避免一些材料对机器的损坏以及再生材料污染。从工程实践经验分析出发,采取人工分拣或者挖掘机将杂物进行分拣是控制或剔除料源杂物的有效途径。

图 8-2 运输到场建筑垃圾料源杂物状况

8.4.2 分选技术

1)振动筛分给料

给料设备是建筑垃圾加工的特殊环节。与传统矿山机械加工不同的是建筑垃圾的给料需要将料源中存在的大量渣土成分进行初步的筛分。因此,需要对建筑垃圾加工振动给料设备进行特殊的设计。

目前常用的振动给料机按照运动方式可分为 ZSW 系列振动给料机、GZT 系列振动给料机和自同步惯性振动给料机三类。其中,GZT 系列振动筛分给料机由振动机架、弹簧、弹簧支架、激振电动机等部件组成。在 2 台同样性能参数的振动电动机共同激振作用下,偏心块所产生的惯性力在特定位置重复的叠加与抵消,在倾角、激振力作用下驱使上部物料滑动和抛掷的运动,完成有效率的进料。

GZT 系列振动给料机对建筑垃圾加工的适用性包括:①棒条分离平台具有预筛分功能,激振作用加强了其筛分能力;②结构较为简单,维修方便;③建筑垃圾成分、粒径复杂,容易造成设备的堵塞、故障。推荐使用 GZT 系列振动筛分给料机,并对其进行有针对性的设计改造,实现对渣土成分的有效筛分并要在底部设置专门的渣土传送带将渣土运出。

2)人工分拣

经过颚式破碎机破碎后的物料中仍然含有大量的木屑、纺织物、塑料等杂物,这些杂物若不及时剔除,将与筛网、风选机械纠缠,甚至发生堵塞和机械故障,而这部分杂物很难有专门的设备进行分离。因此,物料在进入筛分工序之前,必须对物料中的杂物采取人工分拣措施,搭建人工分拣平台。

在加工生产线确定时,需要将在破碎机和筛分机之间传送皮带与地面的夹角尽可能减小,为人工分拣平台提供足够的空间。另外,皮带的带速不宜过高,尽可能选用较大宽度的皮带,以适应人工分拣工作。

3)磁选技术

建筑垃圾料源中含有钢筋混凝土,经过颚式破碎机破碎之后钢筋表面混凝土基本已脱落,裸露的钢筋在磁力吸引下脱离料堆实现分离。磁选是建筑垃圾路用加工的必须环节,如果较多的钢筋进入二次破碎或者筛分设备,必然对设备造成一定程度上的损伤,并带来生产的不

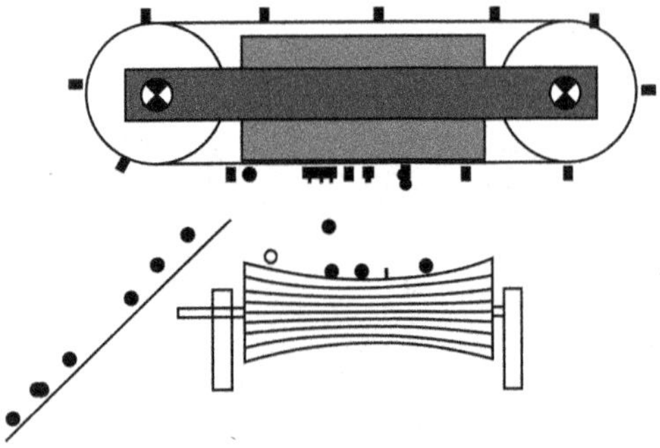

图 8-3　RCD 系列悬挂式除铁器工作方式示意图

稳定。

综合考虑建筑垃圾料源特性、颚式破碎机破碎粒径、道路加工再生材料的生产效率、磁选设备技术参数等因素，推荐使用 RCD 系列悬挂式电磁除铁器，其工作方式示意图如图 8-3 所示。

4）筛分技术

筛分技术用于特殊地基处理的再生材料粒径范围通常为 80～240mm，作为挤密桩的材料粒径一般不能大于 60mm，其中最大粒径不能超过 80mm。用于路基填筑的材料一般要求再生材料 40mm 通过率大于 70%；用于路面（底）基层再生材料粒径通常为 30mm 以下。因此，筛分环节配置需配置以下筛网：

（1）针对路面基层使用的物料粒径范围：0～10mm、10～30mm、30～60mm。

（2）针对路面底基层使用的物料粒径范围：0～10mm、10～60mm、60～150mm。

振动筛分是利用筛网的振动功能将不同粒径范围的颗粒料沿分离平台运动轨迹下滑动、跳跃进入不同料堆完成的粒径分类作业。

目前通常使用的振动筛分设备按照运动方式的不同可分为直线振动筛和圆振动筛（以下简称“圆振筛”）。直线振动筛使用两个振动电动机同步驱动，在反复的旋转过程中偏心块所产生的激振力与轴线方向相互抵消。有倾角的分离平台在激振力和物料重力作用下，物料在分离平台上被抛起向下运动。圆振筛的核心在于偏心块，电动机的旋转运动在偏心块处转换成椭圆运动，在传动杆的作用下分离平台呈现往复椭圆运动。通过调节激振力改变和控制流量，振动过程平稳，可以采取密闭措施，避免粉尘飞扬。经在郑州、西安周边多处砂石生产线调研发现，圆振筛是较为常见的砂石生产线筛分设备，分离效率较高。

综合以上分析，推荐使用圆振筛作为建筑垃圾路用加工筛分设备，其具备的建筑垃圾路用加工的优点包括：筛分效率高，运动方式有利于避免纺织物、塑料对筛网的纠缠，振动平稳，可靠性高，可封闭机身以及避免扬尘。

5）轻物质分离

经过筛分之后的再生材料中混杂着木屑、塑料、纺织物、易腐殖材料等轻杂质。在道路工程集料应用领域，这些轻质杂质是被严格限制或禁止使用的。采取轻质材料分离措施是建筑垃圾路用加工的必须环节。轻物质分离设备一般集成在筛分设备末端或者单独完成分离作业，砂石行业、粮食加工应用较为广泛的轻物质分离设备按照工作方式的不同可分为卧式气流风选机和立式风选机。

经过筛分作业之后的建筑垃圾再生材料组分依然复杂，密度分布多样。可利用的重质材料和不可利用的轻质杂质难以划清密度界限，而且风选的工作效率要求较高。因此，推荐采用卧式气流分选机，其具备建筑垃圾路用加工的优点包括：可将筛分后的再生材料根据密度的差异分类为多种可利用材料，与筛分设备集成的配合性更好，成本较低。

8.4.3　破碎技术

破碎作业是建筑垃圾加工的主要加工环节。合理的破碎机械的选择和配合可生产出适合道路工程使用的具有良好级配、针片状、表面纹理、洁净、均一性好的集料。以下从道路材料要求的集料尺寸和形状方面分析建筑垃圾路用加工中破碎技术的适用性。

1)破碎设备

破碎设备是建筑废料再利用加工的关键。破碎设备主要有颚式破碎机、回旋式破碎机、圆锥式破碎机以及反击式破碎机四类，各种典型集料破碎设备示意图如图8-4所示，不同类型破碎设备的破碎原理见表8-6，不同类型破碎设备的特点及适用范围见表8-7。

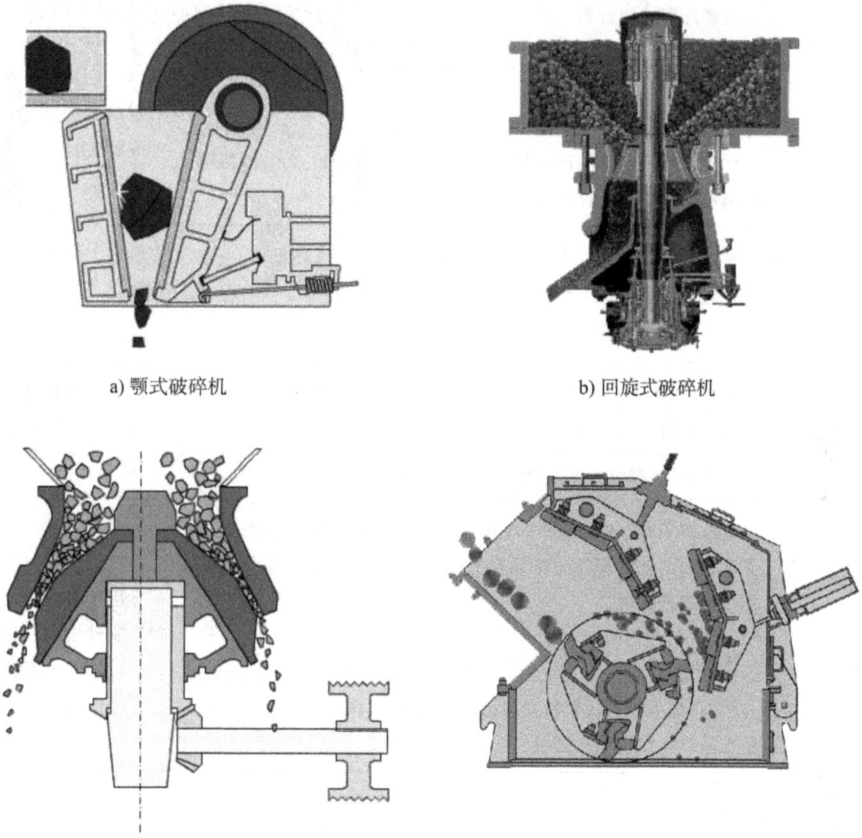

a) 颚式破碎机　b) 回旋式破碎机

c) 圆锥式破碎机　d) 反击式破碎机

图8-4　各种典型集料破碎设备示意图

不同类型破碎设备的破碎原理　表8-6

破碎设备类型	破碎原理
颚式破碎机	由动颚和静颚两块颚板组成破碎腔，模拟动物两颚运动，物料在两块颚板之间受到挤压，弯折和劈裂作用而破碎
回旋式破碎机	利用破碎锥在壳体内的旋回运动，对物料进行挤压、弯曲和劈裂作用，粗碎矿石
圆锥式破碎机	电动机通过传动装置带动偏心套旋转，动锥在偏心套的带动下做旋转摆动，物料在动锥和静锥的多次挤压和碰撞中破碎
反击式破碎机	物料从机器上部直接落入高速转动的转盘，在离心力的作用下与另一部分以伞形方式分流在转盘四周的飞石产生高速碰撞和高密度的粉碎，物料在转盘和机壳之间多次打击、粉碎

不同类型破碎设备的特点及适用范围　表8-7

类型	特点	适用范围
颚式破碎机	主要形式有双肘简单摆动和复杂摆动两种	能破碎各种硬度岩石，广泛用于各型砂石加工系统的粗碎设备；小型颚式破碎机也可用作中碎设备
	优点：结构简单，工作可靠，外形尺寸小，自重较轻，配置高度低，进料口尺寸大，排料口开度容易调整，价格便宜	
	缺点：衬板容易磨损，产品中针片状含量较高，处理能力较低，一般需配置给料设备	
旋回式破碎机	一般有重型和轻型两类，其动锥的支承方式又分普通型和液压型两种	重型旋回式破碎机适于破碎各种硬度岩石，轻型旋回式破碎机适于破碎中硬以下岩石。一般用作大型砂石加工系统的粗碎设备，小型机也可作为中碎设备
	优点：处理能力强，产品粒型好，单位产品能耗低，大中型机可挤满给料，无须配备给料机	
	缺点：结构复杂，外形尺寸大，机体高，自重大，维修复杂，土建工程量大，价格昂贵，允许进料尺寸小，大中型机要设排料缓冲料仓	
圆锥式破碎机	有标准、中型和短头三种破碎腔；有弹簧和液压两种支承方式	适用于各种硬度岩石，是各型砂石加工系统中最常用的中、细碎设备
	优点：工作可靠，磨损轻，扬尘少，不易过粉碎	
	缺点：结构和维修都复杂，机体高，价格昂贵	
反击式破碎机	有单转子和双转子，其中单转子又有可逆式和不可逆式，双转子则有同向转动和异向转动等形式；砂石加工系统常用单转子不可逆式破碎机	适用于破碎中硬岩石，用作中碎和制砂设备，目前有些大型设备也可用于粗碎设备
	优点：破碎比大，产品细，粒型好，产量高，能耗低，结构简单	
	缺点：板锤和衬板容易磨损，更换和维修工作量大，扬尘严重，不宜破碎塑性和黏性物料	

2)破碎尺寸

破碎机按照原材料与破碎料的尺寸及比例，可以大致分为粗碎机、中碎机和细碎(磨)机三类。

(1)粗碎机：可加工原材料最大粒径可达到1.5m，粉碎比小于6，通常作为原材料初次加工设备使用，以压碎为工作方式。

(2)中碎机：可加工原材料最大粒径小于350mm，粉碎比可达到20以上，以压碎或破碎为工作方式。

(3)细碎(磨)机：可加工原材料粒径尺寸在2～60mm范围内，处理后的物料粒径在0.1～0.3mm，甚至可以达到0.1mm以下，粉碎比可达1000以上。

对于道路工程用材料，可用于路基、路堤、路床填筑的材料最大粒径超过100mm，而用于路面基层、底基层材料的粒径范围通常为0～10mm、10～30mm、30～60mm、60～150mm。建筑垃圾原材料的尺寸多超过1m，甚至更大。因此，仅从粒径范围考虑，用于路基、路堤、路床填筑的材料直接采用粗碎机即可；而用于路面基层、底基层材料对集料的尺寸以及级配要求较高，常规的加工方式难以满足使用要求,必须采用粗碎 + 中碎的工艺破碎建筑垃圾。

3)工作方式与原理

破碎机按照工作方式的差异可简单分为颚式破碎机、辊式破碎机和反击式破碎机三种。集料加工较为适用的是颚式破碎机和反击式破碎机。

综合以上料源尺寸与成分、道路用集料尺寸、级配、棱角性、均匀性等要求,破碎阶段宜采用粗碎机与中碎机,推荐使用颚式破碎机与反击式破碎机配合使用的工艺形式进行建筑垃圾再生材料路用加工的破碎作业。下面我们简单介绍颚式破碎机与反击式破碎机的工作原理。

颚式破碎机的工作原理:以电动机为动力,通过皮带传动,由三角带和槽轮驱动,以偏心轴轴心为中心转动,动颚按照预定的轨迹做曲线往复运动,将进入由固定颚板、活动颚板和边护板组成的长力臂空腔内的物料破碎。在侧部通过调节活动螺栓控制最大出料粒径,颚式破碎方式生产效率高,入料尺寸大;但是,生产的物料棱角性差、颗粒均匀性差、级配不良。

反击式破碎机的工作原理:利用外部轮盘的在高速旋转过程中的冲击惯性将物料破碎,板锤冲击后的物料抛向安装在转子上方的反击装置进行再次破碎,粒径不能达到出料口尺寸将被重复进行破碎。反击式破碎加工能力相对较弱,入料粒径小,生产的物料在棱角性、颗粒均匀性、级配方面均较好。

8.4.4 抑尘技术

"渣土大"是建筑垃圾料源的显著特征之一,而路用材料对集料渣土含量有严格的要求,采用的建筑垃圾加工工艺过程中必然产生大量的渣土扬尘。随着国家对生产环节扬尘控制的重视,采取有效、适用、经济的抑尘措施是建筑垃圾路用加工的必需环节。然而,建筑垃圾渣土特性的处理与沥青混合料拌和厂、水泥生产线、火电厂等"渣土"发生和处理方式不同,需要开展针对性设计。以下基于现有技术手段,针对各环节展开建筑垃圾路用加工抑尘技术的分析与研究。

1)筛分除尘

在进料口和振动筛分环节考虑对渣土的筛分可消除建筑垃圾中大量的渣土成分,为了使粗、细物料透过分离平台而分离,需要使物料和分离平台之间具有适当的相对运动,使分离平台上的物料层处于松散状态。物料和分离平台的相对运动可使堵在筛孔上的颗粒脱离筛孔,以利于细粒透过筛孔。通过在建筑垃圾加工现场使用发现,入料口的振动筛结合雾化喷淋技术可以有效抑制建筑垃圾在入料阶段的扬尘。

针对建筑垃圾应用再生材料的加工,"水洗"工艺不适用于建筑垃圾加工,而采用振动筛分以及适当的喷雾降尘措施较适用于"渣土大、成分复杂"特点的建筑垃圾加工。

2)惯性除尘与旋风除尘

除尘设备主要有惯性除尘器和旋风除尘器两种。惯性除尘器是将灰尘气流冲击挡板或急剧改变气流方向,借助颗粒本身的惯性力作用,分离和捕获粉尘;适用于粒径较大的尘土颗粒。旋风除尘器是利用气流所产生的离心力使得渣土从气流中分离出来,气流沿锥形桶内壁旋转逐渐向下涡旋运动,少量的气体沿径向运动到集尘器。旋风集尘器广泛应用于水泥、矿物加工厂。惯性除尘和旋风除尘如图 8-5 所示。

惯性除尘与喷雾相结合对建筑垃圾再生材料固定加工厂除尘具有借鉴意义,其中惯性除尘采用封闭式腔体,隔离了绝大多数的粉尘飞扬,产品的造价和运营成本较低,维修方便,适用于建筑垃圾在分选阶段的除尘。

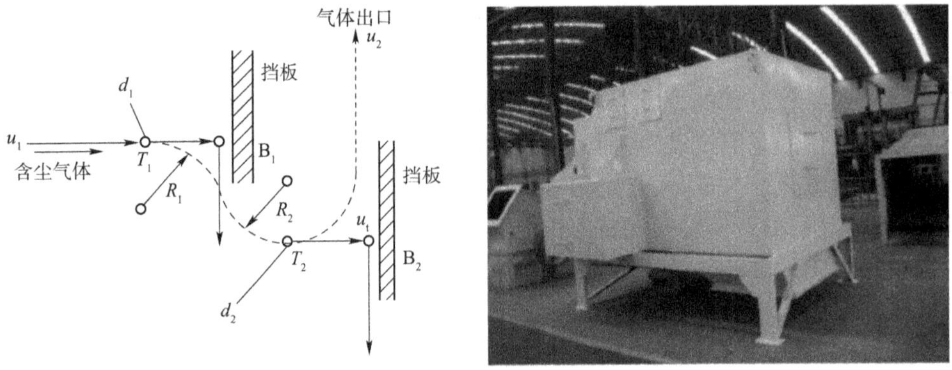

a) b)

图 8-5 惯性除尘和旋风除尘

3）静电除尘

对于空气中粒径尺寸小于5μm 的粉尘，必须借助外力（如电场力等）来捕获、沉积。静电除尘是将电荷作用在微粒上，除尘过程耗能较小、气流阻力较小，捕获效率高（达到99%），其原理示意图如图 8-6 所示。通过水膜流动或机械振动的方式清理灰尘，降尘效果好，效率高，可以在建筑垃圾加工厂中使用。

4）密封喷淋除尘

湿式除尘技术是将含尘气体与液体（水）接触，借助水分子和尘土颗粒的惯性碰撞作用捕获尘土，可有效地除去粒径范围 0.1 ~20μm 的尘土颗粒。在建筑垃圾加工过程中常用的喷淋降尘是基于湿式除尘的机理。按照除尘机方式的差异，又可细分为重力喷雾除尘（图 8-7）、自激发喷雾除尘、文丘里洗涤器除尘、机械诱导喷雾除尘、旋风洗涤除尘、泡沫洗涤除尘等。喷淋的方式使得粉土暂时黏附在集料表面，不利于集料在路面工程的使用，并不适用于建筑垃圾路用再生材料的加工。

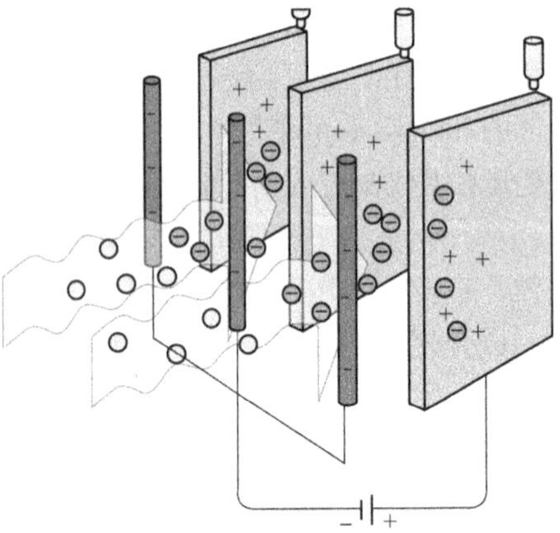

图 8-6 静电除尘原理示意图

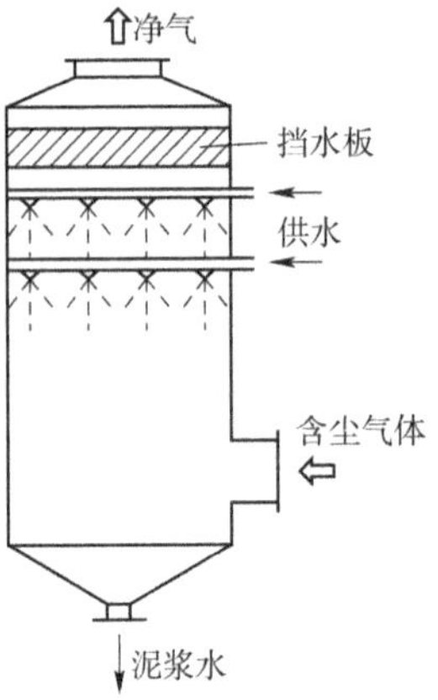

图 8-7 重力喷雾除尘技术示意图

基于除尘方式的技术效果及经济性，优选振动筛结合雾化喷淋技术、惯性除尘技术分别作为入料和分选阶段除尘方法。

8.4.5 其他材料处理

生产线在加工建筑垃圾过程中产生大量的钢筋，钢筋可以回收再生利用，需要由专用的钢筋轧制设备将回收的钢筋压缩之后运输到回收地点。建筑垃圾料源或加工后分离出的塑料、木屑、纺织物碎屑等污染物混杂情况比较复杂，基本不再具备可利用价值，必须将杂物填埋到政府指定建筑垃圾填埋地点，严禁焚烧。

8.5 建筑垃圾制备再生集料对生态环境的影响

再生集料的制备可通过废旧混凝土经压力机压碎后经一级处理（破碎、筛分）产生5~40mm的集料，或再经二级处理（加温、破碎、筛分）得到再生集料。经一级处理得到的再生集料可适用于强度等级C30以下的混凝土，经二级处理得到的再生集料可适用于强度等级C30以上的混凝土，由于二级处理在耗能和造价方面有所增加，会提高拌制混凝土的成本，结合经济情况考虑，一般适用一级处理过的集料即可。以生产1t再生集料为研究对象，分析生产1t再生集料的经济成本和效益，对比生产1t集料的经济效益与环境因素影响。通过对建筑垃圾生产再生集料进行经济效益和环境效益分析，结果表明建筑垃圾生产再生集料经济效益欠佳，但环境效益良好。由于以上数据对比是单纯地从经济和环境两方面进行的独立分析，且以成本分析为主，只能证明生产再生集料比生产天然集料的环境代价小，更节约成本。再生集料、天然集料、建筑垃圾的环境污染成本见表8-8~表8-10。

再生集料的环境污染成本 表8-8

影响类型	基准物	影响潜（kg CO_2/kg 物质）	支付意愿（元/kg）	环境成本（元）
全球变暖	CO_2	5.51E+02	0.22	1.21E+02
酸化	SO_2	1.56E-01	0.71	1.11E-01
富营养化	NO_3	1.54E-01	0.56	8.68E-02
生态毒性		1.25E-06	6.04	7.57E-06
烟尘和粉尘		8.37E-01	6.19	5.18E+00
汇总				1.27E+02

天然集料的环境污染成本 表8-9

影响类型	基准物	影响潜（kg CO_2/kg 物质）	支付意愿（元/kg）	环境成本（元）
全球变暖	CO_2	2.79E+01	0.22	6.14E+00
酸化	SO_2	3.11E-02	0.71	2.21E-02
富营养化	NO_3	6.14E-02	0.56	3.44E-02
生态毒性		4.41E-07	6.04	2.66E-06
烟尘和粉尘	粉烟灰	3.10E-01	6.19	1.92E+00
汇总				8.11E+02

建筑垃圾的环境污染成本　　表 8-10

影响类型	基准物	影响潜值（$kgCO_2$/kg 物质）	支付意愿（元/kg）	环境成本（元）
全球变暖	CO_2	1.42E+03	0.22	3.13E+02
酸化	SO_2	3.34E-01	0.71	2.37E-01
富营养化	NO_3	2.50E-01	0.56	1.40E-02
生态毒性		3.42E-06	6.04	2.06E-06
烟尘和粉尘	粉烟灰	2.28E-01	6.19	1.41E+00
汇总				3.27E+02

通过对建筑垃圾生产再生集料进行经济效益和环境效益分析，结果表明建筑垃圾生产再生集料经济效益欠佳，但环境效益良好，由于以上数据对比是单纯地从经济效益和环境效益两方面进行的独立分析，且以成本分析为主，只能证明生产再生集料比生产天然集料的环境代价小，更节约成本。

8.6　废旧水泥混凝土的资源化

再生混凝土是指将废弃的混凝土块经过破碎、清洗、分级后，按一定比例与级配混合，部分或全部代替砂石等天然集料（主要是粗集料），再加入水泥、水等配而成的新混凝土。再生混凝土按集料的组合形式有以下几种情况：①集料全部为再生集料；②粗集料为再生集料，细集料为天然砂；③粗集料为天然碎石或卵石，细集料为再生集料；④再生集料替代部分粗集料或细集料。

配制 $1m^3$ 混凝土所消耗的资源、所排放的 CO_2 量、所消耗的能源分别见表 8-11 ~ 表 8-13。

配制 $1m^3$ 混凝土所消耗的资源（单位：kg/m^3）　　表 8-11

项目	用天然原料	用废弃混凝土做再生粗集料	用废弃混凝土做水泥原料
石灰石	372	372	143.4
黏土	62.0	62.0	37.6
铁粉	18.5	18.5	12.1
石子做集料	1800	682	682

配制 $1m^3$ 混凝土所排放的 CO_2 量（单位：kg/m^3）　　表 8-12

项目	用天然原料	用废弃混凝土做再生粗集料	用废弃混凝土做水泥原料
水泥制造	254.0	254.0	200.7
集料生产	6.2	6.2	6.9
合计	260.2	260.2	207.6

配制 $1m^3$ 混凝土所消耗的能源(单位:MJ)　　表 8-13

项目	用天然原料	用废弃混凝土做再生粗集料	用废弃混凝土做水泥原料
水泥制造	1155.2	1155.2	1108
集料生产	90.72	88.56	88.56

根据表 8-11 的数据,配制 $1m^3$ 混凝土的生产能耗较低,但若将废弃混凝土回收作为水泥原料使用,则可节省部分煅烧石灰石所需的煤耗,因为石灰石分解需要消耗大量能量,而废弃混凝土中已水化的水泥成分再活化所需能量相对较少。不过,将废弃混凝土用作骨料或水泥原料时,必须经过破碎、分选等必要工序以清除其中的杂质碎片,这会增加一定的处理成本。总体而言,虽然回收利用能减少能源消耗,但需权衡预处理带来的额外投入。

综上所述,当利用废弃混凝土作再生集料时,石灰石资源可节省 62%,而当废弃混凝土用作制造水泥的原料时,除可节省 62% 石灰石资源外,还可节约制造水泥的黏土 40% 和铁粉 35% 的资源,同时可减少 20% CO_2 的排放量;利用废弃混凝土不会消耗更多的能源,并有利于保护自然资源和环境,符合可持续发展战略的要求及和谐社会的发展方向。因此,再生混凝土是一种绿色混凝土的可持续发展。

8.7　旧沥青路面材料的资源化

8.7.1　再生方法

再生方法的选择一般根据路面等级和沥青路面老化程度来确定。对于低等级路面,一般采用冷再生方法,而高等级路面采用热再生方法;对于沥青路面老化严重的,一般采用冷再生作为基层或下面层。

旧沥青路面的再生利用首先是再生方法的选择,然后是再生沥青混合料的设计。不同的再生方法对再生沥青混合料设计的要求也不同,比如,冷再生,再生沥青混合料设计就不需要确定再生温度;热再生,再生沥青混合料设计就需要确定再生温度。冷再生一般添加泡沫沥青,所以需要确定泡沫沥青的添加比例。每一种再生方法的产生都跟新的再生设备的开发有关。例如,在大功率路面铣削机出现之前,只能将旧沥青路面翻挖下来的大块的旧沥青混合料拉回到工厂,用专门的破碎机破碎,然后再生。有了大功率路面铣削机,铣削下来的沥青混合料已经细而均匀,就不必拉到工厂破碎而可以就地再生了。大功率微波加热机的出现也加速了就地热再生的流行。

再生剂是指能使老化的旧沥青物理和化学性能得到改善的化学剂。再生剂的主要作用是补充旧沥青损失的组分(主要是芳香粉等轻质组分),以溶解和分散沥青中的沥青质。RAP 掺量对再生沥青混合料的各方面性能都会产生重要的直接影响。为了实现 RAP 料的大规模应用,又不影响沥青混合料的性能,需要在 RAP 料中添加再生剂来实现。由于再生剂可以改善沥青的流动性,使沥青形成更为稳定的胶体结构,因此加入再生剂后再生沥青和沥青混合料的路用性能相比之前有一定的提高。再生剂的研究从理论上保证了旧沥青路面再生利用的可能性,而再生方法和再生设备的不断更新进一步保证了旧沥青路面再生利用的高效率和高质量。所以说,再生方法和再生设备的研究更贴近工程实际,具有重要的意义。

再生方法一般分为就地冷再生、工厂冷再生、就地热再生、工厂热再生。热再生就是对旧沥青混合料、新集料、新沥青、再生剂等加热,然后拌和形成热再生混合料,最后摊铺碾压形成沥青路面。冷再生则是对这些材料不加热,冷拌摊铺碾压形成沥青路面。工厂再生是将铣削下来的旧沥青混合料拉回工厂,然后在工厂生产出再生沥青混合料,最后拉回到工地摊铺碾压形成沥青路面。就地再生是将所有的工序在现场直接完成。因此,就地再生和冷再生施工方便,工程成本低,但再生质量差;而工厂再生和热再生工序烦琐、工程成本高,但再生质量好。

8.7.2 就地冷再生法

沥青路面就地冷再生技术主要方法:①对待处理的公路路面混合料用大功率路面铣刨拌和机进行原地铣刨、挖掘与破碎处理;②在相应的搅碎混合料中添加恰当配比的水泥、集料、水和沥青再生剂等进行原地搅拌处理;③由施工队伍对搅拌摊铺后的沥青路面进行碾压处理。就地冷再生技术适用于各种等级沥青路面的就地再生处理,具体可以将其用作三级公路的基层与面层,且如果应用于面层时要相应地做下封层;或者用于一级公路或一级公路的基层和下面层。就地冷再生技术可以实现对全部旧有沥青路面材料的再利用,并且对回收所用沥青路面材料具有较低的要求,相应的工程造价也比较低,但是就地冷再生技术一般不适宜将其直接用作表面层。就地冷再生现场如图 8-8 所示。

图 8-8　就地冷再生现场

就地冷再生技术与就地热再生技术的主要差别:①在施工过程中,就地冷再生技术是在自然环境温度下进行铣刨、加新料和再生剂量、破碎、摊铺、碾压等工作。②结合料与就地热再生技术不同,就地冷再生技术采用的是乳化沥青,其优点是施工环境为常温即可,对于机械设备的要求比较低,成本低廉,工序简单;其缺点是再生路面的品质一般,不如热再生技术,通常适用于较低级别的道路翻修,如乡村级别的路面维修。

就地冷再生技术的主要工序包括:

(1)清洁原路面。

(2)撒布碎石和水泥,根据实验确定级配。

(3)铣刨再生,将旧材料铣刨与新材料和再生剂混合均匀。

(4)路面压实,分别进行初压和复压碾压成型。

就地冷再生技术可以将沥青层和部分基层材料同时进行就地冷再生后形成路面基层,变成全深式再生技术。

8.7.3 工厂冷再生法

工厂冷再生技术方法:①将旧有路面回收的沥青路面材料集中运输到沥青混合料搅拌工厂;②通过破碎处理、筛分处理后,再在其中添加特定比例的新沥青混合料、水与活性填料等材料,借助常温混合搅拌后进行摊铺,最终形成稳定沥青路面结构层。工厂冷再生技术同样可以对各个等级公路沥青混合料进行回收,且通过恰当的拌和处理后可以适用于一级公路的底基层与下面层,或者用于三四级公路沥青路面的面层,但是如果将其应用于面层混合料时,要相应地设置封层,从而全面确保工厂冷再生法的应用质量。

厂拌冷再生和就地冷再生主要用于铺筑道路基层与底基层,冷再生与沥青碎石能耗与排放比较见表8-14。

冷再生与沥青碎石能耗与排放的比较 表8-14

方式	能耗(MJ/m^3)	节约比例(%)	碳排放(kg/t)	节约比例(%)
沥青碎石	866.88	—	61.3	—
厂拌冷再生	675.7	22	12.18	80
就地冷再生	615.06	29	10.3	83

工厂冷再生技术的特点:

(1)延长路面使用寿命。根据世界银行的统计,一般沥青的使用寿命为12年,如果在沥青使用寿命在8~10年时进行一次就地再生,其使用寿命将提高到20年,大大降低了使用寿命期内道路的建设维修费用。另外,沥青路面经全深式就地冷再生后,再生层刚度变小,可塑性增强,这将极大地减少反射裂缝的产生,同时避免了由反射裂缝引起的水损坏,将会延长道路的使用寿命。

(2)资源节约效益。沥青再生技术能最大限度地利用废旧混合料,直接节省大量的砂石料,避免了石料的大量开采,符合我国的基本国情和可持续发展的战略思路。路面养护或改建过程中废弃的沥青混合料被随意地堆放,大堆的废旧沥青混合料占用了原本可以用来绿化的场地或者可耕种的土地。如果能够利用沥青再生技术重复利用维修改建过程中产生的沥青混合料,那么将节约大量的土地资源,不至占用土地。

(3)环境保护效益。石油沥青是利用原油炼制的碳氢化合物,其主要元素除碳和氢之外,硫的含量占第三位。其化学惰性使其难于降解,长期影响堆填区及其周边的生态和居民食物和饮水健康。在经济发展的同时带来的生态环境破坏已引起了社会各界的高度关注,环保和可持续发展已成为我国的重要国策之一。

8.7.4 就地热再生法

就地热再生法是一种常用的沥青再生技术,主要是原地修复破损路面的施工工艺。具体方法:①先采用现场加热处理方式,软化那些待处理的沥青路面;②借助设备铲起沥青路面的废料,并在其中适当地增加一些沥青再升级、新集料等相关混合料,借此来实现重新在原地面摊铺沥青混合料的目标;③在实际沥青再生技术应用时,要采取专门的施工机械来对沥青路面进行加热处理,使其达到规定的软弱状态;④做好混合料搅拌、摊铺、碾压和熨平等一系列施工工作,确保沥青路面摊铺施工的整体质量。

就地热再生技术可以实现原地再生利用旧路面混合料,且全部旧沥青路面混合料可以应用于新建公路路面中,也不会干扰周边的正常交通,噪声与振动等施工情况也不是非常明显。就地热再生技术主要适用于连续路面施工中,不适宜小型路面维护项目或连续性施工不足的路面施工项目中。此外,就地热再生技术以路面面层施工为主,需要确保施工路面的基层具有良好的承载性,否则容易诱发车辙、龟裂或破损等路面问题。就地热再生技术不适应于寒冷地区的施工,否则容易出现路面裂缝等质量病害。

就地热再生技术主要施工工艺流程(图8-9):

(1)路面加热,根据待维护公路的长度和规模选择多辆加热机械,相邻设备距离可控制在1~2m内同时作业。施工过程中应控制好加热的温度范围,严格控制施工温度。

(2)掺加新的沥青料和再生剂。铣刨机械应紧随加热机械同时行驶,铣刨同时喷洒沥青料和再生剂,喷洒速度与铣刨机行进速度一致。

(3)新旧料复拌。复拌车应紧随铣刨机,将旧沥青材料与新添加的材料进行充分拌和均匀。

(4)混合料摊铺。摊铺机与复拌机同步,可使用夯锤进行初步平整。

(5)路面碾压。摊铺施工后与常规沥青路面一样进行三阶段的碾压,包括初压、复压和终压。

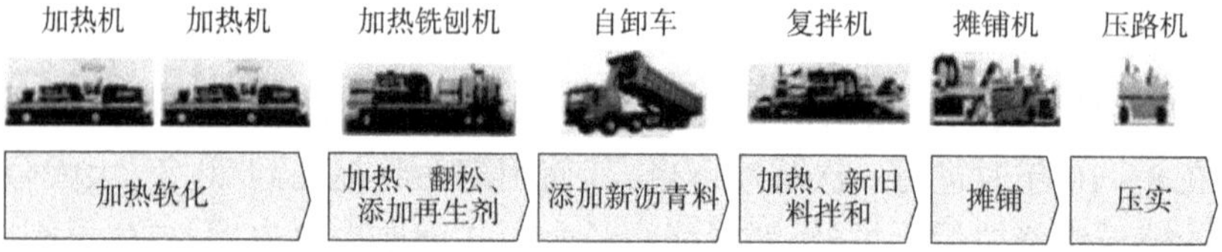

图8-9　就地热再生施工工艺流程

就地热再生技术主要是对面层的修复。其与薄层热拌沥青混凝土罩面能耗与排放进行比较见表8-15。相同长度的路段铣刨重铺和就地热再生的能耗及碳排放对比见表8-16。

就地热再生与薄层热拌罩面能耗与排放的比较　　表8-15

方式	薄层热拌罩面	就地热再生	节约比例
能耗(MJ/m^3)	77	65	15.5%
碳排放(kg/t)	53.6	39.2	27%

相同长度的路段铣刨重铺和就地热再生的能耗及碳排放对比　　表8-16

施工过程	铣刨重铺		就地热再生	
	能耗(MJ/m^2)	碳当量(kg/m^2)	能耗(MJ/m^2)	碳当量(kg/m^2)
沥青	30.64	1.83	4.60	0.27
集料	3.00	0.23	0.45	0.03
原料运输(150km)	12.06	1.12	1.81	0.17
混合料拌和	33.66	2.82	5.06	0.443
新料与旧料运输(80km)	12.86	1.20	0.97	0.09
摊铺	1.59	0.12	1.59	0.12

续上表

施工过程	铣刨重铺		就地热再生	
	能耗(MJ/m^2)	碳当量(kg/m^2)	能耗(MJ/m^2)	碳当量(kg/m^2)
碾压	1.86	0.14	1.86	0.14
铣刨	4.94	0.37		
加热,铣刨,复拌			46.92	3.25
合计	100.61	7.83	63.26	4.50

就地热再生技术的特点:

(1)经济效益。就地热再生技术是将旧沥青路面再生处理后,恢复其原有性能。在沥青路面就地热再生的过程中,原路面材料全部得到利用。就地热再生技术节约了沥青和砂石材料,减少了对材料的需求量,具有良好的经济效益,并且有助于自然资源的保护,使得在一些缺乏石料的地区,进行公路的大修或改建更加方便。

(2)环保优势。沥青路面就地热再生充分利用了旧沥青路面,防止了沥青混凝土废料对弃置场所及其周边环境的污染,减少了石料的开采,能够有效保护林地,维护自然景观和生态环境。目前普遍用于路面工程的石油沥青是利用原油炼制的碳氢化合物,具有优良的黏附性、防水性和耐久性,其主要元素除碳和氢外,但硫的含量也是比较大的。不妥善解决沥青混凝土废料的处置问题,就无法满足环保要求。

(3)社会效益。沥青路面就地热再生不仅具有良好的经济性和环保性,更主要的是具有无法用货币来衡量的社会效益。铺筑再生路面充分利用了旧沥青混合料,解决了沥青路面翻修所产生大量废料对环境污染问题,降低了工程造价,使某些原来不能及时翻修的旧沥青路面得以修复。

(4)不足之处。事实上,每种再生技术都有其使用范围与特点,就地热再生技术既有很多优点,也有一些很难克服的缺陷。就地热再生技术采用热再生机组对路面一次完成再生层的加热软化,加热的厚度和温度还是难以控制,会造成加热层的上下表面温度不均匀,使旧沥青更加化。

8.7.5 工厂热再生法

工厂热再生技术施工方法:①先将旧有路面翻挖后所得到的沥青路面材料集中运送到沥青混合料拌和工厂;②再在工程中对这些旧有路面沥青混合料进行集中破碎处理;③严格按照不同路面施工要求和规定,对沥青混合料的施工配合比进行合理设计,尤其是要科学地调配新旧沥青材料与沥青再生剂等之间的配合比,确保他们设计的科学性与合理性,从而全面确保再生沥青路面处理的整体质量。工厂热再生技术处理后的沥青混合料同新拌制的混合料一样,可以根据沥青路面的设计需求来对混合料配合比进行自由调配,适用于各个等级沥青路面的柔性基层或面层,但是在应用工厂热再生技术期间,施工单位在铣刨与摊铺沥青混合料期间要采取分层施工方式。

工厂热再生是指将铣刨后的沥青路面材料运输至专门的沥青混合料加工厂,通过破碎和筛分,分析现有材料级配等情况,掺入新的沥青材料和再生剂进行加热拌和,将达标的沥青混合料再运送回施工现场重新铺筑路面。厂拌热再生过程如图 8-10 所示。

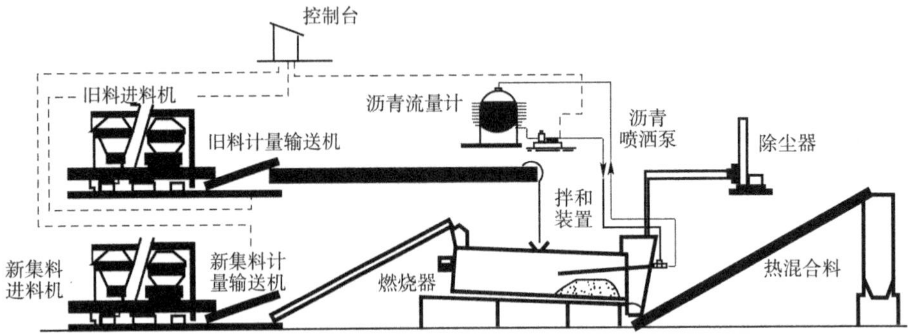

图 8-10　厂拌热再生过程

工厂热再生技术的主要施工工艺流程：

(1)旧料回收。用铣刨机将旧路面破碎、筛分并存储时，应控制铣刨机的行驶速度为 3 ~ 5m/min，确保回收材料良好的粒径，之后将材料送往拌和站，破碎处理后按粒径分类存放。

(2)拌和再生混合料。对回收料预加热，确保旧料充分加热，之后将新料和旧料在拌和设备中混合拌至均匀。

(3)摊铺与碾压。清理路基表面杂物后喷涂涂层油，增加黏结力。

对比就地热再生技术与工厂热再生技术发现，就地热再生技术对于材料的利用率高，接近 100% 可循环；工厂热再生技术一般不大于 30%；就地热再生技术的再生针对路面的面层，再生深度为 4 ~ 5cm；工厂热再生技术是对路面刨除后在工厂内拌和处理，可以根据实际情况调节再生的深度；工厂热再生技术对于沥青材料搅拌的均匀性更高。就地热再生技术可以分区域在现场施工，噪声也较小；工厂热再生技术施工需要封闭道路的时间较长。

对于工厂热再生技术，因与新沥青混合料具有相同的性能，可用于各种面层或基层，因此，工厂热再生技术与翻新重建全新的沥青路面能耗与排放比较见表 8-17。

工厂热再生技术与翻新重铺能耗与排放的比较　　表 8-17

方式	挖除重建	工厂热再生	节约比例(%)
能耗(MJ/m^3)	4679.84	4211.97	10
碳排放(kg/t)	48.55	41.1	15

工厂热再生技术的特点：

(1)社会效益。随着公路快速发展，许多的低等级公路改扩建为高等级公路，目前在 20 世纪 90 年代相继建成的城市道路和高速公路已进入大、中修期，这样产生了大量的翻挖、铣刨后的旧沥青混合料，这对我国这样优质沥青极度短缺的国家来说是一种资源的浪费，同时加剧了环境的污染，因此废旧沥青路面混合料的再生利用不仅具有重大的经济意义，而且具有更广泛的社会意义。

(2)经济效益。将沥青路面回收材料的再生利用，实现能源化利用，解决了旧料存放带来的污染，实现可持续发展，同时节约了石料资源和土地资源，减少了石料开采对生态环境的破坏，降低了工程成本。旧沥青混合料的再生利用因为节约了沥青和砂石材料而降低了工程价，工厂热再生技术除了具有一定的经济效益之外，还间接具有良好的社会效益和环境效益。铺筑再生路面充分利用了旧沥青混合料，解决了沥青路面翻修所产生大量废料对环境污染问题，保护了人类生存的环境，符合我国可持续发展战略中废物资源化的要求。有些环境专家认为，铺筑再生沥青路面带来的间接社会效益和经济效益，甚至比直接经济效益更有意义。

8.7.6 废旧沥青再生方法节能对比

两种冷再生技术的能耗与排放接近，与沥青碎石相比，能耗可节约 20% 左右，碳排放效果显著，可达到 80% 以上。

四种再生方式能耗对比如图 8-11 所示。其中，工厂热再生降低能耗 10%，就地热再生降低能耗 15.5%，工厂冷再生降低能耗约 22%，就地冷再生降低能耗为 27%。

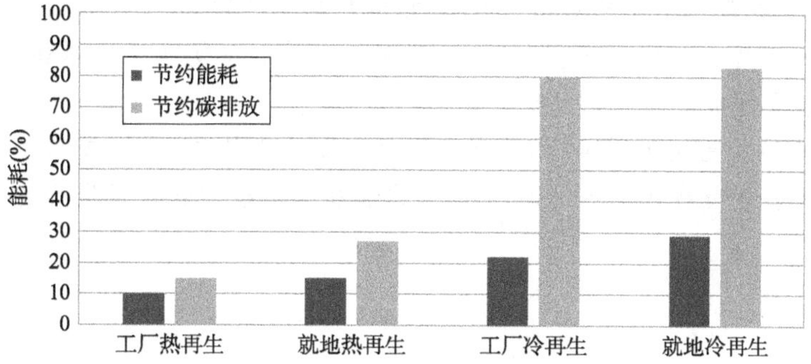

图 8-11　四种再生方式能耗对比

我国交通运输业在能源消费和温室气体排放中所占比重均超过 30%，高速公路建设占整个交通运输生命周期的 4%，因此公路建设占总碳排放的 12%。在减排方面，交通建设行业担负着重大的责任。工厂热再生降低 15%、就地热再生降低 27%、冷再生降低 80%，要达到碳排放减少 17% 的目标，工厂热再生 100% 使用，就地热再生至少利用 63%，冷再生利用 22%。因此，为综合实现能耗和碳排放节约目标，工厂热再生和就地热再生达到 100% 使用，而工厂冷再生至少要使用 73%，就地冷再生使用 60%。

另外，对四种再生技术并非强制规定必须使用哪种具体技术，而是对于能耗和排放降低指标的完成，四种再生技术的组合使用。在施工阶段对筑路机械的整体状况、耗油量、燃油的燃烧率进行评估检测，把那些机械状况差、耗油量严重超标、燃油燃烧率低及没有修理价值的机械进行报废处理，更换一些先进的设备，创造出广阔的节能减排平台。

创新成果漫谈

2015 年度环境保护科学技术奖三等奖——固体废物基环保新材料的研制与应用

该项目针对大量固体废物（如污泥、赤泥、钢渣、化工废渣等）污染环境的现状，研究利用污泥和工业固体废物制备固体废物基环境友好粒状材料，并将其用作水处理填料和绿色建筑材料，以最大限度地实现固体废物的减量化、无害化和资源化。本项目主要研究内容包括：

(1)以污泥、钢渣、赤泥、化工废渣等工业固体废物为主要原料,发明了制备污泥与工业固体废物基环境友好材料-污泥陶粒的两段法烧结工艺,研发出了轻质/超轻污泥陶粒等系列污泥陶粒产品。

(2)发明了以赤泥、DSD酸工业污泥、废铁屑为主要原料的微电解粒状材料生产技术,生产出了轻质阴、阳极水处理滤料、抗板结粒状陶制铁碳微电解填料和粒状防板结酸碱两用三元微电解填料系列粒状微电解产品,并且用于环已酮废水、制药废水等高浓度难降解的有机废水处理中,效果显著,克服了传统微电解材料易板结和沟流的现象。

(3)基于污泥陶粒的两段法烧结工艺,发明了有利于陶粒烧结和陶粒物理性能的改善的两段复合式陶粒烧结器和气氛可调式高温/双温陶粒烧结装置。

(4)将污泥陶粒作为生物滤料,发明了污泥陶粒多功能水处理反应器和厌氧、好氧污水处理装置,形成了基于固废陶粒的水处理技术。

(5)以污泥陶粒作为主要原料,用于绿色建材混凝土砌块的制备,发明了适用于民用建筑室温调节的、具有显著节能效果的污泥陶粒-多元脂肪酸定型相变材料生产技术。

第9章

生态型公路路面材料

9.1 排水沥青路面技术

9.1.1 概述

1)概念

随着经济的高速发展,道路的功能不只局限于满足汽车的正常行驶,还要满足更高的道路安全性、舒适性、环保性要求。近年来,"海绵城市"概念的提出,主要是适应环境变化和应对雨水引起的自然灾害,城市在下雨时可以吸收水、储存水、渗水和净化水,并在需要时释放和使用储存水。海绵城市贯彻"创新、协调、绿色、开放、共享"的新发展理念,为提高海绵城市适应环境变化和应对自然灾害的能力,排水沥青路面成为主要建设项目之一。

排水沥青路面,又称多孔沥青路面,是指在沥青面层结构处铺设一层或两层大孔隙率(20%)的沥青混合料,使进入沥青面层内部的雨水通过内部连通孔隙侧向流动,排向路肩处的排水设施。排水沥青路面因具有减少水雾和眩光、降低噪声、提高舒适性以及路面抗滑性等诸多优点而被国内外广泛应用。排水沥青路面与普通路面排水机理对比图如图9-1所示。

2)排水沥青路面国内外发展状况

20世纪70年代,排水沥青路面最先起源于欧洲,主要目的是提高行车安全性和降低噪声。荷兰和丹麦研究开发了新型的双层式排水性沥青路面,双层排水沥青路面的结构形式是:上层为面层较薄、集料较细的排水沥青层;下层为面层较厚、集料较粗糙的排水沥青底层。这种结构不仅加大了排水沥青混合料层的厚度且表面比单层排水路面更平整,有助于降低噪声,而且有效地阻挡了大颗粒杂物进入下层排水沥青层,进入的大颗粒杂物也容易被清除,从而有效地解决了混合料空隙易被阻塞的问题。德国用聚合物改性沥青制备排水沥青混合料,并且加入了0.5%的木质纤维,空隙率为15%～25%。法国将排水沥青路面用作道路养护,采用间断级配,集料中几乎没有2～6mm档,胶结料以废轮胎橡胶粉和抗氧化剂作为沥青改性剂以提升胶结料黏度及耐久性,填料只占矿料的1%～1.5%。经过路用性能检测发现,道路在交通荷载甚至在重载情况下表现良好,而且经受得住40℃的高温天气且无明显损坏。日本在通过借鉴德国的排水沥青路面技术,首次修筑排水沥青路面,之后结合本国气候条件和交通条件,使用改性沥青进行试验,排水路面表现出优良的功能性与路用性能(称为超级路面),并逐渐大规模推广并强制在高速公路上使用,成为应用透水性沥青路面最为成功的国家之一。

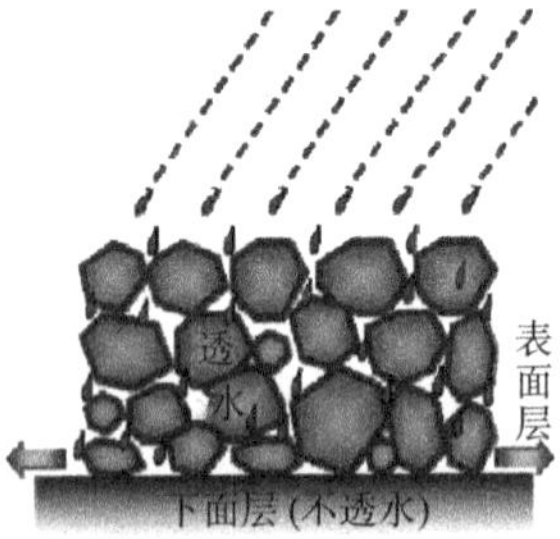

a) 排水沥青路面

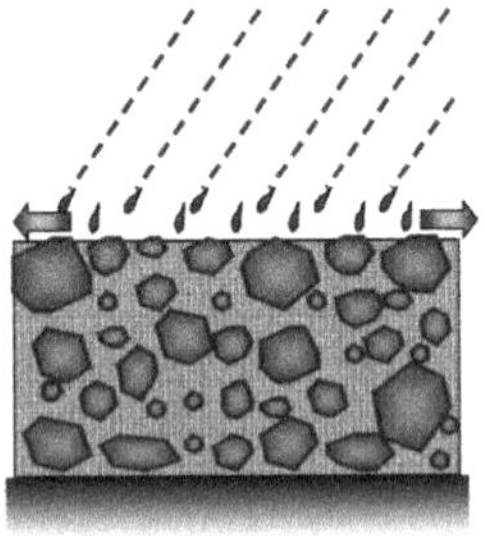
b) 普通沥青路面

图9-1　排水沥青路路面与普通路面排水机理对比图

美国排水沥青路面起初主要是提高路面的抗滑性能。1970年,美国联邦公路局(FHWA)开发出了开级配沥青磨耗层(OGFC),在1974年颁布了一套排水性沥青路面沥青混合料设计方法。近年来,美国在矿料性质尺寸、沥青胶结料、级配范围以及混合料配合比设计方法等方面,对OGFC进行了研究改进;在集料方面,建议采用坚固耐磨光且棱角性好的石料作为粗集料,并对集料的洛杉矶磨耗值和破碎面做了具体要求;在沥青方面,建议采用AC-20等级黏度的沥青作为胶结料;在级配范围方面,则增大9.5mm粒径以上粗集料用量,使级配变粗空隙率增大。2001年,美国国家沥青路面技术中心(National Center for Asphalt Technology,NCAT)推出了新一代的排水沥青路面设计方法,主要技术包括如下:

(1)胶结料采用改性沥青,推荐使用橡胶改性沥青。

(2)为了防止排水功能下降过快增大设计空隙率到20%,公称最大粒径推荐使用12.5mm及16mm集料。

(3)借鉴SMA设计方法,以$VCA_{min} < VCA_{DRC}$验证排水沥青混合料的骨架嵌挤程度以保证混合料中集料的嵌挤结构。

(4)以塑封法取代之前的体积法测定混合料空隙率。

(5)除常规的飞散试验外,引进并改进了欧洲的磨耗试验进行排水沥青混合料抗飞散性能评价,增设了沥青老化后的抗飞散性能检测。

(6)将用于析漏实验的篮网法进行了改进,将篮网筛孔由4.75mm减小到2.36mm。

20世纪80年代,我国开始引入排水沥青路面,我国排水沥青路面最初是引进美国的

OGFC 技术来提升道面雨天安全性，随后在北京至石家庄、杭州至金华、上海浦东及沧州地区等地段修筑了小规模的试验段，后续出现了车辙、松散掉粒及严重的空隙堵塞等病害，整体效果不佳。由于气候差异，我国北方寒冷干燥，南方高温多雨，而且与国外相比，我国交通重载超载现象严重，这要求排水沥青路面有较高的强度，最主要的是技术和经验不足，没有使用改性沥青与适合我国环境的配合比设计。2001—2006 年，交通运输部公路科学研究院承担的《山区公路沥青面层排水技术的研究》课题和江苏省《排水沥青路面应用技术研究》课题，为排水沥青路面在我国的应用奠定了基础。2003 年，西安机场高速公路工程引进日本的排水路面技术修筑了一段长达 15km 的排水路面，这是我国首次大规模铺筑这种路面，经后续观测抗滑效果良好。2008 年，江苏省在宁杭高速公路二期修筑了全长 20.9km 的排水沥青路面，该项目为双幅六车道，单幅宽度 14.5m，全部铺装面积约 30.3 万 m^2，为目前国内最大的排水沥青路面铺装工程。2010 年，交通运输部公路科学研究院负责实施南京南站机场高速公路排水降噪沥青路面工程技术服务和组合降噪双层排水沥青路面等专项课题研究。2013 年，四川遂资高速——四川省第一条排水路面示范路，我国第一条双层排水路面试验段成功铺筑。为进一步提升排水路面排水和防堵塞能力、提高降噪幅度，遂资高速公路依托四川省交通运输厅科研项目《遂资高速公路低碳环保节能新技术研究及应用示范》，攻克了双层连续铺筑、保透性层间黏结和高抗飞散混合料设计、排水沥青路面透水标线、适应我国高速公路交通特征的承载能力提升等多项难题。2014—2015 年，在江苏省盐靖高速公路专项治理过程中，国内首次在旧路改造过程中应用排水沥青路面，对旧路面进行结构补强、并提高排水、抗滑、降噪等性能。2019 年，东南大学马康研究了双层排水沥青路面空隙衰变，建立了双层排水沥青路面荷载作用下的空隙结构衰变预测模型。

近十几年来，我国很多城市陆续开始铺设大空隙透水沥青试验路，然而总体来说，透水沥青路面在我国应用还不够广泛，其主要原因是透水沥青路面单位造价比较昂贵，透水路面的耐久性仍需要进一步改善。

9.1.2 排水沥青路面材料

1)沥青胶结料

排水沥青混合料中胶结料起到黏结集料形成混合料强度的重要作用，对集料骨架的约束作用直接影响着骨架嵌挤型沥青混合料的高低温性能及水稳定性等。此外，排水沥青混合料的空隙率较大，更容易受到光、热和空气氧化的影响，因此，要求沥青具有较好的抗老化和抗剥落能力，以抵抗荷载及环境对路面材料的破坏。表 9-1 为不同国家排水沥青路面技术指标与要求。

不同国家排水沥青路面技术指标与要求　　表 9-1

技术指标	美国	欧洲	日本	中国
针入度(25℃,100g,5s)(0.1mm)	—	65 ~ 105	>40	≥40
软化点 $T_{R\&B}$(℃)	≥70	≥70	>80	≥80
延度(15℃)(cm)	—	—	>50	≥50
闪点(℃)	>232	≥220	>260	≥260
黏度(Pa/s)	20000 ± 4000	—	>20000	≥20000

续上表

技术指标		美国	欧洲	日本	中国
RTFOT	质量损失率(%)	—	≤1.0	<0.6	≤0.6
	针入度比(%)	—	≥60	>65	≥65

高黏改性沥青(HVMA)有着优良的高低温性能,是道路工程中最常用的高性能改性沥青,是排水路面铺装中不可或缺的关键材料。高黏改性沥青类型主要分为热塑性弹性体改性沥青、橡胶改性沥青、纤维改性沥青、纳米类材料改性沥青以及多种高黏改性剂制备的复合改性沥青。

热塑性弹性体具有高强度、柔韧、高弹性、多用途的性能,同时兼具橡胶和树脂的优点,主要代表产品为 SBS、TPS、SIS 和 SEBS 等。SBS 具有两相形态,由玻璃状微区组成,该玻璃状微区由连接到橡胶聚丁二烯片段的 PS 制成,因此,SBS 表现出交联的弹性体网络行为。通过 SBS 改性沥青,有效改善了沥青的高温抗车辙性和温度敏感性以及其低温柔韧性。SBS 改良性沥青热稳定性优良,耐高温不流淌、低温不脆裂,具有良好的机械性能和耐老化性能,所以被广泛地应用到城乡路面改建工程中。张锐等研究了 TPS 对沥青胶结料和沥青混凝土性能的影响,表明添加 TPS 的主要作用是增强沥青混合料的高温稳定性和低温性能,同时弹性恢复性能、水稳定性和抗疲劳性能均有提升。有研究人员通过研究高黏改性沥青 TPS 的高低温性能以及流变性。研究表明,TPS 的加入可以大幅度提高基质沥青的黏度以及黏弹性。通过马歇尔实验、冻融劈裂实验和动稳定度实验测试了 TPS 改性沥青的沥青混合料,结果表明,TPS 沥青混合料具有优异的高温性能、水稳定性以及抗车辙能力。

橡胶类高黏改性剂即聚合物弹性体,由合成橡胶、再生橡胶和天然橡胶三种主要成分构成。在道路建设中大多数利用合成橡胶进行沥青改性。合成橡胶不仅具有高度的伸缩性和极好的弹性,还具有优良的耐温性能。目前国内使用较多的是 SBR、CR、SIR、EPOM、ABR 等。有研究人员利用废旧轮胎中的粒状橡胶作为一种环保且可持续发展的添加剂,以增强沥青路面用沥青黏合剂的高温和低温流变性。结果表明,胶粉的掺入对基质沥青的高温性能和流变性具有较为明显的影响,通过 DSR 实验发现掺入胶粉可以显著提高基质的黏合力和抗压能力。

纤维材料可以改变基质沥青的附着能力、坚韧程度和扩张力,在实际应用中,矿物纤维、木质素纤维及聚合物纤维等为最常用的纤维。其中,木质素纤维的应用最为广泛。有研究人员研究了聚酯纤维及木质素纤维对排水性路面性能的影响,研究表明,掺加纤维不仅增加了排水性路面的高温稳定性和机械强度,同时木质素纤维在排水性路面中的路用性能优于聚酯纤维。有研究人员以提高排水沥青路面的稳定性、抗变形能力以及抗疲劳开裂性能为目标,分别选取 3 种不同纤维(玄武岩纤维、木质素纤维、PP 纤维)作为增强稳定剂,研究表明,掺入玄武岩纤维的混合料抗疲劳性能优于其他两种。

单一纳米材料能够在特定条件下,提升基质沥青的使用功能,尤其能明显地提高其附着力和实用性能。有研究人员研究了长链碳氢化合物和季铵盐有机化的纳米蒙脱土改性沥青的流变性以及黏温曲线。研究发现,改性沥青的黏度和新型材料改性剂的掺加比例成正比,并改善了沥青的耐高能力和抗变形能力,其软化点和抗老化性提高。有研究人员研究了纳米碳纤维(CNF)改性沥青和 HMA 的微观结构。研究发现,CNF 不仅具有较好的黏结性能,而且具有较高的分散性。集料表面形貌还表明,CNF 在微观/纳米尺度上表现出裂纹,这可能增加了 CNF

重复交通荷载作用下的抗裂能力。

2)矿料

粗集料必须具有足够的强度和良好的物理和化学性质,粗集料应该均匀、洁净、干燥,具有高黏附性、高耐磨耗性、高耐破碎性的优质集料,才能为大空隙沥青路面提供足够的力学性能。排水沥青路面粗集料主要技术指标与要求见表9-2。

排水沥青路面粗集料主要技术指标与要求 表9-2

技术指标	美国	欧洲	日本	中国
洛杉矶磨耗损失	≤25	≤20	≤30	≤30
密度(g/cm^3)	—	—	≥2.45	≥2.60
吸水率(%)	—	—	≤3.0	≤2.0
坚固性试验(硫酸钠)(%)	—	—	≤12	≤12
针片状含量(3:1)(%)	≤15	≤25	—	≤10
针片状含量(5:1)(%)	—	—	≤10	≤10
破碎情况(1个破碎面)(%)	≥90	≥220	—	≥100
破碎情况(2个破碎面)(%)	≥75	100~75	—	≥90

排水性沥青混合料与通常沥青混合料相比,细集料的用量少,然而细集料对排水沥青混合料的性能影响较大。改变细集料对混合料骨架的填充是控制空隙率的主要方法。在雨水的冲刷作用下,细集料与沥青的黏附性是抵抗冲击力的关键性质。如果黏附性较差,随着车辆荷载反复碾压和水流的侵蚀等作用,细集料很容易从路面中脱落造成病害。因此,细集料的关键性质主要是与沥青之间良好的黏结性。近似球形颗粒的细集料对高温抗车辙能力不利,而表面较粗糙的细集料对提高马歇尔稳定度以及动稳定度效果明显。此外,细集料应洁净、干燥、无风化、无杂质,并且有适当的颗粒级配。

3)填料

排水性沥青混合料由于要获得较大的空隙率,填料的比例较小。大空隙沥青路面填料的作用主要是增大沥青与石料的黏结力,矿粉与沥青结合后形成沥青胶浆,胶浆的性能越好,与集料的黏附性越好。相同的沥青用量下,矿粉越细,胶浆的黏结性越好。因此,填料一般为石灰岩矿粉,矿粉应洁净、干燥。

4)防水黏结层

防水黏结层在排水沥青路面结构中起着至关重要的作用,与普通密集配沥青混凝土相比,排水沥青面层与中面层之间的接触面积减小了15%~25%,因此,设置防水黏结层可以增加界面结合强度,确保沥青路面的整体性,同时防止雨水渗到中面层,提高路面的耐久性。防水黏结材料主要有两种:一种为改性乳化沥青,另一种为喷涂型防水黏结层材料。

5)级配

级配对排水性沥青混合料起着重要作用,既要保证沥青混合料具备较大的空隙率满足排水功能,又要保证粗集料形成充分的嵌挤结构。不同国家排水沥青路面矿料级配范围见表9-3。

不同国家排水沥青路面矿料级配范围 表 9-3

筛孔尺寸(mm)		16	13.2(12.5)	9.5	4.75	2.36	1.18	0.6	0.3	0.15	0.075
通过率(%)	美国	100	85～100	55～75	15～25	5～10	—	—	—	—	2～4
	欧洲	100	90～100	—	—	5～20	—	—	—	—	2～10
	日本	100	95～100	—	11～25	10～20	—	5～17	4～14	3～10	3～7
	中国	100	90～100	60～80	12～0	10～22	6～18	4～15	3～12	3～8	2～6

9.1.3 排水沥青路面的环保特性

1)抗滑性

排水沥青路面的骨架空隙结构能够在路面形成丰富的宏观纹理,从而拥有较好的抗滑性能。尤其在雨天时,路面上的积水可以通过排水沥青路面内部通道迅速排除,可有效避免形成路面水膜,进而增大轮胎与路面之间的附着力,在很大程度上提高了行车安全性,尤其是雨天驾驶的抗滑性。

2)安全性

在雨天,如果路表面未能及时排完雨水而被一层水膜所覆盖,车辆在水膜覆盖的路面上高速行驶时,会产生作用于轮胎表面的水压力,当压力达到一定程度时会使轮胎上浮,这种现象称为水漂。由于排水沥青路面较大的构造深度和连通孔隙,表面不会形成积水,在暴雨时,既不会因雨水击打路表水形成水雾,也不会因为行车轮胎带起水形成水雾,因而行车时视野清晰,提高了行车的安全性。研究表明,使用排水沥青路面后雨天事故可减少 80% 左右,基本上与晴天的事故率相当。

3)排水性

排水式沥青路面的空隙结构主要分为连通空隙、半连通空隙和独立空隙三大类。连通空隙,又称为有效排水空隙,可以在一段时间内储存渗入路面内部的少量自由水,也可以通过集料与集料之间的间隙组成的连通通道进行水分的传输,将路面内部的水分排出路面;半连通空隙在行业内也被称为半有效排水空隙,与连通空隙相比,半连通空隙只能在短时间内对渗入路面内部的水分进行储存,而不能在路面内部进行水分的传输,因此半连通空隙不具有排水功能;独立空隙,也叫作无效空隙,既不能对进入路面内部的水分进行储存,也无法将水分排出路面。

一般的排水沥青路面的显著特点是大孔隙率而且颗粒之间为连通孔隙,孔隙率为 15% ～25%,使得路面具有高效排水的宏观构造,内部丰富的连通孔隙使进入沥青面层的雨水很快排向路边的排水设施,不会在路面形成积水,因而不会形成水漂现象,危及行车安全。同时,在城市的工业和商业区域采用排水路面,可以在很大程度上减轻暴雨造成的洪涝灾害。

孙立军通过研究表明,孔隙率为 8% 是沥青路面排水性急剧增长的拐点。当孔隙率小于 8% 时,沥青面层透水系数非常小,路面几乎不透水;当孔隙率大于 8% 时,沥青面层透水系数随着孔隙率的增大急剧增长。根据对不同孔隙率的沥青混合料所做的渗透试验结果,绘制沥青混合料孔隙率与透水系数之间的关系图,如图 9-2 所示。由图 9-2 可见,孔隙率对透水系数的影响很大。

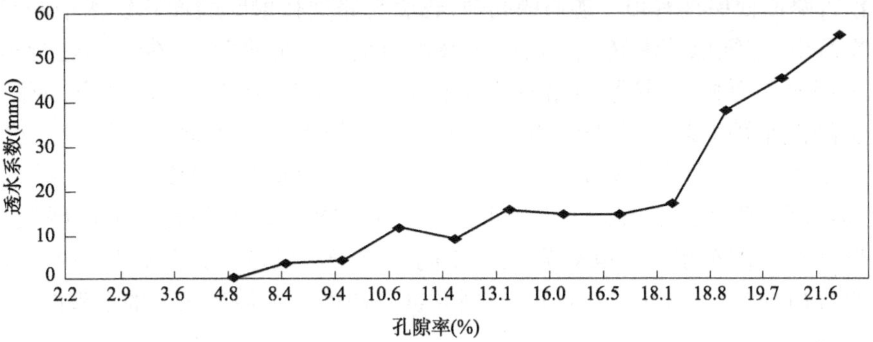

图9-2 沥青混合料空隙率与透水系数之间的关系

4)降噪性

车辆在行驶过程中轮胎产生的噪声是轮胎转动与路面之间相互作用而产生的噪声。通常产生轮胎噪声主要有以下三种原因。

(1)空气泵吸效应

为保证行车的安全性,轮胎表面都会有特制的不同纹路的条纹,同时路面表面也凹凸不平,具有一定的粗糙度,因此轮胎与地面接触时并不会严丝合缝,车辆在道路上行使的过程中由于车辆本身自重的作用,轮胎在与路面接触时会产生一定的变形,轮胎胎面与路面之间的空腔里面的空气会被急速压缩并向大气喷出,轮胎胎面离开路面时,原本受压的轮胎部分的条纹会因为卸载而伸展,使得轮胎内部分空腔的体积增大而将大气中的空气吸收。车辆往前行驶过程中,上述两过程循环,这两个过程就是空气泵吸效应。

(2)轮框振动

车轮在凹凸不平的路面上行驶时产生的颠簸和振动引起轮框振动是轮框振动噪声产生的主要原因。经调查分析发现,不同的路面粗糙度、构造深度拖分因素对轮胎接触噪声的影响较为显著,同时路面的平整度和胎压等对轮胎接触噪声的大小也会分别产生不同程度的影响。

(3)空气动力性噪声

只有在车辆以相对高的速度下行驶时会产生明显的空气动力性噪声,在一般行驶状态下,行驶的车辆可不考虑空气动力性噪声。

排水沥青路面是一种低噪声路面,彼此连通的大空隙为轮胎与路面之间产生的噪声提供了消散渠道。排水沥青路面不仅能够吸收车辆运行时产生的噪声,还能够吸收轮胎与路面作用产生的爆裂声,类似于多孔吸声材料的吸声原理。根据轮胎路面噪声产生机理中的“泵吸”效应(由轮胎的碰撞与冲击噪声和空气动力相互作用产生)的分析可得知,在车辆前进的过程中,轮胎胎面与大空隙的沥青混凝土路面产生接触,橡胶轮胎在力的作用下挤压变形,使得胎面与路面接触面部分的空气压缩程度极大程度地降低,从而减小了轮胎与路面之间产生的空气泵吸效应,达到降低路面噪声的目的。另外,由于大空隙沥青混合料排水功能的主要实现方式是通过混合料内部的连通空隙进行水分的输送,而连通空隙之间又是互联互通的,当噪声声波产生时,一部分声波在路面材料的表面发生反射向大气中传播,另一部分声波则透过材料向前方传播。声波在路面内部传播的过程中,会带动空隙中的空气进行振动而向前传播,空气在振动时会与集料表面发生摩擦,一些振动能则会被路面内部所吸收,阻碍了声波的继续传播,从而达到降低路面噪声的效果。

排水沥青路面面层具有相互连通的孔隙，轮胎与路面接触时表面花纹槽中的空气可通过孔隙向四周逸出，空气压缩爆破产生的噪声被路面结构部分吸收，减少了高速行车噪声。与普通密级配沥青路面相比，轮胎与路面的接触面减小，有助于降低附着噪声，而路面良好的平整度也会降低车辆引起的冲击噪声。车辆行驶在排水沥青路面产生的噪声比普通密级配沥青路面要大得多，潮湿情况下降低噪声 7～8dB。在同等的湿度条件下，排水沥青路面又比普通路面降低噪声约 3dB，因此，排水沥青路面在雨天时有更显著的降噪效果。另外，排水沥青路面对不同车型的降噪效果也不相同。对于小汽车，可降低噪声约 13dB；对于载货汽车，可以降低噪声约 8dB。由此可见，排水沥青路面是一种环保型的沥青路面，在我国有着较大的发展空间。

日本的研究表明，排水性路面的降噪效果与路面厚度有关，路面的厚度越厚，降噪效果越好。一般厚度可降低噪声 2～3dB，较厚的面层可降低噪声 6dB，甚至更多。但进一步研究表明，当要降低噪声 4dB 时，需要层厚 4cm；当要降低噪声 6dB 时，需要层厚 15cm。从经济方面考虑，排水性路面厚度常选为 4cm。

5）透风散热性

城市热岛效应是一个全球性的问题，威胁着城市环境的运行和宜居性。城市热岛效应的特征在于，与周围的乡村相比，城市的气温明显升高。城市热岛效应可以使城市中的气温升高 5～15℃。人行道构成了城市的交通要道，覆盖了当今城市环境的 40%。研究表明，人行道是城市热岛效应的主要贡献者。太阳辐射通常包括 43% 的太阳能、52% 的近红外光和 5% 的紫外光，其中很大一部分被路面吸收。沥青路面在城市道路中大量应用，吸收了大量的太阳辐射，使得城市热岛效应更为严重；高温的沥青路面，还释放出大量的沥青挥发物，使人的居住环境急剧恶化。因此，必须考虑采取适当的措施和材料，以改善城市的热特性，路面材料的热性能及其反照率是影响其性能和行为的重要决定因素。

路面温度由路面材料和环境气候条件所决定，是一系列热量传递的结果。热量的传递有三种基本方式：热传导、对流与热辐射。热传导是指热量从物体中温度较高的部分传递到温度较低的部分，或者从温度较高的物体传递到与之接触的温度较低的另一物体的过程；对流是指流体各部分之间发生相对位移时所引起的热量传递过程；热辐射是物体因自身的温度而具有向外发射能量的一种热传递的方式。

影响路面温度的环境气候条件包括太阳辐射、云层状况、大气相对湿度、风速、降水等环境因素和路面反照率、路面湿度、路面比热以及路面密度等路面特性因素。太阳辐射到达路面时，大部分被路面结构吸收并转变为热量，其余部分则通过路面反射和散射返回大气中，云层状况、路面特性、降水等因素都会对路面结构吸收和反射太阳总辐射的比例产生影响。在路面与大气的接触面上，路表温度和大气温度的差异会导致对流引起的热交换，这主要取决于风速和路表温度与大气温度之差。地面辐射与大气逆辐射之差称为地面有效辐射。地面有效辐射主要取决于路表和大气的温度状况，也与大气的相对湿度和云层状况有关。

近年来，根据排水沥青路面大的孔隙率和连通孔隙，对其透风散热性能也有了一定的研究。夏晖、张肖宁等发现排水沥青混合料内部的连通空隙有很好的对流换热性能，同时其材质也有助于热量散失，从理论上论证了排水沥青路面透风散热性能的合理性，具有实际的指导意义。排水性路面的对流换热性能在降低路面温度方面的功能有助于缓解城市的“热岛效应”。与普通沥青路面相比，排水路面的对流换热性能在炎热的夏季能显著降低路面温度，从而使路面具有较高的高温天气适应能力。对于普通沥青混合料路面，在路与大气接触的界面上存在对流换热作用，而在混合料内部，由于是密级配，可以认为几乎是密闭不透风的，则不存在对流换热作用。在高温季节的高温时间段里，路面温度明显大于大气温度，此时只能在路表与大气进行对流换热作用，热量传递效率很低。对于开级配的排水性路面，由于大孔隙透水性沥青混合料里面存在大量贯通的空隙，在路与大气接触的界面上以及排水性混合料内部都存在对流换热作用。在高温季节的高温时间段里，路面温度明显大于大气温度。当路面温度明显大于大气温度时，排水路面空隙里面的气体作为媒介，其温度会介于大气温度和固体部分温度之间，固体部分的热量便通过空隙里面的气体传给大气，从而降低固体部分的温度，热量传递效率很高。

排水性路面与大气的对流换热作用按产生的方式不同可分为自然风的对流换热作用、车辆通行时产生的风的对流换热作用、自然对流的对流换热作用三类。自然风的对流换热作用是由于水平气压梯度力而产生的自然风吹过排水性路面时产生对流换热作用，属于强制对流；车辆通行时产生的风的对流换热作用是当汽车行驶时，尤其是在高速公路上快速行驶时产生速度很快的风，风能够进入排水性路面内部从而实现对流换热，属于强制对流，这部分对流只会发生在轮迹带附近，有利于降低轮迹带附近路面温度；自然对流的对流换热作用往往自然发生，是由于温度不均匀而引起的，由于排水性沥青混合料空隙里空气的温度和路面外部空气的温度不同而产生的空气自然对流。

在高温季节的高温时间段等同等条件下，排水性沥青路面温度的极端高温要比普通沥青路面极端高温低6℃，若考虑车辆通行时产生的风的对流换热作用，在轮迹带上这种温度差异会更明显。表9-4为排水沥青路面与其他沥青路面表层混合料技术特点对比。

排水沥青路面与其他沥青路面表层混合料技术特点对比 表9-4

对比要素	SMA路面	AC路面	排水沥青路面
应用现状	高速公路、城市干道大面积推广	普通道路广泛应用	欧美发达国家广泛应用，我国正力行推广
混合料特点	沥青多、加纤维和矿粉	各档料均衡、密实	高孔隙率(约20%)，粗集料多(80%)
行车安全	抗滑性好	抗滑性差	构造深度大、高抗滑、制动距离短
雨天行车	水雾大、能见度低，制动距离延长约40%		雨天行车无水雾，行车能见度好
视觉效果	路面色泽较暗、夜间车灯照射有眩光		路面颜色鲜亮，夜间行驶降低眩光

9.1.4 结语

排水沥青路面具有减少水雾和眩光、降低噪声、防水漂以及提高路面的抗滑性等诸多优点，被国内外广泛应用。近年来，排水沥青路面在我国各省份的铺筑里程逐年增加。但是，排水沥青路面在使用过程中会面临空隙堵塞、飞散、沥青老化等问题，影响路面使用寿命。排水沥青路面的大空隙结构特点在长期使用过程中，由于沥青的老化，黏结力下降，造成路面松散剥落和裂缝，并且在交通量大的路段，会造成空隙被杂物堵塞，影响路面的降噪和排水性能。因此，我们应结合国内外实体工程应用情况和环境，提出了更为科学合理的材料选择、级配范围和性能评价建议，提高排水沥青路面的耐久性，对相关规范进行修订与完善，以及进行实体工程设计。

9.2 温拌沥青混合料路面技术

9.2.1 概述

用于沥青路面建设、养护的沥青混合料主要有 HMA 和冷拌沥青混合料。从使用数量比例看,HMA 占绝对多数。随着人们认识水平的不断提高,开始意识到 HMA 在生产使用过程中出现的有毒废气、能源过度消耗以及老化等问题;此外,对于更环保的冷拌沥青混合料而言,由于价格昂贵与使用性能远不及 HMA,因此其主要被使用在补修、罩面等领域。鉴于此,如何长期保留 HMA 性能良好的特点并克服其存在的问题,便成为近年来科研人员研究的重要课题。

温拌沥青混合料(Warm Mix Asphalt,WMA)是一种新型沥青混合料,是通过某种技术手段或掺入添加剂,提高沥青混合料在低温条件下的易拌和性,使得沥青混合料在低于热拌和温度 30 ~ 40℃时依然能具有较好的拌和效果,并保持性能达到相应的 HMA。WMA 在生产、拌和、压实等施工过程中比传统的热沥青混合料温度低得多,具有减少有害气体排放、节省能源、减轻沥青老化程度、延长施工季节等优点。

WMA 技术始于 20 世纪 90 年代,特别是在签订《京都议定书》后,欧美国家就对 WMA 技术进行了深入研究。2000 年第一届国际沥青路面大会报道了这项环保的新型技术。降黏型温拌技术、发泡型温拌技术等技术研发成功并投入应用。有机降黏法是通过添加有机添加剂降低黏度,应用比较成功的降黏剂有合成蜡(如 Sasol Wax 公司的 Sasobit)和低分子量脂类化合物(如 Romonta 公司的 Aasphaltan B)。随后因为 WMA 对环境保护的突出作用,日本和欧洲各国开始逐步使用 WMA,2001 年用量 8000t,2002 年用量 15000t,2003 年用量 30000t。2003 年,表面活性温拌技术也研发成功并应用。2004 年 3 月,美国举办"沥青世界"会议,并在现场演示了温拌沥青技术。2006 年,美国举办了第一届温拌沥青工作组会议。2007 年,美国的国家沥青路面协会深入研究了 WMA 技术规范,出版了《温拌沥青混合料　最佳的实践》《温拌沥青混合料　公路工程承包商的经验》。

吕思忠分析了温拌沥青技术中如何降低沥青的黏度,且提出可以通过加入一定量的 Sasobit、SLA 来降低沥青的黏度和温度,进而实现沥青的温拌,发挥沥青的节能和环保作用。许云龙分析了 WMA 的路用性能,具体探讨了降黏剂 H1 和 H2 对 WMA 黏度的影响,且最终发现通过这两种降黏剂能够降低沥青混合料的压实温度。郭彦强对 WMA 的温度进行了研究,并于 2019 年研发出了温度实时监测装置,且对 WMA 的温度变化情况进行评价,与此同时对 WMA 的温度变化绘制了曲线图,研究结果表明,温拌沥青技术不仅能够降低沥青的压实温度,还能够减少施工温度损失。丁济同比较分析了热拌沥青路面与温拌沥青路面的生命周期,重点探讨了影响这两种路面寿命的环境因素,构建了生命周期的评价模型,最终的研究结论表明,温拌沥青路面发挥了更加明显的环境保护作用。陈志朋对温拌沥青施工过程气体排放进行了研究,研究结果表明,污染物排放与施工温度具有一定相关性,降低施工温度是减少污染物排放的有效措施;采用不同温拌技术生产 WMA,污染物排放差异不大。

9.2.2 材料组成

根据具体措施的不同,WMA 有以下几种类型。

1)调和沥青 WMA(泡沫沥青降黏技术)

发泡降黏类温拌技术可分为两类:一类是基于含水助剂,如沸石、潮湿的集料等,该类技术利用含水助剂在较高的拌和温度下,可以使一定量的水在标准大气压下变成水蒸气,此时水的体积可膨胀约 1.67 倍;当水蒸气与热沥青接触时,沥青的体积迅速膨胀,从而降低其黏度和拌和温度。另一类是水基技术,通过将冷水加入到热沥青中实现其黏度和拌和温度的降低。当冷水被通入到热沥青后,随着水温逐渐升高,形成的水蒸气被封装在热沥青中,可使热沥青体积膨胀 5~10 倍。但是,气泡膨胀随时间的推移会产生衰减,泡沫沥青的体积会有一定程度的减小。此外,冷水也可以用乙醇或其他液体替代,但这会增加 WMA 的生产成本。发泡降黏类温拌技术的核心是将水分变为水蒸气,利用水蒸气改变沥青的表面张力实现沥青黏度与混合料拌和温度的降低。发泡降黏类温拌技术原理示意图如图 9-3 所示。

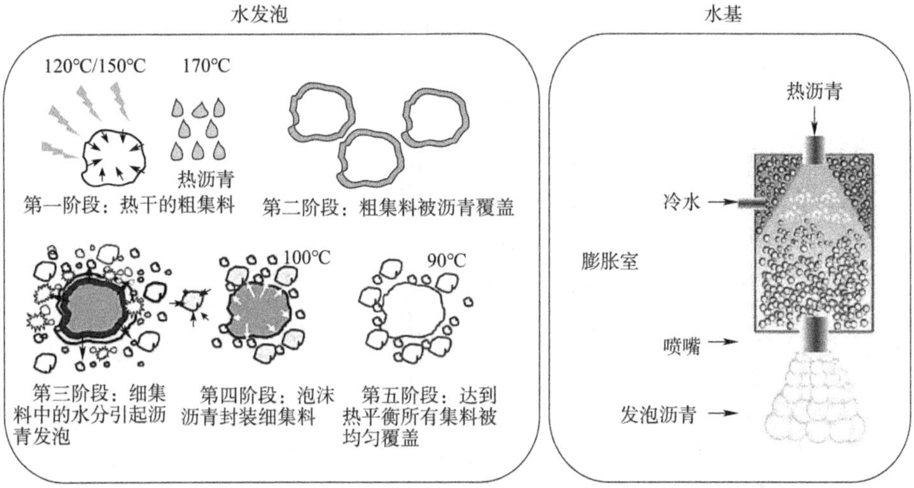

图 9-3 发泡降黏类温拌技术原理示意图

2)有机添加剂法

沥青的组成十分复杂,通常采用以下四组分定义其组成,包括饱和分、芳香分、胶质和沥青质。基于胶体理论,沥青的胶体结构是以沥青质为胶核,胶质被吸附在沥青质表面,逐渐向外扩散形成胶团,胶团分散于芳香分和饱和分中。有机降黏类温拌技术主要是使用有机材料作为温拌助剂,将其加入到沥青或沥青混合料中,在高温条件下掺入沥青中的温拌助剂溶解,通过调整沥青组成,降低沥青的黏度和混合料的拌和温度。有机降黏类温拌技术原理示意图如图 9-4 所示。

3)乳化沥青法 WMA(表面活性剂降黏技术)

表面活性类温拌技术,主要是指以乳化剂或表面活性剂(WB)为基础的温拌技术。该技术不仅可以通过改变沥青黏度来降低混合料的拌和温度,还可以在不影响沥青性能的前提下,实现较低拌和温度下沥青与集料之间黏附力的提升。乳化剂类温拌技术是采用乳化沥青替代普通热沥青与集料进行拌和,乳化沥青中的乳化剂可以提升沥青与集料间的黏附力;而且,乳化沥青中含有大量水分,遇到加热过的集料会迅速破乳形成水蒸气,从而进一步改善沥青混合料的和易性。表面活性剂类温拌技术是将表面活性剂的浓缩液直接加入到沥青混合料中进行拌和,表面活性剂可在混合料内部形成结构性水膜,该水膜在沥青混合料温度降低时,可以有效抵抗其黏度的降低,从而达到温拌效果。表面活性类温拌技术原理示意图如图9-5所示。

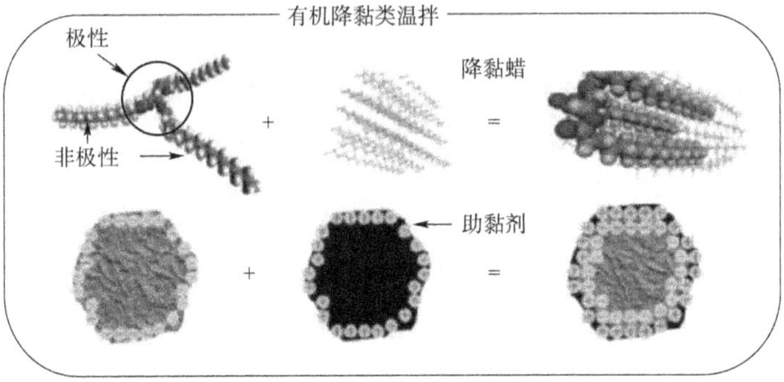

图9-4　有机降黏类温拌技术原理示意图

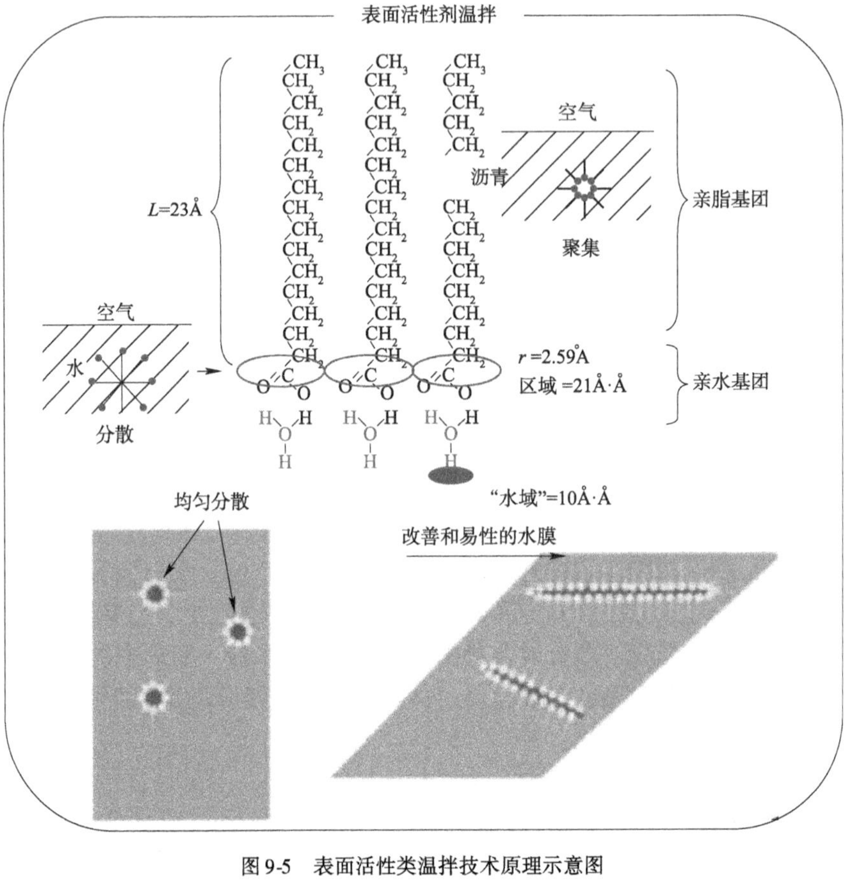

图9-5　表面活性类温拌技术原理示意图

目前温拌沥青技术已经多达20余种。根据文献资料整理,对主流温拌沥青技术名称、方法(添加剂)和公司进行总结,见表9-5。

主流温拌沥青技术 表 9-5

技术名称	方法(添加剂)	公司
Accu-Shear DualWarm Mix Additive System	发泡系统	Stansteel
Adesco/Mads en StaticInline Vortex Mixer	发泡系统	Adesco/Madsen
Advera	沸石	PQ Corporation
AQUABLACK	发泡系统	Maxam Equipment Company, Inc.
AquaFoam	发泡系统	Reliable Asphalt Products
Asphaltan-B	褐梅蜡	Romonta
Aspha-min	沸石	Eurovia
Cecabase RT	非指定的添加剂	Ceca
Double Barrel Green	发泡系统	Astec, Inc.
Evotherm ET	含有非指定的添加剂的乳液	—
Evotherm DAT	非指定的添加剂	Mead Westvaco
Evotherm 3G	非指定的添加剂	—
Licomint BS-100	脂肪酸衍生物	Clariant
Low Emission Asphalt	使用细湿集料与非指定的添加剂的连续裹覆	Mc Connaughay Technologies
Meeker Warm Mix Asphalt System	发泡系统	Meeker Equipment
RWMX	非指定的添加剂	Akzo Nobel
Sabobit	Fischer Tropsch 石蜡	Sabobit
Terex Warm Mix Asphalt	发泡系统	Terex Roadbuilding
Thipoave	添加硫黄并压缩	Shell
TLA-X	Trinidad	Lake Asphalt of Trinidad and Tobago
UGX	发泡系统	Gencor Industries, Inc.
WAMF	软沥青接硬泡沫沥青	Kolo Veidekke, Shell Bitumen

WMA 和 HMA 一样,按集料公称最大粒径、矿料级配、空隙率等进行分类。WMA 种类见表 9-6,沥青混合料面层类型见表 9-7。

WMA 种类 表 9-6

混合料类型	密级配			开级配		半开级配	公称最大粒径(mm)	最大粒径(mm)
	连续级配		间断级配	间断级配				
	沥青混凝土	沥青稳定碎石	沥青玛瑞脂碎石	排水式沥青磨耗层	排水式沥青碎石基层	沥青碎石		
特粗式	—	ATB-40	—	—	ATPB-40	—	37.5	53.0
粗粒式	—	ATB-30	—	—	ATPB-30	—	31.5	37.5
	AC-25	ATB-25	—	—	ATPB-25	—	26.5	31.5

续上表

混合料类型	密级配			开级配		半开级配	公称最大粒径（mm）	最大粒径（mm）
	连续级配		间断级配	间断级配		沥青碎石		
	沥青混凝土	沥青稳定碎石	沥青玛瑞脂碎石	排水式沥青磨耗层	排水式沥青碎石基层			
中粒式	AC-20	—	SMA-20	—	—	AM-20	19.0	26.5
	AC-16	—	SMA-16	OGFC-16	—	AM-16	16.0	19.0
细粒式	AC-13	—	SMA-13	OGFC-13	—	AM-13	13.2	16.0
	AC-10	—	SMA-10	OGFC-10	—	AM-10	9.5	13.2
砂粒式	AC-5	—	—	—	—	—	4.75	9.5
设计空隙率（%）	3～5	3～6	3～4	>18	>18	6～12	—	—

沥青混合料面层类型 表 9-7

筛孔系列	结构层次	城市快速路、主干路		次干路及以下道路	
		三层式沥青混凝土	两层式沥青混凝土	沥青混凝土	沥青碎石
方孔筛系列	上面层	AC-13/SMA-13 AC-16/SMA-16 AC-20/SMA-20	AC-13 AC-16 —	AC-5 AC-10 AC-13	AM-5 AM-10 —
	中面层	AC-20 AC-25	— —	— —	— —
	下面层	AC-25 AC-30	AC-20 AC-25 AC-30	AC-25 AC-30 AM-25 AM-30	AM-25 AM-30 AM-40

9.2.3 WMA 对环境的负荷

沥青路面建设可能带来土地占用、土壤污染、水体污染、噪声污染、气体排放、能耗过大等对环境不利的影响。由于路面建设过程中的环境影响范围比较广，而 WMA 量化分析的重点在于能耗与气体排放。

1）WMA 能耗分析

沥青路面施工过程包括原材料生产运输、混合料拌和、运输、摊铺、破压等环节。在各个环节的施工过程中，消耗的能源类型包括电力、煤炭、汽油、柴油、重油等。

感性上的认识：使用沥青混合料温拌技术可以有效降低施工温度，降低施工温度可以减少油耗和能源消耗，但是从沥青混合料全生命周期的角度对其进行分析，可以发现温拌技术的节能减排还存在一些争议。因此，对温拌沥青技术进行 LCA 也成为国内外研究的热点。在 HMA 生产能耗及碳排放的基础上，分析各种温拌沥青技术在原材料方面的能耗及碳排放。

由于温拌技术降低了沥青混合料的拌和温度，因此在混合料拌和环节具有明显的节能减排效果。国内外研究学者对各种温拌技术在沥青混合料生产环节的节能减排效益进行了分析，见表9-8。

温拌沥青技术节能减排效益评价 表9-8

温拌类型	工艺类	沸石添加剂	有机添加剂	化学添加剂	机械发泡
温拌技术	WAM Foam	Zeolite	Sasobit	Evotherm	Astec
降温效果(℃)	43~63	30	18~54	40~50	30
节能效果(%)	30~40	30	20	30~40	15
材料成本(元/t)	—	—	30000	150000	0

综合以上分析结果可以看出，各种温拌技术的降温效果为20~40℃，节约能耗为15%~30%。可以采用统一取值，在HWA的基础上降温20℃，在混合料拌和环节节约的能耗和减少的碳排放为20%。

LCA用于评估产品系统在其整个生命周期中的环境影响，包括原材料的提取和加工、制造、运输、利用、维护、回收和生命周期末期的最终处置。

根据常规HWA全生命周期分析，加上温拌剂的能源消耗和排放数据，对各种温拌技术的沥青混合料能耗和碳排放进行测算，评估各种温拌沥青技术的节能减排效益。WMA能耗及碳排放测算结果见表9-9。

WMA能耗及碳排放测算结果(单位:每t) 表9-9

温拌类型			化学添加剂	沸石添加剂	有机添加剂	机械发泡	热拌沥青
添加剂			Ceca base RT(法国)	Zeolite(德国)	Saso bit(德国)	发泡设备(德国维特根)	—
掺量			沥青质量的0.3%	混合料质量的0.3%	沥青质量的1.5%	水为沥青质量的3.0%	—
降低温度(℃)			30	30	30	30	—
节约拌和能耗(%)			20	20	20	20	—
原材料	沥青	能耗(MJ)	267.52	267.52	267.52	267.52	267.52
		碳当量(kg)	15.97	15.97	15.97	15.97	15.97
	集料	能耗(MJ)	30.25	30.25	30.25	30.25	30.25
		碳当量(kg)	2.31	2.31	2.31	2.31	2.31
	温拌剂	能耗(MJ)	11.73	79.35	40.51	0	0
		碳当量(kg)	0.64	5.33	2.21	0	0
混合料拌和		能耗(MJ)	267.99	267.99	267.99	267.99	334.99
		碳当量(kg)	22.25	22.25	22.25	22.25	27.81

沥青混合料生产过程中的主要耗能环节是材料的加热。沥青混合料主要由集料和基质沥青经过加热拌和得到。量化分析对比温拌沥青技术与传统热拌沥青技术在生产加工过程中的

能源消耗和二氧化碳排放情况，进一步评估沥青混合料的减排效果，若将沥青混合料生产环节分为集料加热和沥青加热两大环节，对比研究 HMA 与 WMA 能量消耗结果见表 9-10。

1tWMA 与 HMA 生产过程中能源消耗对比 表 9-10

混合料类型		集料生产过程能耗（kJ）	沥青加热过程（kJ）	总能耗（kJ）	综合节能比例（%）
温拌普通沥青混合料	能耗	113181	9783	122964	23.45
	比例	92.04	7.96	100.00	
热拌普通沥青混合料	能耗	148229	12419	160648	
	比例	92.27	7.73	100.00	
温拌改性沥青混合料	能耗	117005	13326	130331	29.22
	比例	89.78	10.22	100.00	
热拌改性沥青混合料	能耗	169327	14821	184148	
	比例	91.95	8.05	100.00	

WMA 和 HMA 路面的环境影响和资源消耗对比分析。通过路面 LCA 模型，对案例的影响类别进行评估，包括 GWP、中国非生物耗竭潜势（CADP）和可吸入颗粒物排放（PMF），其影响结果如图 9-6 ~ 图 9-8 所示。

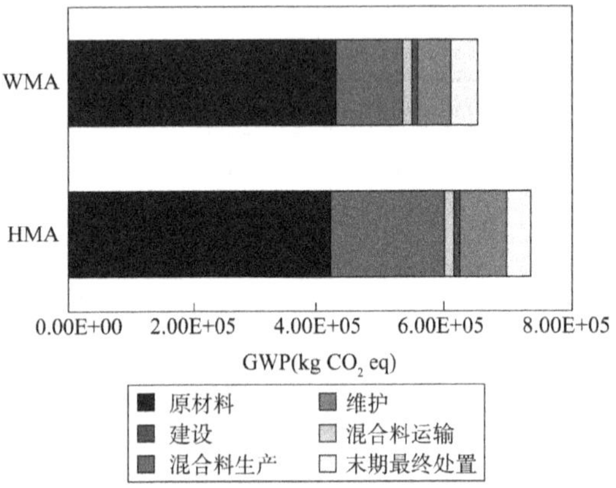

图 9-6 HMA 和 WMA 路面对 GWP 的影响

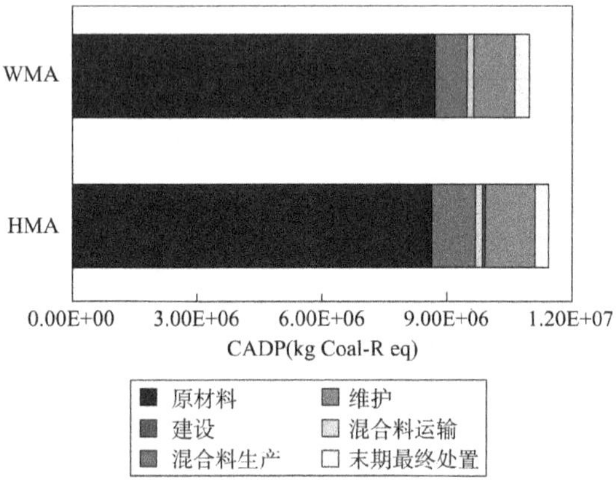

图 9-7 HMA 和 WMA 路面的 CADP 影响

通过测算分析得到结果如下：

（1）从全生命周期分析的角度考虑，采用不同的温拌沥青技术类型，沥青混合料的生产能耗及碳排放有所差异，在现有数据的基础上，沸石添加剂类型的温拌沥青技术能耗及碳排放较高，机械发泡类型的温拌技术能耗及碳排放较低。

（2）从全生命周期分析的角度考虑，与 HMA 相比，并非所有温拌沥青技术均具有节能减排效益。机械发泡温拌沥青技术的节能减排效益最显著，而采用添加剂的温拌沥青技术由于温拌剂的生产也需要能耗，导致混合料拌和环节的节能减排效益有所削弱，特别是沸石添加剂类 WMA，其全生命周期能耗甚至略高于 HMA。

（3）采用普通沥青作为生产原材料时，在生产建设前期加热阶段，温拌沥青技术与热拌沥青技术相比可以减少能源消耗23.45%,节约能耗效显著。采用改性沥青作为生产原材料时,温拌技术与热拌技术相比可以减少能源消耗29.22%。

(4)从全生命周期分析的角度考虑,WMA和HMA路面在全生命周期内的资源消耗几乎处于同一水平,而WMA路面与温室气体和可吸入颗粒物排放相关的环境影响显著低于HMA路面,但WMA路面的长期性能远不如HMA路面。最后,可以得出结论,WMA路面与HMA路面相比,虽然资源消耗水平相同,但更环保。

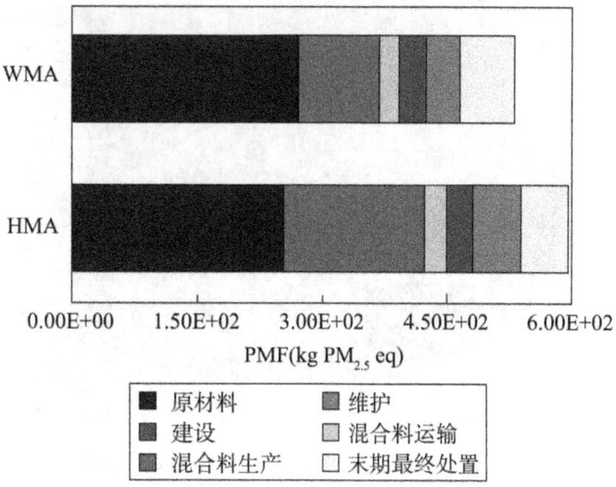

图9-8 HMA和WMA路面对PMF的影响

2)WMA气体排放分析

WMA在较低温度下生产,其生产能耗低、CO_2排放少,有利于环境保护。为研究WMA施工所产生的污染物,可将HMA和不同类型WMA铺筑于路面,收集施工过程中产生的有害物质,将施工现场检测和室内试验相结合。对总颗粒物(TPM)的排放、甲苯可溶物(TSM)、总挥发性有机化合物(TVOC)的总排放量进行量化分析。

(1)现场气体采集

6名承担不同任务的道路工人(2名摊铺机司机、1名压路机司机、3名通用挖掘机工人)配备个人安全措施,测量职业健康暴露风险。将固定取样装置安装在2台摊铺机上,空气取样位于摊铺机的顶部高度。为了确定路面活动的总排放量,在施工现场的背风面进行了额外的取样。利用示踪气体技术,在主要排放源(摊铺机和1台压路机)处,采用恒定的示踪气体剂。目标物质的总排放量计算为目标和示踪气体的比率乘以示踪气体的质量排放量。玻璃纤维过滤器和填充有不同树脂类型的吸附管的组合用于在3个固定测量点和个人取样器中收集污染物。TPM、TVOC和16种环境保护局-多环芳烃以2L/min的流速收集在薄膜过滤器和(或)吸附管上。TVOC累积在热解吸管上,为每个长度为170m的试验段收集单独的样品,这将取样间隔限制为40min。现场研究过程如图9-9~图9-12所示。

图9-9 隧道路面热拌铺筑时产生的白烟

图9-10 温拌工艺,隧道白烟有所缓和

图 9-11　拌和站及施工现场污染气体检测仪

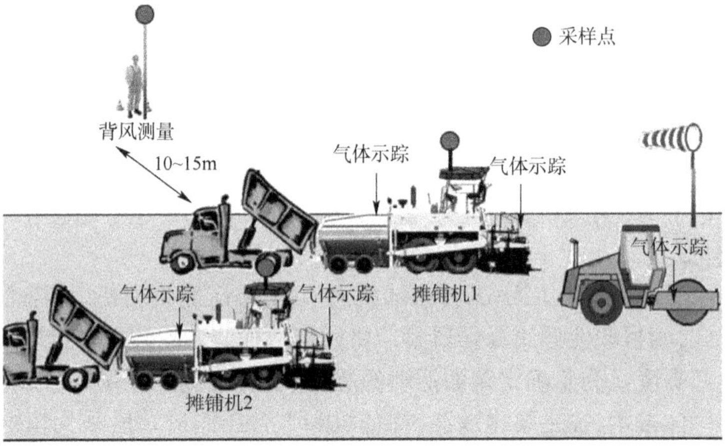

图 9-12　排放测量期间使用的示踪气体剂量和取样点示意图

(2)实验室研究

由于地形和气象条件不同,即使在规定施工条件下,现场取样的不同类型 WMA 排放数据的可比性也会受到限制。因此,对现场所取样品进行室内试验,确保研究的可靠性。首先在密闭容器中将样品加热 3h 至温度(90±2)℃,然后将样品转移至施工温度下的 150kg 沥青搅拌机中,5min 后开始取样进行室内试验。在这个预热阶段,部分排放物将会消失,正好模拟将沥青混合料从拌和厂运输到施工现场这一阶段。TPM、TVOC 的采样方法与现场采样一致。室内试验中使用火焰离子化检测器连续测量总有机碳含量,该检测器通过加热的聚四氟乙烯管(200℃)连接至沥青搅拌机。

将不同 WMA 材料(热拌沥青、表面活性剂、沸石温拌剂、泡沫沥青、泡沫沥青+50% RAP)进行对比。

①TPM 与 TSM 排放。

TPM 排放主要与沥青混合料温度有关,HMA 的 TPM 排放量为 5.2mg/m^3,4 种 WMA 的 TPM 排放量均为 0.3mg/m^{3}左右,前者是后者的 10 倍以上;不同 WMA 的 TPM 和 TSM 排放量相差不大;沥青混合料的最高温度与总有机碳量含量具有较好的相关性,温度越高,总有机碳量越高。TPM、TSM 检测结果见表 9-11、表 9-12。

TPM、TSM 检测结果(1)　　表 9-11

材料	沥青混合料最高温度(℃)	总有机碳量(10^{-6})	TPM(mg/m^3)	TSM(mg/m^3)
HMA	163	125	5.2	2.9
WB	128	50	0.3	0.4
WS	135	53	0.4	0.3
WF	112	33	<0.3	0.2
WFR	123	48	<0.3	0.3

注:HMA-热拌沥青混合料;WB-表面活性剂;WS-沸石温拌剂;WF-泡沫沥青;WFR-泡沫沥青 +50% RAP。

TPM、TSM 检测结果(2)　　表 9-12

材料	实验室	摊铺机 1	摊铺机 2	背风测量	总排放
HMA	57800	700	39	3010	119
WB	57000	369	36	1380	54
WS	47400	1050	386	837	41
WF	16800	1680	896	1570	41
WFR	23800	577	596	1340	22

②TVOC 排放。

实验室和现场实验中的 TVOC 浓度以 $\mu g/m^3$ 表示,总排放量以 g/min 表示。

TVOC 总排放量与施工温度具有明显的相关性。TVOC 排放量与施工温度的关系如图 9-13 所示。

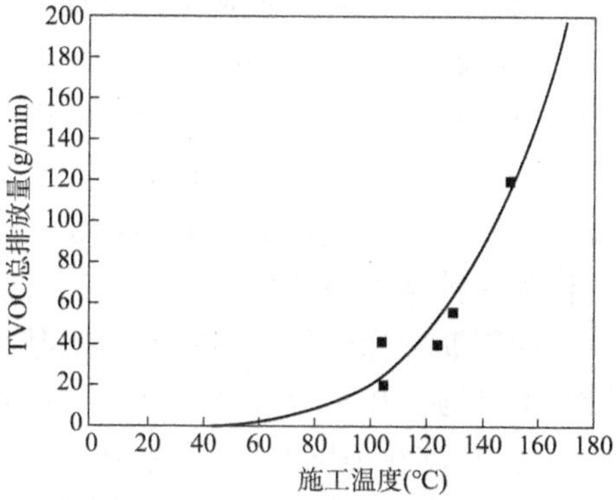

图 9-13　TVOC 排放量与施工温度的关系

温拌沥青气体排放研究分析得到:温拌沥青施工过程中的污染物排放量较低,低于有效的最大工作场所浓度值,与沥青材料无关,通常低于应用测量技术(TSM、TPM、PAH)的检测限值。原因部分在于测试场地短,取样时间短,样品气体体积小。在实验室实验时,实验条件正常化提高了灵敏度,导致温拌沥青更低的排放值。对于温拌沥青混合料施工的气体排放未来研究,提高所应用的取样、分析技术的灵敏度将是十分重要的。现场施工期间的 TVOC 浓度与室内空气相当,因为实验室实验中污染物排放也很低,室外排放被环境空气显著稀释。考虑到使用示踪气体技术稀释污染物,WMA 建设期间的 TVOC 排放量(总排放量)比

HMA 降低 25% ~50%。

多环芳烃的排放不受温度的影响,都低于或接近检测极限。低排放水平可以通过沥青混合料中的低多环芳烃含量来解释。在实验室预热沥青混合料的试验之前,分析灵敏度不足或污染物损失可能会影响实验结果。研究表明,降低施工温度是减少污染物排放的有效措施。WMA 的沥青混合料浓度降低 10%,TVOC 的排放量比 HMA 的排放量低。关于不同的 WMA 类型,在有害排放方面没有观察到显著差异。

9.3 橡胶沥青路面技术

9.3.1 概述

对于一个国家来说,随着其经济的发展,整个社会对于道路的需求也在不断上升。这个需求分为两个方面:一方面是对道路网络更加广布更加细致的需求,另一方面是对道路性能更高的需求。此外,经济的发展也使人们产生了更多出行的需求,人均汽车的持有量不断上升,重型货车的增多也使得道路性能的退化速度加快,同时汽车数量的增加让轮胎的生产和废弃速度上升,社会对于废弃轮胎的处理需求也在不断上升。

在过去的 60 年,上述这些情况导致了不同沥青技术的发展,其中一些研究工作涉及使用添加剂来改善沥青混合料的性能。使用添加剂的想法,使得废汽车和卡车轮胎产生的废橡胶碎屑被用作铺路材料的原材料。因为也有助于减少报废轮胎的不当处置,在这段时间内,道路工业界和研究界越来越重视轮胎回收,这种应运而生的沥青混合料类型就是橡胶沥青。

顾名思义,橡胶沥青就是使用经过处理后的橡胶作为改性剂,添加到基质沥青中,在一定温度下拌和形成的沥青混合料。橡胶沥青在国内外的发展过程差异很大。早在 1860 年就有将天然橡胶引入沥青的做法了,早期将橡胶引入沥青的做法也并不是为了环保,而是希望橡胶能够作为添加剂改善沥青混合料的黏弹性,增强路面的使用性能。橡胶沥青的正式提出是 20 世纪 60 年代由美国道路工程师查尔斯·麦克唐纳(Charles McDonald)发明,他所使用的技术称为湿法技术,他将橡胶沥青作为一种路面修补材料,1968 年美国亚利桑那州运输部(ADOT)放置了第一个应力吸收膜,一种使用沥青橡胶黏合剂的表面处理。干法技术的提出是 19 世纪 60 年代末期在瑞典发展起来的,19 世纪 80 年代混合设计得到改进并被正式确立。橡胶沥青在国外已经有超过 50 年的应用历史,其在美国的德州、加州、亚利桑那州和佛州等地区已经成为主要的应用道路材料,在其他国家(如巴西、澳大利亚、法国、葡萄牙等)也广泛应用。在亚洲地区,日本、韩国等国家率先应用了橡胶沥青材料;我国在 20 世纪 80 年代也开始在实验室中研究橡胶沥青材料,但是受限于机械设备、实际需求、工程技术水平等因素,橡胶沥青并没有得到广泛应用。直到 2003 年开始才向国外引进先进机械设备;2004 年 10 月第一条橡胶沥青试验路面在北京开铺,由此拉开了我国应用橡胶沥青的序幕。经过两年的推广和宣传,各行业也开始广泛接受橡胶沥青这种材料,并从 2005 年开始各地区开始大量铺筑橡胶沥青路面,到如今我国的橡胶沥青应用也近 20 年。

橡胶沥青能够得到广泛应用的主要原因是其性能优异,并且原料广泛廉价,可以从以下方面分析:

(1)橡胶沥青具有十分优秀的低温性能,从弯曲梁流变试验结果来看,橡胶沥青的低温模量相比于基质沥青而言降低了接近一半。在结冰严重的高寒地区,橡胶沥青材料还能应用于自动除冰路面。直接拉伸试验结果表示,橡胶沥青材料的变形能力高出基质沥青7倍,高出SBS改性沥青材料近1倍。

(2)具有较强的高温稳定性能。其原理是橡胶粉的加入能够提高沥青材料的黏度,从而增加沥青混合料的高温稳定性,动态剪切蠕变仪(SHRP)的高温分级结果显示,橡胶沥青(76℃)、SBS改性沥青(70℃)、基质沥青(64℃)。

(3)具有突出的抗老化性能。在橡胶制作过程中,本身会添加很多抗老化剂,如变价金属抑制剂、抗氧化剂、热稳定剂、紫外线吸收剂以及抗光吸收的炭黑填充剂等。因此,在沥青中加入橡胶即有加入部分抗老化剂的作用,其抗老化性能较为优异。

(4)具有较好的抗大变形能力和疲劳能力。由于橡胶本身就具有较为优异的抗变形能力和弹性,因此当其加入沥青后,沥青的部分变形应力将会被橡胶材料吸收,而橡胶的弹性则在吸收应力之后又会将其释放,恢复原形,起到抗疲劳和大变形的作用。

(5)橡胶能提升沥青材料的水稳定性。橡胶材料与沥青材料的胶结性能良好,能够形成更加厚实的胶结料膜,提高路面的水稳定性。

(6)橡胶沥青路面具有很好的吸音减振性能。橡胶本身所具有的弹性和吸音特性,也能够很好地帮助沥青路面吸音减振。

综上所述,橡胶沥青是一种性能优异、价格低廉且能回收废弃材料的沥青类型,已有很长时间的发展和应用历史,其使用性能和经济效益能够经受时间的考验。虽然橡胶沥青在我国国内的应用时间还不到20年,但正因如此我国仍然具有较大的橡胶沥青的应用市场和潜力。在我国经济飞速发展的今天,人均持车量不断上升,对于废弃轮胎的处理急需新的方式,而橡胶沥青则能提供大量废弃轮胎的应用使用场所,目前为止橡胶沥青可以说是SBS沥青的最大竞争对手。

9.3.2 橡胶沥青的材料组成及施工工艺

橡胶沥青发展至今主要使用三种工艺,即湿法、干法、最终混合法。每种施工工艺都对沥青和橡胶之间的交互作用有影响,也对路面的使用性能有影响,同时对橡胶和施工步骤的要求也不同,本节侧重介绍这三种施工工艺的特点、要求和优缺点。

1)湿法

湿法工艺于19世纪60年代由道路工程师唐纳德所提出,之后逐渐被各地采用。最常见的湿法工艺就是使橡胶与沥青在现场罐车中以190~218℃混合45~60min,但也有其他文献指出这种相互作用过程会持续大约4h。除此之外,也有人使用了一种新型的湿法,被称为半湿法,该方法由Chavez Macobal和Gallego发明,其中橡胶碎屑在作为普通成分添加到沥青混合工艺之前,要经历一段预处理和消化期。

对湿法工艺所使用的材料来说,橡胶颗粒的粒径一般平均在0.56mm左右,但最大可以达到2mm,使用的沥青通常被限制为50/70号沥青,级配一般是间隙级配。拌和温度越高则越有利于橡胶材料和沥青材料之间的相互反应;当温度达到210℃,拌合物的峰值黏度和最佳拌和时间都会下降。但这种常用的热拌法能量消耗较高,并且会产生较多的废气不利于环境。因此,现在也有不少人将温拌沥青技术应用于橡胶沥青路面,通过向拌合物中添加表面活性剂或有机蜡可以降低在拌和时的温度,一般可以降低20~30℃。

使用湿法工艺的橡胶沥青路面在路面性能方面也有不错的表现:在水稳定性能力方面,有学者收集了多项橡胶沥青路面项目的使用情况,发现使用湿法工艺的橡胶沥青路面水稳定性较不添加橡胶的沥青路面来说一般会高一些,使用橡胶颗粒的沥青马歇尔试件饱水强度也要比不使用的试件强一些;在高温稳定性和抗车辙能力方面,湿法橡胶沥青也比纯沥青的表现好;从抗疲劳性能来说,湿法橡胶沥青材料的抗疲劳能力和疲劳寿命都比不添加橡胶的沥青材料好很多,这可能是由于湿法橡胶路面的空隙率和较高的黏结剂使用量有关,裂缝通常在间断级配的湿法橡胶沥青路面内扩展需要较长时间;从低温性能来看,湿法橡胶沥青材料的抗低温裂缝能力也较强。

2)干法

干法的施工工艺大体上和湿法相同,并且同样常用间断级配。湿法是将橡胶颗粒直接先和沥青拌和,然后再拌和成混合料。干法是先将橡胶颗粒与集料混合,然后再向其中添加沥青拌和。通常来讲,干法所用的橡胶颗粒其粒径要比湿法所用的橡胶颗粒粒径大,一般可以达到1.6~6.4mm,不过由于橡胶颗粒大,并且是先加入集料中,所以其吸油较多,体积膨胀大,导致难以压实。干法使用的橡胶量要明显大于湿法,因此干法能够更好、更快地消耗废弃橡胶,并且在干法使用过程中,橡胶颗粒是作为集料加入的,这就导致干法工艺中橡胶颗粒对沥青的改性作用不如湿法明显,但是湿法所使用的拌和设备需要改装,而干法简单快捷,两者相比起来各有优势。

在干法的路用性能方面,已有的研究表明,干法在各项指标上均优于普通的沥青混合料;在高温稳定性方面,干法橡胶沥青混合料能够达到和湿法同一水平,高于普通沥青混合料,但可能不如传统改性后的改性沥青混合料;在抗疲劳和抗裂缝性能方面,干法混合料路面呈现出和湿法相同的趋势,并且寿命较长,在夏季高温期间出现的反射裂缝明显少于普通沥青混凝土路面;在抗永久变形能力方面,干法的寿命也更长(至少2.5倍)。如果和湿法相对比的话,使用干法的橡胶沥青混合料在高温下比湿法橡胶沥青混合料具有更高的刚度,也更有效。

3)最终混合法

最终混合法是于20世纪80年代左右在美国兴起的,与前两种施工工艺最大的区别在于现场所使用的专用设备和橡胶的添加量。

一般将废旧橡胶运送到炼油厂然后直接掺入沥青,通过长时间加热,使其作为成品直接运送到所需地点。由于共混工艺,这种共混物具有较长的储存寿命,其制造和使用过程类似于传统的改性沥青。与湿法相比,最终混合法省去了现场的混合设备,由炼油厂直接运送到施工地点,并且在运输过程中橡胶颗粒与沥青充分混合反应,成品既能够用于各种级配又能用于路面的养护措施。按照一般经验来看,在最终混合法中橡胶粉的添加量一般在10%及以下,也有达到15%~20%含量的情况,橡胶颗粒的粒径一般最大为0.6mm。

就最终混合法的路用性能而言,已有实验室和工程案例表示;就抗车辙能力而言,最终混合法要差于湿法和干法,但是其抗疲劳抗反射裂缝和抗老化的性能依旧要高于普通沥青混合料。目前最终混合法的研究主要侧重于和其他材料相互混合,由于最终混合法的流程和传统改性沥青相似,因此经常将传统的改性材料(如SBS)或者RAP等物质添加进去,以改善其性能。实验证明,经过改性后的橡胶沥青混合料性能均要优于湿法和干法所生产的橡胶沥青混合料。

上述三种工艺就是目前最常用的几种橡胶沥青混合料的生产工艺,总体来讲每种工艺的侧重点不同,各有优劣,应根据不同的需求和情况选择使用。

9.3.3 橡胶沥青混合料的环境负荷

橡胶沥青能够回收大量的废弃橡胶,变废为宝,为环境保护作出贡献。但橡胶沥青混凝土对环境的影响涉及地下水、气体排放、噪声、能量消耗、资源再生、使用寿命等方面。

1)地下水

1976 年,Mainprize 等发现多种苯并噻唑存在于某些橡胶添加剂的工业废水中,特别是苯并噻唑本身(BTH)、2-羟基苯并噻唑(BTOH)、2-巯基苯并噻唑(MBT)和苯并噻唑-2-磺酸(BT-SA)。1997 年,Reddy 和 Quinn 发现苯并噻唑、2-羟基苯并噻唑和 2-(4-吗啉代)苯并噻唑是从含有 1% ~3% 橡胶的橡胶和沥青中滤出的主要有机化合物。这引起了人们对于橡胶沥青路面对地下水污染问题的担忧。有研究者开始研究橡胶沥青路面的渗水和普通沥青路面渗水有毒成分的分析,并对其做了浓度和毒性试验。该文献采用了分批浸出试验、光降解试验、土壤吸附实验、挥发试验、毒性测试、生物降解试验等。

(1)在分批浸出实验中,研究者测定了浸出液中的金属成分和有毒化学物质,结果发现 13 种元素(钒、锌、砷、钡、镍、钴、铁、铬、铜、锑、铅、镉和硒)低于检出限,而汞和铝的浓度高于预期。对铝和汞元素进行溯源,发现汞元素主要来自沥青,而铝元素主要来自某种集料。同时,在滤液中发现了明显浓度较高的苯并噻唑,这种有毒物质将在后续实验中继续进行毒性测试。毒性测试显示,浸出液的毒性随时间增加而增加在 24h 后对藻类呈现高度毒性,对水藻呈现中度毒性。在后续进一步的研究中,研究者发现铝离子、汞离子、苯并噻唑的浓度和毒性有很好的相关性,随着化学物质的逐步释放,有毒物质含量增加毒性也随之提高,但是具体毒性的体现可能是几种有毒物质的叠加也可能是相互作用。

(2)在光降解实验中,研究者发现 7d 试验后苯并噻唑的浓度几乎不变,这与苯并噻唑对波长高于 290 nm 的太阳光吸收能力很弱相符合,因此在试验后浸出液所呈现出的毒性与实验前基本持平。

(3)在土壤吸附实验中,研究者将进行两种土壤吸附作用后的浸出液进行检测,发现两者均对试验株解除毒性,苯并噻唑和汞含量均显著下降。

(4)在挥发实验中,研究者发现苯并噻唑呈明显挥发性,其半衰期约为 1d,在挥发之后浸出液毒性显著下降。

(5)在生物降解实验中,研究者观察到通过 12h 生物降解后浸出液毒性被基本去除,又通过将另一组浸出液中的铝和汞离子沉淀去除,发现苯并噻唑浓度基本没有下降,而此时毒性并不明显,由此可知,浸出液中的毒性应该为各种有毒物质的相互作用,单纯地去除其中的一种或几种有毒物质即可大幅降低毒性。

综上所述,在实际工程情况下,橡胶沥青路面会产生有毒有害的浸出液,其主要成分为汞离子、铝离子和苯并噻唑等,但该溶液的毒性在经过挥发和土壤吸附及生物降解后能够基本去除,因此对地下水的污染并不明显,溶液中的有毒有害物质并不会被转移至地下水中;相反若将废弃橡胶弃置于一地,则会在局部地区产生过多有害成分,超过土壤降解速度产生明显危害,橡胶沥青的使用减少了这种情况的发生,有利于环境保护和废物利用。

2)气体排放

橡胶沥青一般采用热拌法,并且需要更高的混合温度和压实温度(比常规沥青高 15 ~

20℃)，在此过程中会增加温室气体排放以及烟雾、气味和挥发性有机化合物的产生，如苯、甲苯、乙苯、二甲苯和硫化合物等。此外，其他调查报告称，橡胶沥青混合料不仅因生产温度高而增加了有害气体的排放量，而且橡胶材料本身也可能在高温下释放出其他气体。

对橡胶沥青混合料热拌法释放的气体进行分析发现，温度是化合物排放的重要因素。正如预期的那样，显著提高温度会使化合物的排放激增，这可能是因为更高的温度会导致更高的分子运动，从而导致更多的化合物排出。但有研究发现，在各组中随着温度升高，各气体的排放量均上升，而随着橡胶含量的升高，部分气体排放变多，而部分气体则反而下降，因此并不能一定说橡胶含量的升高就会导致有毒气体量的增加，但其确实会导致部分气体的排放增多。原因可能是因为橡胶颗粒会吸收沥青组分中的轻质组分，而使得这些易于挥发的组分的挥发难度增加，而橡胶本身也会在高温下释放某些气体，所以产生了这种趋势。

据报道，处理沥青材料产生的排放物会对工人的健康造成一些不利影响，如眼睛、鼻子和喉咙发炎。根据 Burr 等进行的研究，这些症状在接触沥青橡胶的人中比在接触常规沥青的人中更常见，这种影响主要与 TPM 浓度有关。Seo 等提到了一种与咳嗽有关的橡胶材料的主要排放物苯并噻唑，可导致酶从沥青排放物中代谢某些物质。研究结果表明，工人接触橡胶沥青比接触常规沥青混合料更具潜在危害。

根据上述研究，可以确认的是橡胶沥青混合料的一般热拌法过程中确实会造成更多的有毒气体和温室气体排放，相比于一般的传统沥青混合料热拌过程会更多地污染环境。但现在的工程已经将温拌沥青技术与其融合，使得其拌和温度下降 20℃左右，有效地减少了污染气体排放，相比于传统沥青路面并没有明显的污染增加，并且随着无烟除臭橡胶沥青的研究，其他排放相关的环境污染得以进一步抑制，对环境具有显著的积极作用。

3)噪声

一般而言，学界普遍认为，橡胶沥青对降低噪声效果显著。研究表明，由于橡胶材料而降低的噪声分贝为 2 ~ 10dB。然而，轮胎和路面相互作用产生的噪声是复杂原因相互作用的结果，涉及路面状况、轮胎老化和交通特性。从这个意义上说，由橡胶沥青组成的表面层存在并不是噪声降低的唯一因素，但橡胶沥青能够降低噪声，保护环境是毋庸置疑且有效的，其降噪机理：橡胶材料是分子量大于 10000 的高分子聚合物，当声波在橡胶中传播时具有高黏弹性和阻尼性能，声波可以引起大分子链的热运动，反过来也可以衰减入射声波。

橡胶传播中声波的能量损失有三种方式：

(1)分子弛豫吸收。当声波在介质中传播时，声波的传播周期和介质分子的振动不同步，并且相应产生的几个周期差是由声能的损失引起的。

(2)热传导吸收。由于介质密度不同，介质温度之间存在温度梯度，导致相邻颗粒之间的热交换，随着机械能的消耗，声波不断地转换成热量，这一过程主要发生在介质的界面。

(3)黏滞吸收。声波在介质中传播，已经发现纯橡胶材料的吸声系数在 100 ~ 5500Hz 内小于 0.2，且已知纯橡胶材料的吸声性能不好，需要改进橡胶材料的组成或结构以增强其吸声性能。

就橡胶沥青路面而言，其路面材料中的橡胶颗粒、沥青属于优良的阻尼材料，因而路面的减振降噪性能良好。通过阻尼措施降低噪声的关键是降低结构的振动强度。当汽车轮胎振动时，振动能量传递到路面结构中的阻尼材料，引起阻尼材料内部的相互位移和摩擦。由于阻尼材料的内部摩擦和内部损失,汽车轮胎的大部分振动能量被转换成热能耗散。车体和轮胎的振动减弱,振动时间减少,实现了减振和降噪的目标。具有橡胶颗粒的路面在轮胎负载的作用下将经历更多变形。在变形过程中,一部分振动能量会被存储在橡胶分子链中,另一部分振动能量则因沥青分子的内摩擦而损耗掉。当车轮负荷消失时,路面会反弹,从而释放并消耗存储的能量。

4)能量消耗

在拌和摊铺阶段,由于拌和与摊铺温度较高,橡胶沥青路面的铺筑一般消耗的能量较多,但是温拌技术的应用能够降低拌和和摊铺温度,节省大量能源,同时考虑到橡胶沥青路面的使用寿命,其之后的维修消耗能量较少,生命周期长也使得其能量消耗在整个使用周期内较普通热拌沥青路面低。有研究表明,由于原材料消耗的减少和使用寿命的延长,橡胶沥青的应用总体上有利于节能。并且有不少研究者对具体项目的耗能进行详细评估,得到了很多数据,大部分数据均表示使用橡胶沥青较普通热拌沥青耗能低。

综上所述,合理使用橡胶沥青路面能节省很多能量,从而达到环保的目的。

5)资源再生

橡胶是当代工业社会使用量十分巨大的一种产品,但是对其废弃产品的处理依旧是个问题。废弃橡胶也被称为黑色垃圾,部分废弃橡胶被用作燃料,部分废弃橡胶被回收再生利用,但即便如此每年仍然有大量的废弃橡胶无法处置。随着我国经济建设的发展,人民生活水平的提高,汽车保有量逐年增加,越来越多的废旧轮胎堆积形成的"黑色污染"已成为一个严峻的环境问题。我国将成为轮胎第一生产大国,废旧轮胎的产生量将居世界第一位。如此大规模的废旧轮胎将带来巨大的环境问题。大量堆积的废旧轮胎不仅会恶化环境、破坏植被,经过日晒雨淋,极易滋生蚊蝇,传播疾病,影响人类健康,还容易自燃而引发火灾,释放大量的苯、丁二烯、CO 等有毒气体和粉尘,并且向地表径流系统释放大量的油类物质。此外,掩埋处理废旧轮胎费用昂贵,占用大量土地,容易造成土地资源和成本浪费。因此,无害化、资源化地充分利用这些废旧轮胎,消除"黑色污染"已经迫在眉睫。橡胶沥青路面的出现很好地缓解了这个问题,由于道路工程的长期性和工程规模的庞大性,需要大量的废弃橡胶,并且道路的维修也会在之后产生持续的废弃橡胶需求,有效地解决了废弃橡胶的处置问题。

6)使用寿命

橡胶沥青路面具有价格低廉、使用寿命长、性能优良的特点,橡胶沥青路面寿命是普通沥青路面的 2 倍,在整个使用周期内能够节省成本 65% 左右。

以全生命周期来评判普通沥青混合料和橡胶沥青混合料对环境的影响,评价指标分为能源消耗和温室气体排放:

对于普通 HMA 在全生命周期内的气体排放和能耗的估算见表 9-13 ~ 表 9-16。

原材料生产能耗及温室气体排放 表 9-13

沥青类型	能耗(MJ/t)	温室气体(kg/t)
基质沥青	2830.76	189.12
SBS 改性沥青	5412.22	323.04
集料	31.99	2.38E-3

30t 重型柴油货车运输能耗及温室气体排放　　表 9-14

运输方式	能耗[MJ/(t·km)]	温室气体[kg/(t·km)]
30t 重型柴油货车	0.804	0.075

典型类型沥青混合料拌和能耗及排放　　表 9-15

混合料类型	AC-13/AC-20	AC-25	SMA-13
代表油石比(%)	5.2/4.8	4.4	6.0
能耗(MJ/t)	334.99	307.80	336.67
温室气体(kg/t)	27.81	25.70	28.26

典型沥青路面施工期能耗及温室气体排放　　表 9-16

典型沥青路面类型	AC-13	AC-20	AC-25	SMA-13
能耗(MJ/t)	15.97	14.80	7.97	18.29
温室气体(kg/t)	267.52	247.89	119.30	306.35

而对于橡胶沥青混凝土全生命周期内相关指标的总预估见表 9-17。

橡胶沥青混凝土全生命周期能耗及排放　　表 9-17

<table>
<tr><td colspan="2" rowspan="2">混合料拌和</td><td>能耗(MJ/t)</td><td>370.34</td><td>353.50</td><td>336.67</td><td>336.67</td></tr>
<tr><td>温室气体(kg/t)</td><td>31.09</td><td>29.67</td><td>28.26</td><td>28.26</td></tr>
<tr><td colspan="2" rowspan="2">混合料运输
(20km)</td><td>能耗(MJ/t)</td><td colspan="4">16.08</td></tr>
<tr><td>温室气体(kg/t)</td><td colspan="4">1.50</td></tr>
<tr><td rowspan="4">施工</td><td rowspan="2">摊铺</td><td>能耗(MJ/t)</td><td colspan="4">15.86</td></tr>
<tr><td>温室气体(kg/t)</td><td colspan="4">1.18</td></tr>
<tr><td rowspan="2">碾压</td><td>能耗(MJ/t)</td><td colspan="4">18.60</td></tr>
<tr><td>温室气体(kg/t)</td><td colspan="4">1.38</td></tr>
<tr><td colspan="2" rowspan="3">合计</td><td>能耗(MJ/t)</td><td>710.51</td><td>663.56</td><td>663.97</td><td>768.6</td></tr>
<tr><td>温室气体(kg/t)</td><td>65.58</td><td>61.18</td><td>62</td><td>56.92</td></tr>
<tr><td>废弃物利用(kg/t)</td><td>19.05</td><td>16.43</td><td>15.43</td><td>—</td></tr>
</table>

根据测算结果可知：

(1)橡胶沥青混合料具有显著的节能效益，尤其是成品湿法和干法橡胶沥青。与改性沥青 SMA-13 混合料相比，节能比例达到 13.6% 左右，而现场湿法橡胶沥青混合料节能比例为 7.6% 左右。

(2)从全生命周期角度来看，橡胶沥青混合料在温室气体排放方面并无优势，温室气体排放较改性沥青 SMA-13 混合料高。

综上所述，从资源再生的角度来看，橡胶沥青路面是十分有利于环境保护的，关键在于其能够使废弃物再利用，产生庞大的废弃物需求，将其转化为优质的公共产品。

橡胶沥青道路作为一种已经在世界范围内应用成熟的道路类型，在我国国内的应用时间还不到20年,我国仍旧存在庞大的橡胶沥青道路的应用空间。同时,这种道路类型不仅拥有比传统沥青道路更优良的道路使用性能和使用寿命,还顺应了绿色环保的时代潮流,能够起到回收大量废弃橡胶、吸声减噪、节省能量的作用。因此,应该进一步推进橡胶沥青路面与其他技术相结合,如温拌沥青技术,通过添加有机蜡和表面活性剂来降低橡胶沥青的拌和温度,达到环保节能的目的;将橡胶沥青路面与再生沥青技术相结合,使得橡胶沥青路面能够拥有同时回收两种废弃产物的功能。

9.4 高性能混凝土路面技术

9.4.1 概述

水泥混凝土作为最大宗人造材料,其资源、能源与环境问题十分突出。生产1t熟料水泥的同时,几乎排放出等量的CO_2,且常规混凝土采用的大量集料对山林景观与江河航道破坏很大,加上废料废水、能耗料耗等,常规混凝土与波特兰水泥的生产,随着产量猛增必将对全人类造成更大的危害,必须及早解决,否则将成为不可持续发展的材料。尤其在中国,人口众多,水泥混凝土的需求量特大,但资源并不丰裕,环境问题也十分突出。为解决这些问题,混凝土的生产及施工技术必须从原始落后的,以消耗大量资源、能源为代价的粗放生产经营方式,向大量节约资源、能源,减轻地球环境负荷及维护生态平衡的具有最新、最高技术水平的生产经营方式发展。

1990年5月,国家标准与技术研究院(NIST)与美国混凝土协会(ACI)召开会议,首次提出HPC,立即受到全世界关注,被称为“21世纪混凝土”。各国根据要求不同,对HPC认识还不大统一,但重视耐久性是大势所趋。

美国NIST(美国标准与技术研究院)与ACI(美国混凝土学会)认为HPC是用优质水泥、集料、水和活性细掺料与高效外加剂制成的,同时具有优良耐久性、工作性和强度的匀质混凝土。

欧洲重视强度与耐久性,常与高强混凝土(HSC)并提,法国与加拿大正研究开发超高性能混凝土(UHPC),北欧则在开发高强半轻高性能混凝土。

日本更重视工作性与耐久性,认为有足够强度即可。

吴中伟院士提出,HPC是一种新型高技术混凝土,是在大幅度提高常规混凝土性能的基础上,采用现代混凝土技术,选用优质原料,在妥善的质量管理条件下所制成的,除水泥、集料、水以外,必须采用低水胶比,掺入足够的细掺料与高效外加剂。HPC应同时保证下列诸性能:耐久性、工作性、各种力学性能、适用性、体积稳定性与经济合理性。

《高性能混凝土应用技术规程》(CECS 207—2006)中对HPC的定义:采用常规材料和工艺生产,具有混凝土结构所要求各项力学性能,具有高耐久性、高工作性和高体积稳定性的混凝土。

混凝土达到高性能最重要的技术手段是使用新型高效减水剂和矿物质超细粉。前者能降低混凝土的水灰比、增大坍落度和控制坍落度损失,即赋予混凝土高的密实度和优异的施工性能;后者填充胶凝材料的空隙,参与胶凝材料的水化反应,提高混凝土的密实度,改善混凝土的界面结构,提高混凝土的耐久性与强度。

HPC其设计特点以低水胶比、选用优质原材料且掺加高性能减水剂和矿物外掺料配制而成。其中,矿物外掺料目前主要有硅灰(灰黑)、磨细矿渣、沸石粉、粉煤灰等。粉煤灰混凝土作为最常见的HPC,具有三项比较公认的基本效应,即形态效应、火山灰效应和微集料效应。粉煤灰混凝土与基准混凝土相比,从拌制、施工到硬化整个过程都发生了很大变化。其优异的性能使粉煤灰混凝土成为优质HPC,大大提高了新拌混凝土的工作性,即流动性、黏聚性、保水性,显著降低了混凝硬化阶段的水化热,提高了混凝土强度,特别是后期强度,提高了混凝土的抗渗性、抗侵蚀性、耐磨性等耐久性。例如,美国佛罗里达州的一座跨海大桥,在该桥的建设过程中,考虑到周围的侵蚀环境,在混凝土中掺加了大量粉煤灰,使工程质量有了很大改善。1983年进行规范修订时,新规范规定在中度以上侵蚀环境中的桥梁上部结构,包括预应力混凝土构件,必须掺用粉煤灰,其中大体积混凝土中粉煤灰的掺量为18%~50%;加拿大联盟大桥粉煤灰掺量为9.4%,并掺有6.7%的硅灰;美国得克萨斯所采用的HPC桥面板及预应力混凝土底板,其中粉煤灰的取代量为的28%~32%。我国对粉煤灰在工程中的掺量一直受到严格限制,从而制约了粉煤灰在工程中的应用。另外,一些习惯性认识同样制约着粉煤灰在混凝土工程中的应用,认为掺加粉煤灰的混凝土,其性能会有所折减,因此使用起来总是存在顾虑。直到进入20世纪90年代后,我国的混凝土工程技术才跨出了一大步。其中,C60混凝土已在一大批有影响的标志性工程中获得应用,C80泵送混凝土也开始用于工程实践中。

混凝土外加剂进入了第三代水平,利用外加剂对混凝土进行改性,以适应各种特殊施工的技术要求,已被广大从事混凝土工程的技术人员掌握。大体积混凝土施工技术水平达到国际先进水平,粉煤灰的利用率达到104%,这在世界上是罕见的。高钙粉煤灰应用技术也达到国际水平,矿渣微粉作为混凝土的掺合料,不但用于工程实践,而且多项技术指标已达到了国际先进水平。轻集料混凝土、纤维增强混凝土、聚合物混凝土等特种混凝土的科研和应用技术也有很大的进展,GHPC的技术开发工作已受到了各方面的关注。

随着社会经济技术的发展,大量混凝土基础设施工程迫切需要彻底维修和更新,由此带来了众多的社会、经济和环境问题。应用HPC来满足其综合特性及其功能,满足工程的易于浇筑、捣实而不离析、能够长期保持的力学性能、高早期强度、高韧性、体积稳定、在严酷环境下使用寿命长等性能。而发展GHPC正是充分利用各种工业废弃物,大力发展复合胶凝材料,最大可能地降低硅酸盐水泥的用量,在混凝土工程技术上走可持续发展道路。

9.4.2 绿色高性能混凝土

人类的生存与发展,只能在地球这个巨大生态系统的承载力(如环境、资源、能源、物种等)范围之内。人类的繁衍与活动不能超越生态系统有限的调节能力,随着近几十年的人口爆炸,生产发达,地球承受的负担剧增,尤以资源枯竭、环境破坏、物种灭绝最为严重,人类生存与发展受到了极大的威胁,因此绿色事业受到普遍关注。

混凝土尽管是一种相对节能的建筑工程材料,但随着世界水泥年产量和混凝土浇筑量的不断增加,其对资源、能源和环境所产生的影响是非常惊人的。据估算,生产1t水泥熟料所排放的CO_2约为1t,同时排放SO_2、NO_x等有害气体。CO_2的大量排放直接导致温室效应;而SO_2、NO_x等气体的排放则会引起酸雨现象;由于收尘设施不佳,水泥生产还排放出大量粉尘,水泥厂一直被看作环境污染源;水泥工业也是耗煤、耗电大户,水泥和混凝土的大量生产和应用还将导致地球矿产资源的匮乏和生态平衡的破坏。因此,水泥混凝土能否长期作为最主要的建筑材料,不仅要求其具备在耐久性、施工性和强度等方面的高性能,而且最关键之处在于其绿色"含量"是否高。

多年来,关于混凝土材料的研究和对其发展方向的制定过于偏重于使其达到某种或综合的优良性能这一基本原则上,而对其耐久性重视程度不够。20 世纪 90 年代初,HPC 概念提出后,促使人们加强了对混凝土材料的施工性和耐久性的研究,而 GHPC 则是将单纯的材料性能的获得与建筑工程材料的可持续发展综合考虑时的必然方向。最早提出 GHPC 概念的是中国工程院院士吴中伟教授。简要地说,GHPC 应具有以下特点:

(1)更多地节约熟料水泥,减少环境污染。水泥基材料作为最主要的建筑结构材料,需求与日俱增。除改变水泥品种、改进生产工艺、降低能耗之外,还应该在应用技术方面进行突破。发展 GHPC 是目前最有效的途径:用大量工业废渣作为活性细掺料代替熟料(最多可达60% ~80%),磨细水淬矿渣、分级优质粉煤灰、硅灰等矿物掺合料及其复合材料成为胶凝材料的主要组分。可有效减少 CO_2的排放,节约资源能源。

(2)能更多地掺加以工业废渣(如水淬矿渣、优质粉煤灰、复合细掺料等)为主的细掺料。掺加以工业废渣为主的活性细掺料对改善环境,节约土地与石灰石资源,节约能源,效果十分明显。我国水淬矿渣年产约 8000 万 t,多用作水泥混合材,但因细度不够,潜在活性远未能发挥,只起到微集料作用,实在是一大浪费。我国粉煤灰产量随火电事业发展迅速增加,已超过1.25 亿 t,其中适用 HPC 的优质粉煤灰也大量增加,这是我国发展 GHPC 的有利条件。1995年,加拿大能源矿产部开发高掺量粉煤灰混凝土(HFCC),粉煤灰占胶凝材总量的55% ~65%,再掺加适量超塑化剂,能制得工作性、耐久性与力学性能均优的 HPC。若将几种活性细掺料复合使用,则效果更好,达到多掺、多代、节料节能、改善环境等的目的。GHPC 且具有降低温升,改善体积稳定性和耐蚀耐磨等优点。

(3)能更大地发挥 HPC 的优势,尽量减少水泥与混凝土的用量,达到节约资源、改善环境的目的。利用 HPC 的高强早强来减小截面、降低自重、节省模板与工时,在高层建筑与大跨桥梁中已获得很大效益;减少材料生产与运输能耗,保证和延长安全使用期,经济效益更大;减少水泥与混凝土的用量是从根本上减少环境负担。

HPC 的含义和组成材料已能说明,含有很多"绿色"要素,可以说是传统混凝土向绿色材料迈进了一步。现在提出 GHPC 作为今后发展方向,目的在于加强人们对绿色的重视,增强绿色意识,要求混凝土工作者更自觉地提高 HPC 的绿色含量,或加大其绿色度,节约更多的资源、能源,将对环境的破坏减到最少,这不仅为了混凝土和建筑工程的继续健康发展,更是人类的生存和发展所必需,是大有可为的。

9.5 长寿命路面技术

9.5.1 概述

随着我国交通事业的快速发展,无论是公路还是城市道路,都呈现出蒸蒸日上的景象,特别是改革开放40多年的时间里，随着国家对基础设施的重视和投入的加大，道路建设从无到有、从低等级到高等级。截至2018年，我国高速公路通车里程达14万km，位居世界第一。截至2019年，我国36个城市，城市路网总体平均密度为5.85km/km²，南方城市路网密度总体平均值为6.62km/km²，北方城市路网密度总体平均值为5.07km/km²，超过世界上各个城市的路网密度。

在我国已建成的高速公路中，其路面结构有很大的差别。一方面，结构形式单一，以半刚性基层路面为主；另一方面，路面结构的设计不科学。例如，沥青路面的总厚度最薄的不足50cm，最厚的可达110cm。在结构组合和厚度上的这些显著差异，既反映了我国高等级公路的路面设计经验还欠成熟，也反映了路面设计人员的随意性和一定程度的盲目性。其结果是，一些路面设计过分保守，造成较大材料和资金的浪费；另一些路面设计又偏于不安全，由于结构设计的不合理，厚度的不足而产生早期破坏，也造成了较大的经济损失。

因此，根据现实的情况为今后我国高速公路的发展设计出合适的沥青路面结构，以极大延长路面的使用寿命，节约寿命周期成本，减少因维修而导致交通阻塞的时间，显得极为紧迫。国外长寿命路面的设计刚好给了新的启发：路面设计和施工良好，路面主体结构服役寿命超过40年，只需进行及时和必要的面层维护，即使在设计服役期限的末期仍能很好地满足环境和交通荷载需求。长寿命沥青路面的概念最早出现在20世纪60年代，当时一些国家开始修建全厚式沥青混凝土路面和较大厚度高强度沥青路面，其目的是有效延长路面的使用寿命。长寿命沥青路面并不是指一条路建设好后就无须养护，可以一直使用下去，而是指把破坏限制在路面上层，只需要定期更换路面表层，而不需进行结构性修复或重建，且使用寿命能达到50年或者50年以上的沥青路面。长寿命沥青路面还具有许多优点：路面平整，摩擦系数高，噪声低；可减少疲劳开裂和车辙损坏，路面的养护维修仅限于面层；沥青面层可再循环，最大限度地减少自然资源的使用，成本效益高。

美国道路科研究院(NCHRP)研究制定了一种新的基于力学的设计指南，已被AASHTO采纳。运用力学方法来分析路面结构对气候和荷载的响应。如果确定了结构的某一临界状态，就能针对这类损坏来选择合适的材料和层厚。长寿命路面所采用的设计原则：面层要有足够的刚度抵抗车辙，基层要有足够的厚度和柔度避免出现疲劳破坏。美国长寿命路面通常采用柔性结构，当路基强度较高时，可以采用全厚式；当路基强度不足时，加铺粒料基层或沥青碎石基层。

美国沥青路面协会提出面层分为三层：

(1)上面层，厚40~75mm，要求具有良好的抗车辙能力、抗老化性能、低温性能和良好的表面特性。

(2)中面层，厚100~175mm，要求具有较高的模量和抗车辙性能。

(3)下面层，厚75~100mm，要求具有抗疲劳和抗水损坏能力。

欧洲长寿命路面的，主要特点在于采用厚沥青层，高模量，以此来提高整个道路的刚度和追求较长的寿命。全厚式沥青路面和厚沥青层的柔性结构成为高速公路、大交通量、重交通的主要结构；薄沥青层+厚级配碎石基层结构适用于中、轻交通道路。当沥青面层大于18cm时，此时的车辙主要集中于表面层；当沥青面层大于36cm，基本无疲劳损坏。欧洲典型的长寿命路面见表9-18。

欧洲典型长寿命路面结构　　表9-18

国家	道路名称	路面结构
英国	M6	38mm 热压 AC + 68mm 粗粒式 AC + 63mm 热压 AC + 190mm 贫混凝土
德国	A5	37mm 浇筑式 AC + 200mmAC 基层 + 150mm 稳定底基层
		40mm 排水面层 + 220mm 高模量 AC 基层
法国	Peripherique	70mm 沥青混凝土 + 60mm 沥青稳定砂砾 + (100 ~ 350)mm 水泥稳定砂砾 + 150mm 砂层
奥地利	DelSole	AC + 140mm 沥青碎石(密级配) + 160mm 沥青碎石(开级配) + 300mm 防冻层
意大利	Breneer	30mm 中粒式 AC + 70mm 粗粒式 AC + 150mm 沥青碎石 + (300 ~ 400)mm 砂砾

在日本,长寿命路面设计时着眼于以下几点:

(1)提高路基承载力。

(2)采用不容易产生流动变形、刚性大的基层,而且底基层也得以强化。

(3)面层使用抗车辙性能很强的材料。

韩国的长寿命路面较重视承重层(承重层由基层、底基层、抗冻层和路基组成),道路参数据具体情况随机生成,运用有限元程序,以此确定道路各层的力学响应问题。在有限元计算中,韩国在参数取值上与我国有很大出入,其荷载接地压力取 689kN,轮胎接地半径取值为 152.4mm,其设计指标也是和国际采用的一致。

我国路面结构较为单一,以沥青面层加上半刚性基层为主。之所以用半刚性作基层,主要是半刚性基层材料强度大,水稳定性和抗冻性较好,可供选择的材料种类多,且价格便宜,且承载能力高。

综合国内外对长寿命路面各方面的研究发现,国内外对长寿命路面材料的选取上差别很大,我国主要采用半刚性材料作为基层,国外则是采用柔性材料。

9.5.2 长寿命路面特点及设计

1)长寿命路面特点

(1)在总费用上:初期修建费用很高,日常养护费用较少,总费用效益比最大。

(2)在设计年限上:至少 40 年。

(3)在损坏模式上:路面的损坏只发生在表面层,如表面开裂,不存在结构性破坏。

(4)在养护维修上:只需要日常养护,不需要进行结构性大修。

(5)在道路使用上:能够承受更大的交通量和更重的交通荷载。

2)长寿命路面结构

以长寿命沥青路面为例进行介绍长寿命沥青道路的技术重点在于依照性能科学的配置道路结构层。一般情况下,长寿命沥青道路的主体结构大致可以分成面层、中间层以及基层和路基。

(1)面层

长寿命沥青路面面层一般远大于普通路面面层,具有充足的表层构造厚度以及平整度,水稳性强,可以为车辆的行驶带来一个平稳的形式环境。上部的沥青混合料直接接触空气和行车荷载,因此应具有足够高低温性能、水稳定性和耐久性,其厚度一般控制在 5cm 左右。为了强化道路的排水与抗湿滑性能,可考虑在上层再铺设一层厚度较薄的 OGFC 材料,其厚度通常控制在2.5cm左右，以便定期对表面的功能开展对应的修复工作。

(2)中间层

长寿命沥青路面的承受的应力：车轮载荷影响下100～150mm范围内是受压加大的区间，更是磨损出现的主要区间，因此，中间层（连接层）设置最主要的目的是扩散车辆所带来的载荷，降低基层与路基顶层纵向的压应变。中间层的材质要求具备耐高温以及耐久性强的特征，厚度通常控制在10～18cm。混合材料的耐高温稳定性，一般就是借助粗集料间集料的互相接触与高温稳定性良好的胶结料来获取，所以中间层一般会借助高模量抗车辙的沥青进行对应的施工。中间层借助模量较大的混合材料还能降低下面层的弯拉应力，并强化道路分散载荷的性能。

(3)基层

所有结构层中最大弯拉应变出现在沥青混合料的基底，该区间很容易就会出现疲劳破损的情况，所以长寿命沥青路面基层的主体性能就是抵御活荷载作用下道路结构出现弯曲破损的问题，一般基层种类可以选取柔性的基层，或者是在上基层就借助柔性基层体系，下基层选用半刚性基层进行组合，因为柔性基层材质本身有着柔性强、耐磨损、水稳性强的优势，所以有着较强的减少疲劳破损的功效。基层厚度一般控制在25～45cm范围内。

(4)路基

在长寿命沥青路面中，其施工质量及竣工之后性能的决定性因素就是路基。路基在施工过程中扮演着工作平台的角色，有利于自卸车与摊铺机的运行，在碾压阶段中路基抵抗上部轮载导致的变形，能有效压实上部沥青混凝土面层；在高速公路投入运营之后，路基的稳定性尤为重要，因为路基不仅是上部交通荷载发挥承载力作用的平台，还会随冻融与含水率的变化使路基承载性能产生极大的变化。在凭借力学设计方式时，一定要重视地基在各种条件下的劲度模量改变情况，并且依照最不理想的状况开展设计工作。

3)路面设计方法

(1)长寿命道路设计理念

长寿命路面不能仅仅是通过增加面层的厚度来实现长寿命，不单是路面研究范畴，更应该是需要综合考虑地区气候差异、路面设计、材料特性、施工工艺、养护技术及项目管理的系统工程。我国路面结构设计理念大致分为两类，即厚半刚性基层思想和厚沥青面层思想。前者在保持现有沥青面层厚度的基础上，优化其使用性能，并增厚增强半刚性基层厚度，进一步提高路面结构承载能力，即“强基优面”；后者则是增大沥青面层厚度，基层仍然采用半刚性材料或级配碎石。

(2)长寿命道路组合设计原则

①路面结构组合与结构类型要一致。

我国地域辽阔，不同地方的土基也不一样，在道路建设中，要根据不同土基来确定路面的结构类型，根据不同路面结构类型，要设计与之一致的路面组合形式。这是由于不同道路的结构类型不同，会导致结构组合要求，受力模式和特点也有所差异。

②道路结构层各层间结合层尽可能连续。

为了使道路有更强的抗压性，就必须使长寿命道路路面各层之间的结合更加精密，更加连续，这样可以避免在外界因素的影响下产生分裂、滑移。从结构组合来看，在上应设下封层，混凝土基层上应设置透层沥青，沥青层之间应设置黏结层。

③满足长寿命路面设计指标。

为了使修建的道路使用年限达到设计的预期使用寿命,沥青层的厚度和结构层的总厚度都应该达到满足长寿命沥青路面的各项设计指标。

(3)长寿命路面设计要求

①路基要稳。

普通路面在修建过程当中,对于路基有一定的要求,才不会过早地沉陷,出现损坏,而对于长寿命路面来说,这种要求会进一步提高。有了好的土基可以在很大程度上改善路面结构的水温。路基是路面结构的基础,也是路面结构的工作平台。为了给道路表面提供稳定的支撑,以便在气候环境和超出运载能力的作用下尽可能不变形,长寿命路面结构在设计时对路基的稳定性提出了高要求,应能够承受我国这样众多超载车辆的运行,如果路基不稳就很容易出现坑陷、路基裂缝等损坏,在道路的基层就有可能产生变形,进而引发像路面局部坍塌等各种危险情况的产生。

②良好的材料性能。

对于长寿命路面结构来说,需要对路面表层的材料进行深入的研究和特殊设计。表层材料应该具有较强的抗车辙能力,满足荷载需求,不发生早期损坏;表层材料具有较强的水稳定性,可以保护表面层下面的水泥混凝土层,基层稳定了,即便是以后维修起来也不至于进行封闭道路,减少使用者的延误。除了以上这些,长寿命路面对材料的需求还有能够承受重量,以保证结构层在使用年限范围期间内不发生超负荷使用破坏。

③合理的路面结构设计。

长寿命路面设计过程中,各层均需要相互配合,其中任何一个结构层做得不好,就严重影响了道路的使用寿命。表面层不能满足使用性能后,只需要铣刨表面层重新加铺。所以,表面层应该选用各方面优良的材料,因为表面层裸露在空气中,没有任何东西给予保护,同时要承受着荷载和较高的温度。对应的在下面的结构层主要是抵抗疲劳,使得在长期使用当中不发生断裂就足够了。

④各层厚度要合适。

长寿命路面结构要确保很长的设计使用期,延长长寿命路面寿命的重要方法就是加厚路面结构层,使其达到相应标准的厚度。但是,过厚的路面必然增加本成,从经济角度看并不合适,所以在长寿命路面设计时,各层厚度应适宜。

⑤保证较低的底层应力。

路面结构层层底拉应力越小,路面结构层的抗性能越好,其使用寿命越长。长寿命路面结构在设计时只要能充分控制结构,就可以避免出现结构性损坏。

⑥充分考虑排水问题。

水是道路损坏的重要原因,在道路设计的时候,排水系统应尽可能完善,保证路面上的降水尽早排除,防止水通过上面层的各种接缝处渗入路面结构内,还有部分水可能通过横坡和纵坡流向路肩和路基外。

(4)长寿命路面设计方法

①收集当地的交通资料、环境资料和当地的材料,根据当地的气候等级、车流量和就地取材的原则,设计最初的结构形式。

②进行表面层验算和主体结构层验算,去调整结构形式。当上面层具有足够的剪应力、下面层满足弯拉应变并且基层也满足压应变时,确定最终的结构形式。

③进行经济分析，如果可行，则采取此种方案进行施工。

(5)长寿命路面的控制指标

我国普遍采用沥青混凝土层底拉应变 ε_r、基顶压应变 ε_z 和路面抗剪指标来预估沥青混凝土路面结构寿命。沥青混凝土层底面的拉应变指标 ε_r 的目的是保证沥青混凝土层本身不会产生疲劳破坏，以确保沥青混凝土层的寿命不小于路面的使用寿命。路基顶面的压应变 ε_z 的主要目的是控制路面的总变形量。路面抗剪指标以控制面层局部损坏过早发生，抗剪指标主要用于表面层沥青混合料。控制这 3 个指标小于材料的疲劳极限应变水平，以获得结构的长寿命。

①沥青层的层底拉应变指标：用以控制沥青层的疲劳开裂。国际上，沥青混合料的极限应变值还没有统一。美国的永久性路面设计中规定，一般非改性沥青混合料为 60 ~ 70$\mu\varepsilon$，改性沥青混合料可以提高到 100$\mu\varepsilon$。疲劳极限建议采用疲劳试验实测值。

②半刚性基层的层底拉应力：用以控制半刚性基层的疲劳开裂；而材料的容许拉应力采用特定条件下的室内劈裂试验测定各材料的劈裂强度而求得。

③面层抗剪指标：用以控制面层局部破坏过早发生，而面层混合料的抗剪强度则是通过三轴压缩试验测定混合料的内摩擦角 ϕ 和内摩阻力 c 来计算。

④基顶压应变：作为控制路面总变形量的设计指标，以此来预防结构性车辙的出现；对路基土的试验没有可行的方法，采用国外的永久性路面建议路基土垂直压应变限制值 200$\mu\varepsilon$。

4)长寿命路面反射胀裂病害

路面的开裂方式一般分为非荷载型开裂和荷载型开裂两种。其影响因素主要有基层材料性质、沥青和沥青混合料的性质、交通量、气候条件（特别是冬季气温及其变化幅度）、沥青面层厚度、车辆类型以及施工措施和工艺等。因此，掌握反射胀裂的产生和发展机理，在此基础上进行养护措施的选择才能合理地对病害进行有效治理，减少维修次数，保证路面的使用寿命。

长寿命路面反射胀裂产生一般分为以下三个阶段：起裂阶段、稳定扩展阶段和破裂阶段。

(1)反射胀裂的起裂阶段

在对水泥混凝土基层胀裂处进行分析时，整个水泥混凝土路面结构体系的边界条件都发生了很大的变化。由于反射胀裂的存在，路面结构在外加荷载作用下产生的应力和位移在基层的胀裂病害处不再连续，尤其是在胀裂病害正上方的沥青面层底部处会有很大的应力集中，这是胀裂处向沥青层传播的根本原因。在通常情况下反射胀裂裂缝（反射裂缝）可以分为两种类型，即温度型胀裂和荷载型裂缝。由温度变化引起的称为温度型胀裂，而把由行车荷载引起的称为荷载型裂缝。

反射裂缝是沥青面层早期破坏的主要根源，由于反射裂缝会破坏路面结构的完整性同时会缩短路面的维修周期，减少了路面的服役年限，所以在沥青面层早期应加强反射裂缝的防治。

(2)反射胀裂的扩展阶段

传统强度理论认为，沥青面层中的临界应力超过了沥青混凝土的极限强度是沥青面层达到破坏的临界状态。断裂力学有关理认为，裂纹的位移扩展模式主要有以下三种模式：撕开模式、剪切模式和张开模式。由温度应力引起的反射裂缝主要是张开模式；行车荷载引起的反射裂缝主要是张开模式和剪切模式；车辆在道路上行驶的过程中，当车轮行驶在裂缝处前面或后面(相距裂缝较近处)处时,主要是剪切模式影响反射裂缝,撕开模式一般不会出现;而当车轮行驶在裂缝正上方时,主要是由张开模式引起反射裂缝,相对应张开模式的温度型反射裂缝,通常情况下产生于面层底部,而后逐渐向上扩展,直至顶面。

反射裂缝的扩展会在单独只有偏荷载和温度应力作用时产生的裂缝扩展路径之间,但比只有偏荷载作用时的裂缝扩展路径更垂直一些。

(3)反射胀裂的破裂阶段

在通常情况下,裂缝扩展会导致有效承载面积不断减少,造成材料强度和模量逐渐下降,在疲劳荷载的作用下逐渐导致路面破坏。在沥青路面结构中的反射裂缝初期,反射裂缝对结构的影响不是很大,但在经过长期作用和雨雪水的不断侵入会使裂缝两侧路面结构(尤其是裂缝附近处的土基)的含水率大幅度地增加甚至达到饱和,这样会导致路面结构的承载力大幅下降,在行车荷载的疲劳作用下,极易产生冲刷和唧泥现象,随着时间的积累,逐渐导致裂缝两侧路面结构面层出现大量的破裂,同时会出现很大的垂直相对位移,进而影响到路面的使用性能,缩短路面结构的使用寿命。

9.5.3 长寿命路面经济环境效益

1)*寿命周期与成本*

寿命周期成本分析是设计长寿命路面又一重要的因素,主要包括道路初期修建费用、维修费用、养护费用、折现率、用户成本、车辆操作损耗成本。寿命周期费用净现值分析方法是目前比较科学的经济分析方法,并把一定时期内产生的费用折算为现值,再进行比较,就能够比较直观地反映出分析期内建设、养护和维修所需的各项费用。

$$\mathrm{NPV} = I_C + \sum_{i=0}^{n} \frac{x_k}{(1+i)^k} - \frac{s}{(1+i)^n} \tag{9-1}$$

式中:I_C——初期建设费用;

x_k——分析期第 k 年产生的费用(包括养护费、维修费等);

k——费用发生的时间;

n——分析期;

i——折现率;

s——残值。

式(9-1)实际上是分析寿命周期内不同时间发生的费用来计算长寿命沥青路面周期成本,包括初期修建费用和各个周期内的维修养护费用。

根据不同的折现率举例计算了寿命周期费用净现值和等额年费用,并与传统的沥青路面进行比较。在折现率0%~5%的范围内,对比两个方案的寿命周期净现值(NPV),传统沥青路面比长寿命沥青路面高26397.0万~6390.8万元,即传统沥青路面的寿命周期成本是长寿命路面的1.42~2.27倍。由此可见,长寿命沥青路面总费用比传统沥青路面低得多。

2)*环境效益*

虽然长寿命路面整体结构较厚,对土基稳定性要求高,因此前期投资相对较大,但是长寿命路面能很长时间避免结构性维修,不用进行大范围的翻修,只需对沥青表面进行铣刨,能大量节约养护费用。刨铣的面层材料可以回收利用,保护自然资源。当对路面进行维护时,会使交通产生阻塞,使用长寿命路面可减少交通阻塞的时间,节约燃料消耗,减小污染。

目前虽然我国长寿命路面的并没有普及，但其所具有的优势是非常明显，可以有效地节约资源、人力和物力，对我国道路发展具有很大的意义。长寿命路面结构需要根据不同的情况进行改变，但只要把握上述的设计理念和设计方法，充分考虑路面可能受到的危害，因地制宜就能设计出合理的路面结构和选择最环保的材料。

创新成果漫谈

环境保护科学技术奖三等奖——铬渣无害化处理及资源再利用技术研究与示范

铬化合物是无机化工的主要产品之一，在其生产过程中，产生的铬渣属于重金属危险废物。甘肃省乃至全国的铬渣历史遗留问题和新增铬渣问题都很突出，严重威胁着人民生命和财产安全与生态环境。本课题以解决历史遗留和新增铬渣的处理处置为出发点，开展了如下铬渣的解毒及处理处置技术研究工作：①铬渣的干法解毒处理技术研究；②铬渣用于水泥生产原料处置技术研究；③铬渣的烧结炼铁处理技术研究；④解毒铬渣用于制空心砌块及路面集料技术研究。

通过本项目研究，得到了如下研究成果：

(1)提出了铬渣原厂就地"预处理—密封运输—铬渣不落地负压接受入仓—封闭传输—烧结炼铁"的技术路线，解决了烧结炼铁处置铬渣过程中化工行业与钢铁行业对接难的问题，实现了铬渣产生企业破碎筛分预处理、封闭运输和钢铁厂铬渣烧结炼铁综合利用处理三个过程的成功融合。

(2)通过大量实验研究及工程应用，确定了铬渣在烧结炼铁生产过程中掺入原料的比例为2%、掺烧粒径小于3mm的最佳工艺参数，为铬渣在烧结炼铁工艺中无害化处置提供了可靠的技术依据；提出了铬盐企业产生的含铬芒硝、酸泥及铝泥等废渣掺入烧结原料会对烧结炼铁设备和钢铁产品质量造成影响，禁止上述废渣进入烧结炼铁生产系统进行处理。

(3)提出了解毒铬渣制备空心砌块砖的各种原料的质量配比（铬渣：40.5%，碎石：34.33%，水泥：25.17%），根据温度添加0.2%的早强剂，水/粉比0.1~0.3。这种配比制备的空心砌块砖，既符合建材的应用标准，又符合环保标准，最大限度地实现有害废物的资源化利用。

参 考 文 献

[1] 刘宏伟. 道路交通对生态环境的影响与对策[J]. 内蒙古科技与经济,2012(6):66-68.

[2] 屈宇航,吴啸宇,张鑫,等. 基于综合权重的高速公路建设项目对环境影响评价[J]. 交通科技与经济,2022,24(2):64-68,75.

[3] 段君淼. 公路建设中的生态环境问题及保护措施——评《生态友好型公路建设与地质环境问题研究》[J]. 环境工程,2021,39(6):214.

[4] 韩文旭. 公路建设中的生态环境保护——评《公路环境保护工程(第二版)》[J]. 环境工程,2020,38(10):250.

[5] 肖青照. 山区高速公路与环境之间相互影响的分析与评价[D]. 西安:长安大学,2021.

[6] 王惠卿,任锦朝,刘建辉. 新型建筑材料与生态环境的可持续发展研究——评《新型建筑材料及其应用》[J]. 材料保护,2020,53(2):170.

[7] 吴冬霞. 公路建设与管理中的生态环境保护研究[J]. 环境与发展,2019,31(10):204-205.

[8] 崔胜男. 公路建设项目生态环境影响后评价的定量技术方法研究[D]. 北京:北京交通大学,2019.

[9] 郝瀛龙. 高速公路建设对环境影响及环保措施几个方面的研究[J]. 环境与发展,2019,31(4):4-5.

[10] 朱钰,涂静,石红鸽. 基于水环境保护的岩溶地区公路建设研究[J]. 公路,2018,63(7):261-264.

[11] 南菲. 我国工业能源消费、经济增长与碳排放关系研究[D]. 重庆:西南政法大学,2016.

[12] 崔璨. 基于生命周期道路能耗评价模型的建立分析及应用[D]. 郑州:郑州大学,2014.

[13] 翁端,冉锐,王蕾. 环境材料学[M]. 北京:清华大学出版社,2011.

[14] 翁端,余晓军. 关于环境材料的一些研究进展[J]. 材料导报,2000,14(11):19-21.

[15] 王天民. 生态环境材料[M]. 天津:天津大学出版社,2000.

[16] 潘美萍. 基于 LCA 的高速公路能耗与碳排放计算方法研究及应用[D]. 广州:华南理工大学,2011.

[17] 吴志欢. 基于特征的产品寿命周期设计系统的研究与开发[D]. 福州:福州大学,2004.

[18] 龚志起. 建筑材料寿命周期中物化环境状况的定量评价研究[D]. 北京:清华大学,2004.

[19] 沈艺奇. 高速公路维修改造工程能耗及排放评价模型及方法[D]. 合肥:合肥工业大学,2017.

[20] 何永嵩. 预拌混凝土能源消耗现状及节能潜力研究[J]. 广东建材,2017,33(8):84-87.

[21] 杨盼盼. 水泥混凝土路面工程温室气体排放研究[D]. 西安:长安大学,2012.

[22] 邹晶晶. 沥青混合料生产环境负荷数据库及绿色发展评价体系研究[D]. 哈尔滨:哈尔滨工业大学,2020.

[23] Marcus Carlsson R. Eeonomic assessment of municipal waste management system-case studies using a combination of life cycle assessment (LCA) and life cycle costing (LCC) [J] [Z]. Journal of Cleaner Production,2005,13(3):253-263.

[24] POUDELET V, CHAYER J A, MARGIN M, et al. A process-based approach to operationalize life cycle assessment through the development of an eco-design decision-support system[J]. Journal of Cleaner Production, 2012, 33: 192-201.

[25] 霍李江. 生命周期评价(LCA)综述[J]. 中国包装, 2003(1): 42-46.

[26] 孙启宏, 万年青, 范与华. 国外生命周期评价(LCA)研究综述[J]. 标准科学, 2000(12): 24-25.

[27] RODRIGUEZ-ALLOZA A M, MALIK A, LENZEN M, et al. Hybrid input-output life cycle assessment of warm mix asphalt mixtures[J]. Journal of Cleaner Production, 2015, 90: 171-182.

[28] HOU D, AL-TABBAA A, GUTHRIE P, et al. Using a hybrid LCA method to evaluate the sustainability of sediment remediation at the London Olympic Park[J]. Journal of Cleaner Production, 2014, 83: 87-95.

[29] 徐姣. 基于 LCA-LCC 的沥青混合料环境排放评价研究[D]. 重庆: 重庆交通大学, 2016.

[30] 杨博. 沥青路面节能减排量化分析方法及评价体系研究[D]. 西安: 长安大学, 2012.

[31] 杨博, 张争奇, 张慧鲜. 沥青路面生命周期分析类型的合理选择[J]. 中外公路, 2013, 33(6): 357-362.

[32] 彭卓祥. 沥青路面建养过程碳排放评价技术研究[D]. 长沙: 长沙理工大学, 2018.

[33] 潘美萍. 基于 LCA 的高速公路能耗与碳排放计算方法研究及应用[D]. 广州: 华南理工大学, 2011.

[34] 谢阿弟, 王洪涛. 基于生命周期评价的陶瓷墙地砖与陶瓷薄板对比分析[J]. 化学工程与装备, 2013(5): 208-210, 227.

[35] 李云霞. 基于 LCA 的废弃混凝土资源化效率研究[D]. 北京: 中国建筑材料科学研究总院, 2020.

[36] 聂祚仁, 王志宏, 毛倩瑾, 等. 生态环境材料学[M]. 北京: 机械工业出版社, 2004.

[37] 尼宁. 生态建筑设计原理及设计方法研究[D]. 北京: 北京工业大学, 2003.

[38] 苏达根, 林少敏, 陆金驰. 发展生态水泥工业的几个问题[J]. 水泥技术, 2003(6): 5-7, 4.

[39] 苏达根, 林少敏, 陈懿懿. 煅烧水泥熟料过程中 Pb 的逸放污染研究[C]//中国硅酸盐学会水泥分会水泥化学专业委员会, 第九届全国水泥和混凝土化学及应用技术会议论文汇编(上卷), 2005.

[40] 林少敏, 苏达根, 童爱花. 水泥煅烧过程中铅逸放的影响因素[J]. 硅酸盐学报, 2006, 24(7): 851-854.

[41] 苏达根, 钟明峰. 煅烧水泥熟料过程中重金属的逸放特性研究[C]//中国硅酸盐学会, 《硅酸盐学报》创刊 50 周年暨中国硅酸盐学会 2007 年学术年会论文摘要集, 2007.

[42] 苏达根, 许红金. 水泥窑废气污染防治的几个问题[J]. 水泥技术, 2009, 10(5): 94-95.

[43] 马永贤. 半干法脱硫灰制备生态建材及工艺参数优化[D]. 石家庄: 河北科技大学, 2010.

[44] 张灵辉, 苏达根. 水泥窑处置污泥烘干废气的污染与防治[J]. 水泥技术, 2011, 32(6): 33-35.

[45] 张建超. 生态建筑材料在建筑表皮设计中的表达[D]. 上海: 东华大学, 2012.

[46] 朱林. 水泥行业清洁生产评价与对策研究[D]. 邯郸: 河北工程大学, 2014.

[47] 刘能. 防水建材行业清洁生产潜力研究[D]. 沈阳: 辽宁大学, 2017.

[48] 徐潇潇. 生态建材产业成长机理研究[D]. 武汉:武汉理工大学,2017.
[49] 朱程. 生态建材[J]. 中国建材,2021,26(8):141.
[50] 苏达根,钟明峰. 材料生态设计[M]. 北京:化学工业出版社,2017.
[51] 洪紫萍,王贵公. 生态材料学论[M]. 北京:化学工业出版社,2001.
[52] 吴中伟,廉慧珍. 高性能混凝土[M]. 北京:中国铁道出版社,1999.
[53] 侯来广,曾令可. 陶瓷材料的综合利用现状[J]. 中国陶瓷工业,2005,12(4):41-44.
[54] 中国建筑材料研究院研究所. 用于水泥和混凝土中的粉煤灰[M]. 北京:中国标准出版社,1991.
[55] 钱觉时. 粉煤灰特性与粉煤灰混凝土[M]. 北京:科学出版社,2002.
[56] 刘江龙. 环境材料导论[M]. 北京:冶金工业出版社,1999.
[57] 苏向东,王天民,何力,等. 有色金属材料的环境负荷定量评价模型[J]. 环境科学学报,2002(1):98-102.
[58] 苏向东,王天民,郝维昌,等. 有色金属材料的 LCA 定量评价模型(英文)[J]. 贵州科学,2004(3):1-8.
[59] 赵培德. 世界炼铁生产发展现状及展望[N]. 世界金属导报,2009-01-13(006).
[60] 杨国良. 论我国电解法炼镁工业改造方向[J]. 轻金属,1999(2):44-47.
[61] 朱昱,姚丽,徐秀茹. 世界镁生产现状与展望[J]. 世界有色金属,2000(11):14-17.
[62] 杨万志. 从世界先进国家发展看我国铝工业增长方式的转变[J]. 世界有色金属,1997(4):7-13.
[63] 殷建华,孟广寿. 废杂镉的回收再生利用[J]. 世界有色金属,2000(2):9-12.
[64] 余冬梅. 国内外废铝回收再生利用概况[J]. 世界有色金属,1998(11):7-10.
[65] 刘兴亮. 赤泥作新型墙材的研究[J]. 世界有色金属,2000(5):38-41.
[66] 蔡敬尧. 高分子化工材料的应用现状及发展趋势[J]. 化工管理,2021(4):78-79.
[67] 董建华. 高分子材料科学与工程漫谈[J]. 高分子材料科学与工程,2021,37(1):238-242.
[68] 丁雪晨. 废旧橡胶水泥砂浆耐久性能研究[D]. 焦作:河南理工大学,2018.
[69] 陈子璇. 胶粉改性沥青-集料界面效应及水的影响研究[D]. 西安:长安大学,2019.
[70] HADDADI F, AMERI M, MIRABIMOGHADAM M H, et al. Validation of a simplified method in viscoelastic continuum damage (VECD) model developed for flexural mode of loading[J]. Construction and Building Materials, 2015, 95:892-897.
[71] 黄文元. 轮胎橡胶粉改性沥青路用性能及应用研究[D]. 上海:同济大学,2004.
[72] 杨菊香,张雅欣,贾园,等. 可降解高分子材料的制备及其降解机理[J]. 塑料,2021,50(2):108-113.
[73] 许志绍. 试析高分子材料合成与应用中的绿色战略[J]. 化工管理,2017(5):131.
[74] 金澄. 高分子材料合成与应用中的绿色战略[J]. 化工管理,2016(10):118.
[75] 刘瑞,赵亚南,张欢,等. 高分子材料合成与应用中的绿色战略[J]. 中国石油和化工标准与质量,2013(11):24.
[76] 袁华,任杰,马广华. 生物可降解高分子材料的研究与发展[J]. 建筑材料学报,2002(3):263-268.
[77] 李树旺,PAVLOS VERROIOS,王春雷,等. 高端棚膜的制造、应用与发展[J]. 农业工程技

术,2016,36(16):18-21.
[78] 夏炳虎,潘超,张鑫.铝塑复合板用高分子热熔膜燃烧热值不确定度评定[J].中国建材科技,2020,29(4):1-3.
[79] 赵璐.环保型高分子建筑材料实际应用分析[J].绿色环保建材,2019(8):18.
[80] 田悦,乔晋斌.试析绿色包装机械设计关键技术[J].科技创新与应用,2014(21):120.
[81] 潘庆功,沃野.减少塑料废弃物对环境污染的探讨[J].塑料科技,2017,45(9):115-118.
[82] 谭捷,钟向宏,李伟.我国合成橡胶行业生产现状及发展分析[J].弹性体,2014,24(1):73-77.
[83] 李俊峰,张光生,刘付程.城市建筑垃圾对环境的影响及对策——以芜湖市为例[J].安徽师范大学学报(自然科学版),2001(4):336-338,342.
[84] 秦小艳.建筑垃圾分类及其对环境污染影响关联因素分析研究[D].重庆:重庆大学,2012.
[85] 雷蕾.建筑垃圾的环境影响经济评价研究[D].武汉:武汉工程大学,2014.
[86] 胡魁.建筑垃圾高效分选关键技术及在公路工程中的应用研究[D].西安:长安大学,2017.
[87] 赵纪飞.建筑垃圾再生材料作为路基填料的适用性研究[D].西安:长安大学,2017.
[88] 郭子瑞.重庆地区废旧混凝土再生集料透水混凝土路用性能研究[D].重庆:重庆交通大学,2019.
[89] 王馨伟.废旧混凝土再生集料道路水泥混凝土路用性能研究[D].重庆:重庆交通大学,2018.
[90] 乔宏霞,关利娟,曹辉,等.再生集料混凝土研究现状及进展[J].混凝土,2017(7):77-82.
[91] 余潇.再生混凝土应用于道路改造中的实用性研究[D].重庆:重庆交通大学,2018.
[92] 王玲娟,江昔平.再生混凝土作为绿色建筑材料的基本性能与发展趋势[J].四川建材,2014,40(4):26-28.
[93] 王凯,张述雄.废旧混凝土材料的建材资源化利用研究进展[J].交通节能与环保,2020,16(4):114-117.
[94] 姚磊.建筑垃圾的再生利用及其产业化研究[D].西安:长安大学,2012.
[95] 刘娜娜.基于循环经济的沥青路面再生技术推广政策研究[D].西安:长安大学,2013.
[96] 陈霞.沥青路面再生技术的方法与应用[J].科技视界,2019(10):175-176.
[97] 邓勇军.沥青再生技术在道路维修与养护中的应用[J].住宅与房地产,2020(15):207.
[98] 李丹,鲍胜,周露,等.再生沥青混合料研究现状[J].公路交通科技(应用技术版),2020,16(10):1-4.
[99] 任瑞波,范文淼,冯美军,等.沥青混合料再生技术研究进展[J].石油沥青,2020,34(4):9-12,23.
[100] 李健.改性沥青路面就地热再生关键技术研究[D].南京:东南大学,2016.
[101] 马尉倘."汉十"高速公路沥青路面就地热再生施工技术研究[D].西安:长安大学,2007.
[102] 王勇.沥青路面全深式就地冷再生结构设计及经济性研究[D].哈尔滨:哈尔滨工业大

学,2009.
[103] 薛忠军,王春明,张伟,等.半刚性基层长寿命路面结构和材料设计研究[J].公路交通科技,2015,32(10):37-42,56.
[104] 徐鸥明.长寿命沥青路面设计指标与设计方法研究[D].西安:长安大学,2008.
[105] 边艳妮.西铜高速重交通全寿命周期沥青路面合理结构研究[D].西安:长安大学,2012.
[106] 陈小庭,孙立军,李峰.长寿命沥青混凝土路面结构特点与设计研究[J].公路,2005(8):239-243.
[107] 杨涛.半刚性基层沥青路面反射裂缝的产生机理及其防治措施[D].武汉:武汉理工大学,2005.
[108] 周刚,张颖,王祺.柔性基层长寿命沥青路面全寿命周期成本分析[J].公路交通技术,2009(6):60-64.
[109] 季社鹏.沥青混凝土路面应用温拌技术的经济节能环保探讨[J].交通节能与环保,2020,16(2):60-63.
[110] 冯娟.温拌沥青胶结料降粘机理研究[D].乌鲁木齐:新疆大学,2013.
[111] WANG C,HAO P,RUAN F,et al. Determination of the production temperature of warm mi asphalt by workability test[J]. Construction and Building Materials,2018(7):564-573.
[112] 邱延峻,罗浩原,张家康,等.热拌与温拌沥青路面生产施工排放物对比[J].长安大学学报(自然科学版),2020,40(1):30-39.
[113] 杜林芊.不同降粘剂对温拌沥青混合料路用性能的影响研究[D].沈阳:沈阳建筑大学,2020.
[114] DESSEAUX S,SANTOS S D,GEIGER T,et al. Partl,Lily D. Poulikakos. Improved mechanical properties of bitumen modified with acetylated cellulose fibers[J]. Composites Part B,2018,14013(5):139-144.
[115] JAMSHIDI A,HAMZAH O M,YOU Z. Performance of Warm Mix Asphalt containing Sasobit: State-of-the-art[J]. Construction and Building Materials,2013,38(1):530-553.
[116] 陈智鹏.温拌沥青混合料施工对环境保护的影响分析[J].公路与汽运,2021(1):148-150.
[117] 赖智钦.温拌沥青混合料路用性能与沥青烟成分特性[J].广东公路交通,2020,46(4):23-28.
[118] 温肖博.泡沫温拌沥青混合料性能研究与环境影响评价[D].南京:东南大学,2016.
[119] DIN ISHFAQ MOHI UD,MIR MOHAMMAD SHAFI. Study of warm mix asphalt using reclaimed asphalt pavement and copper slag:a review[J]. Canadian Journal of Civil Engineering,2020,47(4):355-362.
[120] GIANI M I,DOTELLI G,BRANDINI N,et al. Comparative life cycle assessment of asphalt pavements using reclaimed asphalt,warm mix technology and cold in-place recycling[J]. Resources Conservation and Recycling,2015,104:224-238.